普通高等教育机电类"十三五"规划教材

U0290770

ANSYS 有限元基础教程
（第 3 版）

主　编　王新荣
副主编　初旭宏
参　编　李　珊　任城龙　刘国华
主　审　王俊发

电子工业出版社
Publishing House of Electronics Industry
北京 · BEIJING

内 容 简 介

本书介绍有限元法的基本原理、ANSYS 软件的功能及操作、应用实例，坚持理论与实践相结合，强调实用性和可操作性。

全书分为三部分。第一部分由第 1～4 章组成，介绍有限元法的基本原理和分析过程；第二部分由第 5～9 章组成，介绍 ANSYS 软件的功能及操作；第三部分由第 10～13 章组成，介绍有限元分析的工程应用实例。本书内容包括：有限元法的基本理论，平面问题的有限元法，空间问题和轴对称问题的有限元法，等参数单元，ANSYS 软件的实体建模技术，网格划分技术，施加载荷与求解，结果后处理技术及分析实例。为了兼顾缺乏弹性力学知识的读者，在第 1 章对有限元法中涉及的弹性力学基本知识进行了简要介绍。

本书是有限元法的入门教材，简明易学，适合作为机械工程、工程力学、材料冶金、航空航天等专业本科生及研究生的教材，也可作为工程技术人员了解有限元法和 ANSYS 软件快速入门的参考书。

图书在版编目（CIP）数据

ANSYS 有限元基础教程/王新荣主编. —3 版. —北京：电子工业出版社，2019.7
ISBN 978-7-121-36670-3

Ⅰ. ①A… Ⅱ. ①王… Ⅲ. ①有限元分析－应用软件－高等学校－教材 Ⅳ. ①O241.82-39

中国版本图书馆 CIP 数据核字（2019）第 100485 号

责任编辑：赵玉山
印　　刷：涿州市京南印刷厂
装　　订：涿州市京南印刷厂
出版发行：电子工业出版社
　　　　　北京市海淀区万寿路 173 信箱　邮编　100036
开　　本：787×1 092　1/16　印张：21.5　字数：550 千字
版　　次：2011 年 4 月第 1 版
　　　　　2019 年 7 月第 3 版
印　　次：2020 年 8 月第 4 次印刷
定　　价：59.00 元

前　　言

"有限元法"是伴随着电子计算机技术的普及迅速发展起来的一种非常有效的数值计算方法，在当今工程分析中获得了极为广泛的应用。目前有限元法已经成为工程设计和科研领域不可或缺的一项重要技术和分析手段，解决了大量的实际问题，为国民经济建设做出了巨大贡献。

本书编者多年从事本科生、研究生的教学工作，编写时力求深入浅出、概念清晰、思路简明、系统性强。本书全面、系统地介绍了有限元法的基本原理，详细论述了 ANSYS 分析的基本思路、操作步骤、应用技巧，并结合典型工程应用实例详细讲述了 ANSYS 操作的具体方法。在兼顾基础知识的同时，强调实用性和可操作性。

读者可以跟随本书介绍的分析步骤和过程快速入门，在比较短的时间内即可既知其然，又知其所以然，真正掌握 ANSYS 有限元分析技术，并能灵活地解决实际问题。本书坚持理论与实践紧密结合的原则，将有限元理论与 ANSYS 操作结合在一起，以期有助于促进有限元理论与 ANSYS 软件的学习、应用、推广与普及。

本书分为三部分，第一部分由第 1～4 章组成，介绍有限元法的基本原理和分析过程；第二部分由第 5～9 章组成，介绍 ANSYS 软件的功能及操作，每一章分为操作讲解、实例分析和检测练习三部分；第三部分由第 10～13 章组成，讲述 ANSYS 有限元的应用实例。具体内容为：第 1 章介绍有限元法的基本思想及基本步骤，并通过弹性力学问题介绍有限元法的基本理论。第 2 章以弹性力学平面问题为对象，详细介绍和讨论有限元法的基本原理和分析过程。第 3 章介绍空间问题和轴对称问题的有限元法。第 4 章讲述等参数单元与数值积分。第 5 章介绍 ANSYS 软件的基本功能及基本操作。第 6 章介绍 ANSYS 实体建模的方法与操作。第 7 章介绍网格划分与创建有限元模型技术。第 8 章介绍 ANSYS 软件的加载与求解技术。第 9 章介绍后处理技术，包括通用后处理技术和时间历程后处理技术。第 10 章介绍结构线性静力分析过程与实例操作。第 11 章介绍结构动力学分析过程与实例操作。第 12 章介绍非线性分析过程与实例操作。第 13 章介绍热分析与实例操作。

本书第 1、10、11、13 章由佳木斯大学王新荣编写；第 5、7、8 章由佳木斯大学初旭宏编写；第 2、12 章由中山大学附属第一医院李珊编写；第 4、9 章由佳木斯大学任城龙编写；第 3、6 章由黑龙江大学刘国华编写。王俊发教授对全书进行了审阅。

在本书编写过程中，参考了大量的教材、专著和论文等文献资料，在此表示感谢。

编　者

2019 年 1 月

目　　录

第1章

有限元法简介

✧ 本章简单介绍有限元法的基本概念、起源与发展，有限元法的基本原理及分析过程，有限元法在工程中的应用。另外还介绍弹性力学的基础知识，包括基本变量、基本方程、能量原理、平面问题等，这些知识是有限元法的理论基础。有限元法的基本原理及分析过程是本章的重点。

1.1 有限元法的产生

随着现代工业技术的发展，不断要求设计高质量、高水平的大型、复杂和精密的机械及工程结构。为此人们必须预先通过有效的计算手段，确切地预测即将诞生的机械和工程结构，在未来工作时所发生的应力、应变和位移状况。但是传统的一些方法往往难以完成对工程实际问题的有效分析，弹性力学的经典理论由于求解偏微分方程边值问题的困难，只能解决结构形状和承受载荷较简单的问题，对于几何形状复杂、不规则边界、有裂缝或厚度突变，以及几何非线性、材料非线性等问题，试图按经典的弹性力学方法获得解析解是十分困难的，甚至是不可能的。因此，需要寻求一种简单而又精确的数值计算方法，有限元法正是为满足这种要求而产生和发展起来的一种十分有效的数值计算方法。

有限元法自问世以来，在其理论和应用研究方面都得到了快速、持续不断的发展。目前，有限元法已经成为工程设计和科研领域的一项重要分析技术和手段。

1.1.1 有限元法的发展过程

有限元法离散化的思想可以追溯到 20 世纪 40 年代。1943 年，R.Courant 在求解扭转问题时为了表征翘曲函数，首次将截面分成若干三角形区域，在各个三角形区域设定一个线性的翘曲函数，求得扭转问题的近似解。其实质就是有限元法分片近似、整体逼近的基本思想。与此同时，一些应用数学家和工程师由于各种原因也涉及过有限元的概念，但由于受到当时计算能力的限制，这些工作并没有引起人们的注意，被认为没有多大应用价值，直到电子计算机出现并得到应用之后，这一思想才引起关注。

有限元法第一次成功的尝试是 1956 年波音公司的 Turner，Clough 等人在分析飞机结构时，将分片近似、整体逼近的思想和结构力学的矩阵位移法应用于弹性力学的平面问题，采用直接刚度法，按照弹性力学的基本原理建立了分片小区域（即三角形单元）上的特性方程，首次采用计算机求解，给出了用三角形单元求得平面应力问题的正确解答。1960 年，Clough 在题为"平面应力分析的有限单元法"的论文中首次使用有限单元法一词。此后这一名称得到了广泛承认，这一方法也被大量工程师开始用于处理结构分析、流体和热传导等复杂问题。

20 世纪六七十年代，是有限元迅速发展的时期，除力学界外，大量数学家也参与了这一工作。1967 年，O.C.Zienkiewicz 和 Y.K.Cheung（张佑启）出版了第一本有关有限元分析的专著《连续体和结构的有限元法》，此书是有限元法的名著，后更名为《有限单元法》。1972 年，J.T.Oden 出版了第一本处理非线性连续介质问题的专著《非线性连续体的有限元法》。从此，有限元法就以坚实的理论基础和完美的计算格式屹立于数值计算方法之林，被认为是一种完美无缺和无所不能的方法。

近几十年来，有限元法得到迅速发展，已出现多种新型单元和求解方法。自动网格划分和自适应分析技术的采用，也大大加强了有限元法的解题能力。由于有限元法的通用性及其在科学研究和工程分析中的作用和重要地位，众多著名公司更是投入巨资来研发有限元分析软件，推动了有限元分析软件的巨大发展，使有限元法的工程应用得到迅速普及。目前在市场上得到认可的国际知名有限元分析通用软件有 ANSYS、NASTRAN、MARC、ADINA、ABAQUS、ALGOR、COSMOS 等，还有一些适用特殊行业的专用软件，如 DEFORM、AUTOFORM、LS-DYNA 等。

我国的力学工作者为有限元方法的初期发展也做出了许多贡献。近几十年，我国在有限元应用及软件开发方面也做了大量的工作，取得了一定的成绩，只是和国外的成熟产品相比还存在较大的差距。

经过半个世纪的发展，有限元法已经相当成熟，作为一种通用的数值计算方法，已经渗透到许多科研和工程应用领域。基于其良好的理论基础、通用性和实用性，可以预计，随着现代力学、计算数学、计算机技术、CAD 技术等的发展，有限元法必将得到进一步的发展和完善，并在国民经济建设和科学技术领域发挥更大的作用。

1.1.2　有限元法的基本思想

有限元法是一种基于变分法而发展起来的求解微分方程的数值计算方法，该方法以计算机为手段，采用分片近似，进而逼近整体的研究思想求解物理问题。

有限元法的基本思想为"化整为零、集零为整"。首先，将物体（或求解域）离散为有限个互不重叠仅通过节点相互连接的子域（即单元），原始边界条件也被转化为节点上的边界条件，此过程常称为离散化。其次，在每个单元内，选择一种简单近似函数来分片逼近未知的单元内位移分布规律，即分片近似，并按弹性理论中的能量原理（或用变分原理）建立单元节点力和节点位移之间的关系。最后，把所有单元的这种关系式集合起来，就得到一组以节点位移为未知量的代数方程组，解这些方程组就可以求出物体上有限个节点的位移。这就是有限元法的创意和精华所在。

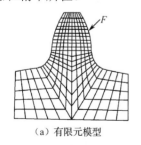

（a）有限元模型

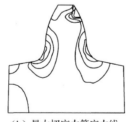

（b）最大切应力等应力线

图 1-1　对直齿圆柱齿轮的轮齿进行的变形和应力分析

图 1-1 是用有限元法对直齿圆柱齿轮的轮齿进行的变形和应力分析，其中图 1-1（a）为有限元模型，图 1-1（b）是最大切应力等应力线。在图 1-1（a）中采用八节点四边形等参数单元把轮齿划分成网格，这些网格称为单元。网格间相互连接的点称为节点。网格与网格的交界线称为边界。显然，图中的节点数是有限的，单元数目也是有限的，这就是"有限单元"一词的由来。

在整个有限元分析过程中，离散化是分析的基础。有限元法的离散对单元形状和大小没有规则划分的限制，单元可以为不同形状，且不同单元可以相互连接组合。所以，有限元法可以模型化任何复杂几何形状的物体或求解区域，离散精度高。

分片近似是有限元法的核心。有限元法是应用局部的近似解来建立整个求解域的解的一种方法。针对一个单元来选择近似函数，积分计算也是在单元内完成的，由于单元形状简单，一般采用低阶多项式函数就能较好地逼近真实函数在该单元上的解，此过程可认为是里兹法的一种局部化应用。而整个求解域内的解可以看作是所有单元近似解的组合。对于整个求解域，只要单元上的近似函数满足收敛性要求，随着单元尺寸的不断缩小，有限元法提供的近似解将收敛于问题的精确解。

矩阵表示和计算机求解是有限元法的关键。因为有限元方程是以节点值和其导数值为未知变量的，节点数目多，形成的线性方程组维数很高，一般工程问题都有成千上万，复杂问题可达百万或更多。所以，有限元方程必须借助矩阵进行表示，只有利用计算机才能求解。

1.1.3　有限元法的分类

有限元法从选择基本未知量的角度来看，可分为三类：位移法、力法和混合法。

（1）位移法：以节点位移为基本未知量的求解方法。

（2）力法：以节点力为基本未知量的求解方法。

（3）混合法：一部分以节点位移，另一部分以节点力作为基本未知量的求解方法。

由于位移法通用性较强，计算机程序处理简单、方便，因此得到广泛的应用。本书只讨论最为普遍的位移法。

1.2　有限元法的基本步骤、误差和特点

1.2.1　有限元法基本步骤

有限元分析的基本步骤可归纳为：结构离散化、单元分析和整体分析。

1．结构离散化

结构离散是有限元分析的基础，是进行有限元分析的第一步。所谓结构离散，就是用假想的线或面将连续物体分割成由有限个单元组成的集合体，且单元之间仅在节点处连接，单元之间的作用仅由节点传递。如图 1-2 所示为平面连续体被离散为三角形单元的集合。

单元和节点是有限元法中两个重要的概念。从理论上讲，单元形状是任意的，没有形状的限制，但在实际计算中，常用的单元形状都是一些简单的形状，如一维的线单元，二维的三角形单元、矩形单元、四边形单元，三维的四面体单元、五面体单元、六面体单元等。可见，不管单元取什么样的形状，一般情况下，单元的离散边界总不可能与求解区域的真实边界完全吻合，这就带来了有限元法的一个基本近似性——几何近似。在一个具体的机械结构中，确定单元的类型

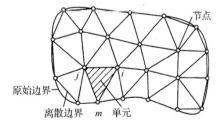

图 1-2　连续体的离散

和数目，以及哪些部位的单元可以取得大一些，哪些部位的单元应该取得小一些，需要由经验来做出判断。单元划分越细，则描述变形情况越精确，即越接近实际变形，但计算量越大。

所以，有限元法中分析的结构已不是原有的物体或结构，而是同样材料的众多单元以一定方式连结成的离散物体。这样，用有限元分析计算所获得的结果只是近似的。若划分的单元数目足够多而又合理，则所获得的计算结果就越逼近实际情况。

2. 单元分析

单元分析包括三方面内容。

（1）选择位移函数。

连续体被离散成单元后，每个单元上的物理量（如位移、应变等）的变化规律，可以用较简单的函数来近似表达。这种用于描述单元内位移的简单函数称为位移函数，又称位移模式。通常的方法是以节点位移为未知量，通过插值来表示单元内任意一点的位移。根据数学理论，定义某一闭区域内的函数总可用一个多项式来逼近，且多项式的数学运算比较容易，所以，位移函数常常取为多项式。多项式的项数越多，则逼近真实位移的精度越高，项数的多少由单元的自由度数决定。

由于所采用的函数是一种近似的试函数，一般不能精确地反映单元中真实的位移分布，这就带来了有限元法的另一种基本近似性。

采用位移法时，物体或结构离散化之后，就可把单元中的一些物理量如位移、应变和应力等由节点位移来表示。

（2）建立单元平衡方程。

在选择了单元类型和相应的位移函数后，即可按弹性力学的几何方程、物理方程导出单元应变与应力的表达式，最后利用虚位移原理或最小势能原理建立单元的平衡方程，即单元节点力与节点位移间的关系。此方程也称为刚度方程，其系数矩阵称为单元刚度矩阵。

$$k^e \delta^e = F^e \qquad (1-1)$$

式中 e——单元编号；

       δ^e——单元的节点位移向量；

       F^e——单元的节点力向量；

       k^e——单元刚度矩阵。

根据单元的材料性质、形状、尺寸、节点数目、位置等，找出单元节点力和节点位移的关系式，这是单元分析中的关键一步。

（3）计算等效节点力。

物体离散化后，假定力是通过节点从一个单元传递到另一个单元的。但是，对于实际的连续体，力是从单元的公共边界传递到另一个单元中去的。因而，这种作用在单元边界的表面力、体积力或集中力都需要等效地移到节点上去，也就是用等效节点力来代替所有作用在单元上的力。

3. 整体分析

整体分析的基本任务包括建立整体平衡方程，形成整体刚度矩阵和节点载荷向量，完成整体方程求解。

（1）整体平衡方程的建立。

有限元法的分析过程是先分后合，即先进行单元分析，在建立了单元平衡方程以后，再进行整体分析。也就是把各个单元的平衡方程集成起来，形成求解区域的平衡方程，此方程为有限元位移法的基本方程。集成所遵循的原则是各相邻单元在共同节点处具有相同的位移。

形成整体平衡方程为

$$K\delta = F \tag{1-2}$$

式中　K——整体结构的刚度矩阵；

　　　δ——整体节点位移向量；

　　　F——整体载荷向量。

（2）方程求解。

在引入边界条件之前，整体平衡方程是奇异的，这意味着整体方程是不可解的。从物理上讲，若物体的几何位置没有被约束，受力处于平衡状态的物体也会产生刚体位移，因而，不可能有唯一的位移解。只有在整体平衡方程中引入必要的边界约束条件，整体平衡方程才能求解。方程求解包括边界条件引入和数值计算，利用适当的数值方法求出未知的节点位移以后，就可按弹性力学的应力、应变公式计算出各个单元的应变、应力等物理量。

1.2.2　有限元解的误差及产生原因

有限元法是一种数值计算方法，所得到的解只是问题的一个近似解，不能像弹性力学那样获得其精确解，因此，存在误差是不可避免的。理论上讲，产生误差的原因主要来自两个方面，即模型误差和计算误差。所谓模型误差是指将实际物理问题抽象为适合计算机求解的有限元模型时所产生的误差，即有限元模型与实际问题之间的差异。它包括物理问题的抽象表示误差（即数学描述的正确性）、有限元法离散处理和简化造成的误差。如模型边界离散过程中的以直代曲会导致离散模型与实际模型有差异，如图 1-2 所示；单元位移函数的近似构造导致与实际位移场存在差异；边界条件的简化近似处理导致与实际情况存在差异；单元形状的不规则或尺寸相差太大会导致局部应力严重失真，产生很大误差。不过这类误差，理论上都是可以消除的，只要有限元单元尺寸趋于无穷小或单元数目足够多，则离散误差、位移函数误差及边界条件误差都将趋于零。所以，这类误差是可控的，可以按工程要求进行控制。所谓计算误差是指由于计算机的数值字长的限制导致计算过程中存在的舍入误差和计算方法所产生的截断误差。就目前计算机的数字表示和计算方法而言，计算误差理论上是不可避免的，只能通过提高计算机性能、选择合适的运算次数和计算方法等来降低计算误差。有限元计算结果误差的分类如图 1-3 所示。

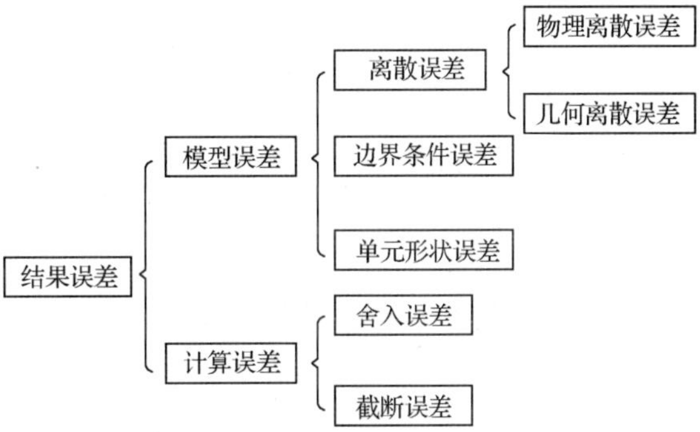

图 1-3　有限元计算结果误差分类

1.2.3　有限元法的特点

有限元法经过几十年的发展，已成为一种通用的数值计算方法。它具有鲜明的特点，具体表现在以下方面。

1. 基本思想简单朴素，概念清晰易理解

有限元法的基本思想就是几何离散和分片插值，其概念清晰、容易理解。用离散单元的组合体来逼近原始结构，体现了几何上的近似；而用近似函数逼近未知变量在单元内的真实解，

体现了数学上的近似；利用与原问题等效的变分原理（如最小势能原理）建立有限元基本方程（刚度方程）又体现了其明确的物理背景。

2．理论基础厚实，数值计算稳定、高效

有限元法计算格式的建立既可基于物理概念推得，如直接刚度法、虚功原理，也可基于纯数学原理推得，如泛函变分原理、加权残值法。通常直接刚度法、虚功原理用于杆系结构或结构问题的方程建立；而变分原理涉及泛函极值，既适用于简单的结构问题，也适用于更复杂的工程问题（如温度场问题）。当给定的问题存在经典变分叙述时，利用变分原理很容易建立这类问题的有限元方程。当给定问题的经典变分不存在时，可采用更一般的方法来建立有限元方程，如加权残值法。加权残值法由问题的基本微分方程出发而不依赖于泛函，可用于处理一般问题的有限元方程的建立，如流固耦合问题。所以，有限元法不仅具有明确的物理背景，更具有坚实的数学基础，且数值计算的收敛性、稳定性均可从理论上得到证明。

3．边界适应性强，精度可控

和早期的其他数值计算方法（如差分法）相比，有限元法具有更好的边界适应性。由于有限元法的单元不限于均匀规则的单元，单元形状有一定的任意性，单元大小可以不同，且单元边界可以是曲线或曲面，不同形状的单元可进行组合，所以，有限元法可以处理任意复杂边界的结构。同时，由于有限元法的单元可以通过增加插值函数的阶次来提高有限元解的精度，避免了里兹法在整个计算区域构造逼近函数，难以满足局部区域的计算精度的问题。因此，理论上讲，有限元法可通过选择单元插值函数的阶次和单元数目来控制计算精度。

4．计算格式规范，易于程序化

有限元法计算格式规范，用矩阵表达，方便处理，易于计算机程序化。

5．计算方法通用，应用范围广

有限元法是一种通用的数值计算方法，应用范围广，不仅能分析具有复杂边界条件、线性和非线性、非均质材料、动力学等结构问题，还可推广到解答数学方程中的其他边值问题，如热传导、电磁场、流体力学等问题。理论上讲，只要是用微分方程表示的物理问题，都可用有限元法进行求解。

总之，有限元法已被公认为应力分析的有效工具，受到普遍的重视和广泛应用。

1.3 有限元法的应用

1.3.1 有限元法的应用领域

有限元法虽起源于结构的平面问题分析，但经过众多学者的不断努力，加之计算机技术的突飞猛进，有限元法的应用领域得到迅速扩展。现在已由二维问题扩展到三维问题、板壳问题，由平衡问题扩展到动态问题、特征值问题和波动问题。分析的对象也从弹性材料扩展到弹塑性、塑性、粘弹性、粘塑性和复合材料等。从固体力学扩展到流体力学、电磁学、传热学等学科，由线性问题扩展到多重非线性的耦合问题。应用领域逐步扩展，从航空技术领域扩展到航天、土木建筑、机械制造、水利工程、造船、电子技术及原子能等，由单一物理场的求解扩展到多物理场的耦合,由单一构件问题扩展到多个物体的结构问题,其应用的深度和广度都得到了极大的拓展。有限元法的工程应用如表1-1所示。

表1-1 有限元法的工程应用

研究领域	平衡问题	特征值问题	动态问题
结构力学和宇航工程学	梁、板、壳结构的分析;复杂或混杂结构的分析;二维与三维应力分析	结构的稳定性;结构的固有频率和振型;线性粘弹性阻尼	应力波的传播;结构对于非周期载荷的动态响应;耦合热弹性力学与热粘弹性力学
土力学,基础工程学	二维与三维应力分析;填筑和开控问题;边坡稳定性问题;土壤与结构的相互作用;坝、隧洞、钻孔、涵洞、船闸等的分析;流体在土壤和岩石中的稳态渗流	土壤与结构组合物的固有频率和振型	土壤与岩石中的非定常渗流;在可变形多孔介质中的流动-固结 应力波在土壤和岩石中的传播;土壤与结构的动态相互作用
热传导	固体和流体中的稳态温度分布		固体和流体中的瞬态热流
流体动力学,水利工程学和水源学	流体的势流;流体的粘性流动;蓄水层和多孔介质中的定常渗流;水工结构和大坝的分析	湖泊和港湾的波动(固有频率和振型);刚性或柔性容器中流体的晃动	河口的盐度和污染研究(扩展问题);沉积物的推移;流体的非定常流动;波的传播;多孔介质和蓄水层中非定常渗流
核子工程学	反应堆安全壳结构的分析;反应堆和反应堆安全壳结构的稳态温度分布		反应堆安全壳结构的动态分析;反应堆结构的热粘弹性分析;反应堆和反应堆安全壳结构中的非稳态温度分布
电磁学	二维和三维静态电磁场分析		二维和三维时变、高频电磁场分析
生物力学工程问题	人体的脊柱、头骨、骨关节、牙移植等应力分析		响应分析

1.3.2 有限元法在工程中的应用

基于功能完善的有限元分析软件和高性能的计算机硬件,可以对设计的结构进行详细的力学分析,以获得尽可能真实的结构受力信息,这样就可以在设计阶段对可能出现的各种问题进行安全评判和设计参数修改。据有关资料显示,一个新产品的问题有60%以上可以在设计阶段消除,甚至有的结构在施工过程也需要进行精细的设计,要做到这一点就需要有限元分析这样的手段。

1. 有限元法在汽车产品开发中的应用

有限元法在汽车工业中得到了广泛应用。有限元法在汽车零部件结构强度、刚度分析中最显著的应用是车架、车身的设计。车架和车身有限元分析的目的在于提高其承载能力和抗变形能力,减轻其自身重量并节省材料。有限元法在汽车安全性评价方面更是发挥了重要作用。早期的汽车安全性评价主要通过汽车碰撞实验进行,存在的主要问题是周期长、费用高和容易造成人身伤害。此外,此类实验属于发现实验,主要通过实验发现的现象对汽车的设计进行修改和优化。现在将有限元方法用于汽车安全性评价,可以通过虚拟仿真发现问题,大量实验通过虚拟仿真完成,实验性质也从发现实验转变为验证实验,与传统的实验方法相比,具有周期短、费用低和能够减少人员伤害的优点。

2. 有限元法在鸟巢建设中的应用

北京的国家体育场鸟巢由纵横交错的钢铁枝蔓筑成，如图 1-4 所示，是世界上跨度最大的钢结构建筑，它是鸟巢设计中最精彩的部分，也是鸟巢建设中最艰难的。看似轻灵的枝蔓总质量达 42000 吨，其中顶盖以及周边悬空部分的质量为 14000 吨。在鸟巢建设过程中，采用了 78 根临时搭建的支撑塔架支撑着 14000 吨钢铁的枝蔓，也就是产生了 78 个受力区域。在钢结构焊接完成后，需要将其缓慢而又平稳地卸去，让鸟巢由被外力支撑的状态变成完全由自身结构支撑。支撑塔架的卸载，对整个钢结构本身来说其实是加载，如何卸载，需要进行非常详细的数值分析，以确定出最佳的卸载方案。

图 1-4　国家体育场鸟巢的钢铁枝蔓结构

3. 有限元法在金属成型模具和工艺设计中的应用

有限元法在金属成型模具和工艺设计中得到了广泛应用。金属成型过程十分复杂，理论上属于弹塑性、大变形和接触非线性相互耦合问题。采用有限元法研究焊管、无缝钢管的成型过程，可以为成型工艺和模具设计提供参考。有限元法的应用，使基于经验的成型工艺与模具设计逐步转变为基于数值模拟结果的成型工艺与模具设计，提高了设计水平，降低了设计周期。

1.3.3　有限元法在产品开发中的作用

有限元法的出现和发展，使产品设计与制造发生了根本性的改变，使产品开发朝着数字化设计、分析、优化及数字化制造与控制的综合化方向发展。

在现代产品开发过程中，CAD/CAE/CAM 已成为基本工具，作为 CAE 工具重要组成之一的有限元法，更是产品开发必不可少的工具。CAD 工具用于产品结构设计，形成产品的数字化模型。有限元法则用于产品性能的分析与仿真，帮助设计人员了解产品的物理性能和破坏的可能原因，分析结构参数对产品性能的影响，对产品性能进行全面预测和优化，帮助工艺人员对产品的制造工艺及试验方案进行分析设计。实际上，当前有限元法在产品开发中的作用，已从传统的零部件分析、校核设计模式发展为与计算机辅助设计、优化设计、数字化制造融为一体的综合设计。有限元法已成为提高产品设计质量的有效工具。图 1-5 给出产品开

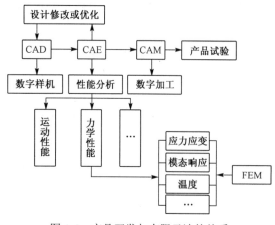

图 1-5　产品开发与有限元法的关系

发与有限元法的关系。可以预见，随着现代力学、计算数学和计算机技术等学科的发展，有限元法作为一个具有坚实理论基础和广泛应用效力的通用数值分析工具，必将在产品开发中发挥更大的作用。

有限元法已经成为提高产品设计质量的有效工具。有限元法的应用大大提高了产品设计效率，缩短了产品开发周期；优化了设计方案，提高了产品质量和工作性能；降低了材料消耗，减少了试件制作，降低了成本。

有限元法在产品设计和研究中显示出很强的优越性，越来越多的企业和技术人员意识到 CAE 技术是一种巨大是生产力，不久的将来，有限元法的应用必将更加普及，必将推动科技进步和社会发展，并会取得巨大的经济效益。

1.4　弹性力学基本知识

弹性体是指卸载后能够完全恢复其初始状态的物体。弹性力学则是研究弹性体在载荷和约束作用下应力和变形分布规律的一门学科。有限元法起源于弹性力学问题的求解，本节将通过弹性力学问题来介绍有限元法的基本理论。首先介绍弹性力学问题的基本方程，然后介绍弹性力学问题的能量原理，它是有限元法近似求解的基本原理。

1.4.1　弹性力学的基本假设

在建立弹性力学基本方程时，如果考虑的因素过多，就会导致方程过于复杂，很难求解。因此，为了突出问题的实质，使问题简单化，必须按照所求解的实际问题，给出一些基本假设，忽略一些暂不考虑的因素。通常情况下，弹性力学中有以下五个基本假设。

（1）连续性假设。假设物体是连续的，整个物体的体积被组成该物体的介质所填满，没有任何空隙，而且在整个变形过程中保持连续。这样，物体中的一些物理量，例如应力、应变、位移等，可用坐标的连续函数表示它们的变化规律，物体在变形过程中始终保持连续，即原来相邻的两个任意点，变形后仍为相邻点，不会出现开裂或重叠的现象。

（2）均匀性假设。假定整个物体由同一种材料组成，在各不同点处都具有相同的物理性质，物体各部分具有相同的弹性，物体的弹性不随位置坐标而改变。

（3）各向同性假设。假定整个物体在各个方向都有相同的力学性质，与方向无关。这样，物体的弹性常数不会随方向而改变。反之，称为各向异性，如木材等。

（4）完全弹性假设。假设使物体产生变形的外力去除以后，物体能够完全恢复原形，没有任何剩余变形。若这样的材料服从胡克定律，即应变与引起该应变的应力成正比，则称这样的材料为线弹性材料，反之，称为非线性的弹性材料。若不满足，则材料为塑性的。

（5）小变形假设。假设物体的位移和应变是微小的，即物体在外力等作用下所有各点的位移都远远小于物体原来的尺寸。这样，在建立物体受力变形后的平衡方程时，可以采用变形前的尺寸代替变形后的尺寸，而不会引起显著误差。

满足前四个假定的物体，称为理想弹性体。若满足全部假设，则称为理想弹性体的线性问题，简称线弹性问题。

1.4.2　弹性力学的基本变量

在弹性力学中经常涉及四个基本物理量：外力、应力、应变和位移，应力、应变和位移是描述物体物理状态的基本变量。分别说明如下。

1. 外力

作用在物体上的外力可分为体积力和表面力两大类，分别简称为体力和面力。

（1）体力（体积力）：是指分布在物体体积内的力，如重力、惯性力、磁性力等。常用其在单位体积上的体力表示，该矢量在坐标轴 x、y、z 上的投影记为 P_x、P_y、P_z，称为体力分量，量纲为[力][长度]$^{-3}$。符号规定为沿坐标轴的正向为正，反之为负。

（2）面力（表面力）：是指作用在物体表面上的力，如流体压力、接触压力、风载荷、约束反力等。常用其在单位面积上的面力表示，该矢量在坐标轴 x、y、z 上的投影记为 q_x、q_y、q_z，称为面力分量，量纲为[力][长度]$^{-2}$。符号规定为沿坐标轴正方向为正，反之为负。

有限元分析中也使用集中力这一概念，其正负号规定同上。

2. 应力

当弹性体受外力作用，或由于温度有所改变时，其内部将产生内力。为了研究物体内某一点 P 处的内力，假想用通过物体内 P 点的一个截面 mn 将该物体分为 A 和 B 两部分，如图1-6所示。将 B 部分撤开，根据力的平衡原则，B 部分将在截面 mn 上对留下的 A 部分作用一定的内力。在 mn 截面上取包含 P 点的微小面积 ΔA，设作用于 ΔA 上的内力为 ΔQ，则内力的平均集度，即平均应力为 $\dfrac{\Delta Q}{\Delta A}$。令 ΔA 无限减小而趋于 P 点时，$\dfrac{\Delta Q}{\Delta A}$ 将趋于一定的极限 S，这个极限矢量 S 就是物体在 P 点的应力，表示为

$$\lim_{\Delta A \to 0} \frac{\Delta Q}{\Delta A} = S$$

显然，应力就是弹性体内某一点作用于某截面单位面积上的内力，它反映了内力在截面上的分布密度。

对于应力，除了在推导某些公式的过程中，通常都不会使用它沿坐标轴方向的分量，因为这些分量和物体的变形或材料强度都没有直接的关系。与物体的变形及材料强度直接相关的是应力在作用截面的法向和切向的分量，也就是正应力 σ 和剪应力 τ，如图1-7所示。应力及其分量的量纲为[力][长度]$^{-2}$。

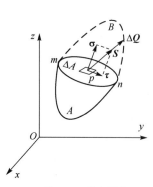

图1-6　应力概念

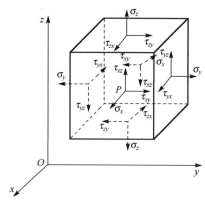

图1-7　应力分量

显然，在物体内同一点 P 的不同截面上的应力是不同的。为了分析这一点的各个截面上应力的大小和方向，即应力状态，在这一点从物体内取出一个微小的平行六面体，它的棱边平行

于坐标轴，如图 1-7 所示。把每个侧面上的应力沿坐标轴方向进行分解，垂直于微元体表面的应力称为正应力，用字母 σ 表示，并用一个角标表示受力面及作用方向。例如，σ_x 表示正应力作用在法线为 x 轴的平面上，方向与 x 轴平行的应力。平行于微元体表面的应力称为剪应力，用字母 τ 表示，并用两个角标表示受力面及作用方向，第一个角标表示受力面的法线方向，第二个角标表示力的方向。例如，τ_{xy} 表示剪应力作用在法线为 x 轴的平面上，方向与 y 轴平行的应力。

根据剪应力互等定律，即作用在两个互相垂直的面上，并且垂直于该两个面交线上的剪应力互等，微元体上 6 个剪应力存在如下关系：

$$\tau_{xy} = \tau_{yx}, \quad \tau_{yz} = \tau_{zy}, \quad \tau_{zx} = \tau_{xz}$$

这样在任意点 P 的应力只有 6 个独立分量，即图 1-7 所示的 3 个正应力分量和 3 个剪应力分量。因此，弹性体在载荷作用下，体内任意一点的应力状态可由 6 个应力分量 σ_x、σ_y、σ_z、τ_{xy}、τ_{yz}、τ_{zx} 来表示。

应力的矩阵形式

$$\boldsymbol{\sigma} = \begin{bmatrix} \sigma_x \\ \sigma_y \\ \sigma_z \\ \tau_{xy} \\ \tau_{yz} \\ \tau_{zx} \end{bmatrix} = \begin{bmatrix} \sigma_x & \sigma_y & \sigma_z & \tau_{xy} & \tau_{yz} & \tau_{zx} \end{bmatrix}^{\mathrm{T}} \tag{1-3}$$

称为应力向量或应力列阵。

由于弹性体内各点的应力状态不一定相同，因此应力分量不是常量，而是坐标 x, y, z 的函数。

如果某一个截面上的外法线为沿着坐标轴的正方向，这个截面就称为一个正面，而这个面上的应力分量就以沿坐标轴正方向为正，沿坐标轴负方向为负。相反，如果某一个截面上的外法线为沿着坐标轴的负方向，这个截面就称为一个负面，而这个面上的应力分量就以沿坐标轴负方向为正，沿坐标轴正方向为负。图 1-7 中所示的应力分量全部都是正的。注意，虽然有上述正负号规定，对于正应力来说，其结果和材料力学中的规定相同（拉应力为正，而压应力为负），但是，对于剪应力来说，结果却和材料力学中的规定不完全相同。

3．应变

物体的形状总可以用它各部分的长度和角度来表示，物体形状的改变可归结为长度的改变和角度的改变。在外力作用下弹性体将产生变形，其变形的大小可以用微元体棱边的长度和它们之间夹角的变化来描述。

为了研究物体内任一点 P 的变形情况，同样在点 P 附近用平行于坐标面的平面截取一微元体，三个微小的棱边线段 $PA = \mathrm{d}x$，$PB = \mathrm{d}y$，$PC = \mathrm{d}z$，如图 1-8 所示。

当微元体变形时，三个棱边的长度和它们之间的直角都将发生改变。各棱边单位长度的伸缩称为正应变，各面之间直角的改变量称为剪应变。正应变用 ε 表示，ε_x 表示 x 方向的 PA 的正应变，$\varepsilon_x = \dfrac{\Delta x}{a}$，如图 1-9（a）所示，其余类推。剪应变用 γ 表示，γ_{xy} 表示线段 PA、PB 之间直角的改变，它由两部分组成，即 $\gamma_{xy} = \alpha + \beta$，如图 1-9（b）所示，用弧度表示。显然，$\gamma_{xy} = \gamma_{yx}$，其余类推。应变的正负号规定是：正应变以伸长为正，缩短为负；剪应变以直角变小时为正，变大时为负。

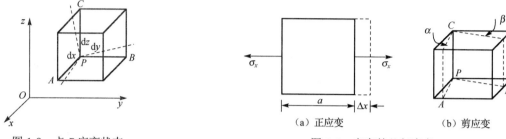

图 1-8　点 P 应变状态　　　　　　　　　　图 1-9　应变的几何意义

弹性体内任意一点的应变状态，可以由 6 个应变分量 ε_x、ε_y、ε_z、γ_{xy}、γ_{yz}、γ_{zx} 来表示。应变的矩阵形式

$$\boldsymbol{\varepsilon} = \begin{bmatrix} \varepsilon_x \\ \varepsilon_y \\ \varepsilon_z \\ \gamma_{xy} \\ \gamma_{yz} \\ \gamma_{zx} \end{bmatrix} = \begin{bmatrix} \varepsilon_x & \varepsilon_y & \varepsilon_z & \gamma_{xy} & \gamma_{yz} & \gamma_{zx} \end{bmatrix}^{\mathrm{T}} \tag{1-4}$$

称为应变向量或应变列阵。

应变分量同样不是常量，而是坐标 x，y，z 的函数，当这 6 个分量为已知时，则该点的变形就完全确定了。

4．位移

弹性体在载荷作用下，不仅会发生变形，还将产生位移，即弹性体内质点位置的变化。物体内任意一点的位移可由沿直角坐标轴 x、y、z 方向的三个位移分量 u、v、w 来表示。它的矩阵形式

$$\boldsymbol{f} = \begin{bmatrix} u \\ v \\ w \end{bmatrix} = \begin{bmatrix} u & v & w \end{bmatrix}^{\mathrm{T}} \tag{1-5}$$

称为位移向量或位移列阵。

正负号规定是沿坐标轴正向为正，反之为负。弹性体发生变形时，各质点的位移不一定相同，因此，位移也是坐标 x，y，z 的函数。

值得注意的是，位移由两部分组成：一是周围介质变形使之产生的刚体位移，二是本身变形使内部质点产生的位移。后者与应变有确定的几何关系。

一般而论，弹性体内任意一点的体力分量、面力分量、应力分量、应变分量和位移分量，都是随该点的位置变化而变化的，是位置坐标的函数。在弹性力学问题中，通常物体的形状大小、材料特性、受力和边界约束情况是已知的，而受力作用后的应力分量、应变分量和位移分量是待求的，是未知的。因此，通常将应力、应变和位移作为描述弹性力学问题的基本变量，弹性体内任意一点在任意方向的位移、应力和应变都可通过它们来进行描述。

1.4.3　弹性力学的基本方程

弹性力学的基本方程描述了弹性体内任一点应力、应变、位移和外力之间的关系，包括几何方程、物理方程和平衡方程三类。

1. 几何方程

描述弹性体应变分量与位移分量之间关系的方程称为几何方程。对于空间问题，应变分量和位移分量之间的几何关系可以表示为

$$\begin{cases} \varepsilon_x = \dfrac{\partial u}{\partial x} \\[4pt] \varepsilon_y = \dfrac{\partial v}{\partial y} \\[4pt] \varepsilon_z = \dfrac{\partial w}{\partial z} \\[4pt] \gamma_{xy} = \dfrac{\partial u}{\partial y} + \dfrac{\partial v}{\partial x} \\[4pt] \gamma_{yz} = \dfrac{\partial v}{\partial z} + \dfrac{\partial w}{\partial y} \\[4pt] \gamma_{zx} = \dfrac{\partial w}{\partial x} + \dfrac{\partial u}{\partial z} \end{cases} \tag{1-6}$$

把式（1-6）写成矩阵形式

$$\varepsilon = \begin{bmatrix} \varepsilon_x \\ \varepsilon_y \\ \varepsilon_z \\ \gamma_{xy} \\ \gamma_{yz} \\ \gamma_{zx} \end{bmatrix} = \begin{bmatrix} \frac{\partial u}{\partial x} \\ \frac{\partial v}{\partial y} \\ \frac{\partial w}{\partial z} \\ \frac{\partial u}{\partial y} + \frac{\partial v}{\partial x} \\ \frac{\partial v}{\partial z} + \frac{\partial w}{\partial y} \\ \frac{\partial w}{\partial x} + \frac{\partial u}{\partial z} \end{bmatrix} \tag{1-7}$$

上式说明空间一点的 6 个应变分量可用该点的 3 个位移分量来表示，当物体的位移分量完全确定时，应变分量即被完全确定。反之，当应变分量完全确定时，位移分量却不能完全确定。这是因为物体产生位移有两个原因，一是由于物体受力变形而引起的位置变化，二是物体的刚体运动而产生的位置变化，称为刚体位移。而刚体位移是物体的整体移动，是与变形无关的位移，这说明即使物体有位移也不表示就一定有变形产生。由此可知，虽然物体的变形已定，而它还可能存在各种刚体位移，所以不能由应变分量来唯一确定位移分量。

2. 物理方程

物理方程描述应力分量与应变分量之间的关系，对于完全弹性体的各向同性体，它们为广义胡克定律：

$$\sigma_x = \frac{E(1-\mu)}{(1+\mu)(1-2\mu)}\left(\varepsilon_x + \frac{\mu}{1-\mu}\varepsilon_y + \frac{\mu}{1-\mu}\varepsilon_z\right)$$

$$\sigma_y = \frac{E(1-\mu)}{(1+\mu)(1-2\mu)}\left(\frac{\mu}{1-\mu}\varepsilon_x + \varepsilon_y + \frac{\mu}{1-\mu}\varepsilon_z\right)$$

$$\sigma_z = \frac{E(1-\mu)}{(1+\mu)(1-2\mu)}\left(\frac{\mu}{1-\mu}\varepsilon_x + \frac{\mu}{1-\mu}\varepsilon_y + \varepsilon_z\right)$$

$$\tau_{xy} = \frac{E}{2(1+\mu)}\gamma_{xy}$$

$$\tau_{yz} = \frac{E}{2(1+\mu)}\gamma_{yz} \qquad (1\text{-}8)$$

$$\tau_{zx} = \frac{E}{2(1+\mu)}\gamma_{zx}$$

式中，E、μ 均为材料的弹性常数，E 为材料的弹性模量，μ 为泊松比。

把式（1-8）写为矩阵形式：

$$\boldsymbol{\sigma} = \begin{bmatrix} \sigma_x \\ \sigma_y \\ \sigma_z \\ \tau_{xy} \\ \tau_{yz} \\ \tau_{zx} \end{bmatrix} = \frac{E(1-\mu)}{(1+\mu)(1-2\mu)} \begin{bmatrix} 1 & \frac{\mu}{1-\mu} & \frac{\mu}{1-\mu} & 0 & 0 & 0 \\ \frac{\mu}{1-\mu} & 1 & \frac{\mu}{1-\mu} & 0 & 0 & 0 \\ \frac{\mu}{1-\mu} & \frac{\mu}{1-\mu} & 1 & 0 & 0 & 0 \\ 0 & 0 & 0 & \frac{1-2\mu}{2(1-\mu)} & 0 & 0 \\ 0 & 0 & 0 & 0 & \frac{1-2\mu}{2(1-\mu)} & 0 \\ 0 & 0 & 0 & 0 & 0 & \frac{1-2\mu}{2(1-\mu)} \end{bmatrix} \begin{bmatrix} \varepsilon_x \\ \varepsilon_y \\ \varepsilon_z \\ \gamma_{xy} \\ \gamma_{yz} \\ \gamma_{zx} \end{bmatrix}$$

$$(1\text{-}9a)$$

简记为

$$\boldsymbol{\sigma} = \boldsymbol{D}\boldsymbol{\varepsilon} \qquad (1\text{-}9b)$$

式中，$\boldsymbol{D}$ 称为弹性矩阵，由材料的弹性模量 E 和泊松比 μ 确定，与坐标位置无关。

3．平衡方程

当弹性体在外力作用下保持静止或等速直线运动时，称此弹性体处于平衡状态。此时，弹性体中的应力不是任意的，它必须满足静力平衡条件，即弹性体内任一点满足平衡方程，在给定表面力的边界上满足应力边界条件。

体积力一般用单位体积上的力在 3 个坐标轴方向上的投影 P_x、P_y、P_z 表示。根据微元体的静力平衡条件，可以得到直角坐标系中的三维平衡方程：

$$\begin{cases} \dfrac{\partial \sigma_x}{\partial x} + \dfrac{\partial \tau_{yx}}{\partial y} + \dfrac{\partial \tau_{zx}}{\partial z} + P_x = 0 \\[2mm] \dfrac{\partial \tau_{xy}}{\partial x} + \dfrac{\partial \sigma_y}{\partial y} + \dfrac{\partial \tau_{zy}}{\partial z} + P_y = 0 \\[2mm] \dfrac{\partial \tau_{xz}}{\partial x} + \dfrac{\partial \tau_{yz}}{\partial y} + \dfrac{\partial \sigma_z}{\partial z} + P_z = 0 \end{cases} \qquad (1\text{-}10)$$

平衡方程是弹性体内部任一点都必须满足的条件，它说明 6 个应力分量不是独立的，它们通过 3 个平衡方程互相联系。

4．边界条件

由上述几何方程（1-6）、物理方程（1-9）和平衡方程（1-10）可知，足够数目的微分方程（15 个）可求解未知的应力、应变及位移（15 个未知量，即 6 个应力分量、6 个应变分量和 3 个位移分量），而微分方程求解中出现的常数，则必须根据定解条件确定。静力学的定解条件只包含边界条件，它通常分为位移边界条件和应力边界条件。

物体在边界上的位移分量已知的条件称为位移边界条件，即在已知边界 Γ_u 上，有

$$u_{\Gamma_u} = \overline{u} , \quad v_{\Gamma_u} = \overline{v} , \quad w_{\Gamma_u} = \overline{w} \tag{1-11}$$

其中 $\overline{u}$、$\overline{v}$ 和 $\overline{w}$ 为在边界 Γ_u 上沿 x, y, z 方向的已知位移。

物体在边界上所受的面力分量已知的条件称为应力边界条件，即在已知边界 Γ_p 上，有

$$\begin{cases} q_x = l\sigma_x + m\tau_{xy} + n\tau_{xz} \\ q_y = l\tau_{yx} + m\sigma_y + n\tau_{yz} \\ q_z = l\tau_{zx} + m\tau_{zy} + n\sigma_z \end{cases} \tag{1-12}$$

式中，q_x、q_y、q_z 为边界上一点处单位面积上表面力分量，l、m、n 分别表示边界 Γ_p 上外法线方向的方向余弦。

值得注意的是，弹性力学问题的实际求解，并不是同时求解上述 15 个方程，得出全部未知量，而是先求出一部分（称为基本未知量），然后再通过基本方程求解其他未知量。

实际上，对于复杂的弹性结构，上述 15 个方程的求解，不论采用哪种方法来寻求解析解都极其困难。因此，常采用泛函变分原理近似求解上述弹性力学问题，即把上述求解微分方程的边值问题转化为求解泛函的极值问题。由于在弹性力学中，这种泛函就是物体的能量表达式，所以，弹性力学问题的这种基于变分原理的求解方法称为能量原理。它是求解复杂弹性结构近似解最有效的方法，也是有限元法的理论基础。

1.4.4　弹性问题的能量原理

1．虚位移原理

虚位移是一种假想加到结构上的可能的、任意的、微小的位移。其中，所谓"可能的"是指结构所允许的，即满足结构的约束条件和变形连续条件的位移；所谓"任意的"是指位移类型（平移、转动）和方向不受限制，但必须是结构所允许的位移；所谓"微小的"就是在发生虚位移过程中，各力的作用线保持不变。它的发生与时间无关，与弹性体所受的外载荷无关，而在发生虚位移过程中外力在虚位移上所做的功称为虚功。与此同时，在发生虚位移的过程中，弹性体内将产生虚应变。若把弹性体上外力在虚位移发生过程中所做的虚功记为 δW，弹性体内的应力在虚应变上所做的虚功，即储存在弹性体内的虚应变能记为 δU，则虚位移原理可表达如下：

在外力作用下处于平衡状态的弹性体，当发生约束允许的任意微小的虚位移时，则外力在虚位移上所做的总虚功等于弹性体内总的虚应变能（即整个体积内应力在虚应变上所做之功），即

$$\delta W = \delta U \tag{1-13}$$

如图 1-10 所示，设弹性体在外力 F_1，F_2，F_3，…等作用下处于平衡状态，外力记为

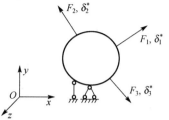

图 1-10　平衡状态的弹性体

$F = [F_1, F_2, F_3 \cdots]^\mathrm{T}$，弹性体内的应力为 $\sigma = [\sigma_x, \sigma_y, \sigma_z, \tau_{xy}, \tau_{yz}, \tau_{zx}]^\mathrm{T}$，并假设满足约束条件所产生的虚位移为 $\delta^* = [\delta_1^*, \delta_2^*, \delta_3^*, \cdots]^\mathrm{T}$，相应的虚应变为 $\varepsilon^* = [\varepsilon_x^*, \varepsilon_y^*, \varepsilon_z^*, \gamma_{xy}^*, \gamma_{yz}^*, \gamma_{zx}^*]^\mathrm{T}$，则外力在虚位移上所做的总虚功为

$$\delta W = F_1 \delta_1^* + F_2 \delta_2^* + F_3 \delta_3^* + \cdots = \delta^{*\mathrm{T}} F$$

在物体的单位体积内，应力在虚应变上的虚应变能为

$$\sigma_x \varepsilon_x^* + \sigma_y \varepsilon_y^* + \sigma_z \varepsilon_z^* + \tau_{xy} \gamma_{xy}^* + \tau_{yz} \gamma_{yz}^* + \tau_{zx} \gamma_{zx}^* = \varepsilon^{*\mathrm{T}} \sigma$$

整个物体的虚应变能是

$$\delta U = \iiint \varepsilon^{*\mathrm{T}} \sigma \mathrm{d}x\mathrm{d}y\mathrm{d}z$$

则式（1-13）可记为

$$\delta^{*T} F = \iiint \varepsilon^{*\mathrm{T}} \sigma \mathrm{d}x\mathrm{d}y\mathrm{d}z \tag{1-14}$$

上式又称为虚功方程。

2．变分原理

若把自变量的函数称为自变函数，则泛函就是自变函数的函数。如应力和应变是坐标的函数，是自变函数，而应变能是应力和应变的函数，应变能就是泛函。变分原理就是求泛函的变分问题。

假设 u 是一组坐标的连续函数，以函数 u 为自变函数，构造新的函数，则得到泛函

$$\Pi = \int_\Omega F\left(u, \frac{\partial u}{\partial x}, \cdots\right)\mathrm{d}\Omega + \int_\Gamma E\left(u, \frac{\partial u}{\partial x}, \cdots\right)\mathrm{d}\Gamma \tag{1-15}$$

它是自变函数 u 及其导数的函数，F、E 是特定的微分算子。如果 u 是所求问题的真实解，则 u 使泛函 Π 对于自变函数任意微小的变化 δu 取驻值，即泛函的变分（变分运算法则类似微分运算法则）等于零：

$$\delta \Pi = 0 \tag{1-16}$$

这就是变分原理。相对于问题的微分方程提法，变分原理也称为问题的泛函变分提法。问题的泛函可通过微分方程等效积分的弱形式或其他方式得到，如弹性问题的势能就是一种泛函，它可由平衡微分方程和边界条件的等效积分的弱形式得到。而问题的求解就是基于变分原理寻求使泛函取驻值的函数。显然，问题的微分方程表达与泛函变分表达具有等价性。但是，必须注意并不是所有问题都能建立起相应的泛函，即使问题的微分方程表达存在。

3．势能变分原理

对于弹性问题，系统总势能就是一种泛函。势能变分原理是指在所有满足边界条件的可能位移中，那些满足平衡方程的真实位移使物体的势能泛函取驻值，即势能的变分为零：

$$\delta \Pi = \delta U - \delta W = 0 \tag{1-17}$$

上式也称为变分方程。对于线性弹性体，势能取最小值，即

$$\delta^2 \Pi = \delta^2 U - \delta^2 W \geqslant 0 \tag{1-18}$$

此时的势能变分原理就是著名的最小势能原理，其物理意义就是在自然状态下系统势能总是趋于最小化，这是一个普遍的物理规律。

最小势能原理很容易证明。假设位移分量发生了满足边界条件所容许的微小改变，即虚位

移或位移变分 δu，δv，δw 变为

$$u^* = u + \delta u，\quad v^* = v + \delta v，\quad w^* = w + \delta w$$

u^*, v^*, w^* 称为可能位移。考察系统势能的变化（为了简便，假设不存在初应力和初应变），并注意相应的应变分量，则对应可能位移的势能为

$$\Pi^* = \frac{1}{2}\int_\Omega \boldsymbol{\varepsilon}^{*\mathrm{T}} \boldsymbol{D}\boldsymbol{\varepsilon}^* \mathrm{d}\Omega -$$

$$\int_\Omega (Xu^* + Yv^* + Zw^*)\mathrm{d}\Omega - \int_\Gamma (\bar{X}u^* + \bar{Y}v^* + \bar{Z}w^*)\mathrm{d}\Gamma$$

$$= \Pi + \delta\Pi + \frac{1}{2}\delta^2\Pi$$

其中 $\delta\Pi$，$\delta^2\Pi$ 分别是系统势能的一阶变分和二阶变分，其表达式为

$$\delta\Pi = \int_\Omega \delta\boldsymbol{\varepsilon}^{\mathrm{T}}\boldsymbol{\sigma}\mathrm{d}\Omega - \int_\Omega (X\delta u + Y\delta v + Z\delta w)\mathrm{d}\Omega - \int_\Gamma (\bar{X}\delta u + \bar{Y}\delta v + \bar{Z}\delta w)\mathrm{d}\Gamma$$

$$\delta^2\Pi = \frac{1}{2}\int_\Omega \delta\boldsymbol{\varepsilon}^{\mathrm{T}}\boldsymbol{D}\delta\boldsymbol{\varepsilon}\mathrm{d}\Omega$$

根据泛函驻值条件，一阶变分 $\delta\Pi = 0$。考虑到应变能的非负性，即二阶变分 $\delta^2\Pi$ 非负，由上式知

$$\Pi^* - \Pi \geq 0 \tag{1-19}$$

式（1-19）说明满足位移边界条件的所有可能位移所对应的势能总是不小于真实位移所对应的势能，即真实位移使系统总势能取最小值，最小势能原理得证。

比较虚功原理和最小势能原理可知，势能变分原理与虚功原理是完全等价的。同时，通过运算，还可以由最小势能原理（或虚功原理）导出弹性体的微分平衡方程与应力边界条件。这说明最小势能原理或虚功原理都可以代替平衡微分方程与应力边界条件，用于描述弹性体的平衡状态，只是前者是基于能量的描述，后者是基于力的平衡。

1.4.5　弹性力学的平面问题

在工程实际中，任何一种结构都是空间物体，作用其上的外力一般也都是空间力系。但是，如果所研究的结构具有某种特殊形状，并且承受某些特殊外力，往往可以把空间问题简化为平面问题来处理。这样可以使方程组大大简化，减少分析和计算的工作量，同时也能满足工程上的精度要求。弹性力学将平面问题分为平面应力问题和平面应变问题。

1．平面应力问题

若结构满足以下两个条件，则称为平面应力问题。

（1）几何条件。结构是一等厚度薄板，其厚度远远小于结构另外两个方向的尺寸。

（2）载荷条件。其所受的载荷平行于板面，且沿厚度方向均匀分布，在两个板面上不受外力作用。

如图 1-11（a）所示结构属于平面应力问题；而如图 1-11（b）所示结构因载荷不均布，如图 1-11（c）所示结构因尺寸 L，t 相近，都不属于平面应力问题。

以薄板的中面为 xOy 面，以垂直于中面的直线为 z 轴，设薄板的厚度为 t。因为板面上 $\left(z = \pm\dfrac{t}{2}\right)$ 无外力作用，则有

$$(\sigma_z)_{z=\pm\frac{t}{2}} = 0，\qquad (\tau_{zy})_{z=\pm\frac{t}{2}} = 0，\qquad (\tau_{zx})_{z=\pm\frac{t}{2}} = 0$$

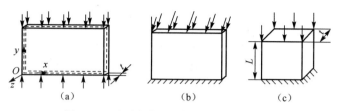

图 1-11　平面应力问题与非平面应力问题

实际上在板内部，上述 3 个应力分量是不为零的，但是由于板很薄，外力又不沿厚度变化，薄板不受弯曲作用，应力沿着板的厚度又是连续分布的，所以这些应力肯定很小，可以不计。这样，可以认为在整个板内各点都有

$$\sigma_z = 0 , \quad \tau_{zy} = 0 , \quad \tau_{zx} = 0$$

这类问题任一点的应力状态可用 xOy 平面内的 3 个应力分量 σ_x，σ_y，τ_{xy} 描述，所以称这类平面问题为平面应力问题。

根据物理方程，可得平面应力问题的应变为

$$\gamma_{zy} = 0 , \qquad \gamma_{zx} = 0$$

同时，

$$\varepsilon_z = -\frac{\mu}{E}(\sigma_x + \sigma_y)$$

尽管 ε_z 和 z 方向的位移 w 均不为零，即 $\varepsilon_z \neq 0$，$w \neq 0$，但是它们都不是独立变量，可用其他独立物理量来表示。

经上述简化处理，可得描述平面应力问题的 8 个独立的基本分量为

$$\boldsymbol{\sigma} = \begin{bmatrix} \sigma_x \\ \sigma_y \\ \tau_{xy} \end{bmatrix} = \begin{bmatrix} \sigma_x & \sigma_y & \tau_{xy} \end{bmatrix}^{\mathrm{T}} \tag{1-20}$$

$$\boldsymbol{\varepsilon} = \begin{bmatrix} \varepsilon_x \\ \varepsilon_y \\ \gamma_{xy} \end{bmatrix} = \begin{bmatrix} \varepsilon_x & \varepsilon_y & \gamma_{xy} \end{bmatrix}^{\mathrm{T}} \tag{1-21}$$

$$\boldsymbol{f} = \begin{bmatrix} u \\ v \end{bmatrix} = \begin{bmatrix} u & v \end{bmatrix}^{\mathrm{T}} \tag{1-22}$$

它们仅是 x，y 的函数而与 z 无关。

平面问题可以看作一般三维问题的特例，其变量必须满足一般三维问题的基本方程。将上述变量代入空间问题的几何方程、物理方程及平衡方程可得到平面问题的基本方程。

（1）几何方程

由于 $\gamma_{zx} = \gamma_{zy} = 0$，平面应力问题只考虑平面内的几何方程

$$\boldsymbol{\varepsilon} = \begin{bmatrix} \varepsilon_x \\ \varepsilon_y \\ \gamma_{xy} \end{bmatrix} = \begin{bmatrix} \dfrac{\partial u}{\partial x} \\[2mm] \dfrac{\partial v}{\partial y} \\[2mm] \dfrac{\partial u}{\partial y} + \dfrac{\partial v}{\partial x} \end{bmatrix} \tag{1-23}$$

（2）物理方程

在平面应力问题中 $\varepsilon_z \neq 0$，但 ε_z 并不是独立的，所以求解时只考虑面内的三个应力和应变分量，物理方程为

$$\begin{bmatrix} \sigma_x \\ \sigma_y \\ \tau_{xy} \end{bmatrix} = \frac{E}{1-\mu^2} \begin{bmatrix} 1 & \mu & 0 \\ \mu & 1 & 0 \\ 0 & 0 & \dfrac{1-\mu}{2} \end{bmatrix} \begin{bmatrix} \varepsilon_x \\ \varepsilon_y \\ \gamma_{xy} \end{bmatrix} \tag{1-24}$$

式中

$$\boldsymbol{D} = \frac{E}{1-\mu^2} \begin{bmatrix} 1 & \mu & 0 \\ \mu & 1 & 0 \\ 0 & 0 & \dfrac{1-\mu}{2} \end{bmatrix} \tag{1-25}$$

称为平面应力问题的弹性矩阵。

则物理方程写成矩阵的形式为

$$\boldsymbol{\sigma} = \boldsymbol{D}\boldsymbol{\varepsilon} \tag{1-26}$$

（3）平衡方程

由于 $\tau_{zx} = \tau_{zy} = 0$，且 σ_z 与 z 无关，平面应力问题的平衡方程可化为

$$\begin{cases} \dfrac{\partial \sigma_x}{\partial x} + \dfrac{\partial \tau_{yx}}{\partial y} + P_x = 0 \\ \dfrac{\partial \sigma_y}{\partial y} + \dfrac{\partial \tau_{xy}}{\partial x} + P_y = 0 \end{cases} \tag{1-27}$$

在工程实际中，受拉力作用的薄板、链条的平面链板、内燃机中的连杆以及齿宽较小的直齿圆柱齿轮的轮齿等均可看作平面应力问题，如图 1-12 所示为平面应力问题实例。通常对于厚度稍有变化的薄板、带有加强筋的薄环、平面刚架的节点区域、起重机的吊钩等，只要符合前述载荷特征，也往往可按平面问题用有限元法近似计算。

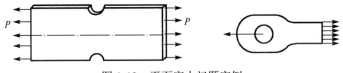

图 1-12　平面应力问题实例

2. 平面应变问题

所谓平面应变问题是指满足以下两个条件的弹性力学问题。

（1）几何条件。所研究结构是长柱体（理论上假设为无限长的细长结构），即长度方向的尺寸远远大于横截面的尺寸，且横截面沿长度方向不变。

（2）载荷条件。作用于长柱体结构上的载荷平行于横截面且沿纵向方向均匀分布，两端面不受力。

如图 1-13（a）所示结构属于平面应变问题；而如图 1-13（b）所示结构因载荷沿纵向不是均匀分布，如图 1-13（c）所示结构的截面形状不能简化为等截面，则所示结构都不属于平面

应变问题。

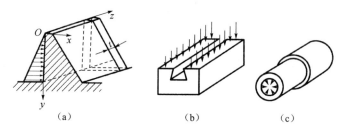

（a）　　　　　　　　（b）　　　　　（c）

图 1-13　平面应变问题与非平面应变问题

设结构的纵向为 z 轴方向，垂直于 z 轴的横截面为 xOy 平面，考虑远离结构两端垂直于 z 轴的任一平面。由于结构纵向尺寸大，可近似认为垂直于 z 轴的任一横截面都是结构的对称面。根据结构的对称性，认为结构不能发生沿 z 方向的位移，横截面内的其他两个位移分量 u、v 也与 z 无关，即

$$w=0 , \quad u=u(x,y) , \quad v=v(x,y)$$

这种问题称为平面应变问题。

由几何方程可得平面应变问题的应变特点为

$$\varepsilon_z = \gamma_{yz} = \gamma_{zx} = 0$$

根据物理方程，可得这类结构的应力特点为

$$\tau_{zy} = \tau_{zx} = 0 , \quad \sigma_z = \mu(\sigma_x + \sigma_y)$$

由于 σ_z 是可由 σ_x、σ_y 确定的非独立应力分量，因此在分析时可以不作为基本变量，故描述平面应变问题的独立的基本变量的分量也只有 8 个，与平面应力问题的一样，即式（1-20）～式（1-22）。且应力与应变、位移与应变之间的关系也基本和平面应力问题的相同，即式（1-23）、式（1-24），只是弹性矩阵变为

$$\boldsymbol{D} = \frac{E(1-\mu)}{(1+\mu)(1-2\mu)} \begin{bmatrix} 1 & \dfrac{\mu}{1-\mu} & 0 \\ \dfrac{\mu}{1-\mu} & 1 & 0 \\ 0 & 0 & \dfrac{1-2\mu}{2(1-\mu)} \end{bmatrix} \tag{1-28}$$

比较式（1-25）和式（1-28）可知，把平面应力问题弹性矩阵中的 E 换成 $\dfrac{E}{(1-\mu^2)}$，μ 换成 $\dfrac{\mu}{1-\mu}$，就可得到平面应变问题的弹性矩阵。

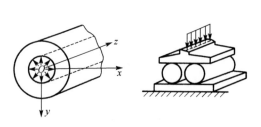

图 1-14　平面应变问题实例

在工程实际中，受水压力作用的水坝、受内压作用的炮筒和管道、轧钢机的轧辊、滚针轴承的滚针、花键轴，乃至齿宽较大的直齿轮轮齿等都可按平面应变问题处理。如图 1-14 所示结构为平面应变问题实例。

综上所述，平面问题只有 3 个应力分量、3 个应变分量和 2 个位移分量，且它们都是 x,y 的函数，而与 z 坐标无关。因此，结构内的应力和应变的分布规律可以 xOy 平面内的应力和变形的分布规律来代替，其求解可以归结为平面区域

内已知基本方程、在位移边界 Γ_u 上约束已知、在应力边界 Π_σ 上受力条件已知的边值问题。所以，用有限元法求解平面问题时，其结构离散就是在反应横截面形状的平面区域上进行的。

习题

填空题

1．有限元分析的基本步骤归纳为_____、_____、_____。
2．几何方程是反映弹性体内_____和_____之间的关系的方程。
3．物理方程是反映物体的_____和_____之间的关系的方程。
4．弹性力学的基本变量有_____、_____和_____。

思考题

1．有限元法的基本原理是什么？为什么说有限元法是一种近似的方法？
2．简述限元法的特点。
3．单元、节点的概念是什么？
4．应用有限元分析的目的是什么？结构分析获得的主要数据是什么？
5．有限元法的应用领域及在产品开发中所起的作用是什么？
6．弹性力学的平面应力问题和平面应变问题二者的区别是什么？哪些应力、应变分量不为零？

第2章

平面问题的有限元法

◇ 本章以弹性力学的平面问题为例，介绍有限元法的基本原理及分析过程。内容包括结构离散化的原则，单元分析的原理，整体刚度矩阵的求解，平衡方程的推导，计算结果的整理，矩形单元分析等。其中有限元法原理及分析过程是本章重点，矩形单元分析是本章难点。

用有限元法求解弹性力学问题时，首先需要经过离散化，使结构变成有限个单元的组合体；然后进行单元分析，得出单元刚度矩阵；再进行单元的集成，得出整体平衡方程。因此，弹性力学问题的有限元法包括 3 个主要步骤：离散化——单元分析——整体分析。

2.1 结构的离散化

有限元法的解题思路是把结构看作有限个单元的组合体。在弹性力学问题中，需要经过离散化，才能使结构变成有限个单元的组合体。

例如将一个受力的连续弹性体进行离散化，就是将连续体划分为有限个互不重叠、互不分离的三角形单元，这些三角形单元在其顶点（取为节点）处相连，如图 2-1 所示。所有作用在单元上的载荷，包括集中载荷、表面载荷和体积载荷，都按虚功等效原则移置到节点上，成为等效节点载荷。再按结构的位移约束情况设置约束支承。划分单元后，对所有的单元和节点分别从 1 开始按顺序加以编号。通常把这种由单元、节点及相应节点载荷和节点约束构成的模型称为有限元模型。

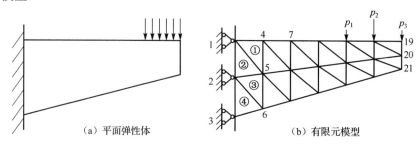

（a）平面弹性体　　　　　　　　　（b）有限元模型

图 2-1　平面结构的离散过程

在结构离散时应注意以下几点。

1. 对称性的利用

如果结构与载荷都有对称性可资利用，就能减少很多工作量。例如具有一个对称轴的结构，若载荷也对称于该轴，可取其中的一半作为分析对象，此时，位于对称轴上的节点无垂直对称轴方向的位移。如果对于 x、y 轴都对称，只需计算四分之一就可以了。

2．节点的选择和单元的划分

（1）从理论上讲，单元形状是任意的，没有形状的限制。但在实际计算中，常用的单元形状都是一些简单的形状，如一维的线单元，二维的三角形单元、矩形单元、四边形单元，三维的四面体单元、五面体单元、六面体单元等。

（2）通常集中载荷的作用点、分布载荷强度的突变点、分布载荷与自由边界的分界点、支承点等都应取为节点，同时不要把厚度不同或材料不同的区域划在同一个单元里。

（3）任意一个三角形单元的顶点，必须同时也是其相邻三角形单元的顶点，而不能是相邻三角形单元的边上点。

（4）单元的数量要根据计算精度要求和计算机的容量来确定。显然单元划分得越小（单元数越多），计算结果就越精确，但数据准备的工作量也就越大，计算时间也就越长，且占用计算机内存也就越多，甚至有可能超出计算机的容量。因此在保证精度的前提下，力求采用较少的单元。

（5）在划分单元时，对于重要的或应力变化急剧的部位，单元应划得小些，对于次要的和应力变化缓慢的部位，单元可划得大些，"中间地带"以大小逐渐变化的单元来过渡。

（6）根据误差分析，应力及位移的误差都和单元的最小内角的正弦成反比，所以单元的边长力求接近相等，也就是说单元的三条边长尽量不要相差太悬殊。

3．节点的编号原则

在节点编号时，应使同一单元的相邻节点的编号差值尽可能地小些，以便缩小刚度矩阵的带宽，节约计算机存储。如图 2-2 所示结构，图（a）与图（b）单元划分相同，但节点编号最大差值分别是 7 与 2，所以图（b）的节点编号要比图（a）的编号好，即节点应顺短边编号为好。

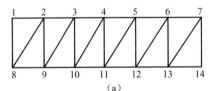 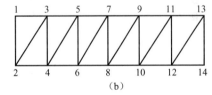

图 2-2 节点编号

2.2 单元分析

单元分析的任务是推导单元节点力 $\boldsymbol{F}^e$ 与节点位移 $\boldsymbol{\delta}^e$ 之间的关系，建立单元平衡方程 $\boldsymbol{F}^e = \boldsymbol{k}^e \boldsymbol{\delta}^e$，形成单元刚度矩阵 $\boldsymbol{k}^e$。

单元分析的步骤可表示如下：

下面按此次序分别求出相邻各物理量之间的转换关系，最后综合起来，即可得出节点位移与节点力之间的转换关系，从而求出单元刚度矩阵 $\boldsymbol{k}^e$。

2.2.1　位移函数

1. 位移函数的概念

从图 2-1（b）离散结构中任取一个三角形单元，设其单元编号为 e，如图 2-3 所示。单元节点编号 i, j, m 称作局部码，以逆时针方向编号为正向。在坐标系 xOy 中，3 个节点的位移分别为（u_i, v_i）、（u_j, v_j）、（u_m, v_m），则单元节点位移列阵为

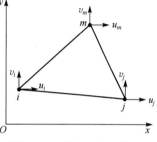

$$\boldsymbol{\delta}^e = [u_i \quad v_i \quad u_j \quad v_j \quad u_m \quad v_m]^T \tag{2-1}$$

对于平面问题，单元内任意一点的位移有两个位移分量 u, v，它们是位置坐标 x, y 的函数。假设其位移分量为 x, y 的线性函数，即单元内任一点（x, y）的位移为

图 2-3　3 节点三角形单元

$$\begin{cases} u = \alpha_1 + \alpha_2 x + \alpha_3 y \\ v = \alpha_4 + \alpha_5 x + \alpha_6 y \end{cases} \tag{2-2}$$

其中，α_1, α_2,…, α_6 为待定系数。选择一个简单的函数，近似地表示单元位移分量随坐标变化的分布规律，这种函数称为位移函数。式（2-2）就是位移函数。

对整个弹性体来说，内部各点的位移变化情况是很复杂的，不可能用一个简单的线性函数来描述。现在采用分割的办法，把整个弹性体分割成细小的单元，在一个单元的局部范围内，内部各点的变化情况就简单多了，就有可能用简单的线性函数来描述了。这种化整为零、化繁为简的分析方法，应当说是有限元法的精华。

在单元中，三个节点 i, j, m 的坐标已知，分别为（x_i, y_i）、（x_j, y_j）、（x_m, y_m）。由于三个节点也是单元中的点，显然它们的位移分量应满足位移函数式（2-2），则存在

$$\begin{cases} u_i = \alpha_1 + \alpha_2 x_i + \alpha_3 y_i \\ v_i = \alpha_4 + \alpha_5 x_i + \alpha_6 y_i \\ u_j = \alpha_1 + \alpha_2 x_j + \alpha_3 y_j \\ v_j = \alpha_4 + \alpha_5 x_j + \alpha_6 y_j \\ u_m = \alpha_1 + \alpha_2 x_m + \alpha_3 y_m \\ v_m = \alpha_4 + \alpha_5 x_m + \alpha_6 y_m \end{cases} \tag{2-3}$$

式（2-3）中共有 6 个方程，恰好可以确定 6 个待定系数 $\alpha_1, \alpha_2,…, \alpha_6$。求解以上方程，得

$$\begin{cases} \alpha_1 = \dfrac{1}{2A}(a_i u_i + a_j u_j + a_m u_m) \\[2mm] \alpha_2 = \dfrac{1}{2A}(b_i u_i + b_j u_j + b_m u_m) \\[2mm] \alpha_3 = \dfrac{1}{2A}(c_i u_i + c_j u_j + c_m u_m) \\[2mm] \alpha_4 = \dfrac{1}{2A}(a_i v_i + a_j v_j + a_m v_m) \\[2mm] \alpha_5 = \dfrac{1}{2A}(b_i v_i + b_j v_j + b_m v_m) \\[2mm] \alpha_6 = \dfrac{1}{2A}(c_i v_i + c_j v_j + c_m v_m) \end{cases} \tag{2-4}$$

式中，$a_i, b_i, c_i, \cdots, c_m$ 是常数，取决于单元的三个节点坐标，表达式为

$$a_i = x_j y_m - x_m y_j ，\quad b_i = y_j - y_m ，\quad c_i = x_m - x_j$$
$$a_j = x_m y_i - x_i y_m ，\quad b_j = y_m - y_i ，\quad c_j = x_i - x_m \qquad (2\text{-}5)$$
$$a_m = x_i y_j - x_j y_i ，\quad b_m = y_i - y_j ，\quad c_m = x_j - x_i$$

A 为三角形单元的面积：

$$A = \frac{1}{2} \begin{vmatrix} 1 & x_i & y_i \\ 1 & x_j & y_j \\ 1 & x_m & y_m \end{vmatrix} = \frac{1}{2}(x_j y_m + x_m y_i + x_i y_j - x_j y_i - x_m y_j - x_i y_m) \qquad (2\text{-}6)$$

将求得的待定系数代回式（2-2），整理后，可将单元任一点位移表示成

$$\begin{cases} u = \dfrac{1}{2A}\big[(a_i + b_i x + c_i y)u_i + (a_j + b_j x + c_j y)u_j + (a_m + b_m x + c_m y)u_m \big] \\[2mm] v = \dfrac{1}{2A}\big[(a_i + b_i x + c_i y)v_i + (a_j + b_j x + c_j y)v_j + (a_m + b_m x + c_m y)v_m \big] \end{cases} \qquad (2\text{-}7)$$

为了方便，引入符号

$$\begin{cases} N_i = \dfrac{1}{2A}(a_i + b_i x + c_i y) \\[2mm] N_j = \dfrac{1}{2A}(a_j + b_j x + c_j y) \\[2mm] N_m = \dfrac{1}{2A}(a_m + b_m x + c_m y) \end{cases} \qquad (2\text{-}8)$$

则位移函数式（2-2）可以记为

$$\begin{cases} u = N_i u_i + N_j u_j + N_m u_m \\ v = N_i v_i + N_j v_j + N_m v_m \end{cases} \qquad (2\text{-}9)$$

这就是用单元节点位移表示的单元位移函数，其矩阵形式为

$$\boldsymbol{f} = \begin{bmatrix} u \\ v \end{bmatrix} = \begin{bmatrix} N_i & 0 & N_j & 0 & N_m & 0 \\ 0 & N_i & 0 & N_j & 0 & N_m \end{bmatrix} \begin{bmatrix} u_i \\ v_i \\ u_j \\ v_j \\ u_m \\ v_m \end{bmatrix} = \boldsymbol{N}\boldsymbol{\delta}^e \qquad (2\text{-}10)$$

其中令

$$\boldsymbol{N} = \begin{bmatrix} N_i & 0 & N_j & 0 & N_m & 0 \\ 0 & N_i & 0 & N_j & 0 & N_m \end{bmatrix} \qquad (2\text{-}11)$$

式（2-10）称为三角形单元位移函数的插值函数表达式。$\boldsymbol{N}$ 称为形函数矩阵；N_i, N_j, N_m 称为形函数，它是坐标 x, y 的一次函数，与节点坐标有关，与节点位移无关。

由式（2-10）可知，一旦节点位移 $\boldsymbol{\delta}^e$ 已知，则单元上任一点的位移 $\boldsymbol{f}$ 都可通过形函数插值求得，这表明单元上的位移分布完全由形函数的性质所决定。

根据形函数的定义式（2-8），可知形函数具有以下性质：

（1）形函数 N_i 在节点 i 处等于 1，在其他节点上的值等于 0；对于 N_j, N_m 也有同样的性质，即

$$\begin{cases} N_i(x_i,\ y_i)=1,\ \ N_i(x_j,\ y_j)=0,\ \ N_i(x_m,\ y_m)=0 \\ N_j(x_i,\ y_i)=0,\ \ N_j(x_j,\ y_j)=1,\ \ N_j(x_m,\ y_m)=0 \\ N_m(x_i,\ y_i)=0,\ \ N_m(x_j,\ y_j)=0,\ \ N_m(x_m,\ y_m)=1 \end{cases} \tag{2-12}$$

（2）在单元内任一点的各形函数之和等于 1，即

$$N_i(x,\ y)+N_j(x,\ y)+N_m(x,\ y)=1 \tag{2-13}$$

2．位移函数收敛准则

在单元形状、节点数目确定之后，单元位移函数的选取是影响有限元解精确性的关键。可以证明，当位移函数满足以下条件时，有限元的解答一定是收敛于真实解的，即随着单元尺寸的减小，解答将趋于精确解。

（1）位移函数必须包含能反映单元刚体位移的常数项

单元内各点的位移一般由两部分组成：其一为单元自身变形引起的；其二为由于其他单元变形所引起的使单元发生的整体移动，常称为刚体位移。由于一个单元牵连在另一些单元上，其他单元发生变形时必将带动该单元做刚体位移，因此，为模拟一个单元的真实位移，选取的单元位移函数，必须包括该单元的刚体位移。

（2）位移函数必须包含能反映单元常量应变的一次项

单元内各点的应变一般由两部分组成：其一为与点的位置有关的变量应变；其二为与点的位置无关的常量应变。而且当单元的尺寸较小时，单元中各点的应变趋于相等，单元的变形比较均匀，这时常量应变就成为应变的主要部分。因此，为了正确反映单元的应变状态，单元位移函数必须包括反映单元的常应变项的一次项。

（3）位移函数在单元内要连续，在单元之间的边界上要协调

弹性体受力变形时各点的位移总是连续的，即弹性体内部不会出现材料的开裂和重叠现象。因此，所选择的位移函数必须既能使单元内部的位移保持连续，又能使相邻单元之间的位移保持连续，以免连续模型用离散模型代替后单元边界处产生裂缝或重叠。对于多项式位移函数，它在单元内部的连续性是自然满足的，由于式（2-2）为 $x,\ y$ 的线性函数，这就保证了位移在单元内的连续性。关键是相邻单元边界上，在任意两个相邻单元 ijm 和 inj 的公共边界 ij 上（如图 2-4（a）所示）两单元在 i 和 j 节点上的位移（u_i,v_i）和（u_i,v_j）都是相同的，不会出现如图 2-4（b）、（c）所示的裂缝、重叠现象。因为式（2-2）所示的位移分量在每个单元中都是坐标的线性函数，在公共边界 ij 上当然也是线性变化的，所以上述两个相邻单元在 ij 上的任意一点都具有相同的位移，这就保证了相邻单元之间位移的连续性。

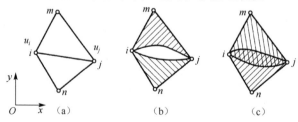

图 2-4　相邻三角形单元的位移协调性分析

满足条件（1）和（2）的单元称为完备单元，满足条件（3）的单元称为协调单元。三节点三角形单元位移函数式（2-2）满足收敛性的三个条件，所以三节点三角形单元为完备的协调单元。

3. 选择单元位移函数的一般原则

位移函数多项式的阶次和项数选择应遵循以下原则。

（1）在选择位移函数多项式的阶次时，首先要考虑到解的收敛性。

（2）在选取位移函数多项式时，还应使所选取的多项式具有坐标的对称性，保证单元的位移分布不会因为人为选取的方位坐标不同而变化，即位移函数中的 x，y 坐标应该能够互换，这一要求称为几何各向同性。为了满足这一要求，位移函数多项式一般按图 2-5 所示的帕斯卡三角形来选择。

在二维多项式中，若包含有帕斯卡三角形对称轴一边的某一项，则必须同时包含另一边的对称项，即位移函数中如果有 x^2y 项，则必须同时有 xy^2 项。例如，要构造一个有八项的三次位移函数，则由以下两种情况构成的位移函数是各向同性的：①包含常数项、线性项、二次项，再加上 x^3 和 y^3 项；②包含常数项、线性项、二次项，再加上 x^2y 和 xy^2 项。

					1					常数项
				x		y				线性项
			x^2		xy		y^2			二次项
		x^3		x^2y		xy^2		y^3		三次项
	x^4		x^3y		x^2y^2		xy^3		y^4	四次项
x^5		x^4y		x^3y^2		x^2y^3		xy^4		y^5 五次项

图 2-5 帕斯卡三角形

（3）位移函数多项式中的项数，必须等于或稍大于单元边界上外节点的自由度数，通常取项数与单元外节点的自由度数相等。

2.2.2 单元应变

确定了单元位移函数后，可以很方便地利用几何方程和物理方程求得单元的应变和应力。

将位移函数式（2-7）代入平面问题的几何方程式（1-23），就可得到单元应变与节点位移的关系式。

$$\begin{cases} \varepsilon_x = \dfrac{\partial u}{\partial x} = \dfrac{1}{2A}(b_i u_i + b_j u_j + b_m u_m) \\[2mm] \varepsilon_y = \dfrac{\partial v}{\partial y} = \dfrac{1}{2A}(c_i v_i + c_j v_j + c_m v_m) \\[2mm] \gamma_{xy} = \dfrac{\partial u}{\partial y} + \dfrac{\partial v}{\partial x} = \dfrac{1}{2A}(c_i u_i + b_i v_i + c_j u_j + b_j v_j + c_m u_m + b_m v_m) \end{cases}$$

将上式写成矩阵形式为

$$\boldsymbol{\varepsilon} = \begin{bmatrix} \varepsilon_x \\ \varepsilon_y \\ \gamma_{xy} \end{bmatrix} = \begin{bmatrix} \dfrac{\partial u}{\partial x} \\[2mm] \dfrac{\partial v}{\partial y} \\[2mm] \dfrac{\partial u}{\partial y} + \dfrac{\partial v}{\partial x} \end{bmatrix} = \frac{1}{2A} \begin{bmatrix} b_i & 0 & b_j & 0 & b_m & 0 \\ 0 & c_i & 0 & c_j & 0 & c_m \\ c_i & b_i & c_j & b_j & c_m & b_m \end{bmatrix} \begin{bmatrix} u_i \\ v_i \\ u_j \\ v_j \\ u_m \\ v_m \end{bmatrix} \qquad (2-14)$$

简记为

$$\boldsymbol{\varepsilon} = \boldsymbol{B} \boldsymbol{\delta}^e \qquad (2-15)$$

式中

$$\boldsymbol{B} = \frac{1}{2A} \begin{bmatrix} b_i & 0 & b_j & 0 & b_m & 0 \\ 0 & c_i & 0 & c_j & 0 & c_m \\ c_i & b_i & c_j & b_j & c_m & b_m \end{bmatrix} = \begin{bmatrix} B_i & B_j & B_m \end{bmatrix} \qquad (2-16)$$

B 称为应变矩阵，也称为几何矩阵，其中每个分块矩阵为

$$B_i = \frac{1}{2A}\begin{bmatrix} b_i & 0 \\ 0 & c_i \\ c_i & b_i \end{bmatrix} \qquad (i, \ j, \ m)$$

由式（2-16）可知，应变矩阵 B 中的各元素 A，b_i，c_i，b_j，c_j，b_m，c_m 都是常量，与 x，y 无关，因此应变矩阵 B 为常量矩阵。单元中任一点的应变 ε 是应变矩阵 B 与节点位移 δ^e 的乘积，因而也都是常量。所以三节点三角形单元通常称为常应变单元，这是由于单元的位移函数为线性函数引起的。因此运用三角形单元对结构进行受力变形分析时，应在应变梯度较大（即应力梯度较大）的部位，适当加密单元划分，否则将不能反映结构应变的真实变化而导致较大的计算误差。

2.2.3　单元应力

得到单元应变 $\varepsilon = B\delta^e$ 后，利用物理方程（1-24），可以得到单元应力表达式

$$\sigma = \begin{bmatrix} \sigma_x \\ \sigma_y \\ \tau_{xy} \end{bmatrix} = D\varepsilon = DB\delta^e = S\delta^e \tag{2-17}$$

令 $S = DB$ 为单元应力矩阵，其分块形式为

$$S = [S_i \quad S_j \quad S_m] \tag{2-18}$$

对于平面应力问题，应力矩阵的子矩阵为

$$S_i = DB_i = \frac{E}{2(1-\mu^2)A}\begin{bmatrix} b_i & \mu c_i \\ \mu b_i & c_i \\ \dfrac{1-\mu}{2}c_i & \dfrac{1-\mu}{2}b_i \end{bmatrix} \qquad (i, j, m) \tag{2-19}$$

对于平面应变问题，将上式中的 E 换为 $E/(1-\mu^2)$，μ 换为 $\mu/(1-\mu)$，就得到应力矩阵的子矩阵

$$S_i = DB_i = \frac{E(1-\mu)}{2(1+\mu)(1-2\mu)A}\begin{bmatrix} b_i & \dfrac{\mu}{1-\mu}c_i \\ \dfrac{\mu}{1-\mu}b_i & c_i \\ \dfrac{1-2\mu}{2(1-\mu)}c_i & \dfrac{1-2\mu}{2}(1-\mu)b_i \end{bmatrix} \qquad (i, j, m) \tag{2-20}$$

式（2-17）就是单元应力与节点位移之间的关系式。

由于同一单元中的弹性矩阵 D、应变矩阵 B 都是常数矩阵，所以应力矩阵 S 也是常数矩阵，即整个单元上的应力为常量，所以三节点三角形单元为常应力单元。由于相邻单元的 E，μ，A 和 b_i，c_i，b_j，c_j，b_m，c_m 一般是不完全相同的，故相邻单元将具有不同的应力，这就造成在相邻单元的公共边上存在着应力突变现象。但是随着网格的细分，这种突变将会迅速减小，不会妨碍有限元法的解收敛于精确解。

2.2.4　单元刚度矩阵

在求得单元位移、应变和应力以后，可利用虚功方程建立三角形单元的平衡方程，从而求出单元刚度矩阵。

对于一个平衡单元来说，作用其上的节点力 $\boldsymbol{F}^e=[\boldsymbol{F}_i\ \ \boldsymbol{F}_j\ \ \boldsymbol{F}_m]^\mathrm{T}$ 就相当于外力。假设单元发生虚位移，则相应的节点虚位移为 $\boldsymbol{\delta}^*=[\boldsymbol{\delta}_i^*\ \ \boldsymbol{\delta}_j^*\ \ \boldsymbol{\delta}_m^*]^\mathrm{T}$，虚应变为 $\boldsymbol{\varepsilon}^*=[\varepsilon_x\ \ \varepsilon_y\ \ \gamma_{xy}]^\mathrm{T}$，利用弹性体虚位移原理的矩阵表达式

$$\boldsymbol{\delta}^{*\mathrm{T}}\boldsymbol{F}^e=\iiint\boldsymbol{\varepsilon}^{*\mathrm{T}}\boldsymbol{\sigma}\mathrm{d}x\mathrm{d}y\mathrm{d}z$$

注意 $\boldsymbol{\varepsilon}^*=\boldsymbol{B}\boldsymbol{\delta}^*$，$\boldsymbol{\sigma}=\boldsymbol{D}\boldsymbol{B}\boldsymbol{\delta}^e$，在平面问题下，有

$$\boldsymbol{\delta}^{*\mathrm{T}}\boldsymbol{F}^e=\iint_A\boldsymbol{\delta}^{*\mathrm{T}}\boldsymbol{B}^\mathrm{T}\boldsymbol{D}\boldsymbol{B}\boldsymbol{\delta}^e t\mathrm{d}x\mathrm{d}y$$

对于平面问题，被积函数与 z 坐标无关，t 为单元厚度。式中 $\boldsymbol{\delta}^*$、$\boldsymbol{\delta}^e$ 为常量，可提到积分号外，即

$$\boldsymbol{\delta}^{*\mathrm{T}}\boldsymbol{F}^e=\boldsymbol{\delta}^{*\mathrm{T}}(\iint_A\boldsymbol{B}^\mathrm{T}\boldsymbol{D}\boldsymbol{B}t\mathrm{d}x\mathrm{d}y)\boldsymbol{\delta}^e$$

由虚位移的任意性可知，要使上式成立，必有

$$\boldsymbol{F}^e=(\iint_A\boldsymbol{B}^\mathrm{T}\boldsymbol{D}\boldsymbol{B}t\mathrm{d}x\mathrm{d}y)\boldsymbol{\delta}^e$$

记为

$$\boldsymbol{F}^e=\boldsymbol{k}^e\boldsymbol{\delta}^e \tag{2-21}$$

式（2-21）称为单元平衡方程，其中

$$\boldsymbol{k}^e=\iint_A\boldsymbol{B}^\mathrm{T}\boldsymbol{D}\boldsymbol{B}t\mathrm{d}x\mathrm{d}y \tag{2-22}$$

称为单元刚度矩阵。对于三节点等厚三角形单元，因为 $\boldsymbol{B}$ 和 $\boldsymbol{D}$ 的分量均为常量，则单元刚度矩阵可以表示为

$$\boldsymbol{k}^e=\boldsymbol{B}^\mathrm{T}\boldsymbol{D}\boldsymbol{B}tA=\boldsymbol{B}^\mathrm{T}\boldsymbol{S}tA \tag{2-23}$$

显然，三节点三角形单元刚度矩阵 $\boldsymbol{k}^e$ 是 6×6 的矩阵，其单元平衡方程（2-21）的完整形式为

$$\begin{bmatrix}F_{ix}\\F_{iy}\\F_{jx}\\F_{jy}\\F_{mx}\\F_{my}\end{bmatrix}=\begin{bmatrix}k_{11}&k_{12}&k_{13}&k_{14}&k_{15}&k_{16}\\k_{21}&k_{22}&k_{23}&k_{24}&k_{25}&k_{26}\\k_{31}&k_{32}&k_{33}&k_{34}&k_{35}&k_{36}\\k_{41}&k_{42}&k_{43}&k_{44}&k_{45}&k_{46}\\k_{51}&k_{52}&k_{53}&k_{54}&k_{55}&k_{56}\\k_{61}&k_{62}&k_{63}&k_{64}&k_{65}&k_{66}\end{bmatrix}\begin{bmatrix}u_i\\v_i\\u_j\\v_j\\u_m\\v_m\end{bmatrix} \tag{2-24}$$

单元刚度矩阵 $\boldsymbol{k}^e$ 写成分块矩阵形式为

$$\boldsymbol{k}^e=\begin{bmatrix}\boldsymbol{k}_{ii}&\boldsymbol{k}_{ij}&\boldsymbol{k}_{im}\\\boldsymbol{k}_{ji}&\boldsymbol{k}_{jj}&\boldsymbol{k}_{jm}\\\boldsymbol{k}_{mi}&\boldsymbol{k}_{mj}&\boldsymbol{k}_{mm}\end{bmatrix} \tag{2-25}$$

式中，每个子矩阵 $\boldsymbol{k}_{ii}$，$\boldsymbol{k}_{ij}$，$\cdots$，$\boldsymbol{k}_{mm}$ 均为 2×2 阶方阵，对于平面应力问题，有

$$\boldsymbol{k}_{rs}=\boldsymbol{B}_r^\mathrm{T}\boldsymbol{D}\boldsymbol{B}_s tA=\frac{Et}{4(1-\mu^2)A}\begin{bmatrix}b_rb_s+\dfrac{1-\mu}{2}c_rc_s&\mu b_rc_s+\dfrac{1-\mu}{2}c_rb_s\\\mu c_rb_s+\dfrac{1-\mu}{2}b_rc_s&c_rc_s+\dfrac{1-\mu}{2}b_rb_s\end{bmatrix}$$

$$(r, s = i, j, m) \tag{2-26}$$

对于平面应变问题，须将上式中的 E 换为 $E/(1-\mu^2)$，μ 换为 $\mu/(1-\mu)$，于是有

$$k_{rs} = \frac{E(1-\mu)t}{4(1+\mu)(1-2\mu)A}\begin{bmatrix} b_r b_s + \dfrac{1-2\mu}{2(1-\mu)}c_r c_s & \dfrac{\mu}{1-\mu}b_r c_s + \dfrac{1-2\mu}{2(1-\mu)}c_r b_s \\[3mm] \dfrac{\mu}{1-\mu}c_r b_s + \dfrac{1-2\mu}{2(1-\mu)}b_r c_s & c_r c_s + \dfrac{1-2\mu}{2(1-\mu)}b_r b_s \end{bmatrix}$$
$$(r, s = i, j, m) \tag{2-27}$$

单元刚度矩阵 $\boldsymbol{k}^e$ 具有以下特性。

（1）$\boldsymbol{k}^e$ 中每个元素都有明确的物理意义，每一个元素是一个刚度系数，它是单位节点位移分量所引起的节点力分量。例如，元素 k_{33} 表示节点 j 在 x 方向产生单位位移，而其他位移均为零时，在节点 j 的 x 方向上必须施加的力，它自然应沿着单位位移方向，即单元刚度矩阵中主对角线上元素为正号。

（2）$\boldsymbol{k}^e$ 是对称矩阵，即各元素之间有如下关系：$k_{ij} = k_{ji}$，这个特性是由弹性力学中功的互等定理所决定的，即 i 方向产生单位位移在 j 方向的作用力，等于 j 方向产生单位位移在 i 方向的作用力。事实上，从式（2-22）很容易看出 $\boldsymbol{k}^e$ 具有对称性。

（3）$\boldsymbol{k}^e$ 的每一行或每一列元素之和为零，因此 $\boldsymbol{k}^e$ 为奇异矩阵。这个性质也是显然的，当所有节点沿 x 方向或 y 方向都产生单位位移时，即单元平移时，单元无应变，也无应力，因而，单元节点力为零。其物理意义是，在无约束的条件下，单元可做刚体运动，由此可知 $\boldsymbol{k}^e$ 的每一行元素之和为零。由于对称性，其每一列元素之和也必为零。根据行列式的性质，可知 $\boldsymbol{k}^e$ 的行列式值也为零，因此 $\boldsymbol{k}^e$ 是奇异矩阵。

（4）$\boldsymbol{k}^e$ 的元素决定于单元的形状、大小、方位和弹性常数，而与单元的位置无关，即不随单元（或坐标轴）的平行移动或进行 $n\pi$（n 为整数）角度的转动而改变。这可由 k_{rs} 及 b_r，b_s，c_r，$c_s(r, s = i, j, m)$ 计算公式的分析得到。应当注意的是，当单元旋转时，各节点的 i，j，m 编号保持不变，如图 2-6 所示，图 2-6（a）所示的单元旋转时，到达图 2-6（b）所示位置，这两种情形的 $\boldsymbol{k}^e$ 是相同的。

例 2-1　如图 2-7 所示为平面应力情形的直角三角形单元 ijm，直角边长均为 a，厚度为 t，弹性模量为 E，泊松比 $\mu = 0.3$，求单元刚度矩阵。

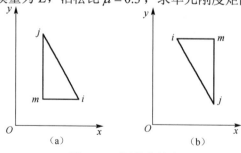

图 2-6　不同节点的编号

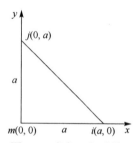

图 2-7　直角三角形单元

解：

（1）求应变矩阵 $\boldsymbol{B}$。由式（2-5）得

$$b_i = y_j - y_m = a$$
$$c_i = x_m - x_j = 0$$
$$b_j = y_m - y_i = 0$$

$$c_j = x_i - x_m = a$$
$$b_m = y_i - y_j = -a$$
$$c_m = x_j - x_i = -a$$

单元面积为

$$A = \frac{1}{2}a^2$$

所以，由式（2-16）得

$$\boldsymbol{B} = \frac{1}{2A}\begin{bmatrix} b_i & 0 & b_j & 0 & b_m & 0 \\ 0 & c_i & 0 & c_j & 0 & c_m \\ c_i & b_i & c_j & b_j & c_m & b_m \end{bmatrix} = \frac{1}{a}\begin{bmatrix} 1 & 0 & 0 & 0 & -1 & 0 \\ 0 & 0 & 0 & 1 & 0 & -1 \\ 0 & 1 & 1 & 0 & -1 & -1 \end{bmatrix}$$

（2）求弹性矩阵 $\boldsymbol{D}$。

由式（1-25）知

$$\boldsymbol{D} = \frac{E}{1-\mu^2}\begin{bmatrix} 1 & \mu & 0 \\ \mu & 1 & 0 \\ 0 & 0 & \dfrac{1-\mu}{2} \end{bmatrix} = \frac{E}{0.91}\begin{bmatrix} 1 & 0.3 & 0 \\ 0.3 & 1 & 0 \\ 0 & 0 & 0.35 \end{bmatrix}$$

（3）求应力矩阵 $\boldsymbol{S}$。

$$\boldsymbol{S} = \boldsymbol{DB} = \frac{E}{0.91a}\begin{bmatrix} 1 & 0 & 0 & 0.3 & -1 & -0.3 \\ 0.3 & 0 & 0 & 1 & -0.3 & -1 \\ 0 & 0.35 & 0.35 & 0 & -0.35 & -0.35 \end{bmatrix}$$

（4）求单元刚度矩阵 $\boldsymbol{k}^e$。

由式（2-23）可得

$$\boldsymbol{k}^e = \boldsymbol{B}^{\mathrm{T}}\boldsymbol{S}tA = \frac{Et}{1.82}\begin{bmatrix} 1 & 0 & 0 & 0.3 & -1 & -0.3 \\ 0 & 0.35 & 0.35 & 0 & -0.35 & -0.35 \\ 0 & 0.35 & 0.35 & 0 & -0.35 & -0.35 \\ 0.3 & 0 & 0 & 1 & -0.3 & -1 \\ -1 & -0.35 & -0.35 & -0.3 & 1.35 & 0.65 \\ -0.3 & -0.35 & -0.35 & -1 & 0.65 & 1.35 \end{bmatrix}$$

2.3　单元等效节点力

从前述的有限元建模可知，有限元模型是一组仅在节点连接、仅靠节点传力、仅受节点载荷、仅在节点处受约束的单元组合体。只有节点是可以承受载荷和约束的。因此，原来作用于连续结构上的所有外力必须移置到相应的节点上，这个过程称为非节点载荷的移置。

载荷移置应遵循能量等效原则和圣维南原理。能量等效原则就是保证原始载荷与移置产生的节点载荷在任意虚位移上所做的虚功相等。对于给定的虚位移函数，这种移置的结果是唯一的，且在线性位移函数情况下，虚功等效与静力等效的结果相同。依据圣维南原理，要求载荷移置只能在载荷作用的局部区域进行，即就近等效，这种等效只会对局部应力分布产生影响，不会影响远离该区域的力学性能，且随着单元的细分，其影响会逐步减小。

现讨论单元平衡方程中的等效节点力 F^e，它是由作用在单元上的集中力、分布体力和面力等外载荷按静力等效原则移置到节点上的力。

1. 集中力的移置

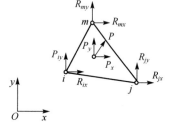

图 2-8　集中力作用的单元

如图 2-8 所示，设单元内任一点处作用集中力 P，它的分量为 P_x、P_y，其列阵形式为

$$P = [P_x \quad P_y]^T$$

若单元发生了虚位移，集中力作用点的虚位移为 f^*，单元节点虚位移为 δ^{*e}，注意 $f^* = N\delta^{*e}$，由能量等效原则有

$$(\delta^{*e})^T R^e = (f^*)^T P = (\delta^{*e})^T N^T P$$

经化简可得集中力移置的等效节点力列阵为

$$R^e = N^T P \tag{2-28}$$

由式（2-28）可知，移置的结果取决于形函数矩阵 N，因而位移函数不同，移置的结果不同。注意此时的 N 是指载荷作用点的形函数值。

2. 体力的移置

设单元上作用均匀分布的体力 P_V，分量为 P_{Vx}、P_{Vy}，其列阵形式为

$$P_V = [P_{Vx} \quad P_{Vy}]^T$$

若将微元体 $t\mathrm{d}x\mathrm{d}y$ 上的体力 $P_V t\mathrm{d}x\mathrm{d}y$ 视为集中力，则利用式（2-28），对整个单元体体积积分，可得分布体力移置的等效节点力列阵为

$$R^e = \iint_A N^T P_V t\mathrm{d}x\mathrm{d}y \tag{2-29}$$

例如，单元上常常作用有均布重力，其载荷列阵为 $P_V = [0 \quad \rho]^T$，ρ 为单元材料的密度，代入式（2-29）得单元等效节点力为

$$R^e = \iint_A N^T \begin{Bmatrix} 0 \\ -\rho \end{Bmatrix} t\mathrm{d}x\mathrm{d}y = -\frac{\rho A t}{3}[0 \quad 1 \quad 0 \quad 1 \quad 0 \quad 1]^T$$

3. 面力的移置

设单元的某一边上作用分布面力 P_s，分量为 P_{sx}、P_{sy}，其列阵形式为

$$P_s = [P_{sx} \quad P_{sy}]^T$$

在此边界上取微面积 $t\mathrm{d}s$，将微面积上的面力 $P_s t\mathrm{d}s$ 视为集中力，则利用式（2-28），对整个边界积分，可求得分布面力移置的等效节点力列阵为

$$R^e = \int_s N^T P_s t\mathrm{d}s \tag{2-30}$$

若单元上同时作用有集中力、分布体力和分布面力，则将式（2-28）、式（2-29）和式（2-30）相加，即可得这些力综合移置的等效节点力

$$F^e = N^T P + \iint_A N^T P_V t\mathrm{d}x\mathrm{d}y + \int_s N^T P_s t\mathrm{d}s \tag{2-31}$$

4. 线性位移模式下的载荷移置结果

利用上述公式计算等效节点力，当外载荷为分布体力或面力时，进行积分计算比较烦琐。而对于线性位移模式的常应变三角形单元，可按静力学等效原则直接求得等效节点力。

（1）均质材料单元所受体力的等效。只需将单元上的外载荷（如重力）均匀等分至各个节

点即可，等效节点力方向与外载荷方向相同，如图 2-9（a）所示。

（2）边界受均匀分布面力的等效。只需将单元边界上的分布载荷之和平均分配至受力边的两个节点，等效节点力方向与外载荷方向相同，如图 2-9（b）所示。

（3）边界受三角形分布面力的等效。如图 2-9（c）所示 ij 边，节点 i 的载荷集度为 q，节点 j 的载荷集度为 0，进行载荷等效时，只需将单元边界上的分布载荷之和的 1/3 分配给载荷集度为 0 的节点 j，另外 2/3 分配给载荷集度为 q 的节点 i，等效节点力方向与外载荷方向相同。

（4）边界受梯形分布面力的等效。可按叠加原理，将梯形分布载荷分解为均匀分布和三角形分布的叠加进行处理，如图 2-9（d）所示。

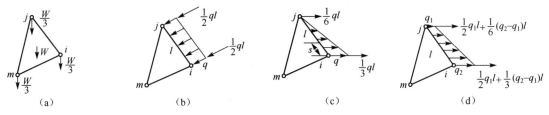

图 2-9　线性位移模式下的载荷等效

2.4　整体分析

整体分析就是将离散后的所有单元通过节点连接成组合体进行分析。分析过程是将所有单元平衡方程组集成整体平衡方程，引进边界条件后求解整体节点位移向量。

对于每个单元，都可以建立单元平衡方程，得到单元节点力与节点位移之间的关系。然后将这些方程集成在一起，就得到结构的整体平衡方程。

$$\boldsymbol{K}\boldsymbol{\delta} = \boldsymbol{F} \tag{2-32}$$

上式为有限元法的基本方程。式中，$\boldsymbol{\delta}$ 为整个结构上节点位移列阵，$\boldsymbol{F}$ 为整个结构上节点载荷列阵，$\boldsymbol{K}$ 为整体刚度矩阵。

平面问题的整体刚度矩阵是由相关单元的分块矩阵集合而成的，它的集成规律如下：

（1）先求出每个单元的单元刚度矩阵 $\boldsymbol{k}^e$，并以子块形式按节点编号顺序排列。

（2）将单元刚度矩阵阶数扩大为 $2n \times 2n$，并将单元刚度矩阵中的子块按局部码与总码的对应关系，搬到扩大后的矩阵中，形成单元贡献矩阵 $\boldsymbol{K}^e$。

（3）将所有单元贡献矩阵中同一位置上的分块矩阵简单叠加，成为总体刚度矩阵中的一个子矩阵，各行各列都按以上步骤进行，即形成总体刚度矩阵 $\boldsymbol{K}$，其形式如（2-33）式所示。式中每个子矩阵实际占有两行和两列，故整体刚度矩阵为 $2n \times 2n$ 阶，即 $n \times n$ 阶分块矩阵，n 为节点总数。上述形成总体刚度矩阵的方法称为刚度集成法。

$$\boldsymbol{K}_{2n \times 2n} = \begin{bmatrix} \cdots & \cdots & \cdots & \cdots & \cdots & \cdots & \cdots \\ \cdots & K_{ii} & \cdots & K_{ij} & \cdots & K_{im} & \cdots \\ \cdots & \cdots & \cdots & \cdots & \cdots & \cdots & \cdots \\ \cdots & K_{ji} & \cdots & K_{jj} & \cdots & K_{jm} & \cdots \\ \cdots & \cdots & \cdots & \cdots & \cdots & \cdots & \cdots \\ \cdots & K_{mi} & \cdots & K_{mj} & \cdots & K_{mm} & \cdots \\ \cdots & \cdots & \cdots & \cdots & \cdots & \cdots & \cdots \end{bmatrix} \tag{2-33}$$

例2-2 试用刚度集成法求如图2-10所示结构的整体刚度矩阵。

解：由单元刚度矩阵计算公式可知

$$\boldsymbol{k}^e = \boldsymbol{B}^{\mathrm{T}}\boldsymbol{D}\boldsymbol{B}\cdot tA = \begin{bmatrix} k_{ii} & k_{ij} & k_{im} \\ k_{ji} & k_{jj} & k_{jm} \\ k_{mi} & k_{mj} & k_{mm} \end{bmatrix}$$

对于单元①：节点局部码i，j，m对应节点总码1，2，3，则单元刚度矩阵的分块矩阵为

$$\boldsymbol{k}^1 = \begin{bmatrix} k_{11} & k_{12} & k_{13} \\ k_{21} & k_{22} & k_{23} \\ k_{31} & k_{32} & k_{33} \end{bmatrix}$$

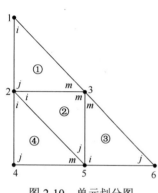

图2-10 单元划分图

对于单元②：节点局部码i，j，m对应节点总码2，5，3，则单元刚度矩阵的分块矩阵为

$$\boldsymbol{k}^2 = \begin{bmatrix} k_{22} & k_{25} & k_{23} \\ k_{52} & k_{55} & k_{53} \\ k_{32} & k_{35} & k_{33} \end{bmatrix}$$

对于单元③：节点局部码i，j，m对应节点总码5，6，3，则单元刚度矩阵的分块矩阵为

$$\boldsymbol{k}^3 = \begin{bmatrix} k_{55} & k_{56} & k_{53} \\ k_{65} & k_{66} & k_{63} \\ k_{35} & k_{36} & k_{33} \end{bmatrix}$$

对于单元④：节点局部码i，j，m对应节点总码2，4，5，则单元刚度矩阵的分块矩阵为

$$\boldsymbol{k}^4 = \begin{bmatrix} k_{22} & k_{24} & k_{25} \\ k_{42} & k_{44} & k_{45} \\ k_{52} & k_{54} & k_{55} \end{bmatrix}$$

再把单元刚度矩阵的分块矩阵扩大成6×6的单元贡献矩阵，扩大后的形式为

$$\boldsymbol{K}^1 = \begin{bmatrix} k_{11}^1 & k_{12}^1 & k_{13}^1 & 0 & 0 & 0 \\ k_{21}^1 & k_{22}^1 & k_{23}^1 & 0 & 0 & 0 \\ k_{31}^1 & k_{32}^1 & k_{33}^1 & 0 & 0 & 0 \\ 0 & 0 & 0 & 0 & 0 & 0 \\ 0 & 0 & 0 & 0 & 0 & 0 \\ 0 & 0 & 0 & 0 & 0 & 0 \end{bmatrix} \qquad \boldsymbol{K}^2 = \begin{bmatrix} 0 & 0 & 0 & 0 & 0 & 0 \\ 0 & k_{22}^2 & k_{23}^2 & 0 & k_{25}^2 & 0 \\ 0 & k_{32}^2 & k_{33}^2 & 0 & k_{35}^2 & 0 \\ 0 & 0 & 0 & 0 & 0 & 0 \\ 0 & k_{52}^2 & k_{53}^2 & 0 & k_{55}^2 & 0 \\ 0 & 0 & 0 & 0 & 0 & 0 \end{bmatrix}$$

$$\boldsymbol{K}^3 = \begin{bmatrix} 0 & 0 & 0 & 0 & 0 & 0 \\ 0 & 0 & 0 & 0 & 0 & 0 \\ 0 & 0 & k_{33}^3 & 0 & k_{35}^3 & k_{36}^3 \\ 0 & 0 & 0 & 0 & 0 & 0 \\ 0 & 0 & k_{53}^3 & 0 & k_{55}^3 & k_{56}^3 \\ 0 & 0 & k_{65}^3 & 0 & k_{65}^3 & k_{66}^3 \end{bmatrix} \qquad \boldsymbol{K}^4 = \begin{bmatrix} 0 & 0 & 0 & 0 & 0 & 0 \\ 0 & k_{22}^4 & 0 & k_{24}^4 & k_{25}^4 & 0 \\ 0 & 0 & 0 & 0 & 0 & 0 \\ 0 & k_{42}^4 & 0 & k_{44}^4 & k_{45}^4 & 0 \\ 0 & k_{52}^4 & 0 & k_{54}^4 & k_{55}^4 & 0 \\ 0 & 0 & 0 & 0 & 0 & 0 \end{bmatrix}$$

扩大后的单元贡献矩阵是按节点编号顺序排列的，并在空白处用零子块填补。将扩大后的4个单元贡献阵相叠加得

$$\boldsymbol{K} = \boldsymbol{K}^1 + \boldsymbol{K}^2 + \boldsymbol{K}^3 + \boldsymbol{K}^4$$

就得到整体刚度矩阵，即

$$K = \begin{bmatrix} k_{11}^1 & k_{12}^1 & k_{13}^1 & 0 & 0 & 0 \\ k_{21}^1 & k_{22}^1 + k_{22}^2 + k_{22}^4 & k_{23}^1 + k_{23}^2 & k_{24}^4 & k_{25}^2 + k_{25}^4 & 0 \\ k_{31}^1 & k_{32}^1 + k_{32}^2 & k_{33}^1 + k_{33}^2 + k_{33}^3 & 0 & k_{35}^2 + k_{35}^3 & k_{36}^3 \\ 0 & k_{42}^4 & 0 & k_{44}^4 & k_{45}^4 & 0 \\ 0 & k_{52}^2 + k_{52}^4 & k_{53}^2 + k_{53}^3 & k_{54}^4 & k_{55}^2 + k_{55}^3 + k_{55}^4 & k_{56}^3 \\ 0 & 0 & k_{63}^3 & 0 & k_{65}^3 & k_{66}^3 \end{bmatrix}$$

整体刚度矩阵的特性如下：

（1）对称性。因为单元刚度矩阵为对称矩阵，因此，由单元刚度矩阵按对称方式组装而成的整体刚度矩阵必然也是对称的。

（2）奇异性。因为弹性体在外力作用下处于平衡状态，在平面问题中应满足三个平衡方程，反应在整体刚度矩阵 K 中就存在三个线性相关的行，因而是奇异的，不存在逆矩阵。只有在排除刚体位移后，其逆矩阵才存在。

（3）稀疏性。即整体刚度矩阵中非零元素少，零元素多。从前面整体刚度矩阵的形成过程可知，一个节点只与环绕它的相连单元的节点发生联系，所以，相关节点对应的矩阵子块为非零块，不相关节点对应的矩阵子块为零块。大型结构离散后，单元和节点数往往很多，而某一节点仅与周围少数几个单元的节点相关，因此整体刚度矩阵中必然存在大量的零元素。一般情况下，节点数越多，整体刚度矩阵越稀疏。

（4）带状性。即整体刚度矩阵中非零元素集中分布在主对角元素两侧，呈带状分布，其集中程度与节点编号有关。

如图 2-11 所示的平面问题模型的整体刚度矩阵就具有典型的带状性，图中黑点表示非零块。描述带状性的一个重要参量是半带宽 B，定义为包括对角线元素在内的半个带状区域中每行具有的元素个数，其计算式为

$$B = (相关节点编号最大差值+1) \times 2$$

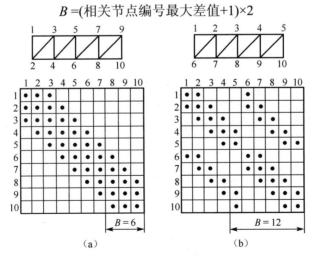

图 2-11　整体刚度矩阵的带状性

如图 2-11（a）所示的网格，整体刚度矩阵的半带宽为

$$B = (2+1) \times 2 = 6$$

半带宽的大小与单元节点编号密切相关，如图 2-11（b）所示为改变节点编号后所得到的

整体刚度矩阵非零块分布，其整体刚度矩阵半带宽变为
$$B = (5+1) \times 2 = 12$$

为了节省计算机存储空间和计算时间，通常应使半带宽尽可能小，即整体节点编号应使相邻节点编号差值最小。

例 2-3　如图 2-12（a）所示的悬臂梁，在右端面作用着均布拉力，其合力为 P。设梁的厚度为 t，弹性模量为 E，泊松比 $\mu = \dfrac{1}{3}$。试采用如图 2-12（b）所示的简单网格，求各节点的位移分量。

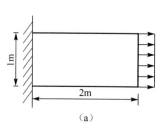 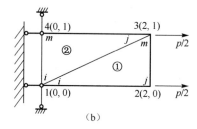

（a）　　　　　　　　　　　　　（b）

图 2-12　悬臂梁及网格

解：

（1）求出各单元的刚度矩阵。

对于单元①，局部码 i，j，m 对应节点总码 1，2，3。

$$b_i = y_j - y_m = -1 \qquad b_j = y_m - y_i = 1 \qquad b_m = y_i - y_j = 0$$

$$c_i = x_m - x_j = 0 \qquad c_j = x_i - x_m = -2 \qquad c_m = x_j - x_i = 2$$

$$A = 1$$

由三角形单元的刚度矩阵计算公式 $\boldsymbol{k}^e = \boldsymbol{B}^{\mathrm{T}} \boldsymbol{D} \boldsymbol{B} t A$ 计算得到

$$\boldsymbol{k}^{①} = \frac{3Et}{32}
\begin{bmatrix}
3 & 0 & -3 & 2 & 0 & -2 \\
0 & 1 & 2 & -1 & -2 & 0 \\
-3 & 2 & 7 & -4 & -4 & 2 \\
2 & -1 & -4 & 13 & 2 & -12 \\
0 & -2 & -4 & 2 & 4 & 0 \\
-2 & 0 & 2 & -12 & 0 & 12
\end{bmatrix}
=
\begin{bmatrix}
\boldsymbol{k}_{11}^{①} & \boldsymbol{k}_{12}^{①} & \boldsymbol{k}_{13}^{①} \\
\boldsymbol{k}_{21}^{①} & \boldsymbol{k}_{22}^{①} & \boldsymbol{k}_{23}^{①} \\
\boldsymbol{k}_{31}^{①} & \boldsymbol{k}_{32}^{①} & \boldsymbol{k}_{33}^{①}
\end{bmatrix}$$

对于单元②，局部码 i，j，m 对应节点总码 1，3，4。

$$b_i = y_j - y_m = 0 \qquad b_j = y_m - y_i = 1 \qquad b_m = y_i - y_j = -1$$

$$c_i = x_m - x_j = -2 \qquad c_j = x_i - x_m = 0 \qquad c_m = x_j - x_i = 2$$

$$\boldsymbol{k}^{②} = \frac{3Et}{32}
\begin{bmatrix}
4 & 0 & 0 & -2 & -4 & 2 \\
0 & 12 & -2 & 0 & 2 & -12 \\
0 & -2 & 3 & 0 & -3 & 2 \\
-2 & 0 & 0 & 1 & 2 & -1 \\
-4 & 2 & -3 & 2 & 7 & -4 \\
2 & -12 & 2 & -1 & -4 & 13
\end{bmatrix}
=
\begin{bmatrix}
\boldsymbol{k}_{11}^{②} & \boldsymbol{k}_{13}^{②} & \boldsymbol{k}_{14}^{②} \\
\boldsymbol{k}_{31}^{②} & \boldsymbol{k}_{33}^{②} & \boldsymbol{k}_{34}^{②} \\
\boldsymbol{k}_{41}^{②} & \boldsymbol{k}_{43}^{②} & \boldsymbol{k}_{44}^{②}
\end{bmatrix}$$

注意这里的上标代表单元的编号。

（2）形成各单元的贡献矩阵。

单元①的贡献矩阵

$$
\boldsymbol{K}^{①} = \begin{bmatrix} k_{11}^{①} & k_{12}^{①} & k_{13}^{①} & 0 \\ k_{21}^{①} & k_{22}^{①} & k_{23}^{①} & 0 \\ k_{31}^{①} & k_{32}^{①} & k_{33}^{①} & 0 \\ 0 & 0 & 0 & 0 \end{bmatrix} = \frac{3Et}{32} \begin{bmatrix} 3 & 0 & -3 & 2 & 0 & -2 & 0 & 0 \\ 0 & 1 & 2 & -1 & -2 & 0 & 0 & 0 \\ -3 & 2 & 7 & -4 & -4 & 2 & 0 & 0 \\ 2 & -1 & -4 & 13 & 2 & -12 & 0 & 0 \\ 0 & -2 & -4 & 2 & 4 & 0 & 0 & 0 \\ -2 & 0 & 2 & -12 & 0 & 12 & 0 & 0 \\ 0 & 0 & 0 & 0 & 0 & 0 & 0 & 0 \\ 0 & 0 & 0 & 0 & 0 & 0 & 0 & 0 \end{bmatrix}
$$

单元②的贡献矩阵

$$
\boldsymbol{K}^{②} = \begin{bmatrix} k_{11}^{②} & 0 & k_{13}^{②} & k_{14}^{②} \\ 0 & 0 & 0 & 0 \\ k_{31}^{②} & 0 & k_{33}^{②} & k_{34}^{②} \\ k_{41}^{②} & 0 & k_{43}^{②} & k_{44}^{②} \end{bmatrix} = \frac{3Et}{32} \begin{bmatrix} 4 & 0 & 0 & 0 & 0 & -2 & -4 & 2 \\ 0 & 12 & 0 & 0 & -2 & 0 & 2 & -12 \\ 0 & 0 & 0 & 0 & 0 & 0 & 0 & 0 \\ 0 & 0 & 0 & 0 & 0 & 0 & 0 & 0 \\ 0 & -2 & 0 & 0 & 3 & 0 & -3 & 2 \\ -2 & 0 & 0 & 0 & 0 & 1 & 2 & -1 \\ -4 & 2 & 0 & 0 & -3 & 2 & 7 & -4 \\ 2 & -12 & 0 & 0 & 2 & -1 & -4 & 13 \end{bmatrix}
$$

（3）形成总体刚度矩阵

$$
\boldsymbol{K} = \boldsymbol{K}^1 + \boldsymbol{K}^2 = \begin{bmatrix} k_{11}^{①}+k_{11}^{②} & k_{12}^{①} & k_{13}^{①}+k_{13}^{②} & k_{14}^{②} \\ & k_{22}^{①} & k_{23}^{①} & 0 \\ 对称 & & k_{33}^{①}+k_{33}^{②} & k_{34}^{②} \\ & & & k_{44}^{②} \end{bmatrix}
$$

$$
= \frac{3Et}{32} \begin{bmatrix} 7 & 0 & -3 & 2 & 0 & -4 & -4 & 2 \\ 0 & 13 & 2 & -1 & -4 & 0 & 2 & -12 \\ -3 & 2 & 7 & -4 & -4 & 2 & 0 & 0 \\ 2 & -1 & -4 & 13 & 2 & -12 & 0 & 0 \\ 0 & -4 & -4 & 2 & 7 & 0 & -3 & 2 \\ -4 & 0 & 2 & -12 & 0 & 13 & 2 & -1 \\ -4 & 2 & 0 & 0 & -3 & 2 & 7 & -4 \\ 2 & -12 & 0 & 0 & 2 & -1 & -4 & 13 \end{bmatrix}
$$

有了总体刚度矩阵后，再形成载荷列阵，即可得整体刚度方程，经约束处理后就可求解节点位移。

（4）形成整体载荷列阵

$$
\boldsymbol{F} = \begin{bmatrix} F_{1x} & F_{1y} & \dfrac{P}{2} & 0 & \dfrac{P}{2} & 0 & F_{4x} & F_{4y} \end{bmatrix}^{\mathrm{T}}
$$

（5）形成整体节点位移列阵

$$
\boldsymbol{\delta} = \begin{bmatrix} 0 & 0 & u_2 & v_2 & u_3 & v_3 & 0 & 0 \end{bmatrix}^{\mathrm{T}}
$$

（6）形成整体平衡方程　　　　　　　　　　　　$\boldsymbol{K\delta} = \boldsymbol{F}$

$$\frac{3Et}{32}\begin{bmatrix} 7 & 0 & -3 & 2 & 0 & -4 & -4 & 2 \\ 0 & 13 & 2 & -1 & -4 & 0 & 2 & -12 \\ -3 & 2 & 7 & -4 & -4 & 2 & 0 & 0 \\ 2 & -1 & -4 & 13 & 2 & -12 & 0 & 0 \\ 0 & -4 & -4 & 2 & 7 & 0 & -3 & 2 \\ -4 & 0 & 2 & -12 & 0 & 13 & 2 & -1 \\ -4 & 2 & 0 & 0 & -3 & 2 & 7 & -4 \\ 2 & -12 & 0 & 0 & 2 & -1 & -4 & 13 \end{bmatrix}\begin{bmatrix} 0 \\ 0 \\ u_2 \\ v_2 \\ u_3 \\ v_3 \\ 0 \\ 0 \end{bmatrix} = \begin{bmatrix} F_{1x} \\ F_{1y} \\ \frac{P}{2} \\ 0 \\ \frac{P}{2} \\ 0 \\ F_{4x} \\ F_{4y} \end{bmatrix}$$

（7）引入边界条件，求节点位移。

位移约束条件为 $u_1 = v_1 = u_4 = v_4 = 0$，如图 2-12（b）所示，将此约束条件引入整体平衡方程，对其采用"化 1 置 0 法"处理。处理方法如下：若已知节点 n 在 x 方向的位移 u_n 为零，则令 K 中的元素 $K_{2n-1,2n-1}$ 为 1，而第 $2n-1$ 行和 $2n-1$ 列的其余元素都为零；F 中的第 $2n-1$ 个元素变为零。若已知节点 n 在 y 方向的位移 v_n 为零，则令 K 中的元素 $K_{2n,2n}$ 为 1，而第 $2n$ 行和 $2n$ 列的其余元素都为零；F 中的第 $2n$ 个元素变为零。处理后得到

$$\frac{3Et}{32}\begin{bmatrix} 1 & 0 & 0 & 0 & 0 & 0 & 0 & 0 \\ 0 & 1 & 0 & 0 & 0 & 0 & 0 & 0 \\ 0 & 0 & 7 & -4 & -4 & 2 & 0 & 0 \\ 0 & 0 & -4 & 13 & 2 & -12 & 0 & 0 \\ 0 & 0 & -4 & 2 & 7 & 0 & 0 & 0 \\ 0 & 0 & 2 & -12 & 0 & 13 & 0 & 0 \\ 0 & 0 & 0 & 0 & 0 & 0 & 1 & 0 \\ 0 & 0 & 0 & 0 & 0 & 0 & 0 & 1 \end{bmatrix}\begin{bmatrix} 0 \\ 0 \\ u_2 \\ v_2 \\ u_3 \\ v_3 \\ 0 \\ 0 \end{bmatrix} = \begin{bmatrix} 0 \\ 0 \\ \frac{P}{2} \\ 0 \\ \frac{P}{2} \\ 0 \\ 0 \\ 0 \end{bmatrix}$$

解上述联立方程

$$\begin{cases} \frac{3Et}{32}(7u_2 - 4v_2 - 4u_3 + 2v_3) = \frac{P}{2} \\ -4u_2 + 13v_2 + 2u_3 - 12v_3 = 0 \\ \frac{3Et}{32}(-4u_2 + 2v_2 + 7u_3) = \frac{P}{2} \\ 2u_2 - 12v_2 + 13v_3 = 0 \end{cases}$$

求得节点位移为

$$\begin{bmatrix} u_2 \\ v_2 \\ u_3 \\ v_3 \end{bmatrix} = \frac{P}{Et}\begin{bmatrix} 1.98 \\ 0.33 \\ 1.80 \\ 0 \end{bmatrix}$$

2.5　有限元法解题过程与算例

前面已进行了三节点三角形常应变单元的单元分析、整体分析，导出了一整套计算公式。

本节介绍有限元法的具体解题过程，并用手算方法分析一个例题，说明它们的应用。

有限元法的具体解题过程如下。

（1）结构离散化：包括选择单元的种类、划分网格、节点编号、单元编号、节点坐标确定、位移约束条件的确定，等效节点力的计算。

（2）单元分析：求解单元刚度矩阵。

（3）整体分析：形成整体刚度矩阵，建立整体平衡方程，引入约束条件，求解节点位移，计算单元的应变和应力。

例 2-4　如图 2-13（a）所示为两端固支的矩形深梁，跨度为 $2a$，高为 a，厚度为 t。已知弹性模量为 E，泊松比 $\mu = 0$，承受均布压力，单位长度集度为 q。试用有限元法求解此平面应力问题：（1）计算各单元的应力；（2）计算单元的应变；（3）设单元内一点 P 的坐标为（$0.25a$，$0.5a$），求 P 点的位移。

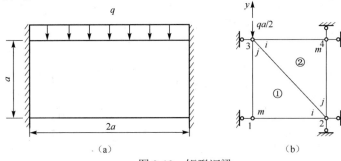

图 2-13　矩形深梁

解：1）结构离散化

（1）利用对称性，可取梁的一半分析，例如右半部分。

（2）划分单元并准备原始数据。

划分为两个三角形单元，4 个节点，如图 2-13（b）所示。4 个节点的坐标分别为 1(0,0)、2(a,0)、3(0,a)、4(a,a)。单元①的局部码 i, j, m 对应于节点总码 2，3，1；单元②的局部码 i, j, m 对应于节点总码 3，2，4。

2）单元分析，计算单元刚度矩阵

三节点三角形单元的刚度矩阵可由公式 $\boldsymbol{k}^e = \boldsymbol{B}^{\mathrm{T}} \boldsymbol{D} \boldsymbol{B} t A = \boldsymbol{B}^{\mathrm{T}} \boldsymbol{S} t A$ 计算。

（1）计算单元①的刚度矩阵。

由于

$$b_i = y_j - y_m = a$$
$$c_i = x_m - x_j = 0$$
$$b_j = y_m - y_i = 0$$
$$c_j = x_i - x_m = a$$
$$b_m = y_i - y_j = -a$$
$$c_m = x_j - x_i = -a$$

单元面积为

$$A = \frac{1}{2} a^2$$

所以应变矩阵为

$$\boldsymbol{B} = \frac{1}{2A}\begin{bmatrix} b_i & 0 & b_j & 0 & b_m & 0 \\ 0 & c_i & 0 & c_j & 0 & c_m \\ c_i & b_i & c_j & b_j & c_m & b_m \end{bmatrix} = \frac{1}{a}\begin{bmatrix} 1 & 0 & 0 & 0 & -1 & 0 \\ 0 & 0 & 0 & 1 & 0 & -1 \\ 0 & 1 & 1 & 0 & -1 & -1 \end{bmatrix}$$

对于平面应力问题，弹性矩阵为

$$\boldsymbol{D} = \frac{E}{1-\mu^2}\begin{bmatrix} 1 & \mu & 0 \\ \mu & 1 & 0 \\ 0 & 0 & \dfrac{1-\mu}{2} \end{bmatrix} = E\begin{bmatrix} 1 & 0 & 0 \\ 0 & 1 & 0 \\ 0 & 0 & \dfrac{1}{2} \end{bmatrix}$$

则应力矩阵为

$$\boldsymbol{S} = \boldsymbol{DB} = \frac{E}{a}\begin{bmatrix} 1 & 0 & 0 & 0 & -1 & 0 \\ 0 & 0 & 0 & 1 & 0 & -1 \\ 0 & \dfrac{1}{2} & \dfrac{1}{2} & 0 & -\dfrac{1}{2} & -\dfrac{1}{2} \end{bmatrix}$$

所以单元①的刚度矩阵为

$$\boldsymbol{k}^1 = \boldsymbol{B}^{\mathrm{T}}\boldsymbol{S}tA = \frac{Et}{2}\left[\begin{array}{cc|cc|cc} 1 & 0 & 0 & 0 & -1 & 0 \\ 0 & \dfrac{1}{2} & \dfrac{1}{2} & 0 & -\dfrac{1}{2} & -\dfrac{1}{2} \\ \hline 0 & \dfrac{1}{2} & \dfrac{1}{2} & 0 & -\dfrac{1}{2} & -\dfrac{1}{2} \\ 0 & 0 & 0 & 1 & 0 & -1 \\ \hline -1 & -\dfrac{1}{2} & -\dfrac{1}{2} & 0 & \dfrac{3}{2} & \dfrac{1}{2} \\ 0 & -\dfrac{1}{2} & -\dfrac{1}{2} & -1 & \dfrac{1}{2} & \dfrac{3}{2} \end{array}\right] = \begin{bmatrix} \boldsymbol{k}_{22} & \boldsymbol{k}_{23} & \boldsymbol{k}_{21} \\ \boldsymbol{k}_{32} & \boldsymbol{k}_{33} & \boldsymbol{k}_{31} \\ \boldsymbol{k}_{12} & \boldsymbol{k}_{13} & \boldsymbol{k}_{11} \end{bmatrix}$$

（2）计算单元②的刚度矩阵。

单元②可以看作单元①旋转 π 角度，因此单元刚度矩阵保持不变，但对应的节点号不同，即

$$\boldsymbol{k}^2 = \frac{Et}{2}\left[\begin{array}{cc|cc|cc} 1 & 0 & 0 & 0 & -1 & 0 \\ 0 & \dfrac{1}{2} & \dfrac{1}{2} & 0 & -\dfrac{1}{2} & -\dfrac{1}{2} \\ \hline 0 & \dfrac{1}{2} & \dfrac{1}{2} & 0 & -\dfrac{1}{2} & -\dfrac{1}{2} \\ 0 & 0 & 0 & 1 & 0 & -1 \\ \hline -1 & -\dfrac{1}{2} & -\dfrac{1}{2} & 0 & \dfrac{3}{2} & \dfrac{1}{2} \\ 0 & -\dfrac{1}{2} & -\dfrac{1}{2} & -1 & \dfrac{1}{2} & \dfrac{3}{2} \end{array}\right] = \begin{bmatrix} \boldsymbol{k}_{33} & \boldsymbol{k}_{32} & \boldsymbol{k}_{34} \\ \boldsymbol{k}_{23} & \boldsymbol{k}_{22} & \boldsymbol{k}_{24} \\ \boldsymbol{k}_{43} & \boldsymbol{k}_{42} & \boldsymbol{k}_{44} \end{bmatrix}$$

3）整体分析

（1）计算整体刚度矩阵。

依照各单元节点局部码与总码的对应关系，两个单元的贡献矩阵分别为

$$K^1 = \begin{bmatrix} k_{11}^1 & k_{12}^1 & k_{13}^1 & 0 \\ k_{21}^1 & k_{22}^1 & k_{23}^1 & 0 \\ k_{31}^1 & k_{32}^1 & k_{33}^1 & 0 \\ 0 & 0 & 0 & 0 \end{bmatrix} \qquad K^2 = \begin{bmatrix} 0 & 0 & 0 & 0 \\ 0 & k_{22}^2 & k_{23}^2 & k_{24}^2 \\ 0 & k_{32}^2 & k_{33}^2 & k_{34}^2 \\ 0 & k_{42}^2 & k_{43}^2 & k_{44}^2 \end{bmatrix}$$

叠加成整体刚度矩阵，即

$$K = K^1 + K^2 = \begin{bmatrix} k_{11}^1 & k_{12}^1 & k_{13}^1 & 0 \\ k_{21}^1 & k_{22}^1 + k_{22}^2 & k_{23}^1 + k_{23}^2 & k_{24}^2 \\ k_{31}^1 & k_{32}^1 + k_{32}^2 & k_{33}^1 + k_{33}^2 & k_{34}^2 \\ 0 & k_{42}^2 & k_{43}^2 & k_{44}^2 \end{bmatrix}$$

$$= \frac{Et}{2} \begin{bmatrix} \frac{3}{2} & \frac{1}{2} & -1 & -\frac{1}{2} & -\frac{1}{2} & 0 & 0 & 0 \\ \frac{1}{2} & \frac{3}{2} & 0 & -\frac{1}{2} & -\frac{1}{2} & -1 & 0 & 0 \\ -1 & 0 & \frac{3}{2} & 0 & 0 & \frac{1}{2} & -\frac{1}{2} & -\frac{1}{2} \\ -\frac{1}{2} & -\frac{1}{2} & 0 & \frac{3}{2} & \frac{1}{2} & 0 & 0 & -1 \\ -\frac{1}{2} & -\frac{1}{2} & 0 & \frac{1}{2} & \frac{3}{2} & 0 & -1 & 0 \\ 0 & -1 & \frac{1}{2} & 0 & 0 & \frac{3}{2} & -\frac{1}{2} & -\frac{1}{2} \\ 0 & 0 & -\frac{1}{2} & 0 & -1 & -\frac{1}{2} & \frac{3}{2} & \frac{1}{2} \\ 0 & 0 & -\frac{1}{2} & -1 & 0 & -\frac{1}{2} & \frac{1}{2} & \frac{3}{2} \end{bmatrix}$$

（2）形成整体节点载荷列阵。

$$F = \left[F_{1x} \quad 0 \quad F_{2x} \quad F_{2y} \quad F_{3x} \quad -\frac{qa}{2} \quad F_{4x} \quad F_{4y} \right]^{\mathrm{T}}$$

（3）形成整体平衡方程。

$$\frac{Et}{2} \begin{bmatrix} \frac{3}{2} & \frac{1}{2} & -1 & -\frac{1}{2} & -\frac{1}{2} & 0 & 0 & 0 \\ \frac{1}{2} & \frac{3}{2} & 0 & -\frac{1}{2} & -\frac{1}{2} & -1 & 0 & 0 \\ -1 & 0 & \frac{3}{2} & 0 & 0 & \frac{1}{2} & -\frac{1}{2} & -\frac{1}{2} \\ -\frac{1}{2} & -\frac{1}{2} & 0 & \frac{3}{2} & \frac{1}{2} & 0 & 0 & -1 \\ -\frac{1}{2} & -\frac{1}{2} & 0 & \frac{1}{2} & \frac{3}{2} & 0 & -1 & 0 \\ 0 & -1 & \frac{1}{2} & 0 & 0 & \frac{3}{2} & -\frac{1}{2} & -\frac{1}{2} \\ 0 & 0 & -\frac{1}{2} & 0 & -1 & -\frac{1}{2} & \frac{3}{2} & \frac{1}{2} \\ 0 & 0 & -\frac{1}{2} & -1 & 0 & -\frac{1}{2} & \frac{1}{2} & \frac{3}{2} \end{bmatrix} \begin{bmatrix} u_1 \\ v_1 \\ u_2 \\ v_2 \\ u_3 \\ v_3 \\ u_4 \\ v_4 \end{bmatrix} = \begin{bmatrix} F_{1x} \\ 0 \\ F_{2x} \\ F_{2y} \\ F_{3x} \\ -\dfrac{qa}{2} \\ F_{4x} \\ F_{4y} \end{bmatrix}$$

（4）引入位移边界条件，求解节点位移。

由于 $u_1 = u_2 = v_2 = u_3 = u_4 = v_4 = 0$，即节点位移分量为零，采用"化 1 置 0 法"，得

$$\frac{Et}{2}\begin{bmatrix} 1 & 0 & 0 & 0 & 0 & 0 & 0 & 0 \\ 0 & \frac{3}{2} & 0 & 0 & 0 & -1 & 0 & 0 \\ 0 & 0 & 1 & 0 & 0 & 0 & 0 & 0 \\ 0 & 0 & 0 & 1 & 0 & 0 & 0 & 0 \\ 0 & 0 & 0 & 0 & 1 & 0 & 0 & 0 \\ 0 & -1 & 0 & 0 & 0 & \frac{3}{2} & 0 & 0 \\ 0 & 0 & 0 & 0 & 0 & 0 & 1 & 0 \\ 0 & 0 & 0 & 0 & 0 & 0 & 0 & 1 \end{bmatrix}\begin{bmatrix} 0 \\ v_1 \\ 0 \\ 0 \\ 0 \\ v_3 \\ 0 \\ 0 \end{bmatrix} = \begin{bmatrix} 0 \\ 0 \\ 0 \\ 0 \\ 0 \\ -\dfrac{qa}{2} \\ 0 \\ 0 \end{bmatrix}$$

整理后得到

$$\frac{Et}{2}\begin{bmatrix} \frac{3}{2} & -1 \\ -1 & \frac{3}{2} \end{bmatrix}\begin{bmatrix} v_1 \\ v_3 \end{bmatrix} = \begin{bmatrix} 0 \\ -\dfrac{qa}{2} \end{bmatrix}$$

解方程得

$$v_1 = -\frac{4}{5}\frac{qa}{Et}, \qquad v_3 = -\frac{6}{5}\frac{qa}{Et}$$

所以整体节点位移列阵为

$$\boldsymbol{\delta} = \begin{bmatrix} 0 \\ -\dfrac{4}{5}\dfrac{qa}{Et} \\ 0 \\ 0 \\ 0 \\ -\dfrac{6}{5}\dfrac{qa}{Et} \\ 0 \\ 0 \end{bmatrix}$$

（5）计算单元的应力。

在整体分析中已求得节点位移，为了计算结构上任意一点的应变或应力，再返回单元分析中。由于结构只划分为 2 个三角形常应力单元，所以结构上的应力以这两个单元的应力来描述。由于单元划分得很少，误差可能比较大，不过这只是为了算例的简明。

计算单元①的应力矩阵：

$$\boldsymbol{S}^1 = \boldsymbol{DB}^1 = E\begin{bmatrix} 1 & 0 & 0 \\ 0 & 1 & 0 \\ 0 & 0 & \frac{1}{2} \end{bmatrix} \cdot \frac{1}{a}\begin{bmatrix} 1 & 0 & 0 & 0 & -1 & 0 \\ 0 & 0 & 0 & 1 & 0 & -1 \\ 0 & 1 & 1 & 0 & -1 & -1 \end{bmatrix} = \frac{E}{2a}\begin{bmatrix} 2 & 0 & 0 & 0 & -2 & 0 \\ 0 & 0 & 0 & 2 & 0 & -2 \\ 0 & 1 & 1 & 0 & -1 & -1 \end{bmatrix}$$

对于前面采用的节点局部码编号，由物理意义不难判断出单元②的应力矩阵为

$$\boldsymbol{S}^2 = -\boldsymbol{S}^1 = -\frac{E}{2a}\begin{bmatrix} 2 & 0 & 0 & 0 & -2 & 0 \\ 0 & 0 & 0 & 2 & 0 & -2 \\ 0 & 1 & 1 & 0 & -1 & -1 \end{bmatrix}$$

由整体节点位移向量获取单元节点位移向量，即

$$\boldsymbol{\delta}^1 = \begin{bmatrix} 0 \\ 0 \\ 0 \\ -\dfrac{6}{5}\dfrac{qa}{Et} \\ 0 \\ -\dfrac{4}{5}\dfrac{qa}{Et} \end{bmatrix}, \qquad \boldsymbol{\delta}^2 = \begin{bmatrix} 0 \\ -\dfrac{6}{5}\dfrac{qa}{Et} \\ 0 \\ 0 \\ 0 \\ 0 \end{bmatrix}$$

计算单元应力：

$$\boldsymbol{\sigma}^1 = \boldsymbol{S}^1 \boldsymbol{\delta}^1 = \frac{E}{2a} \begin{bmatrix} 2 & 0 & 0 & 0 & -2 & 0 \\ 0 & 0 & 0 & 2 & 0 & -2 \\ 0 & 1 & 1 & 0 & -1 & -1 \end{bmatrix} \begin{bmatrix} 0 \\ 0 \\ 0 \\ -\dfrac{6}{5}\dfrac{qa}{Et} \\ 0 \\ -\dfrac{4}{5}\dfrac{qa}{Et} \end{bmatrix} = -\frac{2q}{5t} \begin{bmatrix} 0 \\ 1 \\ 1 \end{bmatrix}$$

$$\boldsymbol{\sigma}^2 = \boldsymbol{S}^2 \boldsymbol{\delta}^2 = -\frac{E}{2a} \begin{bmatrix} 2 & 0 & 0 & 0 & -2 & 0 \\ 0 & 0 & 0 & 2 & 0 & -2 \\ 0 & 1 & 1 & 0 & -1 & -1 \end{bmatrix} \begin{bmatrix} 0 \\ -\dfrac{6}{5}\dfrac{qa}{Et} \\ 0 \\ 0 \\ 0 \\ 0 \end{bmatrix} = -\frac{3q}{5t} \begin{bmatrix} 0 \\ 0 \\ 1 \end{bmatrix}$$

（6）计算单元的应变。

因为 $\qquad\qquad\qquad\qquad \boldsymbol{\varepsilon} = \boldsymbol{B}\boldsymbol{\delta}^e$

所以 $\qquad\qquad\qquad\qquad \boldsymbol{\varepsilon}^1 = \boldsymbol{B}^1 \boldsymbol{\delta}^1$

单元①的应变矩阵为

$$\boldsymbol{B}^1 = \frac{1}{2A} \begin{bmatrix} b_i & 0 & b_j & 0 & b_m & 0 \\ 0 & c_i & 0 & c_j & 0 & c_m \\ c_i & b_i & c_j & b_j & c_m & b_m \end{bmatrix} = \frac{1}{a} \begin{bmatrix} 1 & 0 & 0 & 0 & -1 & 0 \\ 0 & 0 & 0 & 1 & 0 & -1 \\ 0 & 1 & 1 & 0 & -1 & -1 \end{bmatrix}$$

单元①的节点位移向量为

$$\boldsymbol{\delta}^1 = \begin{bmatrix} 0 \\ 0 \\ 0 \\ -\dfrac{6}{5}\cdot\dfrac{qa}{Et} \\ 0 \\ -\dfrac{4}{5}\cdot\dfrac{qa}{Et} \end{bmatrix}$$

单元①的应变为

$$\boldsymbol{\varepsilon}^1 = \boldsymbol{B}^1 \boldsymbol{\delta}^1 = \frac{1}{a}\begin{bmatrix} 1 & 0 & 0 & 0 & -1 & 0 \\ 0 & 0 & 0 & 1 & 0 & -1 \\ 0 & 1 & 1 & 0 & -1 & -1 \end{bmatrix} \cdot \begin{bmatrix} 0 \\ 0 \\ 0 \\ -\dfrac{6}{5}\cdot\dfrac{qa}{Et} \\ 0 \\ -\dfrac{4}{5}\cdot\dfrac{qa}{Et} \end{bmatrix} = \begin{bmatrix} 0 \\ -\dfrac{2}{5}\cdot\dfrac{q}{Et} \\ -\dfrac{4}{5}\cdot\dfrac{q}{Et} \end{bmatrix}$$

（7）计算点 P 的位移。

由单元位移函数可知

$$\boldsymbol{f} = \boldsymbol{N}\boldsymbol{\delta}^e$$

由于点 P 在单元①中，则点 P 的位移为

$$\boldsymbol{f}_p = \boldsymbol{N}^1 \boldsymbol{\delta}^1$$

其中，

$$\boldsymbol{N}^1 = \begin{bmatrix} N_i & 0 & N_j & 0 & N_m & 0 \\ 0 & N_i & 0 & N_j & 0 & N_m \end{bmatrix} = \frac{1}{a}\begin{bmatrix} x & 0 & y & 0 & a-x-y & 0 \\ 0 & x & 0 & y & 0 & a-x-y \end{bmatrix}$$

故点 P 的位移为

$$\boldsymbol{f}_p = \boldsymbol{N}^1 \boldsymbol{\delta}^1 = \frac{1}{a}\begin{bmatrix} x & 0 & y & 0 & a-x-y & 0 \\ 0 & x & 0 & y & 0 & a-x-y \end{bmatrix} \cdot \begin{bmatrix} 0 \\ 0 \\ 0 \\ -\dfrac{6}{5}\cdot\dfrac{qa}{Et} \\ 0 \\ -\dfrac{4}{5}\cdot\dfrac{qa}{Et} \end{bmatrix}$$

$$= \frac{1}{a}\begin{bmatrix} 0.25a & 0 & 0.5a & 0 & a-0.25a-0.5a & 0 \\ 0 & 0.25a & 0 & 0.5a & 0 & a-0.25a-0.5a \end{bmatrix} \cdot \begin{bmatrix} 0 \\ 0 \\ 0 \\ -\dfrac{6}{5}\cdot\dfrac{qa}{Et} \\ 0 \\ -\dfrac{4}{5}\cdot\dfrac{qa}{Et} \end{bmatrix}$$

$$= \frac{1}{a}\begin{bmatrix} 0.25a & 0 & 0.5a & 0 & 0.25a & 0 \\ 0 & 0.25a & 0 & 0.5a & 0 & 0.25a \end{bmatrix} \cdot \begin{bmatrix} 0 \\ 0 \\ 0 \\ -\dfrac{6}{5}\cdot\dfrac{qa}{Et} \\ 0 \\ -\dfrac{4}{5}\cdot\dfrac{qa}{Et} \end{bmatrix} = \begin{bmatrix} 0 \\ -\dfrac{4}{5}\cdot\dfrac{qa}{Et} \end{bmatrix}$$

2.6　边界条件的处理

由于整体刚度矩阵是奇异的，必须在整体平衡方程中引进位移边界条件（约束条件），消除整体结构的刚体位移，才能求解整体平衡方程，获得节点位移解。对于平面问题来说，要消除刚体位移，至少要引入三个位移约束条件。通常引进位移边界条件的方法有两种：化 1 置 0 法和乘大数法。

1. 化 1 置 0 法

若已知节点 n 在 x 方向的位移值 u_n，则令整体刚度矩阵 K 中的元素 $K_{2n-1,2n-1}$ 为 1，而第 $2n-1$ 行和 $2n-1$ 列的其余元素都为零；载荷列阵 F 中的第 $2n-1$ 个元素则用位移 u_n 的已知值代入，F 中的其他各行元素都减去节点位移的已知值与原来 K 中这行的相应列元素的乘积。若已知节点 n 在 y 方向的位移值 v_n，则令 K 中的元素 $K_{2n,2n}$ 为 1，而第 $2n$ 行和 $2n$ 列的其余元素都为零；F 中的第 $2n$ 个元素则用位移 v_n 的已知值代入，F 中的其他各行元素都减去节点位移的已知值与原来 K 中这行的相应列元素的乘积。

为说明这一过程，现举一个只有四个方程的简单例子：

$$\begin{bmatrix} K_{11} & K_{12} & K_{13} & K_{14} \\ K_{21} & K_{22} & K_{23} & K_{24} \\ K_{31} & K_{32} & K_{33} & K_{34} \\ K_{41} & K_{42} & K_{43} & K_{44} \end{bmatrix} \begin{bmatrix} u_1 \\ v_1 \\ u_2 \\ v_2 \end{bmatrix} = \begin{bmatrix} F_{1x} \\ F_{1y} \\ F_{2x} \\ F_{2y} \end{bmatrix} \tag{2-34}$$

设已知节点位移 $u_1 = \beta_1$，$u_2 = \beta_3$，当引进上述已知节点位移后，式（2-34）变成

$$\begin{bmatrix} 1 & 0 & 0 & 0 \\ 0 & K_{22} & 0 & K_{24} \\ 0 & 0 & 1 & 0 \\ 0 & K_{42} & 0 & K_{44} \end{bmatrix} \begin{bmatrix} u_1 \\ v_1 \\ u_2 \\ v_2 \end{bmatrix} = \begin{bmatrix} \beta_1 \\ F_{1y} - K_{21}\beta_1 - K_{23}\beta_3 \\ \beta_3 \\ F_{2y} - K_{41}\beta_1 - K_{43}\beta_3 \end{bmatrix} \tag{2-35}$$

然后，就用这组维数不变的方程来求解所有的节点位移，其解为 $u_1 = \beta_1$，$u_2 = \beta_3$，v_1、v_2 仍为原方程的解。这种方法常称为"化 1 置 0 法"。

2. 乘大数法

所谓乘大数法就是将整体刚度矩阵 K 中与已知节点位移有关的主对角元素乘上一个计算机可接受的充分大的数 M，一般取 $10^8 \sim 10^{15}$，同时将载荷列阵 F 中的对应元素换成已知节点位移与同一个大数 M 及主对角元素的乘积。用此方法来修正上面的例子，式（2-34）将成为

$$\begin{bmatrix} K_{11} \cdot M & K_{12} & K_{13} & K_{14} \\ K_{21} & K_{22} & K_{23} & K_{24} \\ K_{31} & K_{32} & K_{33} \cdot M & K_{34} \\ K_{41} & K_{42} & K_{43} & K_{44} \end{bmatrix} \begin{bmatrix} u_1 \\ v_1 \\ u_2 \\ v_2 \end{bmatrix} = \begin{bmatrix} \beta_1 \cdot K_{11} \cdot M \\ F_{1y} \\ \beta_3 \cdot K_{33} \cdot M \\ F_{2y} \end{bmatrix} \tag{2-36}$$

实际上，这里只改变了整体平衡方程（2-36）中的第一和第三个方程的写法，展开整体平衡方程（2-36）的第一个方程，得

$$K_{11} \cdot M \cdot u_1 + K_{12}v_1 + K_{13}u_2 + K_{14}v_2 = \beta_1 \cdot K_{11} \cdot M \tag{2-37}$$

因为

$$K_{11} \cdot M >> K_{1j} \qquad (j = 2,3,4)$$

在式（2-37）两边同除以 $K_{11} \cdot M$ 后，即得 $u_1 = \beta_1$，同理可得 $u_2 = \beta_3$，v_1、v_2 仍为原方程的解。即已知的位移边界条件被引入整体刚度矩阵。

以上两种方法都保持了原来整体刚度矩阵 $\boldsymbol{K}$ 的稀疏性、带状性和对称性等特性。

2.7　计算结果的整理

整体平衡方程一旦引入约束条件，消除了整体结构的刚体位移，则方程的求解归结为求解一个大型线性方程组。解线性方程组通常用直接法和迭代法，直接法中常用的有高斯法和因式分解法，迭代法中常用的有 Jacobi 迭代法、赛德尔迭代法和松弛迭代法。如果方程组为几千阶或更少，可以用直接法，因直接法的计算精度和效率都很高。如果方程组阶数高，且存储空间不足，则用迭代法，迭代法因需不断读写磁盘，因此计算效率比直接法低。但实际中，由于工程中的问题大都具有较多的自由度，迭代法反而用得更多。

计算结果整理包括位移和应力两个方面。位移计算结果一般不需要特别处理，利用计算出的节点位移分量，就可画出结构任意方向的位移云图。在求出各个节点的位移分量后，利用应力表达式 $\boldsymbol{\sigma} = \boldsymbol{D\varepsilon} = \boldsymbol{DB\delta}^e$ 计算每个单元内部各点的应力。由于节点往往由多个单元所共有，而由不同单元得到的应力不同，因此，应对节点上的应力进行处理，使其接近实际应力。对于常应变三角形单元，常用的应力处理方法有绕节点平均法和两单元平均法。

绕节点平均法是将环绕该节点的所有单元应力的算术平均值视为该节点的应力。两单元平均法是将相邻单元应力的平均值视为其公共边界中点的应力。实践证明这两种方法均可得到满意的结果。

采用上述两种应力平均法时还必须注意两点：

（1）只有当相连单元具有相同厚度和材料时相连单元间的应力连续性才存在，平均法才有意义。因此，对于那些不等厚度或不同材料的相连单元是不应当采用平均法直接整理应力结果的。

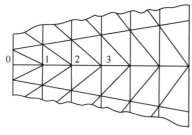

图 2-14　有限元网格模型

（2）位于结构边界或介质间断线上的应力点是无法用两单元平均法得到应力的，若用绕节点平均法，也因其相连单元太少而不能得到较佳的近似值。这种情况往往改用内部应力点外推的办法去求它的近似值。以图 2-14 中的边界点 0 处的应力为例，就是先用绕节点平均法算出内节点 1、2、3 处的应力，再用如下的抛物线插值公式推算出来。

$$f = \frac{(x-x_2)(x-x_3)}{(x_1-x_2)(x_1-x_3)} f_1 + \frac{(x-x_1)(x-x_3)}{(x_2-x_1)(x_2-x_3)} f_2 + \frac{(x-x_1)(x-x_2)}{(x_3-x_1)(x_3-x_2)} f_3$$

上式中 x_1、x_2、x_3 为三个插值点 1、2、3 的坐标。f_1、f_2、f_3 为相应的给定函数值，将以上各值以及所要推算点的坐标 x 代入上式，便可求得函数的近似值。

2.8　矩形单元

三角形单元是有限元法中最早提出的单元之一，由于其简单，目前仍在应用。但由于三角形单元内的应变和应力都是常量，而工程结构中的应力通常是随着坐标变化的，且有时变化急剧。因此，在应用三角形单元时，必须布置大量的、密集的单元，才能得到较好的计算精度。这一节将介绍矩形单元，它也是常用的单元之一。单元的位移函数采用双线性插值多项式，故可以更好地反映弹性体中的位移状态和应力状态，从而采用比较少的单元就能得到较好的计算结果。

设有矩形单元 $ijmp$，其边长分别为 $2a$ 和 $2b$，矩形的两边分别与 x、y 轴平行，如图 2-15 所示。取矩形的四个角点作为节点，每个节点有两个节点位移分量。

单元节点的位移向量为

$$\boldsymbol{\delta}^{\mathbf{e}} = [u_i \quad v_i \quad u_j \quad v_j \quad u_m \quad v_m \quad u_p \quad v_p]^{\mathrm{T}} \qquad (2\text{-}38)$$

本节的任务是建立单元刚度矩阵和单元节点力列阵，并在此基础上建立整体刚度矩阵和整体节点载荷列阵，从而得出弹性体的整体平衡方程。

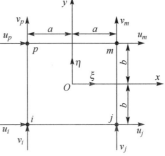

图 2-15　矩形单元

这里仍采用三角形常应变单元的分析方法和步骤。在矩形单元分析中为了计算上的方便和简化，引用一个无量纲的局部坐标系 $\xi\eta$，局部坐标系的原点取在矩形的形心上，ξ、η 轴分别与整体坐标轴 x、y 平行，它们之间的坐标变换为

$$\xi = \frac{x}{a}, \quad \eta = \frac{y}{b}$$

在局部坐标系中，4 个节点 i, j, m, p 的无量纲坐标 (ξ_i, η_i)，(ξ_j, η_j)，(ξ_m, η_m)，(ξ_p, η_p) 分别为 $(-1, -1)$，$(1, -1)$，$(1, 1)$，$(-1, 1)$。

下面对矩形单元进行单元分析，注意分析讨论是在局部坐标系 ξ、η 中进行的。

2.8.1　位移函数

矩形单元共有 4 个节点，8 个自由度，则单元内任意一点的位移分量取为

$$\begin{cases} u = \alpha_1 + \alpha_2\xi + \alpha_3\eta + \alpha_4\xi\eta \\ v = \alpha_5 + \alpha_6\xi + \alpha_7\eta + \alpha_8\xi\eta \end{cases} \qquad (2\text{-}39)$$

位移函数式（2-39）比三角形单元中采用的线性位移函数式多了 $\xi\eta$ 项（即相当于 xy 项），这种位移函数是两个线性多项式（$\alpha_1' + \alpha_2'\xi$）、（$\alpha_3' + \alpha_4'\eta$）的乘积，所以也称双线性函数。

位移函数中包含 8 个待定系数，将 4 个节点的局部坐标值带入式（2-39），可以列出八个节点位移分量方程，从而得到一组关于 α 的 8 元联立方程，即

$$\begin{cases} u_i = \alpha_1 - \alpha_2 - \alpha_3 + \alpha_4 \\ v_i = \alpha_5 - \alpha_6 - \alpha_7 + \alpha_8 \\ u_j = \alpha_1 + \alpha_2 - \alpha_3 - \alpha_4 \\ v_j = \alpha_5 + \alpha_6 - \alpha_7 - \alpha_8 \\ u_m = \alpha_1 + \alpha_2 + \alpha_3 + \alpha_4 \\ v_m = \alpha_5 + \alpha_6 + \alpha_7 + \alpha_8 \\ u_p = \alpha_1 - \alpha_2 + \alpha_3 - \alpha_4 \\ v_p = \alpha_5 - \alpha_6 + \alpha_7 - \alpha_8 \end{cases}$$

由上述方程求出 8 个待定系数 $\alpha_1, \alpha_2, \cdots, \alpha_8$，再带回式（2-39），按节点位移分类合并整理，得到单元内任一点的位移 u、v 用单元的 4 个节点位移来表示的位移插值公式：

$$\begin{cases} u = N_i u_i + N_j u_j + N_m u_m + N_p u_p = \sum_{i,j,m,p} N_i u_i \\ v = N_i v_i + N_j v_j + N_m v_m + N_p v_p = \sum_{i,j,m,p} N_i v_i \end{cases} \tag{2-40}$$

式中的形函数分别为

$$\begin{cases} N_i = \dfrac{1}{4}(1-\xi)(1-\eta) \\ N_j = \dfrac{1}{4}(1+\xi)(1-\eta) \\ N_m = \dfrac{1}{4}(1+\xi)(1+\eta) \\ N_p = \dfrac{1}{4}(1-\xi)(1+\eta) \end{cases} \tag{2-41}$$

式（2-41）的四个形函数可合并写成

$$N_i = \frac{1}{4}(1+\xi_i\xi)(1+\eta_i\eta) \qquad (i,j,m,p) \tag{2-42}$$

式（2-40）可写成矩阵形式

$$f = \begin{bmatrix} u \\ v \end{bmatrix} = \boldsymbol{N}\boldsymbol{\delta}^e \tag{2-43}$$

其中形函数矩阵为

$$\boldsymbol{N} = \begin{bmatrix} N_i & 0 & N_j & 0 & N_m & 0 & N_p & 0 \\ 0 & N_i & 0 & N_j & 0 & N_m & 0 & N_p \end{bmatrix} \tag{2-44}$$

2.8.2　单元应变

由于位移分量 u, v 是关于 ξ, η 的函数，所以将复合函数求导法则代入几何方程，便得应变分量的计算公式为

$$\begin{bmatrix} \varepsilon_x \\ \varepsilon_y \\ \gamma_{xy} \end{bmatrix} = \begin{bmatrix} \dfrac{\partial u}{\partial x} \\ \dfrac{\partial v}{\partial y} \\ \dfrac{\partial u}{\partial y} + \dfrac{\partial v}{\partial x} \end{bmatrix} = \begin{bmatrix} \dfrac{1}{a}\dfrac{\partial u}{\partial \xi} \\ \dfrac{1}{b}\dfrac{\partial v}{\partial \eta} \\ \dfrac{1}{b}\dfrac{\partial u}{\partial \eta} + \dfrac{1}{a}\dfrac{\partial v}{\partial \xi} \end{bmatrix} = \dfrac{1}{ab} \begin{bmatrix} b\dfrac{\partial u}{\partial \xi} \\ a\dfrac{\partial v}{\partial \eta} \\ a\dfrac{\partial u}{\partial \eta} + b\dfrac{\partial v}{\partial \xi} \end{bmatrix} \tag{2-45}$$

将位移函数插值公式（2-40）带入上式可得到

$$\varepsilon = \boldsymbol{B}\boldsymbol{\delta}^{\mathrm{e}} \tag{2-46}$$

式中，应变矩阵 $\boldsymbol{B}$ 可写成分块形式：

$$\boldsymbol{B} = \begin{bmatrix} \boldsymbol{B}_i & \boldsymbol{B}_j & \boldsymbol{B}_m & \boldsymbol{B}_p \end{bmatrix} \tag{2-47}$$

又

$$\boldsymbol{B}_i = \frac{1}{4ab} \begin{bmatrix} b\xi_i(1+\eta_i\eta) & 0 \\ 0 & a\eta_i(1+\xi_i\xi) \\ a\eta_i(1+\eta_i\eta) & b\xi_i(1+\eta_i\eta) \end{bmatrix} \qquad (i,j,m,p) \tag{2-48}$$

由式（2-48）可以发现应变矩阵 $\boldsymbol{B}$ 是 ξ，η 的函数，即是 x，y 的函数，因此，四节点矩形单元不再是常应变单元。

2.8.3　单元应力

根据弹性力学物理方程，同样可得

$$\boldsymbol{\sigma} = \boldsymbol{D}\boldsymbol{\varepsilon} = \boldsymbol{D}\boldsymbol{B}\boldsymbol{\delta}^e = \boldsymbol{S}\boldsymbol{\delta}^e \tag{2-49}$$

应力矩阵 $\boldsymbol{S}$ 写成分块形式为

$$\boldsymbol{S} = \boldsymbol{D}\boldsymbol{B} = [\boldsymbol{S}_i \quad \boldsymbol{S}_j \quad \boldsymbol{S}_m \quad \boldsymbol{S}_p] \tag{2-50}$$

其中

$$\boldsymbol{S}_i = \frac{E}{4ab(1-\mu^2)}\begin{bmatrix} b\xi_i(1+\eta_i\eta) & \mu a\eta_i(1+\xi_i\xi) \\ \mu b\xi_i(1+\eta_i\eta) & a\eta_i(1+\xi_i\xi) \\ \dfrac{1-\mu}{2}a\eta_i(1+\xi_i\xi) & \dfrac{1-\mu}{2}b\xi_i(1+\eta_i\eta) \end{bmatrix} \quad (i,j,m,p) \tag{2-51}$$

上式对应的是平面应力情况，对于平面应变，只需将式（2-51）中的 E 和 μ 进行相应的变换即可。

2.8.4　单元刚度矩阵

单元刚度矩阵表示为

$$\boldsymbol{k}^e = \iint_A \boldsymbol{B}^{\mathrm{T}}\boldsymbol{D}\boldsymbol{B}t\mathrm{d}x\mathrm{d}y \tag{2-52}$$

写成分块形式为

$$\boldsymbol{k}^e = \begin{bmatrix} \boldsymbol{k}_{ii} & \boldsymbol{k}_{ij} & \boldsymbol{k}_{im} & \boldsymbol{k}_{ip} \\ \boldsymbol{k}_{ji} & \boldsymbol{k}_{jj} & \boldsymbol{k}_{jm} & \boldsymbol{k}_{jp} \\ \boldsymbol{k}_{mi} & \boldsymbol{k}_{mj} & \boldsymbol{k}_{mm} & \boldsymbol{k}_{mp} \\ \boldsymbol{k}_{pi} & \boldsymbol{k}_{pj} & \boldsymbol{k}_{pm} & \boldsymbol{k}_{pp} \end{bmatrix} \tag{2-53}$$

则每个子块为

$$\boldsymbol{k}_{ij} = \iint_A \boldsymbol{B}_i^{\mathrm{T}}\boldsymbol{D}\boldsymbol{B}_j\, t\mathrm{d}x\mathrm{d}y \tag{2-54}$$

将式（2-48）代入上式，得

$$\boldsymbol{k}_{ij} = \frac{Et}{4(1-\mu^2)}\begin{bmatrix} \dfrac{b}{a}\xi_i\xi_j\left(1+\dfrac{1}{3}\eta_i\eta_j\right)+\dfrac{1-\mu}{2}\dfrac{a}{b}\eta_i\eta_j\left(1+\dfrac{1}{3}\xi_i\xi_j\right) & \mu\xi_i\eta_j+\dfrac{1-\mu}{2}\eta_i\xi_j \\ \mu\xi_i\eta_j+\dfrac{1-\mu}{2}\eta_i\xi_j & \dfrac{b}{a}\eta_i\eta_j\left(1+\dfrac{1}{3}\xi_i\xi_j\right)+\dfrac{1-\mu}{2}\dfrac{a}{b}\xi_i\xi_j\left(1+\dfrac{1}{3}\eta_i\eta_j\right) \end{bmatrix} \tag{2-55}$$

上式对应的是平面应力情况，对于平面应变，只需将式中的 E 和 μ 进行相应的变换即可。

2.8.5　单元等效节点力

单元的体积力和表面力引起的节点力仍可用式（2-29）和式（2-30）进行计算。在目前的情况下，由于位移分量在 x 为常数及 y 为常数的直线上是线性变化的，因此，往节点的移置也符合静力等效的原则。

例如：（1）对于单元的自重 W，移置于每一节点的载荷都是四分之一的自重。

（2）如果单元在一个边界上受三角形分布的表面力，在该边界上一个节点处为零，而在另一个节点处为最大，则将总表面力的三分之一移置到前一个节点，三分之二移置到后一个节点。

2.8.6 整体平衡方程

当各单元的刚度矩阵 k^e、等效节点力 F^e 确定以后，与前述三角形常应变单元一样，将各单元的 k^e、δ^e 和 F^e 都扩大到整个弹性体自由度的维数，再进行叠加，便可得到整个弹性体的平衡方程，它仍具有如下的形式

$$K\delta = F \tag{2-56}$$

引入位移约束条件，解上述线性方程组，可得节点位移，进而可求各单元应力。

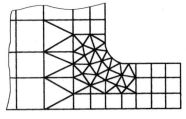

图 2-16 矩形单元和三角形单元混合使用

2.8.7 矩形单元与三角形单元的比较

四节点矩形单元采用双线性位移函数，所以矩形单元中的应力、应变分量都不是常量。若在弹性体中采用相同数目的节点，矩形单元比三节点三角形单元能更好地反映应力急剧变化的情况，所以计算精度较高。但矩形单元也存在明显的缺点，从单元的几何形状看，矩形单元比三角形单元的适应性差，一是不能适应斜线及曲线边界，二是不便于对不同部位采用大小不等的单元。为了弥补这些缺点，可以把矩形单元和三角形单元混合使用（见图 2-16），当然这样做将使计算程序的编制和信息的准备更复杂一些。

2.8.8 解的收敛性

由于矩形单元的位移为双线性函数

$$\begin{cases} u = \alpha_1 + \alpha_2 \xi + \alpha_3 \eta + \alpha_4 \xi\eta \\ v = \alpha_5 + \alpha_6 \xi + \alpha_7 \eta + \alpha_8 \xi\eta \end{cases}$$

显然，上述位移函数已经包含了单元的刚体位移状态和常量应变状态，也就是说，位移函数满足完备性条件。

在双线性位移函数中，单元边界 $\xi = \pm 1$ 和 $\eta = \pm 1$ 上的位移是线性变化的，此线性函数可由边界两端的位移完全确定。因此，只要相邻两个单元在公共节点处保持位移相等，则在公共边界上每一点的位移仍保持相等，也就是说，位移函数满足单元间的位移协调条件。

由于位移函数满足上述两方面的条件，因此可保证解的收敛性。

习题

填空题

1. 通常把这种由_____、_____及相应_____和_____构成的模型称为有限元模型。

2. 结构离散化时，划分单元数目的多少以及疏密分布，将直接影响_____和_____。

3. 划分网格时应该做到"疏密得当"，应力变化快处应_____，应力变化慢处应和_____。

4．所谓单元分析，就是建立各个单元的和_____和_____之间的关系。

5．形函数 N_i 在节点 i 处 $N_i =$_____，在其他节点处 $N_i =$_____。

6．整体刚度矩阵具有稀疏性，即在整体刚度矩阵中_____元素少，_____元素多。

思考题

1．节点总码的编号原则是什么？何为半带宽？如何计算半带宽？

2．何为位移函数？位移函数的收敛准则是什么？选择位移函数的一般原则是什么？

3．在建立了单元位移函数后，根据什么导出应变矩阵？根据什么导出应力矩阵？

4．单元刚度矩阵、整体刚度矩阵有哪些特性？为什么整体刚度矩阵具有稀疏性？

5．何为绕节点平均法或两单元平均法？

6．矩形单元和三角形单元相比有哪些特点？

分析计算题

1．在平面三节点三角形单元中，能否选取如下的位移函数？

（1）$u(x, y) = a_1 + a_2 x^2 + a_3 y$
　　$v(x, y) = a_4 + a_5 x + a_6 y$

（2）$u(x, y) = a_1 x^2 + a_2 x + a_3 y^2$
　　$v(x, y) = a_4 x^2 + a_5 xy + a_6 y^2$

2．试写出如图 2-17 所示平面 8 节点矩形单元的位移函数。

3．设有边长为 a 的正方形薄板，试按图 2-18 所示两种单元划分方式，建立总体刚度矩阵 $\boldsymbol{K}$，并进行比较，其中 $t = 1$，$\mu = 0$。

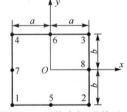

图 2-17　8 节点矩形单元

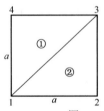

图 2-18　正方形薄板

4．图 2-19 为一个平面应力状态的直角三角形单元，设弹性模量为 E，泊松比 $\mu = 0$，厚度为 t，试求：

（1）形函数矩阵 $\boldsymbol{N}$；（2）应变矩阵 $\boldsymbol{B}$；（3）应力矩阵 $\boldsymbol{S}$；（4）单元刚度矩阵 $\boldsymbol{k}^e$。

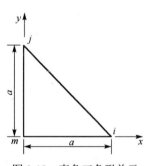

图 2-19　直角三角形单元

参考答案：
$$\boldsymbol{N} = \frac{1}{a}\begin{bmatrix} x & 0 & y & 0 & a-x-y & 0 \\ 0 & x & 0 & y & 0 & a-x-y \end{bmatrix}$$

$$\boldsymbol{B} = \frac{1}{a}\begin{bmatrix} 1 & 0 & 0 & 0 & -1 & 0 \\ 0 & 0 & 0 & 1 & 0 & -1 \\ 0 & 1 & 1 & 0 & -1 & -1 \end{bmatrix}$$

$$\boldsymbol{S} = \frac{E}{2a}\begin{bmatrix} 2 & 0 & 0 & 0 & -2 & 0 \\ 0 & 0 & 0 & 2 & 0 & -2 \\ 0 & 1 & 1 & 0 & -1 & -1 \end{bmatrix}$$

$$\boldsymbol{k}^e = \frac{Et}{4}\begin{bmatrix} 2 & 0 & 0 & 0 & -2 & 0 \\ 0 & 1 & 1 & 0 & -1 & -1 \\ 0 & 1 & 1 & 0 & -1 & -1 \\ 0 & 0 & 0 & 2 & 0 & -2 \\ -2 & -1 & -1 & 0 & 3 & 1 \\ 0 & -1 & -1 & -2 & 1 & 3 \end{bmatrix}$$

5．如图 2-20（a）所示的悬臂梁，在右端作用着均匀分布的剪力，其合力为 P。设弹性模量为 E，$\mu=1/3$，梁的厚度为 t。试采用图 2-20（b）所示的简单网格，求各节点位移分量。

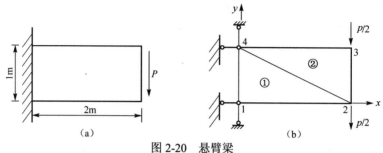

图 2-20　悬臂梁

参考答案：
$$\begin{bmatrix} u_2 \\ v_2 \\ u_3 \\ v_3 \end{bmatrix} = \frac{P}{Et}\begin{bmatrix} -1.5 \\ -8.5 \\ 1.88 \\ -9.0 \end{bmatrix}$$

6．如图 2-21（a）所示的固定端梁，受集中力 P 的作用。设 E 为常量，$\mu=1/6$，厚度为 t，试采用图 2-21（b）所示的简单网格（利用对称性，取梁的一半进行分析，如左半部分），按平面应力问题求出节点位移、单元应力及应变。

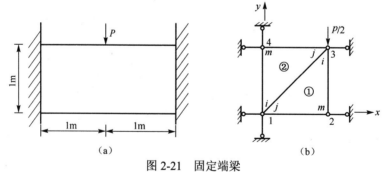

图 2-21　固定端梁

参考答案：$\boldsymbol{k}^1 = \boldsymbol{k}^2 = \dfrac{3Et}{70}\begin{bmatrix} 5 & 0 & 0 & -5 & -5 & 5 \\ 0 & 12 & -2 & 0 & 2 & -12 \\ 0 & -2 & 12 & 0 & -12 & 2 \\ -5 & 0 & 0 & 5 & 5 & -5 \\ -5 & 2 & -12 & 5 & 17 & -7 \\ 5 & -12 & 2 & -5 & -7 & 17 \end{bmatrix}$

$$\boldsymbol{K} = \frac{3Et}{70}
\begin{bmatrix}
17 & 0 & -12 & 2 & 0 & -7 & -5 & 5 \\
0 & 17 & 5 & -5 & -7 & 0 & 2 & -12 \\
-12 & 5 & 17 & -7 & -5 & 2 & 0 & 0 \\
2 & -5 & -7 & 17 & 5 & -12 & 0 & 0 \\
0 & -7 & -5 & 5 & 17 & 0 & -12 & 2 \\
-7 & 0 & 2 & -12 & 0 & 17 & 5 & -5 \\
-5 & 2 & 0 & 0 & -12 & 5 & 17 & -7 \\
5 & -12 & 0 & 0 & 2 & -5 & -7 & 17
\end{bmatrix}$$

$$\begin{bmatrix} v_2 \\ v_3 \end{bmatrix} = \frac{P}{Et} \begin{bmatrix} -0.966 \\ -1.368 \end{bmatrix}$$

$$\boldsymbol{\sigma}^1 = -\frac{3P}{35t} \begin{bmatrix} 0.802 \\ 4.812 \\ 4.83 \end{bmatrix} \qquad \boldsymbol{\varepsilon}^1 = \begin{bmatrix} 0 \\ -0.401\dfrac{P}{Et} \\ -0.966\dfrac{P}{Et} \end{bmatrix}$$

7. 如图 2-22（a）所示的悬臂梁，右端作用均布剪力，合力为 P，取 $\mu = 1/3$，厚度为 t，如图 2-22（b）所示划分四个三角形单元，求整体平衡方程。

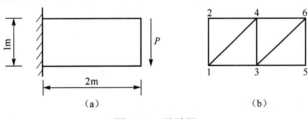

图 2-22　悬臂梁

8. 如图 2-23 所示，三角形单元 ijm 的 jm 边作用有线性分布面载荷，节点 m 处的载荷集度为 q_1，节点 j 处的载荷集度为 q_2。设单元厚度为 t，jm 边长为 l，求单元的等效节点力列阵。

9. 如图 2-24 所示的 6 节点三角形单元，142 边作用有均布侧压力 q，单元厚度为 t，142 边长为 l，求单元的等效节点力列阵。

10. 给出图 2-25 中所示有限元网格的合理节点编号，并以符号表示出在总体刚度矩阵中非零元素的所在位置，其最大半带宽是多少？

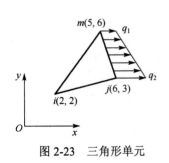

图 2-23　三角形单元

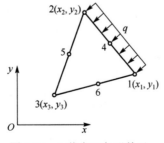

图 2-24　6 节点三角形单元

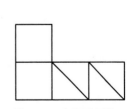

图 2-25　有限元网格

第3章

空间问题和轴对称问题有限元法

◇ 本章介绍了空间问题的特点，空间问题有限元法的分析过程，以及轴对称问题的概念，轴对称问题的有限元分析方法。空间问题有限元法是本章重点，轴对称问题的处理方法是本章难点。

3.1 空间问题的特点

工程结构大都是三维的，如果其形状、载荷和边界条件不具备某种特殊性，不能简化为平面问题处理，则必须作为空间问题来分析。这时物体内的任一点都存在 15 个基本变量：3 个位移分量 $f=[u \quad v \quad w]^{\mathrm{T}}$，6 个应变分量 $\varepsilon=[\varepsilon_x \quad \varepsilon_y \quad \varepsilon_z \quad \gamma_{xy} \quad \gamma_{yz} \quad \gamma_{zx}]^{\mathrm{T}}$，以及 6 个应力分量 $\sigma=[\sigma_x \quad \sigma_y \quad \sigma_z \quad \tau_{xy} \quad \tau_{yz} \quad \tau_{zx}]^{\mathrm{T}}$。这 15 个基本变量都是空间坐标（$x$，$y$，$z$）的函数，其相互之间的关系见第 1 章弹性力学基本方程。

与平面问题相比，空间问题的计算要复杂得多，其一，网格划分比较困难，需要占用较长的时间；其二，计算模型大，计算机存储空间和计算时间消耗大。所以分析空间问题时要充分利用求解问题的特点，如对称性、相似性和重复性等，应尽量减小有限元模型的规模。

实际计算时，常用的空间单元类型有很多，如四面体、五面体或六面体等。

3.2 采用四面体单元解一般空间问题

3.2.1 结构离散化

在平面问题中，最简单、也比较实用的单元是三节点三角形单元。用有限元法解一般空间问题，相应的最简单的单元是四节点四面体单元，如图 3-1 所示。离散化就是把连续的弹性体离散成有限个四面体的组合，这些四面体单元在顶点处相互连接，成为空间铰接点，单元间通过节点相互作用，进行力的传递。单元所受的外载荷，可以按虚功等效原则移置到节点上。根据约束情况，在相应的节点处设置空间铰支座或连杆支座。基本未知量仍然是节点位移，其分析思路和平面问题相似。

3.2.2 单元位移函数

如图 3-1 所示的四面体单元，节点为四面体的 4 个顶点，按右手法则顺序编号为 i,j,m,p，

4 个节点坐标分别为 $i(x_i,\ y_i,\ z_i)$，$j(x_j,\ y_j,\ z_j)$，$m(x_m,\ y_m,\ z_m)$，$p(x_p,\ y_p,\ z_p)$。每个节点有 3 个位移分量，则每个单元 4 个节点共有 12 个位移分量，于是单元节点位移列阵为

$$\boldsymbol{\delta}^e = [u_i \quad v_i \quad w_i \quad u_j \quad v_j \quad w_j \quad u_m \quad v_m \quad w_m \quad u_p \quad v_p \quad w_p]^{\mathrm{T}}$$

(3-1)

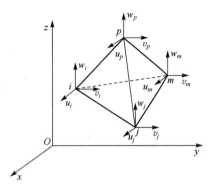

同平面问题的三角形常应变单元类似，单元的位移函数取为线性多项式，则单元内任意一点的位移为

$$\begin{cases} u = a_1 + a_2 x + a_3 y + a_4 z \\ v = a_5 + a_6 x + a_7 y + a_8 z \\ w = a_9 + a_{10} x + a_{11} y + a_{12} z \end{cases}$$

(3-2)

图 3-1　四面体单元

把 4 个节点的坐标和位移分量分别代入式（3-2），联立求解可以求出待定系数 a_1，a_2，…，a_{12}，再代回式（3-2），经过整理得到

$$\begin{cases} u = N_i u_i + N_j u_j + N_m u_m + N_p u_p \\ v = N_i v_i + N_j v_j + N_m v_m + N_p v_p \\ w = N_i w_i + N_j w_j + N_m w_m + N_p w_p \end{cases}$$

(3-3)

上式用矩阵形式表示为

$$\boldsymbol{f} = \begin{bmatrix} u \\ v \\ w \end{bmatrix} = \begin{bmatrix} N_i & 0 & 0 & N_j & 0 & 0 & N_m & 0 & 0 & N_p & 0 & 0 \\ 0 & N_i & 0 & 0 & N_j & 0 & 0 & N_m & 0 & 0 & N_p & 0 \\ 0 & 0 & N_i & 0 & 0 & N_j & 0 & 0 & N_m & 0 & 0 & N_p \end{bmatrix} \begin{bmatrix} u_i \\ v_i \\ w_i \\ u_j \\ v_j \\ w_j \\ u_m \\ v_m \\ w_m \\ u_p \\ v_p \\ w_p \end{bmatrix}$$

简记为

$$\boldsymbol{f} = \boldsymbol{N}\boldsymbol{\delta}^e = [N_i \boldsymbol{I} \quad N_j \boldsymbol{I} \quad N_m \boldsymbol{I} \quad N_p \boldsymbol{I}]\boldsymbol{\delta}^e$$

(3-4)

式中，$\boldsymbol{N}$ 称为形函数矩阵；$\boldsymbol{I}$ 是三阶单位矩阵；N_i，N_j，N_m，N_p 称为形函数，且

$$\begin{cases} N_i = \dfrac{1}{6V}(a_i + b_i x + c_i y + d_i z) & (i, m) \\ N_j = -\dfrac{1}{6V}(a_j + b_j x + c_j y + d_j z) & (j, p) \end{cases}$$

(3-5)

式中的各个系数分别为

$$
\begin{cases}
a_i = \begin{vmatrix} x_j & y_j & z_j \\ x_m & y_m & z_m \\ x_p & y_p & z_p \end{vmatrix} & \quad b_i = -\begin{vmatrix} 1 & y_j & z_j \\ 1 & y_m & z_m \\ 1 & y_p & z_p \end{vmatrix} \\[24pt]
c_i = \begin{vmatrix} 1 & x_j & z_j \\ 1 & x_m & z_m \\ 1 & x_p & z_p \end{vmatrix} & \quad d_i = -\begin{vmatrix} 1 & y_j & x_j \\ 1 & y_m & x_m \\ 1 & y_p & x_p \end{vmatrix}
\end{cases} \quad (i,j,m,p) \qquad (3\text{-}6)
$$

V 是四面体 $ijmp$ 的体积，由下式计算：

$$
V = \frac{1}{6}\begin{vmatrix} 1 & x_i & y_i & z_i \\ 1 & x_j & y_j & z_j \\ 1 & x_m & y_m & z_m \\ 1 & x_p & y_p & z_p \end{vmatrix} \qquad (3\text{-}7)
$$

为了使四面体的体积 V 不为负值，也就是式（3-7）中的行列式不为负值，单元的4个节点的编号必须按照一定的顺序进行。在右手坐标系中，当按照 $i\text{-}j\text{-}m$ 的方向转动时，右手螺旋应向 p 的方向前进，如图3-1所示。

因为四面体单元位移函数式（3-2）或式（3-4）中包括有常数项和完整的线性项，体现了单元的刚体位移和常量应变。另外在相邻单元的接触面上，位移显然是连续的，因此常应变四面体单元是完备和协调单元。

3.2.3 单元的应变与应力

知道单元内各点的位移后，就可确定单元内任一点的应变。将位移函数式（3-3）代入空间问题的几何方程，得单元的应变为

$$
\boldsymbol{\varepsilon} = \begin{bmatrix} \varepsilon_x \\ \varepsilon_y \\ \varepsilon_z \\ \gamma_{xy} \\ \gamma_{yz} \\ \gamma_{zx} \end{bmatrix} = \begin{bmatrix} \dfrac{\partial u}{\partial x} \\[6pt] \dfrac{\partial v}{\partial y} \\[6pt] \dfrac{\partial w}{\partial z} \\[6pt] \dfrac{\partial u}{\partial y} + \dfrac{\partial v}{\partial x} \\[6pt] \dfrac{\partial v}{\partial z} + \dfrac{\partial w}{\partial y} \\[6pt] \dfrac{\partial w}{\partial x} + \dfrac{\partial u}{\partial z} \end{bmatrix} = \boldsymbol{B}\boldsymbol{\delta}^e = [\boldsymbol{B}_i \quad -\boldsymbol{B}_j \quad \boldsymbol{B}_m \quad -\boldsymbol{B}_p]\boldsymbol{\delta}^e \qquad (3\text{-}8)
$$

$\boldsymbol{B}$ 称为应变矩阵，其子矩阵为

$$
\boldsymbol{B}_i = \frac{1}{6V}\begin{bmatrix} b_i & 0 & 0 \\ 0 & c_i & 0 \\ 0 & 0 & d_i \\ c_i & b_i & 0 \\ 0 & d_i & c_i \\ d_i & 0 & b_i \end{bmatrix} \quad (i,j,m,p) \qquad (3\text{-}9)
$$

由于单元体积 V，系数 b_i、c_i、d_i 等都是常量，显然应变矩阵 $\boldsymbol{B}$ 是常量矩阵，所以单元内各应变分量为常量。因此，称四节点四面体单元为常应变单元。

将应变矩阵式（3-8）代入空间问题的物理方程，可以得到单元应力为

$$\boldsymbol{\sigma} = \boldsymbol{D}\boldsymbol{\varepsilon} = \boldsymbol{D}\boldsymbol{B}\boldsymbol{\delta}^e = \boldsymbol{S}\boldsymbol{\delta}^e = [\boldsymbol{S}_i \quad -\boldsymbol{S}_j \quad \boldsymbol{S}_m \quad -\boldsymbol{S}_p]\boldsymbol{\delta}^e \qquad (3\text{-}10)$$

式中，$\boldsymbol{D}$ 是弹性矩阵，完全决定于弹性模量 E 和泊松比 μ，即

$$\boldsymbol{D} = \frac{E(1-\mu)}{(1+\mu)(1-2\mu)} \begin{bmatrix} 1 & & & & & \\ \dfrac{\mu}{1-\mu} & 1 & & & \text{对称} & \\ \dfrac{\mu}{1-\mu} & \dfrac{\mu}{1-\mu} & 1 & & & \\ 0 & 0 & 0 & \dfrac{1-2\mu}{2(1-\mu)} & & \\ 0 & 0 & 0 & 0 & \dfrac{1-2\mu}{2(1-\mu)} & \\ 0 & 0 & 0 & 0 & 0 & \dfrac{1-2\mu}{2(1-\mu)} \end{bmatrix} \qquad (3\text{-}11)$$

$\boldsymbol{S}$ 称为应力矩阵，它也是常数矩阵，其子矩阵为

$$\boldsymbol{S}_i = \boldsymbol{D}\boldsymbol{B}_i = \frac{E(1-\mu)}{6(1+\mu)(1-2\mu)V} \begin{bmatrix} b_i & A_1 c_i & A_1 d_i \\ A_1 b_i & c_i & A_1 d_i \\ A_1 b & A_1 c_i & d_i \\ A_2 c_i & A_2 b_i & 0 \\ 0 & A_2 d_i & A_2 c_i \\ A_2 d_i & 0 & A_2 d_i \end{bmatrix} \quad (i,j,m,p) \qquad (3\text{-}12)$$

式中，$A_1 = \dfrac{\mu}{1-\mu}$，$A_2 = \dfrac{1-2\mu}{2(1-\mu)}$。

由于应变是常量，显然这种四面体单元应力也是常量。因此，称四节点四面体单元为常应力单元。

3.2.4　单元刚度矩阵

由虚位移原理可推导四面体单元的刚度矩阵，这里直接应用单元刚度矩阵的一般公式 $\boldsymbol{k}^e = \displaystyle\int_V \boldsymbol{B}^{\mathrm{T}} \boldsymbol{D} \boldsymbol{B} \mathrm{d}V$。对于常应变四面体单元，弹性矩阵 $\boldsymbol{D}$、应变矩阵 $\boldsymbol{B}$ 都是常量矩阵，故可得四面体单元的单元刚度矩阵计算公式为

$$\boldsymbol{k}^e = \iiint \boldsymbol{B}^{\mathrm{T}} \boldsymbol{D} \boldsymbol{B} \mathrm{d}x\mathrm{d}y\mathrm{d}z = \boldsymbol{B}^{\mathrm{T}} \boldsymbol{D} \boldsymbol{B} V \qquad (3\text{-}13)$$

写成分块矩阵形式为

$$\boldsymbol{k}^e = \begin{bmatrix} \boldsymbol{k}_{ii} & -\boldsymbol{k}_{ij} & \boldsymbol{k}_{im} & -\boldsymbol{k}_{ip} \\ -\boldsymbol{k}_{ji} & \boldsymbol{k}_{jj} & -\boldsymbol{k}_{jm} & \boldsymbol{k}_{jp} \\ \boldsymbol{k}_{mi} & -\boldsymbol{k}_{mj} & \boldsymbol{k}_{mm} & -\boldsymbol{k}_{mp} \\ -\boldsymbol{k}_{pi} & \boldsymbol{k}_{pj} & -\boldsymbol{k}_{pm} & \boldsymbol{k}_{pp} \end{bmatrix} \qquad (3\text{-}14)$$

式中，子矩阵 k_{rs} 可用下式计算：

$$k_{rs} = B_r^T D B_s V$$

$$= \frac{E(1-\mu)}{36(1+\mu)(1-2\mu)V} \begin{bmatrix} b_r b_s + A_2(c_r c_s + d_r d_s) & A_1 b_r c_s + A_2 c_r b_s & A_1 b_r d_s + A_2 d_r b_s \\ A_1 c_r b_s + A_2 b_r c_s & c_r c_s + A_2(b_r b_s + d_r d_s) & A_1 c_r d_s + A_2 d_r c_s \\ A_1 d_r b_s + A_2 b_r d_s & A_1 d_r c_s + A_2 c_r d_s & d_r d_s + A_2(b_r b_s + c_r c_s) \end{bmatrix}$$

$$(r = i, j, m, p; \quad s = i, j, m, p) \tag{3-15}$$

显然，单元刚度矩阵是由节点坐标和材料弹性常数确定的一个常数矩阵。

如果弹性体划分为 n_e 个单元和 n 个节点，经过与平面问题类似的集合处理，就可得到整体平衡方程

$$F = K\delta \tag{3-16}$$

式中，F 是节点载荷列阵；δ 是节点位移列阵；而 $K = \sum_{e=1}^{n_e} k^e$ 是整体刚度矩阵，是 $3n \times 3n$ 的方阵，并且和平面问题一样，它是对称、带状、稀疏矩阵。

3.2.5　单元等效节点力

如果单元上作用有非节点载荷，与平面问题相同，需要按虚功等效原则将各类非节点载荷移置到节点上去。对于空间问题，每个节点有三个节点力分量，故单元的等效节点力列阵为

$$R^e = [R_{ix} \quad R_{iy} \quad R_{iz} \quad R_{jx} \quad R_{jy} \quad R_{jz} \quad R_{mx} \quad R_{my} \quad R_{mz} \quad R_{px} \quad R_{py} \quad R_{pz}]^T \tag{3-17}$$

对于线性位移函数的四面体单元，这里介绍两种常见载荷的移置结果。

1. 均质单元的自重

设均质单元的自重为 W，则等效节点力为

$$R^e = -\frac{W}{4}[0 \quad 0 \quad 1 \quad 0 \quad 0 \quad 1 \quad 0 \quad 0 \quad 1 \quad 0 \quad 0 \quad 1]^T \tag{3-18}$$

相当于把单元的 1/4 自重分别移置到每个节点上，这里假设 z 轴铅垂向上。

2. 边界上受线性分布载荷

设单元 e 的某边界面例如 ijm 面上有线性分布载荷，它在 i、j、m 三个节点处的集度分别为 p_i、p_j 和 p_m，则移置到三个节点处的节点力为

$$R_i = \frac{1}{6}\left(p_i + \frac{1}{2}P_j + \frac{1}{2}p_m\right)A_{ijm} \quad (i, j, m) \tag{3-19}$$

式中，A_{ijm} 是边界面 ijm 的面积，R_i 的方向与原分布载荷的方向一致。

至于单元受集中力的情况，一般取其作用点为节点，不再需要移置。

有了各单元的节点力的列阵，通过扩大后叠加就可得到整个弹性体的载荷列阵：

$$F = \sum_{e=1}^{n_e} R^e \tag{3-20}$$

3.3　轴对称问题的有限元法

3.3.1　轴对称问题的定义

在实际工程中有些结构其几何形状、承受的载荷以及约束条件都对称于某一固定轴。此时，结构在载荷作用下产生的应力、应变和位移也都对称于该轴，这种问题称为轴对称问题，它是空间问题的一种特殊情况。如图 3-2 所示的受均布内压作用的长圆筒，如图 3-3 所示的两个端面受到均布压力作用的短圆筒均为轴对称问题。另外在实际工程中还存在大量的轴对称问题，如飞轮、回转体类的压力容器、发动机汽缸套、烟囱及受内压的球壳等。

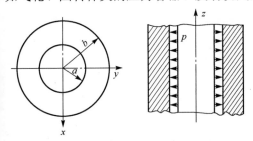
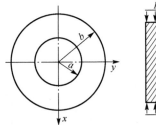
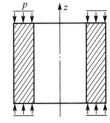

图 3-2　受均布内压作用的长圆筒　　　　　图 3-3　两个端面受到均布压力作用的短圆筒

在研究轴对称问题时，采用圆柱坐标 (r, θ, z) 较为方便。如果以弹性体的对称轴为 z 轴，如图 3-4（a）所示，由对称性可知，所有的应力、应变和位移与 θ 方向无关，只是 r 和 z 的函数。任一点的位移只有两个方向的分量，即沿 r 方向的径向位移 u 和沿 z 方向的轴向位移 w。由于轴对称，θ 方向的位移 v 等于零。这样，在有限元计算中，轴对称问题就可以转化为二维问题。

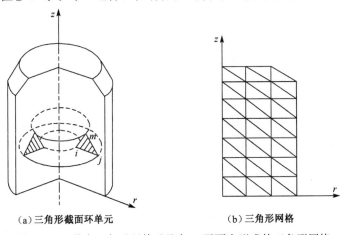

（a）三角形截面环单元　　　　　　　（b）三角形网格

图 3-4　三节点三角形环单元及在 rz 平面内形成的三角形网格

3.3.2　基本变量和基本方程

基于轴对称问题的定义可知：

（1）没有环向位移，即 $v=0$，径向位移 u 和轴向位移 w 只是坐标 r 和 z 的函数。

（2）只有径向应力 σ_r、环向应力 σ_θ、轴向应力 σ_z 和剪应力 τ_{rz}，而剪应力 $\tau_{r\theta} = \tau_{z\theta} = 0$，并且 4 个应力分量只是 r 和 z 的函数。应该注意，虽然没有环向位移，但是存在环向应力。

（3）与 4 个应力分量相对应，也有 4 个应变分量：ε_r，ε_r，ε_r，γ_{rz}。

轴对称问题的几何方程可用矩阵表示为

$$\boldsymbol{\varepsilon} = \begin{bmatrix} \varepsilon_r \\ \varepsilon_\theta \\ \varepsilon_z \\ \gamma_{rz} \end{bmatrix} = \begin{bmatrix} \dfrac{\partial u}{\partial r} \\ \dfrac{u}{r} \\ \dfrac{\partial w}{\partial z} \\ \dfrac{\partial w}{\partial r} + \dfrac{\partial u}{\partial z} \end{bmatrix} \tag{3-21}$$

物理方程为

$$\begin{cases} \varepsilon_r = \dfrac{1}{E}[\sigma_r - \mu(\sigma_\theta + \sigma_z)] \\ \varepsilon_\theta = \dfrac{1}{E}[\sigma_\theta - \mu(\sigma_z + \sigma_r)] \\ \varepsilon_z = \dfrac{1}{E}[\sigma_z - \mu(\sigma_r + \sigma_\theta)] \\ \gamma_{rz} = \dfrac{\tau_{rz}}{G} = \dfrac{2(1+\mu)}{E}\tau_{rz} \end{cases} \tag{3-22}$$

其中，E 为弹性模量，G 为剪切模量，μ 为泊松比。

把式（3-22）改写成用应变分量表示应力分量的形式，则有

$$\boldsymbol{\sigma} = \begin{bmatrix} \sigma_r \\ \sigma_\theta \\ \sigma_z \\ \tau_{rz} \end{bmatrix} = \boldsymbol{D}\boldsymbol{\varepsilon} \tag{3-23}$$

其中，$\boldsymbol{D}$ 为轴对称问题的弹性矩阵

$$\boldsymbol{D} = \frac{E(1-\mu)}{(1+\mu)(1-2\mu)} \begin{bmatrix} 1 & \dfrac{\mu}{1-\mu} & \dfrac{\mu}{1-\mu} & 0 \\ \dfrac{\mu}{1-\mu} & 1 & \dfrac{\mu}{1-\mu} & 0 \\ \dfrac{\mu}{1-\mu} & \dfrac{\mu}{1-\mu} & 1 & 0 \\ 0 & 0 & 0 & \dfrac{1-2\mu}{2(1-\mu)} \end{bmatrix} \tag{3-24}$$

3.3.3　轴对称问题的网格划分

离散轴对称体时，采用的单元是一些圆环。这些圆环单元与 rz 平面正交的截面可以有不同的形状，例如三节点三角形、四边形等参数单元或其他形式。单元的节点是圆周状的铰链，各单元在 rz 平面内形成网格，图 3-4（a）所示为三节点三角形环单元。

对轴对称问题进行计算时，只需取出一个截面进行网格划分和分析。但应注意单元是圆环状的，所有的节点载荷都应理解为作用在单元节点所在的圆周上，这与平面问题完全不同。本节主要讨论三节点三角形环状单元，这种单元适应性好、计算简单，是一种常用的最简单的单元。

3.3.4　轴对称问题的单元分析

1. 单元的位移函数

取出环状单元的一个截面 ijm，如图 3-5 所示。每个节点有径向位移 u 和轴向位移 w 两个自由度，单元节点位移列阵为

$$\boldsymbol{\delta}^e = [u_i \quad w_i \quad u_j \quad w_j \quad u_m \quad w_m]^{\mathrm{T}} \tag{3-25}$$

相对应每个节点有两个节点力分量，则单元节点力列阵为

$$\boldsymbol{F}^e = [F_{ir} \quad F_{iz} \quad F_{jr} \quad F_{jz} \quad F_{mr} \quad F_{mz}]^{\mathrm{T}} \tag{3-26}$$

与平面问题一样，可以采用线性位移函数

$$\begin{cases} u = a_1 + a_2 r + a_3 z \\ w = a_4 + a_5 r + a_6 z \end{cases} \tag{3-27}$$

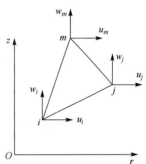

图 3-5　三节点三角形环状
单元

与平面问题处理相类同，将 3 个节点的位移及坐标代入式 (3-27)，可求出 6 个待定系数 $\alpha_1, \alpha_2, \cdots, \alpha_6$，于是可以得到以形函数表示的单元位移函数，即

$$\begin{cases} u = N_i u_i + N_j u_j + N_m u_m \\ w = N_i w_i + N_j w_j + N_m w_m \end{cases} \tag{3-28}$$

相应的矩阵形式为

$$\boldsymbol{f} = \begin{bmatrix} u \\ w \end{bmatrix} = \begin{bmatrix} N_i & 0 & N_j & 0 & N_m & 0 \\ 0 & N_i & 0 & N_j & 0 & N_m \end{bmatrix} \begin{bmatrix} u_i \\ w_i \\ u_j \\ w_j \\ u_m \\ w_m \end{bmatrix} = \boldsymbol{N} \boldsymbol{\delta}^e \tag{3-29}$$

其中，形函数为

$$N_i = \frac{1}{2A}(a_i + b_i r + c_i z) \quad (i, j, m) \tag{3-30}$$

式中

$$\begin{cases} a_i = r_j z_m - r_m z_j \\ b_i = z_j - z_m \quad\quad (i, j, m) \\ c_i = -r_j + r_m \end{cases} \tag{3-31}$$

A 为环状三角形单元的截面积：

$$A = \frac{1}{2} \begin{vmatrix} 1 & r_i & z_i \\ 1 & r_j & z_j \\ 1 & r_m & z_m \end{vmatrix}$$

为了使上式求得的单元面积 A 为正值，单元 ijm 的节点编号次序应为逆时针方向。

2. 单元应变

将位移函数式（3-28）代入几何方程（3-21），得单元应变

$$\boldsymbol{\varepsilon} = \begin{bmatrix} \varepsilon_r \\ \varepsilon_\theta \\ \varepsilon_z \\ \gamma_{rz} \end{bmatrix} = \begin{bmatrix} \dfrac{\partial u}{\partial r} \\ \dfrac{u}{r} \\ \dfrac{\partial w}{\partial z} \\ \dfrac{\partial w}{\partial r} + \dfrac{\partial u}{\partial z} \end{bmatrix} = \boldsymbol{B}\boldsymbol{\delta}^e = [\boldsymbol{B}_i \quad \boldsymbol{B}_j \quad \boldsymbol{B}_m]\boldsymbol{\delta}^e \tag{3-32}$$

其中，应变矩阵 $\boldsymbol{B}$ 的子矩阵为

$$\boldsymbol{B}_i = \begin{bmatrix} \dfrac{\partial N_i}{\partial r} & 0 \\ \dfrac{N_i}{r} & 0 \\ 0 & \dfrac{\partial N_i}{\partial z} \\ \dfrac{\partial N_i}{\partial z} & \dfrac{\partial N_i}{\partial r} \end{bmatrix} = \dfrac{1}{2A} \begin{bmatrix} b_i & 0 \\ g_i & 0 \\ 0 & c_i \\ c_i & b_i \end{bmatrix} \quad (i,j,m) \tag{3-33}$$

而

$$g_i = \dfrac{a_i}{r} + b_i + c_i \dfrac{z}{r} \quad (i,j,m) \tag{3-34}$$

所以由节点位移表示的应变又可写为

$$\boldsymbol{\varepsilon} = \begin{bmatrix} \varepsilon_r \\ \varepsilon_\theta \\ \varepsilon_z \\ \gamma_{rz} \end{bmatrix} = \dfrac{1}{2A} \begin{bmatrix} b_i & 0 & b_j & 0 & b_m & 0 \\ g_i & 0 & g_j & 0 & g_m & 0 \\ 0 & c_i & 0 & c_j & 0 & c_m \\ c_i & b_i & c_j & b_j & c_m & b_m \end{bmatrix} \begin{bmatrix} u_i \\ w_i \\ u_j \\ w_j \\ u_m \\ w_m \end{bmatrix} \tag{3-35}$$

由上式可见，由于 g_i 是坐标 r，z 函数，不是常量，故环向应变分量 ε_θ 在单元中不是常量。而单元中的其他 3 个应变分量 ε_r、ε_z、γ_{rz} 都是常量。所以，轴对称问题的三角形截面单元不同于平面三角形单元的常应变特性。

3. 单元应力

将应变表达式（3-32）代入轴对称问题的物理方程（3-23），得单元的应力为

$$\boldsymbol{\sigma} = \begin{bmatrix} \sigma_r \\ \sigma_\theta \\ \sigma_z \\ \tau_{rz} \end{bmatrix} = \boldsymbol{D}\boldsymbol{\varepsilon} = \boldsymbol{DB}\boldsymbol{\delta}^e = \boldsymbol{S}\boldsymbol{\delta}^e = [\boldsymbol{S}_i \quad \boldsymbol{S}_j \quad \boldsymbol{S}_m]\boldsymbol{\delta}^e \tag{3-36}$$

其中，应力矩阵 $\boldsymbol{S}$ 的子矩阵为

$$\boldsymbol{S}_i = \frac{2m_3}{A} \begin{bmatrix} b_i + m_1 g_i & m_1 c_i \\ m_1 b_i + g_i & m_1 c_i \\ m_1 (b_i + g_i) & c_i \\ m_2 c_i & m_2 b_i \end{bmatrix} \quad (i,j,m) \tag{3-37}$$

其中，$m_1 = \dfrac{\mu}{1-\mu}$，$m_2 = \dfrac{1-2\mu}{2(1-\mu)}$，$m_3 = \dfrac{(1-\mu)E}{4(1+\mu)(1-2\mu)}$。

由应力矩阵可知，应力分量中除剪应力 τ_{rz} 为常量外，其他三个正应力分量都是 r，z 的函数。为了简化计算和消除在对称轴上 $r=0$ 引起的麻烦，把单元中随点而变化的 r、z 近似地视为常数，用单元截面形心处的坐标 $\overline{r}$ 和 $\overline{z}$ 来近似，即

$$\begin{cases} r \approx \overline{r} = \dfrac{1}{3}(r_i + r_j + r_m) \\ z \approx \overline{z} = \dfrac{1}{3}(z_i + z_j + z_m) \end{cases} \tag{3-38}$$

这样式（3-33）中的 g_i 近似为

$$g_i \approx \overline{g}_i = \frac{a_i}{\overline{r}} + b_i + c_i \frac{\overline{z}}{\overline{r}} \quad (i,j,m) \tag{3-39}$$

这样就可以把各个单元近似地当成常应变单元，将式（3-39）代入应变矩阵（3-35）和应力矩阵（3-36），求得的是单元形心处应变和应力的近似值。

4. 单元刚度矩阵

仍然用虚功方程来导出单元刚度矩阵。在轴对称情况下单元的虚功方程为

$$(\boldsymbol{\delta}^{*e})^{\mathrm{T}} \boldsymbol{F}^e = \iiint (\boldsymbol{\varepsilon}^*)^{\mathrm{T}} \boldsymbol{\sigma} r \mathrm{d}r \mathrm{d}\theta \mathrm{d}z \tag{3-40}$$

上式等号左边为单元节点力 $\boldsymbol{F}^e$ 在虚位移 $\boldsymbol{\delta}^{*e}$ 上所做的虚功，这里与平面问题的不同处在于节点力是指整个节圆上的力；等号右边是指整个三角形环单元中应力的虚功。

仍然设单元虚位移为

$$\boldsymbol{f}^* = \boldsymbol{N} \boldsymbol{\delta}^{*e}$$

单元的虚应变为

$$\boldsymbol{\varepsilon}^* = \boldsymbol{B} \boldsymbol{\delta}^{*e} \tag{3-41}$$

则

$$(\boldsymbol{\varepsilon}^*)^{\mathrm{T}} = (\boldsymbol{\delta}^{*e})^{\mathrm{T}} \boldsymbol{B}^{\mathrm{T}} \tag{3-42}$$

将式（3-42）、式（3-36）代入式（3-40），并注意到积分

$$\int_0^{2\pi} \mathrm{d}\theta = 2\pi$$

则虚功方程变为

$$(\boldsymbol{\delta}^{*e})^{\mathrm{T}} \boldsymbol{F}^e = (\boldsymbol{\delta}^{*e})^{\mathrm{T}} 2\pi \iint \boldsymbol{B}^{\mathrm{T}} \boldsymbol{D} \boldsymbol{B} r \mathrm{d}r \mathrm{d}z \boldsymbol{\delta}^e$$

即

$$\boldsymbol{F}^e = 2\pi \iint \boldsymbol{B}^{\mathrm{T}} \boldsymbol{D} \boldsymbol{B} r \mathrm{d}r \mathrm{d}z \boldsymbol{\delta}^e \tag{3-43}$$

则轴对称情况下的单元刚度矩阵为

$$\boldsymbol{k}^e = 2\pi \iint \boldsymbol{B}^{\mathrm{T}} \boldsymbol{D} \boldsymbol{B} r \mathrm{d}r \mathrm{d}z \tag{3-44}$$

刚度矩阵也可以写成分块的形式

$$\boldsymbol{k}^e = \begin{bmatrix} k_{ii} & k_{ij} & k_{im} \\ k_{ji} & k_{jj} & k_{jm} \\ k_{mi} & k_{mj} & k_{mm} \end{bmatrix} \tag{3-45}$$

其中，子矩阵

$$\boldsymbol{k}_{rs} = 2\pi \iint \boldsymbol{B}_r^{\mathrm{T}} \boldsymbol{D} \boldsymbol{B}_s r \mathrm{d}r \mathrm{d}z \tag{3-46}$$

由于被积函数中的应变矩阵 $\boldsymbol{B}$ 包含有坐标 r 和 z，故积分不能简单地求出。现仍把每个单元积分中的 r 和 z 近似地当成常量，用单元形心坐标 $\bar{r}$ 和 $\bar{z}$ 代替，则式（3-46）成为

$$\boldsymbol{k}_{rs} = 2\pi \bar{r} \boldsymbol{B}_r^{\mathrm{T}} \boldsymbol{D} \boldsymbol{B}_s \tag{3-47}$$

也可以写成显式：

$$\boldsymbol{k}_{rs} = \frac{2\pi \bar{r} m_3}{A} \begin{bmatrix} b_r b_s + g_r g_s + m_1(b_r g_s + g_r b_s) + m_2 c_r c_s & m_1(b_r c_s + g_r c_s) + m_2 c_r b_s \\ m_1(c_r b_s + c_r g_s) + m_2 b_r c_s & c_r c_s + m_2 b_r b_s \end{bmatrix}$$
$$(r = i, j, m; \ s = i, j, m) \tag{3-48}$$

式中的 m_1，m_2，m_3 如前所述。

组集整体刚度矩阵的过程与平面问题类似。设弹性体划分为 n_e 个单元和 n 个节点，于是可得到 n_e 个形如式（3-43）的方程，将各单元的 $\boldsymbol{\delta}^e$、$\boldsymbol{F}^e$ 和 k 都扩大到结构自由度的维数，然后叠加得到

$$\sum_{e=1}^{n_e} \boldsymbol{F}^e = \left(\sum_{e=1}^{n_e} 2\pi \iint \boldsymbol{B}^{\mathrm{T}} \boldsymbol{D} \boldsymbol{B} r \mathrm{d}r \mathrm{d}z \right) \boldsymbol{\delta} \tag{3-49}$$

其中，$\boldsymbol{\delta}$ 为整体的节点位移列阵，并令载荷列阵为

$$\boldsymbol{F} = \sum_{e=1}^{n_e} \boldsymbol{F}^e \tag{3-50}$$

整体刚度矩阵为

$$\boldsymbol{K} = \sum_{e=1}^{n_e} \boldsymbol{k}^e = \sum_{e=1}^{n_e} 2\pi \iint \boldsymbol{B}^{\mathrm{T}} \boldsymbol{D} \boldsymbol{B} r \mathrm{d}r \mathrm{d}z \tag{3-51}$$

于是得到标准形式的整体平衡方程

$$\boldsymbol{K} \boldsymbol{\delta} = \boldsymbol{F} \tag{3-52}$$

和平面问题一样，整体刚度矩阵 $\boldsymbol{K}$ 是对称的带状稀疏矩阵。

5. 单元等效节点力

单元等效节点力 $\boldsymbol{R}^e$ 是将作用在三角形环状单元上的集中力 $\boldsymbol{P}$、体积力 $\boldsymbol{P}_V$ 和表面力 $\boldsymbol{P}_s$，按虚功等效原则移置到节点上而得到的。根据等效节点力的普遍公式，可以得到轴对称问题的等效节点力计算公式。

集中力的移置：

$$\boldsymbol{R}^e = 2\pi r \boldsymbol{N}^{\mathrm{T}} \boldsymbol{P} \tag{3-53}$$

体积力的移置：

$$\boldsymbol{R}^e = 2\pi \iint \boldsymbol{N}^{\mathrm{T}} \boldsymbol{P}_V r \mathrm{d}r \mathrm{d}z \tag{3-54}$$

表面力的移置：

$$\boldsymbol{R}^e = 2\pi \int \boldsymbol{N}^{\mathrm{T}} \boldsymbol{P}_s r \mathrm{d}s \tag{3-55}$$

节点力的大小与单元的形函数密切相关。下面以三角形环状单元为例，讨论几种常见载荷的等效节点力。

（1）体积力为自重。

若对称轴 z 轴垂直于地平面，则重力只有 z 方向的分量。设单位体积的重力为 ρ，则体积力的等效节点力为

$$R^e = 2\pi \iint N^{\mathrm{T}} \begin{bmatrix} 0 \\ -\rho \end{bmatrix} r\mathrm{d}r\mathrm{d}z \tag{3-56}$$

单元自重移置到节点 i、j、m 上的等效节点载荷为

$$R_i = 2\pi \iint N_i \begin{bmatrix} 0 \\ -\rho \end{bmatrix} r\mathrm{d}r\mathrm{d}z \quad (i,j,m) \tag{3-57}$$

类似于平面问题，利用面积坐标并建立关系式：

$$r = r_i L_i + r_j L_j + r_m L_m$$

于是有

$$\iint N_i r\mathrm{d}r\mathrm{d}z = \iint L_i(r_i L_i + r_j L_j + r_m L_m)\mathrm{d}r\mathrm{d}z$$

再利用积分公式得

$$\iint N_i r\mathrm{d}r\mathrm{d}z = \left(\frac{r_i}{6} + \frac{r_j}{12} + \frac{r_m}{12}\right)A = \frac{A}{12}(3\bar{r} + r_i) \quad (i,j,m) \tag{3-58}$$

代入式（3-57）得

$$R_i = \begin{bmatrix} R_{ir} \\ R_{iz} \end{bmatrix} = \begin{bmatrix} 0 \\ -\frac{1}{6}\pi\rho A(3\bar{r} + r_i) \end{bmatrix} \quad (i,j,m) \tag{3-59}$$

于是自重的等效节点力列阵为

$$R^e = -\frac{\pi\rho A}{6}[0 \quad 3\bar{r} + r_i \quad 0 \quad 3\bar{r} + r_j \quad 0 \quad 3\bar{r} + r_m]^{\mathrm{T}} \tag{3-60}$$

可见，若单元距离对称轴较远，满足 $\bar{r} \approx r_i \approx r_j \approx r_m$，则可以认为将单元的 $\frac{1}{3}$ 自重，即 $\frac{2\pi\bar{r}A\rho}{3}$ 移置到每个节点上。

（2）体积力为离心力。

若轴对称结构绕 z 轴旋转运动，其角速度为 ω，密度为 ρ，则产生的离心力为

$$p_V = [p_r \quad p_z]^{\mathrm{T}} = [\rho\omega^2 r \quad 0]^{\mathrm{T}}$$

于是单元离心力移置到节点 i、j、m 上的等效节点力为

$$R_i = 2\pi \iint N_i \begin{bmatrix} \rho\omega^2 r \\ 0 \end{bmatrix} r\mathrm{d}r\mathrm{d}z \quad (i,j,m) \tag{3-61}$$

其中，积分项为

$$\iint N_i r^2\mathrm{d}r\mathrm{d}z = \iint L_i\left(r_i L_i + r_j L_j + r_m L_m\right)^2 \mathrm{d}r\mathrm{d}z$$

利用积分公式得

$$\iint N_i r^2\mathrm{d}r\mathrm{d}z = \frac{A}{30}(r_i^2 + r_j^2 + r_m^2 + 6\bar{r}r_i + r_j r_m) = \frac{A}{30}(9\bar{r}^2 + 2r_i^2 - r_j r_m) \quad (i,j,m)$$

代入式（3-61）得离心力的等效节点力为

$$R_i = \begin{bmatrix} R_{ir} \\ R_{iz} \end{bmatrix} = \begin{bmatrix} \dfrac{\pi\rho\omega^2 A}{15}(9\bar{r}^2 + 2r_i^2 - r_j r_m) \\ 0 \end{bmatrix} \quad (i,j,m) \tag{3-62}$$

于是离心力的等效节点力列阵为

$$R^e = \frac{\pi\rho\omega^2 A}{15}[9\bar{r}^2 + 2r_i^2 - r_j r_m \quad 0 \quad 9\bar{r}^2 + 2r_j^2 - r_m r_i \quad 0 \quad 9\bar{r}^2 + 2r_m^2 - r_i r_j \quad 0]^T \tag{3-63}$$

（3）表面力为均布侧压力。

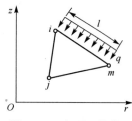

假设单元的 im 边上作用有均布侧压力 q，其方向以压向单元边界为正，如图 3-6 所示。

im 边上的表面力为

$$P_s = [P_r \quad P_z]^T = \begin{bmatrix} q\dfrac{z_i - z_m}{l} & q\dfrac{r_m - r_i}{l} \end{bmatrix}^T \tag{3-64}$$

式中，r_i，z_i，r_m，z_m 为节点 i，m 的坐标，根据表面力移置公式（3-55），有

图 3-6   三角形环状单元
上作用表面力

$$R_i = 2\pi \int N_i \begin{bmatrix} q\dfrac{z_i - z_m}{l} \\ q\dfrac{r_m - r_i}{l} \end{bmatrix} r \mathrm{d}s \quad (i,j,m) \tag{3-65}$$

式中，积分

$$\iint N_i r \mathrm{d}s = \iint L_i(r_i L_i + r_j L_j + r_m L_m)\mathrm{d}s \tag{3-66}$$

注意沿 im 边积分时，$L_j = 0$，则有

$$\iint N_i r \mathrm{d}s = \frac{1}{6}(2r_i + r_m)l \tag{3-67}$$

代入式（3-65）得

$$R_i = \begin{bmatrix} R_{ir} \\ R_{jz} \end{bmatrix} = \frac{1}{3}\pi q(2r_i + r_m)\begin{bmatrix} z_m - z_i \\ r_i - r_m \end{bmatrix} \quad (i,m) \tag{3-68}$$

且有

$$R_j = \begin{bmatrix} R_{jr} \\ R_{jz} \end{bmatrix} = \begin{bmatrix} 0 \\ 0 \end{bmatrix} \tag{3-69}$$

习题

思考题

1．空间问题有限元法有何特点？空间单元主要有哪几种？

2．直边六面体单元如图 3-7 所示，试完成下列运算：N，B，D 及 k^e。

3．轴对称问题有什么特征？为什么在有限元计算中可以转化为二维问题？它和平面问题的主要区别是什么？

4．轴对称问题的三角形环单元的位移函数与平面三角形常应变单元的位移函数都是坐标

的一次函数，而平面三角形常应变单元的应变和应力都是常数，为什么平面轴对称单元的应力和应变不全是常数？

5．试建立轴对称矩形单元的位移函数，并给出单元的应变和应力矩阵。

计算题

1．受均布内压的长厚壁圆筒如图 3-8 所示，内半径为 150mm，外半径为 200mm，内压力 $q=10^8\,\mathrm{N/m^2}$，弹性模量 $E=2\times10^{11}\,\mathrm{N/m^2}$，泊松比 $\mu=0.3$，用 3 节点三角形轴对称单元计算环向应力。

要求：按图 3-8 所示的有限元网格进行分析，轴向高度取 10mm。共有 12 个 3 节点平面轴对称单元，在节点 1，2 连线的边上施加内压力 $q=10^8\,\mathrm{N/m^2}$。令 $z=0$ 的节点的轴向位移等于零，并通过位移约束方程使 $z=10\,\mathrm{mm}$ 的节点的轴向位移相等。

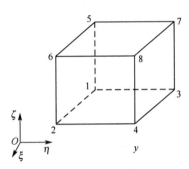

图 3-7　直边六面体单元

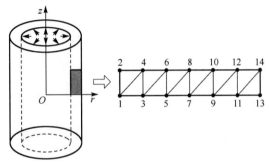

图 3-8　受均布内压的长厚壁圆筒

2．受内压的旋转厚壁圆筒如图 3-9 所示。设厚壁筒长为 120mm，内径为 100mm，外径为 200mm，两端自由，承受内压 $p=120\mathrm{MPa}$，并以角速度 $\omega=209\mathrm{rad/s}$ 绕中心轴旋转。材料弹性模量 $E=2\times10^5\,\mathrm{N/mm^2}$，泊松比 $\mu=0.3$，密度 $\rho=7.8\times10^{-5}\,\mathrm{N/mm^3}$。计算节点 1，2，3 径向方向的位移。

要求：由于结构对称取 1/8 模型作为分析对象，并分别采用 8 节点六面体单元和 20 节点六面体单元两种单元进行分析，比较不同单元的计算精度。两种单元的单元划分如图 3-9 所示，图 3-9（a）中 4 个单元共 18 个节点，节点编号和图 3-9（b）中相同，图 3-9（b）中 4 个单元共 51 个节点。

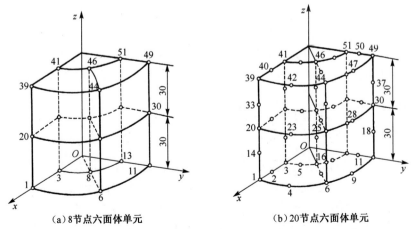

（a）8 节点六面体单元　　　　　　（b）20 节点六面体单元

图 3-9　厚壁圆筒的有限元网格划分

第4章

等参数单元与数值积分

◇ 本章介绍等参数单元的概念，等参数变换，应用等参数单元应注意的问题，平面八节点四边形等参数单元，空间二十节点六面体等参数单元，以及在有限元法中常用的高斯求积法。等参数单元的处理方法是本章重点，等参数变换是本章难点。

在平面问题有限元分析中，最简单的单元是三个节点的三角形单元，其次是四个节点的矩形单元。三角形单元具有适应性强的优点，较容易进行网格划分和逼近边界形状，应用比较灵活。其缺点是单元的应力和应变都是常数，精度不够理想，特别是在应力集中部位容易产生较大的误差，即使在该范围内划分密集的单元仍不能较好地反映出实际应力变化的情况。矩形单元的单元应力、应变是线性变化的，具有精度较高、形状规整、便于实现计算机自动划分等优点，因而反映实际应力分布的能力比三角形单元强。其缺点是单元不能适应曲线边界和斜边界，也不便随意改变大小，适应性是非常有限的。

为了提高单元计算精度，又能适应结构任意形状的边界，在实践中发展了等参数单元，如八节点四边形等参数单元、二十节点六面体等参数单元等。这种单元能很好地适应曲线边界和曲面边界，能准确地模拟结构形状；这种单元具有较高次的位移函数，能更好地反映结构的复杂应力分布情况，即使单元网格划分比较稀疏，也可以得到比较高的计算精度。

等参数单元是有限元法中使用最为普遍、应用也很成功的一种单元。当今国际上流行的大型结构分析软件中几乎无一不包含有等参数单元库。应用实践表明，采用等参数单元离散结构，可以达到更高的计算精度，而且结构离散和数据准备工作量相对减少。因此等参数单元的提出，为有限元法成为现代工程领域最有效的数值分析方法迈出了极为重要的一步。等参数单元在有限元法的发展过程中具有重要的地位。

等参数单元的基本思路是：首先导出规则单元（基本单元）的形函数，然后采用坐标变换方法，从而导出对应的不规则单元（实际单元）的形函数和单元刚度矩阵。由易到难，由规则单元的特殊情况推广到不规则单元的一般情况，这就是等参数单元方法的精髓所在。

4.1 等参数单元的基本概念

由于实际问题的复杂性，通常需要使用一些形状不规则的单元来离散边界形状复杂的结构。如图 4-1（a）所示为常见的几种形状不规则的单元，称为实际单元。如图 4-1（b）所示为与之拓扑结构一致的对应的形状规则的单元，称为标准单元，这类标准单元的特性已在前面章节讨论过。对于形状复杂的实际单元的单元分析，若仍采用前面介绍的方法进行，则在单元位移函数的建立和单元刚度矩阵的计算方面会遇到许多困难。由此，可考虑利用前面介绍过的形状规则的标准单元（如三角形、矩形和正六面体）的单元分析来研究实际单元，因为实际单元和标准单元具有相同的拓扑结构，而几何形状的不同可认为是坐标变换的结果。

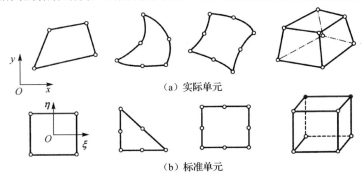

（a）实际单元

（b）标准单元

图 4-1　实际单元和标准单元

　　下面以平面直角四边形单元为例来说明标准单元和实际单元间的坐标变换。如图 4-2（a）所示边长为 2 的正方形单元（标准单元），其局部坐标系原点置于单元的形心上，局部坐标为 $-1 \leqslant \xi \leqslant 1$，$-1 \leqslant \eta \leqslant 1$。图 4-2（b）为与之相对应直线边界的任意四边形单元（实际单元），其坐标系为整体坐标系 xOy，现在要建立两个单元上点的一一对应关系。由于标准单元和实际单元的边界均为直线，而两点确定一条直线，所以可以认为实际单元的边界是标准单元边界的线性变换所得，实际单元内任意一点也可由标准单元线性变换得到。如图 4-2 所示，实际单元上的局部坐标系 $\xi O \eta$ 就是从标准单元上的正交坐标轴变换而来的一个实例。

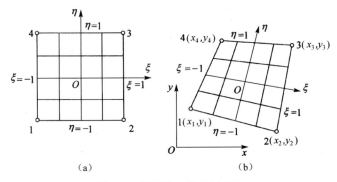

（a）　　　　　　　　　（b）

图 4-2　线性单元的坐标变换

　　设图 4-2 中两个坐标系之间的变换关系为

$$\begin{cases} x = x(\xi, \eta) \\ y = y(\xi, \eta) \end{cases} \tag{4-1}$$

　　利用 4 个节点在两个坐标系之间存在的一一对应关系，即

$$\begin{cases} x_i = x(\xi_i, \eta_i) \\ y_i = y(\xi_i, \eta_i) \end{cases} \quad (i=1,2,3,4) \tag{4-2}$$

很容易建立坐标系间的变换关系。假设变换函数为多项式形式，则 4 个节点（每个节点两个坐标）总共可待定 8 个系数，即

$$\begin{cases} x = \alpha_1 + \alpha_2 \xi + \alpha_3 \eta + \alpha_4 \xi \eta \\ y = \alpha_5 + \alpha_6 \xi + \alpha_7 \eta + \alpha_8 \xi \eta \end{cases} \tag{4-3}$$

利用式（4-2），上式中的待定系数 α_1，α_2，…，α_8 可唯一确定。

对照前面四节点矩形单元的位移函数（2-39）可知，式（4-3）与其具有完全相同的形式，若将待定系数代入式（4-3），也可将坐标变换函数整理成插值函数表示的形式：

$$
\begin{cases}
x = N_1 x_1 + N_2 x_2 + N_3 x_3 + N_4 x_4 = \sum_{i=1}^{4} N_i x_i \\
y = N_1 y_1 + N_2 y_2 + N_3 y_3 + N_4 y_4 = \sum_{i=1}^{4} N_i y_i
\end{cases}
\tag{4-4}
$$

式中，
$$
\begin{cases}
N_1 = \dfrac{1}{4}(1-\xi)(1-\eta) \\[6pt]
N_2 = \dfrac{1}{4}(1+\xi)(1-\eta) \\[6pt]
N_3 = \dfrac{1}{4}(1-\xi)(1+\eta) \\[6pt]
N_4 = \dfrac{1}{4}(1+\xi)(1+\eta)
\end{cases}
$$

它与矩形单元的位移函数的形函数（2-41）完全相同。

上述坐标变换式是以二维四节点为例所导出的局部坐标下标准单元与整体坐标下实际单元间的变换关系。而对于更复杂的多个插值节点的三维情况的坐标变换，也有类似形式的坐标变换关系，表示为

$$
\begin{cases}
x = \sum_{i=1}^{n} N_i(\xi,\eta,\zeta) x_i \\
y = \sum_{i=1}^{n} N_i(\xi,\eta,\zeta) y_i \\
z = \sum_{i=1}^{n} N_i(\xi,\eta,\zeta) z_i
\end{cases}
\tag{4-5}
$$

式中，n 是用于进行坐标变换的插值节点数；x_i，y_i，z_i 为插值节点在整体坐标系下的节点坐标值；$N_i(\xi,\eta,\zeta)$ 为用局部坐标表示的形函数，实际就是标准单元的形函数。

上述式（4-4）或式（4-5）建立了两个坐标系之间的变换关系，从而可将局部坐标系下的形状规则的标准单元变换为整体坐标系下形状复杂的实际单元。上述变换关系中形函数 N_i 和插值节点数目 n 是两个关键的参数。若坐标变换函数中的形函数以及插值节点与描述单元位移函数的形函数及插值节点完全相同，则这种变换称为等参数变换，这种单元就称为等参数单元。也就是说，等参数单元的位移函数和坐标变换函数具有相同的形函数，且它们分别用同一节点的位移值和坐标值进行函数插值，来表示单元内任意点的位移和几何坐标。

4.2　平面八节点四边形等参数单元

如图 4-3（b）所示的平面八节点曲线四边形单元是由图 4-3（a）所示的八节点正方形标准单元变换而得的。标准单元和等参数单元的节点都由四个角节点和边界上中间的节点构成。角节点编号为 1，2，3，4；边界上中间节点编号为 5，6，7，8。

4.2.1　单元位移函数

等参数单元的位移函数主要取决于单元的形函数，它既反映了单元的位移状况，也反映了单元的几何形状，一旦确定了形函数也就确定了单元的位移函数。由于各种实际单元都可看成由相应的相同节点数的标准单元变换而成，因此，讨论实际单元的位移函数只需分析标准单元局部坐标系下表示的位移函数。

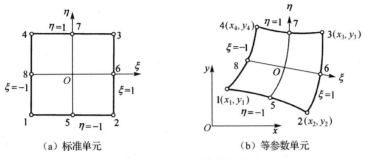

（a）标准单元　　　　　　　　　　（b）等参数单元

图 4-3　平面八节点等参数单元

在局部坐标系 $\xi\eta$ 下，八节点正方形标准单元的位移函数为

$$\begin{cases} u = \sum_{i=1}^{8} N_i(\xi,\eta)u_i \\ v = \sum_{i=1}^{8} N_i(\xi,\eta)\upsilon_i \end{cases} \tag{4-6}$$

式中，$N_i(\xi, \eta)$ 为形函数。由于位移函数在节点上等于节点的位移值，故形函数必须满足下列条件：

$$N_i(\xi_k, \ \eta_k) = \begin{cases} 1 & (k = i) \\ 0 & (k \neq i) \end{cases} \quad (i,k = 1,2,\cdots,8) \tag{4-7}$$

所以，不同单元的形函数可根据这个条件来构造。现分为 $N_1 \sim N_4$ 和 $N_5 \sim N_8$ 两种情况来分析。

标准单元四条边界 12，23，34，41 的方程为

12 边：　　　　　　　　　　$1 + \eta = 0$

23 边：　　　　　　　　　　$1 - \xi = 0$

34 边：　　　　　　　　　　$1 - \eta = 0$

41 边：　　　　　　　　　　$1 + \xi = 0$

而四边中点依次连线的直线方程为

56 直线：　　　　　　　　　$1 - \xi + \eta = 0$

67 直线：　　　　　　　　　$1 - \xi - \eta = 0$

78 直线：　　　　　　　　　$1 + \xi - \eta = 0$

85 直线：　　　　　　　　　$1 + \xi + \eta = 0$

以 N_1 为例推导角上节点的形函数，由形函数性质知，N_1 在节点 2,3,4,5,6,7,8 上的值均为零，由于节点 2,6,3,7,4 分别在 23 边与 34 边上，而节点 5,8 在 85 线上，所以 N_1 的形式为

$$N_1(\xi, \ \eta) = C_1(1-\xi)(1-\eta)(1+\xi+\eta)$$

而 N_1 在节点 1 的值等于 1，把节点 1 的坐标 $\xi_1 = -1$，$\eta_1 = -1$ 代入，即

$$N_1(\xi_1, \ \eta_1) = C_1(1-\xi_1)(1-\eta_1)(1+\xi_1+\eta_1) = 1$$

解得

$$C_1 = -\frac{1}{4}$$

所以

$$N_1 = -\frac{1}{4}(1-\xi)(1-\eta)(1+\xi+\eta)$$

同理，可得其他角节点上的形函数：

$$N_2 = -\frac{1}{4}(1+\xi(1-\eta)(1-\xi+\eta)$$

$$N_3 = -\frac{1}{4}(1+\xi)(1+\eta)(1-\xi-\eta)$$

$$N_4 = -\frac{1}{4}(1-\xi)(1+\eta)(1+\xi-\eta)$$

以 N_5 为例推导边上中间节点的形函数，由形函数性质知，N_5 在节点 1，2，3，4，6，7，8 上的值均为零，而这些节点分别在 23 边、34 边和 41 边上，因此，N_5 的形式为

$$N_5(\xi, \eta) = C_5(1-\xi)(1-\eta)(1+\xi)$$

N_5 在节点 5 的值等于 1，把节点 5 的坐标 $\xi_5 = 0$，$\eta_5 = -1$ 代入，即

$$C_5(1-\xi_5)(1-\eta_5)(1+\xi_5) = 1$$

解得

$$C_5 = -\frac{1}{2}$$

则有

$$N_5(\xi, \eta) = \frac{1}{2}(1-\xi)(1-\eta)(1+\xi) = \frac{1}{2}(1-\xi^2)(1-\eta)$$

同理，可得其他边中间节点的形函数：

$$N_6 = \frac{1}{2}(1+\xi(1-\eta^2)$$

$$N_7 = \frac{1}{2}(1-\xi^2)(1+\eta)$$

$$N_8 = \frac{1}{2}(1-\xi)(1+\eta^2)$$

把形函数统一记为

$$\begin{cases} N_1 = -\dfrac{1}{4}(1-\xi)(1-\eta)(1+\xi+\eta) \\[2mm] N_2 = -\dfrac{1}{4}(1+\xi)(1-\eta)(1-\xi+\eta) \\[2mm] N_3 = -\dfrac{1}{4}(1+\xi)(1+\eta)(1-\xi-\eta) \\[2mm] N_4 = -\dfrac{1}{4}(1-\xi)(1+\eta)(1+\xi-\eta) \\[2mm] N_5 = \dfrac{1}{2}(1-\xi^2)(1-\eta) \end{cases}$$

$$\begin{cases} N_6 = \dfrac{1}{2}(1+\xi)(1-\eta^2) \\[2mm] N_7 = \dfrac{1}{2}(1-\xi^2)(1+\eta) \\[2mm] N_8 = \dfrac{1}{2}(1-\xi)(1+\eta^2) \end{cases} \tag{4-8}$$

位移函数（4-6）在 8 个节点处给出相应的节点位移，同时在正方形的每个边界上，一个坐标 ξ 或 η 值为常数（等于±1），而位移 u、v 是另一个坐标的二次函数。由于在每条边上有 3 个节点，而 3 点可以确定一条二次曲线，故相邻两个单元在公共边界上位移的连续性（协调性）得以保证。并且形函数满足 $\sum\limits_{i=1}^{8} N_i(\xi,\eta)=1$，可以说明位移函数包含了单元的刚体位移和常量应变，因此完备性也得到满足。

根据等参数变换的概念，坐标变换式应和位移函数式取同样的形式，即

$$\begin{cases} x = \sum\limits_{i=1}^{8} N_i(\xi,\eta)x_i \\[3mm] y = \sum\limits_{i=1}^{8} N_i(\xi,\eta)y_i \end{cases} \tag{4-9}$$

式中的 $N_i(\xi,\eta)$ 与式（4-8）完全相同。

显然，坐标变换式（4-9）在实际单元的 8 个节点处给出了相应的整体坐标 x_i，y_i。在任一边界上两个局部坐标之一为±1，则 x、y 均为另一局部坐标的二次式，因此该曲线边界为一条二次曲线。

4.2.2　单元应变

把位移函数（4-6）代入平面问题的几何方程，可得单元应变为

$$\boldsymbol{\varepsilon} = \begin{bmatrix} \varepsilon_x \\ \varepsilon_y \\ \gamma_{xy} \end{bmatrix} = \begin{bmatrix} \dfrac{\partial u}{\partial x} \\[2mm] \dfrac{\partial v}{\partial y} \\[2mm] \dfrac{\partial u}{\partial y}+\dfrac{\partial v}{\partial x} \end{bmatrix} = \boldsymbol{B}\boldsymbol{\delta}^e = \begin{bmatrix} \boldsymbol{B}_1 & \boldsymbol{B}_2 & \cdots & \boldsymbol{B}_8 \end{bmatrix}\boldsymbol{\delta}^e \tag{4-10}$$

式中，$\boldsymbol{\delta}^e = [u_1 \quad v_1 \quad u_2 \quad v_2 \quad \cdots \quad u_8 \quad v_8]^{\mathrm{T}}$ 为单元节点位移列阵，$\boldsymbol{B}$ 为应变矩阵，其子矩阵为

$$\boldsymbol{B}_i = \begin{bmatrix} \dfrac{\partial N_i}{\partial x} & 0 \\[2mm] 0 & \dfrac{\partial N_i}{\partial y} \\[2mm] \dfrac{\partial N_i}{\partial y} & \dfrac{\partial N_i}{\partial x} \end{bmatrix} \quad (i=1,2,\cdots,8) \tag{4-11}$$

由于形函数 N_i 是局部坐标 ξ,η 的函数，故应变矩阵 $\boldsymbol{B}$ 中的各元素需经过一些推导才能得到。为解决 $\dfrac{\partial N_i}{\partial x}$、$\dfrac{\partial N_i}{\partial y}$ 的计算问题，由复合函数求导法则有

$$\begin{cases} \dfrac{\partial N_i}{\partial \xi} = \dfrac{\partial N_i}{\partial x}\dfrac{\partial x}{\partial \xi} + \dfrac{\partial N_i}{\partial y}\dfrac{\partial y}{\partial \xi} \\[3mm] \dfrac{\partial N_i}{\partial \eta} = \dfrac{\partial N_i}{\partial x}\dfrac{\partial x}{\partial \eta} + \dfrac{\partial N_i}{\partial y}\dfrac{\partial y}{\partial \eta} \end{cases}$$

写成矩阵形式为

$$\begin{bmatrix} \dfrac{\partial N_i}{\partial \xi} \\[3mm] \dfrac{\partial N_i}{\partial \eta} \end{bmatrix} = \begin{bmatrix} \dfrac{\partial x}{\partial \xi} & \dfrac{\partial y}{\partial \xi} \\[3mm] \dfrac{\partial x}{\partial \eta} & \dfrac{\partial y}{\partial \eta} \end{bmatrix} \begin{bmatrix} \dfrac{\partial N_i}{\partial x} \\[3mm] \dfrac{\partial N_i}{\partial y} \end{bmatrix}$$

求逆得

$$\begin{bmatrix} \dfrac{\partial N_i}{\partial x} \\[3mm] \dfrac{\partial N_i}{\partial y} \end{bmatrix} = \begin{bmatrix} \dfrac{\partial x}{\partial \xi} & \dfrac{\partial y}{\partial \xi} \\[3mm] \dfrac{\partial x}{\partial \eta} & \dfrac{\partial y}{\partial \eta} \end{bmatrix}^{-1} \begin{bmatrix} \dfrac{\partial N_i}{\partial \xi} \\[3mm] \dfrac{\partial N_i}{\partial \eta} \end{bmatrix} = \boldsymbol{J}^{-1} \begin{bmatrix} \dfrac{\partial N_i}{\partial \xi} \\[3mm] \dfrac{\partial N_i}{\partial \eta} \end{bmatrix} \tag{4-12}$$

其中

$$\boldsymbol{J} = \begin{bmatrix} \dfrac{\partial x}{\partial \xi} & \dfrac{\partial y}{\partial \xi} \\[3mm] \dfrac{\partial x}{\partial \eta} & \dfrac{\partial y}{\partial \eta} \end{bmatrix} \tag{4-13}$$

$\boldsymbol{J}$ 称为雅可比矩阵。若将坐标变换式（4-9）代入式（4-13）得

$$\boldsymbol{J} = \begin{bmatrix} \displaystyle\sum_{i=1}^{8} \dfrac{\partial N_i}{\partial \xi} x_i & \displaystyle\sum_{i=1}^{8} \dfrac{\partial N_i}{\partial \xi} y_i \\[4mm] \displaystyle\sum_{i=1}^{8} \dfrac{\partial N_i}{\partial \eta} x_i & \displaystyle\sum_{i=1}^{8} \dfrac{\partial N_i}{\partial \eta} y_i \end{bmatrix}$$

$$= \begin{bmatrix} \dfrac{\partial N_1}{\partial \xi} & \dfrac{\partial N_2}{\partial \xi} & \cdots & \dfrac{\partial N_8}{\partial \xi} \\[3mm] \dfrac{\partial N_1}{\partial \eta} & \dfrac{\partial N_2}{\partial \eta} & \cdots & \dfrac{\partial N_8}{\partial \eta} \end{bmatrix} \begin{bmatrix} x_1 & y_1 \\ x_2 & y_2 \\ \vdots & \vdots \\ x_8 & y_8 \end{bmatrix} \tag{4-14}$$

式中，$\dfrac{\partial N_i}{\partial \xi}$、$\dfrac{\partial N_i}{\partial \eta}$ 是容易求得的，代入上式即求得 $\boldsymbol{J}$，再求逆得到 $\boldsymbol{J}^{-1}$。然后再代入式（4-12）求出 $\dfrac{\partial N_i}{\partial x}$、$\dfrac{\partial N_i}{\partial y}$，于是应变 $\boldsymbol{\varepsilon}$ 得以确定。

4.2.3　单元应力

根据平面问题的物理方程，可得单元应力为

$$\boldsymbol{\sigma} = \begin{bmatrix} \sigma_x \\ \sigma_y \\ \tau_{xy} \end{bmatrix} = \boldsymbol{D}\boldsymbol{\varepsilon} = \boldsymbol{D}\boldsymbol{B}\boldsymbol{\delta}^e = \boldsymbol{S}\boldsymbol{\delta}^e \tag{4-15}$$

其中应力矩阵写成分块形式：

$$S = [S_1 \quad S_2 \quad \cdots \quad S_8]$$

对于平面应力问题，各子矩阵为

$$S_i = DB_i = \frac{E}{1-\mu^2} \begin{bmatrix} \dfrac{\partial N_i}{\partial x} & \mu\dfrac{\partial N_i}{\partial y} \\[2mm] \mu\dfrac{\partial N_i}{\partial x} & \dfrac{\partial N_i}{\partial y} \\[2mm] \dfrac{1-\mu}{2}\dfrac{\partial N_i}{\partial y} & \dfrac{1-\mu}{2}\dfrac{\partial N_i}{\partial x} \end{bmatrix} \quad (i=1,2,\cdots,8) \tag{4-16}$$

对于平面应变问题，应将式（4-16）中的 E 换成 $\dfrac{E}{1-\mu^2}$，将 μ 换成 $\dfrac{\mu}{1-\mu}$。

4.2.4　单元刚度矩阵

由第 2 章所述，平面问题单元刚度矩阵的一般形式为

$$k^e = \int_A B^T DBt \, dA \tag{4-17}$$

因为现在 B 矩阵是局部坐标 ξ,η 的函数，为进行积分运算，微分面积 dA 在这里必须由 $d\xi$ 和 $d\eta$ 表示。

为此将 dA 取为两微分矢量 $d\boldsymbol{\xi}$、$d\boldsymbol{\eta}$ 所围成的微小平行四边形的面积，如图 4-4 所示，由于在 $\boldsymbol{\xi}$ 方向只有 ξ 坐标发生变化，η 保持不变，而在 $\boldsymbol{\eta}$ 方向只有 η 发性变化，ξ 保持不变。故在整体坐标系中，两微分矢量 $d\boldsymbol{\xi}$ 和 $d\boldsymbol{\eta}$ 可表示为

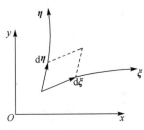

$$d\boldsymbol{\xi} = dx\boldsymbol{i} + dy\boldsymbol{j} = \frac{\partial x}{\partial \xi}d\xi\boldsymbol{i} + \frac{\partial y}{\partial \xi}d\xi\boldsymbol{j}$$

$$d\boldsymbol{\eta} = dx\boldsymbol{i} + dy\boldsymbol{j} = \frac{\partial x}{\partial \eta}d\eta\boldsymbol{i} + \frac{\partial y}{\partial \eta}d\eta\boldsymbol{j}$$

图 4-4　dA 的微分矢量选取

式中 $\boldsymbol{i}$、$\boldsymbol{j}$ 为整体坐标系中沿 x 及 y 方向的单位矢量，这两个矢量分别切于 $\eta = $ 常数和 $\xi = $ 常数的边。因此微分面积 dA 为

$$dA = |d\boldsymbol{\xi} \times d\boldsymbol{\eta}| = \left| \left(\frac{\partial x}{\partial \xi}d\xi\boldsymbol{i} + \frac{\partial y}{\partial \xi}d\xi\boldsymbol{j} \right) \times \left(\frac{\partial x}{\partial \eta}d\eta\boldsymbol{i} + \frac{\partial y}{\partial \eta}d\eta\boldsymbol{j} \right) \right| = \begin{vmatrix} \dfrac{\partial x}{\partial \xi} & \dfrac{\partial y}{\partial \xi} \\[2mm] \dfrac{\partial x}{\partial \eta} & \dfrac{\partial y}{\partial \eta} \end{vmatrix} d\xi d\eta$$

利用式（4-13），最后 dA 表示为

$$dA = |J|d\xi d\eta \tag{4-18}$$

式中，$|J|$ 为雅可比行列式。

将式（4-18）代入式（4-17）得

$$k^e = \int_{-1}^{1}\int_{-1}^{1} B^T DBt|J| \, d\xi d\eta \tag{4-19}$$

写成分块形式为

$$k^e = \begin{bmatrix} k_{11} & k_{12} & \cdots & k_{18} \\ k_{21} & k_{21} & \cdots & k_{28} \\ \vdots & \vdots & & \vdots \\ k_{81} & k_{82} & \cdots & k_{88} \end{bmatrix}$$

其中子矩阵为

$$k_{rs} = \int_{-1}^{1}\int_{-1}^{1} B_r^{\mathrm{T}} D B_s t \,|J| \,\mathrm{d}\xi \,\mathrm{d}\eta \qquad (r,s=1,2,\cdots,8) \tag{4-20}$$

对于平面应力情况有

$$B_r^{\mathrm{T}} D B_s = \frac{E}{1-\mu^2} \begin{bmatrix} \dfrac{\partial N_r}{\partial x}\dfrac{\partial N_s}{\partial x} + \dfrac{1-\mu}{2}\dfrac{\partial N_r}{\partial y}\dfrac{\partial N_s}{\partial y} & \mu\dfrac{\partial N_r}{\partial x}\dfrac{\partial N_s}{\partial y} + \dfrac{1-\mu}{2}\dfrac{\partial N_r}{\partial y}\dfrac{\partial N_s}{\partial x} \\ \mu\dfrac{\partial N_r}{\partial y}\dfrac{\partial N_s}{\partial x} + \dfrac{1-\mu}{2}\dfrac{\partial N_r}{\partial x}\dfrac{\partial N_s}{\partial y} & \dfrac{\partial N_r}{\partial y}\dfrac{\partial N_s}{\partial y} + \dfrac{1-\mu}{2}\dfrac{\partial N_r}{\partial x}\dfrac{\partial N_s}{\partial x} \end{bmatrix}$$

$$(r,s=1,2,\cdots,8) \tag{4-21}$$

式（4-20）中的被积函数均为 ξ、η 的函数，由于 $\dfrac{\partial N_r}{\partial x}$、$\dfrac{\partial N_s}{\partial y}$ 含有 J^{-1} 项，使被积函数不是一般的多项式，而是分子、分母均有多项式的函数（分母项为 $|J|$），因此要得到其显式是困难的，通常采用高斯数值积分求积分的近似值。

4.3 空间二十节点六面体等参数单元

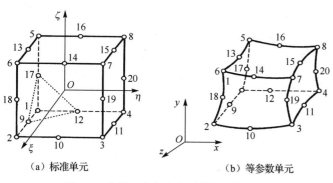

（a）标准单元　　　（b）等参数单元

图 4-5　空间二十节点六面体等参数单元

关于平面等参数单元所述方法，可以推广到空间问题。如图 4-5（b）所示的空间二十节点六面体等参数单元是由边长为 2 的立方体标准单元（图 4-5（a））采取坐标变换所得的，通常为二十节点的曲棱曲面六面体。除六面体的 8 个角节点外，还在每边的中点布置一个节点。

4.3.1 单元位移函数

二十节点标准单元的位移函数为

$$\begin{cases} u = \displaystyle\sum_{i=1}^{20} N_i(\xi \ \eta \ \zeta)u_i \\[2mm] v = \displaystyle\sum_{i=1}^{20} N_i(\xi \ \eta \ \zeta)v_i \\[2mm] w = \displaystyle\sum_{i=1}^{20} N_i(\xi \ \eta \ \zeta)w_i \end{cases} \tag{4-22}$$

相应的坐标变换式为

$$\begin{cases} x = \sum_{i=1}^{20} N_i(\xi \quad \eta \quad \zeta) x_i \\[2mm] y = \sum_{i=1}^{20} N_i(\xi \quad \eta \quad \zeta) y_i \\[2mm] z = \sum_{i=1}^{20} N_i(\xi \quad \eta \quad \zeta) z_i \end{cases} \tag{4-23}$$

其中形函数如下。

对于 8 个角节点：

$$N_i = \frac{1}{8}(1 + \xi_i\xi)(1 + \eta_i\eta)(1 + \zeta_i\zeta)(\xi_i\xi + \eta_i\eta + \zeta_i\zeta - 2) \qquad (i = 1, 2, \cdots, 8) \tag{4-24a}$$

对于 $\xi_i = 0$ 的边中节点：

$$N_i = \frac{1}{4}(1 - \xi^2)(1 + \eta_i\eta)(1 + \zeta_i\zeta) \qquad (i = 9, 11, 13, 15) \tag{4-24b}$$

对于 $\eta_i = 0$ 的边中节点：

$$N_i = \frac{1}{4}(1 - \eta^2)(1 + \zeta_i\zeta)(1 + \xi_i\xi) \qquad (i = 10, 12, 14, 16) \tag{4-24c}$$

对于 $\zeta_i = 0$ 的边中节点：

$$N_i = \frac{1}{4}(1 - \zeta^2)(1 + \xi_i\xi)(1 + \eta_i\eta) \qquad (i = 17, 18, 19, 20) \tag{4-24d}$$

其中，(ξ_i, η_i, ζ_i) 是节点 i 的局部坐标值。

形函数 N_i 在节点 i 等于 1，在其余节点等于零。并且可以证明，由它构成的位移函数满足完备性条件和位移协调条件。

4.3.2　单元应变

将位移函数式（4-22）代入空间问题的几何方程，可得单元应变为

$$\boldsymbol{\varepsilon} = \begin{bmatrix} \varepsilon_x \\ \varepsilon_y \\ \varepsilon_z \\ \gamma_{xy} \\ \gamma_{yz} \\ \gamma_{zx} \end{bmatrix} = \begin{bmatrix} \dfrac{\partial u}{\partial x} \\[2mm] \dfrac{\partial v}{\partial y} \\[2mm] \dfrac{\partial w}{\partial z} \\[2mm] \dfrac{\partial u}{\partial y} + \dfrac{\partial v}{\partial x} \\[2mm] \dfrac{\partial u}{\partial z} + \dfrac{\partial w}{\partial y} \\[2mm] \dfrac{\partial w}{\partial x} + \dfrac{\partial u}{\partial z} \end{bmatrix} = \boldsymbol{B}\boldsymbol{\delta}^e = [\boldsymbol{B}_1 \quad \boldsymbol{B}_2 \quad \cdots \quad \boldsymbol{B}_{20}]\boldsymbol{\delta}^e \tag{4-25}$$

式中，$\boldsymbol{\delta}^e$ 为单元节点位移列阵，即

$$\boldsymbol{\delta}^e = [u_1 \quad v_1 \quad w_1 \quad u_2 \quad v_2 \quad w_2 \quad \cdots \quad u_{20} \quad v_{20} \quad w_{20}]^{\mathrm{T}}$$

而应变矩阵 $\boldsymbol{B}$ 中的子矩阵为

$$
\boldsymbol{B}_i = \begin{bmatrix} \dfrac{\partial N_i}{\partial x} & 0 & 0 \\[2mm] 0 & \dfrac{\partial N_i}{\partial y} & 0 \\[2mm] 0 & 0 & \dfrac{\partial N_i}{\partial z} \\[2mm] \dfrac{\partial N_i}{\partial y} & \dfrac{\partial N_i}{\partial x} & 0 \\[2mm] 0 & \dfrac{\partial N_i}{\partial z} & \dfrac{\partial N_i}{\partial y} \\[2mm] \dfrac{\partial N_i}{\partial z} & 0 & \dfrac{\partial N_i}{\partial x} \end{bmatrix} \qquad (i = 1, 2, \cdots, 20) \tag{4-26}
$$

现在需确定形函数 N_i 关于整体坐标 x，y，z 的偏导数，可采用与平面八节点等参数单元类似的方法，由复合函数求导法则有

$$
\begin{cases} \dfrac{\partial N_i}{\partial \xi} = \dfrac{\partial N_i}{\partial x}\dfrac{\partial x}{\partial \xi} + \dfrac{\partial N_i}{\partial y}\dfrac{\partial y}{\partial \xi} + \dfrac{\partial N_i}{\partial z}\dfrac{\partial z}{\partial \xi} \\[3mm] \dfrac{\partial N_i}{\partial \eta} = \dfrac{\partial N_i}{\partial x}\dfrac{\partial x}{\partial \eta} + \dfrac{\partial N_i}{\partial y}\dfrac{\partial y}{\partial \eta} + \dfrac{\partial N_i}{\partial z}\dfrac{\partial z}{\partial \eta} \\[3mm] \dfrac{\partial N_i}{\partial \zeta} = \dfrac{\partial N_i}{\partial x}\dfrac{\partial x}{\partial \zeta} + \dfrac{\partial N_i}{\partial y}\dfrac{\partial y}{\partial \zeta} + \dfrac{\partial N_i}{\partial z}\dfrac{\partial z}{\partial \zeta} \end{cases}
$$

写成矩阵形式为

$$
\begin{bmatrix} \dfrac{\partial N_i}{\partial \xi} \\[2mm] \dfrac{\partial N_i}{\partial \eta} \\[2mm] \dfrac{\partial N_i}{\partial \zeta} \end{bmatrix} = \begin{bmatrix} \dfrac{\partial x}{\partial \xi} & \dfrac{\partial y}{\partial \xi} & \dfrac{\partial z}{\partial \xi} \\[2mm] \dfrac{\partial x}{\partial \eta} & \dfrac{\partial y}{\partial \eta} & \dfrac{\partial z}{\partial \eta} \\[2mm] \dfrac{\partial x}{\partial \zeta} & \dfrac{\partial y}{\partial \zeta} & \dfrac{\partial z}{\partial \zeta} \end{bmatrix} \begin{bmatrix} \dfrac{\partial N_i}{\partial x} \\[2mm] \dfrac{\partial N_i}{\partial y} \\[2mm] \dfrac{\partial N_i}{\partial z} \end{bmatrix} = \boldsymbol{J} \begin{bmatrix} \dfrac{\partial N_i}{\partial x} \\[2mm] \dfrac{\partial N_i}{\partial y} \\[2mm] \dfrac{\partial N_i}{\partial z} \end{bmatrix}
$$

于是得

$$
\begin{bmatrix} \dfrac{\partial N_i}{\partial x} \\[2mm] \dfrac{\partial N_i}{\partial y} \\[2mm] \dfrac{\partial N_i}{\partial z} \end{bmatrix} = \boldsymbol{J}^{-1} \begin{bmatrix} \dfrac{\partial N_i}{\partial \xi} \\[2mm] \dfrac{\partial N_i}{\partial \eta} \\[2mm] \dfrac{\partial N_i}{\partial \zeta} \end{bmatrix} \tag{4-27}
$$

其中，$\boldsymbol{J}$ 为雅可比矩阵，即

$$
\boldsymbol{J} = \begin{bmatrix} \dfrac{\partial x}{\partial \xi} & \dfrac{\partial y}{\partial \xi} & \dfrac{\partial z}{\partial \xi} \\[2mm] \dfrac{\partial x}{\partial \eta} & \dfrac{\partial y}{\partial \eta} & \dfrac{\partial z}{\partial \eta} \\[2mm] \dfrac{\partial x}{\partial \zeta} & \dfrac{\partial y}{\partial \zeta} & \dfrac{\partial z}{\partial \zeta} \end{bmatrix} \tag{4-28}
$$

将坐标变换式（4-23）代入上式得

$$J = \begin{bmatrix} \sum\limits_{i=1}^{20} \dfrac{\partial N_i}{\partial \xi} x_i & \sum\limits_{i=1}^{20} \dfrac{\partial N_i}{\partial \xi} y_i & \sum\limits_{i=1}^{20} \dfrac{\partial N_i}{\partial \xi} z_i \\[4mm] \sum\limits_{i=1}^{20} \dfrac{\partial N_i}{\partial \eta} x_i & \sum\limits_{i=1}^{20} \dfrac{\partial N_i}{\partial \eta} y_i & \sum\limits_{i=1}^{20} \dfrac{\partial N_i}{\partial \eta} z_i \\[4mm] \sum\limits_{i=1}^{20} \dfrac{\partial N_i}{\partial \zeta} x_i & \sum\limits_{i=1}^{20} \dfrac{\partial N_i}{\partial \zeta} y_i & \sum\limits_{i=1}^{20} \dfrac{\partial N_i}{\partial \zeta} z_i \end{bmatrix}$$

$$= \begin{bmatrix} \dfrac{\partial N_1}{\partial \xi} & \dfrac{\partial N_2}{\partial \xi} & \cdots & \dfrac{\partial N_{20}}{\partial \xi} \\[3mm] \dfrac{\partial N_1}{\partial \eta} & \dfrac{\partial N_2}{\partial \eta} & \cdots & \dfrac{\partial N_{20}}{\partial \eta} \\[3mm] \dfrac{\partial N_1}{\partial \zeta} & \dfrac{\partial N_2}{\partial \zeta} & \cdots & \dfrac{\partial N_{20}}{\partial \zeta} \end{bmatrix} \begin{bmatrix} x_1 & y_1 & z_1 \\ x_2 & y_2 & z_2 \\ \vdots & \vdots & \vdots \\ x_{20} & y_{20} & z_{20} \end{bmatrix} \tag{4-29}$$

将求得的形函数关于局部坐标的偏导数代入上式即可得到 J，再求逆矩阵 J^{-1} 并代入式（4-27），则可求得各形函数关于整体坐标的偏导数，这样应变矩阵 B 得以确定。

4.3.3　单元应力

根据空间问题的物理方程，可得单元应力为

$$\boldsymbol{\sigma} = \begin{bmatrix} \sigma_x & \sigma_y & \sigma_z & \tau_{xy} & \tau_{yz} & \tau_{zx} \end{bmatrix}^{\mathrm{T}}$$

$$= \boldsymbol{D}\boldsymbol{\varepsilon} = \boldsymbol{D}\boldsymbol{B}\boldsymbol{\delta}^e = \boldsymbol{S}\boldsymbol{\delta}^e$$

$$= \begin{bmatrix} \boldsymbol{S}_1 & \boldsymbol{S}_2 & \cdots & \boldsymbol{S}_{20} \end{bmatrix}^{\mathrm{T}} \boldsymbol{\delta}^e \tag{4-30}$$

其中，应力矩阵 S 的各子矩阵为

$$\boldsymbol{S}_i = \boldsymbol{D}\boldsymbol{B}_i = A_3 \begin{bmatrix} \dfrac{\partial N_i}{\partial x} & A_1 \dfrac{\partial N_i}{\partial y} & A_1 \dfrac{\partial N_i}{\partial z} \\[3mm] A_1 \dfrac{\partial N_i}{\partial x} & \dfrac{\partial N_i}{\partial y} & A_1 \dfrac{\partial N_i}{\partial z} \\[3mm] A_1 \dfrac{\partial N_i}{\partial x} & A_1 \dfrac{\partial N_i}{\partial y} & \dfrac{\partial N_i}{\partial z} \\[3mm] A_2 \dfrac{\partial N_i}{\partial y} & A_2 \dfrac{\partial N_i}{\partial x} & 0 \\[3mm] 0 & A_2 \dfrac{\partial N_i}{\partial z} & A_2 \dfrac{\partial N_i}{\partial y} \\[3mm] A_2 \dfrac{\partial N_i}{\partial z} & 0 & A_2 \dfrac{\partial N_i}{\partial x} \end{bmatrix} \quad (i=1,2,\cdots,20) \tag{4-31}$$

式中，

$$A_1 = \frac{\mu}{1-\mu}, \quad A_2 = \frac{1-2\mu}{2(1-\mu)}, \quad A_3 = \frac{E(1-\mu)}{(1+\mu)(1-2\mu)} \tag{4-32}$$

4.3.4　单元刚度矩阵

根据单元刚度矩阵的一般公式，有

$$k^e = \int_V B^T DB dV \qquad (4\text{-}33)$$

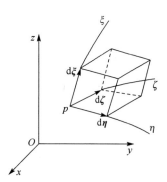

图 4-6　dV 的微分矢量

其中，应变矩阵 B 为局部坐标 ξ、η、ζ 的函数，因而微分体积 dV 也必须由局部坐标建立，即 $dV = d\boldsymbol{\xi} \cdot (d\boldsymbol{\eta} \times d\boldsymbol{\zeta})$，$d\boldsymbol{\xi}$、$d\boldsymbol{\eta}$、$d\boldsymbol{\zeta}$ 分别为局部坐标的单位矢量。与平面问题相似，现将 dV 取为三个微分矢量 $d\boldsymbol{\xi}$、$d\boldsymbol{\eta}$ 和 $d\boldsymbol{\zeta}$ 所成平行六面体的体积（见图 4-6）。在整体坐标系中，各微分矢量表示为

$$\begin{cases} d\boldsymbol{\xi} = \dfrac{\partial x}{\partial \xi} d\xi \boldsymbol{i} + \dfrac{\partial y}{\partial \xi} d\xi \boldsymbol{j} + \dfrac{\partial z}{\partial \xi} d\xi \boldsymbol{k} \\[2mm] d\boldsymbol{\eta} = \dfrac{\partial x}{\partial \eta} d\eta \boldsymbol{i} + \dfrac{\partial y}{\partial \eta} d\eta \boldsymbol{j} + \dfrac{\partial z}{\partial \eta} d\eta \boldsymbol{k} \\[2mm] d\boldsymbol{\zeta} = \dfrac{\partial x}{\partial \zeta} d\zeta \boldsymbol{i} + \dfrac{\partial y}{\partial \zeta} d\zeta \boldsymbol{j} + \dfrac{\partial z}{\partial \zeta} d\zeta \boldsymbol{k} \end{cases}$$

其中 $\boldsymbol{i}$、$\boldsymbol{j}$、$\boldsymbol{k}$ 分别为整体坐标的单位矢量，经上两式合并化简得

$$dV = d\boldsymbol{\xi} \cdot (d\boldsymbol{\eta} \times d\boldsymbol{\zeta})$$

$$= \begin{vmatrix} \dfrac{\partial x}{\partial \xi} d\xi & \dfrac{\partial y}{\partial \xi} d\xi & \dfrac{\partial z}{\partial \xi} d\xi \\[2mm] \dfrac{\partial x}{\partial \eta} d\eta & \dfrac{\partial y}{\partial \eta} d\eta & \dfrac{\partial z}{\partial \eta} d\eta \\[2mm] \dfrac{\partial x}{\partial \zeta} d\zeta & \dfrac{\partial y}{\partial \zeta} d\zeta & \dfrac{\partial z}{\partial \zeta} d\zeta \end{vmatrix} = \begin{vmatrix} \dfrac{\partial x}{\partial \xi} & \dfrac{\partial y}{\partial \xi} & \dfrac{\partial z}{\partial \xi} \\[2mm] \dfrac{\partial x}{\partial \eta} & \dfrac{\partial y}{\partial \eta} & \dfrac{\partial z}{\partial \eta} \\[2mm] \dfrac{\partial x}{\partial \zeta} & \dfrac{\partial y}{\partial \zeta} & \dfrac{\partial z}{\partial \zeta} \end{vmatrix} d\xi d\eta d\zeta = |\boldsymbol{J}| d\xi d\eta d\zeta \qquad (4\text{-}34)$$

其中 $|\boldsymbol{J}|$ 是雅可比行列式，即

$$|\boldsymbol{J}| = \begin{vmatrix} \dfrac{\partial x}{\partial \xi} & \dfrac{\partial y}{\partial \xi} & \dfrac{\partial z}{\partial \xi} \\[2mm] \dfrac{\partial x}{\partial \eta} & \dfrac{\partial y}{\partial \eta} & \dfrac{\partial z}{\partial \eta} \\[2mm] \dfrac{\partial x}{\partial \zeta} & \dfrac{\partial y}{\partial \zeta} & \dfrac{\partial z}{\partial \zeta} \end{vmatrix} \qquad (4\text{-}35)$$

于是单元刚度矩阵（4-33）改写为

$$k^e = \int_{-1}^{1}\int_{-1}^{1}\int_{-1}^{1} B^T DB |\boldsymbol{J}| d\xi d\eta d\zeta = \begin{bmatrix} k_{1\,1} & k_{1\,2} & \cdots & k_{1\,20} \\ k_{2\,1} & k_{2\,2} & \cdots & k_{2\,20} \\ \vdots & \vdots & & \vdots \\ k_{20\,1} & k_{20\,2} & \cdots & k_{20\,20} \end{bmatrix} \qquad (4\text{-}36)$$

其中，子矩阵 k_{rs} 为

$$k_{rs} = \int_{-1}^{1}\int_{-1}^{1}\int_{-1}^{1} B_r^T DB_s |\boldsymbol{J}| d\xi d\eta d\zeta \qquad (4\text{-}37)$$

而

$$\boldsymbol{B}_r^{\mathrm{T}} \boldsymbol{D} \boldsymbol{B}_s = A_3 \times$$

$$
\begin{bmatrix}
\dfrac{\partial N_r}{\partial x}\dfrac{\partial N_s}{\partial x} + A_2\left(\dfrac{\partial N_r}{\partial y}\dfrac{\partial N_s}{\partial y} + \dfrac{\partial N_r}{\partial y}\dfrac{\partial N_s}{\partial z}\right) & A_1\dfrac{\partial N_r}{\partial x}\dfrac{\partial N_s}{\partial y} + A_2\dfrac{\partial N_r}{\partial y}\dfrac{\partial N_s}{\partial x} & A_1\dfrac{\partial N_r}{\partial x}\dfrac{\partial N_s}{\partial z} + A_2\dfrac{\partial N_r}{\partial z}\dfrac{\partial N_s}{\partial x} \\[4mm]
A_1\dfrac{\partial N_r}{\partial y}\dfrac{\partial N_s}{\partial x} + A_2\dfrac{\partial N_r}{\partial x}\dfrac{\partial N_s}{\partial y} & \dfrac{\partial N_r}{\partial y}\dfrac{\partial N_s}{\partial y} + A_2\left(\dfrac{\partial N_r}{\partial z}\dfrac{\partial N_s}{\partial z} + \dfrac{\partial N_r}{\partial x}\dfrac{\partial N_s}{\partial x}\right) & A_1\dfrac{\partial N_r}{\partial y}\dfrac{\partial N_s}{\partial z} + A_2\dfrac{\partial N_r}{\partial z}\dfrac{\partial N_s}{\partial y} \\[4mm]
A_1\dfrac{\partial N_r}{\partial z}\dfrac{\partial N_s}{\partial x} + A_2\dfrac{\partial N_r}{\partial x}\dfrac{\partial N_s}{\partial x} & A_1\dfrac{\partial N_r}{\partial z}\dfrac{\partial N_s}{\partial y} + A_2\dfrac{\partial N_r}{\partial y}\dfrac{\partial N_s}{\partial z} & \dfrac{\partial N_r}{\partial z}\dfrac{\partial N_s}{\partial z} + A_2\left(\dfrac{\partial N_r}{\partial x}\dfrac{\partial N_s}{\partial x} + \dfrac{\partial N_r}{\partial y}\dfrac{\partial N_s}{\partial y}\right)
\end{bmatrix}
$$

$$（r, s = 1, 2, \cdots, 20） \tag{4-38}$$

式中常数 A_1、A_2、A_3 按式（4-32）计算。

从式（4-37）可知，等参数单元的刚度矩阵很难写成显式积分，需要用数值积分计算。

二十节点六面体等参数单元不仅内部插值精度高，而且与曲面边界的拟合程度也相对较好，因而这种单元是一种高精度的空间单元。在分析实际问题应用这种单元时，要注意计算机的存储量和计算时间。

4.3.5　单元等效节点力

1. 集中力的移置

设空间单元上的某点受有集中载荷 $\boldsymbol{P} = [P_x \quad P_y \quad P_z]^{\mathrm{T}}$，移置到单元节点上后，单元的等效节点力向量为

$$\boldsymbol{R}^e = \boldsymbol{N}^{\mathrm{T}} \boldsymbol{P} = [R_1^e \quad R_2^e \quad \cdots \quad R_n^e]^{\mathrm{T}} \tag{4-39}$$

其中，每个节点上的节点力为

$$\boldsymbol{R}_i^e = [R_{ix} \quad R_{iy} \quad R_{iz}]^{\mathrm{T}} = N_i[P_x \quad P_y \quad P_z]^{\mathrm{T}} \tag{4-40}$$

对于平面单元，单元各节点上的等效节点力为

$$\boldsymbol{R}_i^e = [R_{ix} \quad R_{iy}]^{\mathrm{T}} = N_i[P_x \quad P_y]^{\mathrm{T}} \tag{4-41}$$

2. 体积力的移置

当空间单元受体积力 $\boldsymbol{P}_V = [P_{Vx} \quad P_{Vy} \quad P_{Vz}]^{\mathrm{T}}$ 作用时，等效移置到各节点上后，单元的等效节点力向量为

$$\boldsymbol{R}^e = \int_V \boldsymbol{N}^{\mathrm{T}} \boldsymbol{P}_V \mathrm{d}V = \int_{-1}^{1}\int_{-1}^{1}\int_{-1}^{1} \boldsymbol{N}^{\mathrm{T}} \boldsymbol{P}_V |\boldsymbol{J}| \mathrm{d}\xi \mathrm{d}\eta d\zeta \tag{4-42}$$

每个节点上的等效节点力为

$$\boldsymbol{R}_i^e = [R_{ix} \quad R_{iy} \quad R_{iz}]^{\mathrm{T}} = \int_{-1}^{1}\int_{-1}^{1}\int_{-1}^{1} N_i[P_{Vx} \quad P_{Vy} \quad P_{Vz}]^{\mathrm{T}} |\boldsymbol{J}| \mathrm{d}\xi \mathrm{d}\eta d\zeta \tag{4-43}$$

对于平面单元，单元上的等效节点力向量为

$$\boldsymbol{R}^e = \int_{-1}^{1}\int_{-1}^{1} \boldsymbol{N}^{\mathrm{T}} \boldsymbol{P}_V |\boldsymbol{J}| \mathrm{d}\xi \mathrm{d}\eta \tag{4-44}$$

3. 表面力的移置

当空间单元在某边界面上作用有表面力 $\boldsymbol{P}_s = [P_{sx} \quad P_{sy} \quad P_{sz}]^{\mathrm{T}}$ 时，移置到节点上后，单元的等效节点力向量为

$$R^e = \int_A N^{\mathrm{T}} P_s \mathrm{d}A \tag{4-45}$$

式中，面积分是在单元上作用有分布力的某边界面上进行的。假设面力作用在 $\zeta = 1$ 的面上，则式（4-45）变换为

$$R^e = \int_{A_{\xi\eta}} N_{\zeta=1}^{\mathrm{T}} P_s \mathrm{d}A_{\xi\eta} = \int_{-1}^{1}\int_{-1}^{1} N_{\zeta=1}^{T} P_s |J| \mathrm{d}\xi \mathrm{d}\eta \tag{4-46}$$

其中，微元面积 $\mathrm{d}A_{\xi\eta}$ 为 $\mathrm{d}\xi$ 与 $\mathrm{d}\eta$ 对应的面积元素，即

$$\mathrm{d}A_{\xi\eta} = |\mathrm{d}\xi \times \mathrm{d}\eta| = \begin{vmatrix} i & j & k \\ \dfrac{\partial x}{\partial \xi} & \dfrac{\partial y}{\partial \xi} & \dfrac{\partial z}{\partial \xi} \\ \dfrac{\partial x}{\partial \eta} & \dfrac{\partial y}{\partial \eta} & \dfrac{\partial z}{\partial \eta} \end{vmatrix} \mathrm{d}\xi \mathrm{d}\eta = |J| \mathrm{d}\xi \mathrm{d}\eta \tag{4-47}$$

类似可得其他单元面上的等效节点力计算式。

对于平面单元，面力为作用在单元边界线上的分布力，设分布力作用在 $\eta = 1$ 的边界线上，则单元上的等效节点力向量为

$$R^e = \int_s N^{\mathrm{T}} P_s \mathrm{d}s = \int_{-1}^{1} N_{\eta=1}^{\mathrm{T}} P_s \sqrt{\left(\dfrac{\partial x}{\partial \xi}\right)^2 + \left(\dfrac{\partial y}{\partial \eta}\right)^2}\, \mathrm{d}\xi \tag{4-48}$$

式中，$\sqrt{\left(\dfrac{\partial x}{\partial \xi}\right)^2 + \left(\dfrac{\partial y}{\partial \eta}\right)^2}\, \mathrm{d}\xi$ 为微元线段 $\mathrm{d}s$ 对应于局部坐标系下的表示形式。

在实际使用等参数单元时，有几点值得注意：首先，在划分单元时应注意边棱的夹角不宜太锐或太钝，并且对于前面讨论的八节点单元和二十节点单元，其边棱的中节点以选在边棱的中点或其附近为好；其次，等参数单元中的任意点，由它的局部坐标求出它的整体坐标，只需直接应用坐标变换式，但要由整体坐标求出局部坐标则要求解非线性联立方程，这是比较复杂的。因此在计算单元应力时，只能设定一组局部坐标代入应力矩阵以求应力，根据这组局部坐标计算出相应的整体坐标，从而得知所求应力是单元中哪一点的应力。至于节点处的应力，只需把节点的局部坐标代入应力矩阵即可。

4.4 高斯求积法

当采用等参数单元时，在单元刚度矩阵和等效节点力列阵计算公式中，要进行如下形式的积分运算

$$\int_{-1}^{1} f(\xi)\mathrm{d}\xi, \qquad \int_{-1}^{1}\int_{-1}^{1} f(\xi,\eta)\mathrm{d}\xi\mathrm{d}\eta, \qquad \int_{-1}^{1}\int_{-1}^{1}\int_{-1}^{1} f(\xi,\eta,\zeta)\mathrm{d}\xi\mathrm{d}\eta\mathrm{d}\zeta$$

其中被积函数 f 通常很复杂，很难用精确积分得到显式积分结果。因此，一般采用数值积分方法代替函数积分，即在单元内选出某些点作为积分点，计算被积函数在这些积分点的值，然后再分别乘以加权系数，再求其和作为近似积分值。数值积分的方法很多，在有限元分析中通常采用高斯求积法，它可以用较少的积分点达到较高的精度。

1．一维高斯求积

为求积分 $I=\int_{-1}^{1}f(\xi)\mathrm{d}\xi$，在区间[-1，1]中选定 n 个积分点 ξ_1，ξ_2,…，ξ_n，然后由下式计算积分值：

$$I=\int_{-1}^{1}f(\xi)\mathrm{d}\xi=\sum_{k=1}^{n}\omega_k f(\xi_k) \tag{4-49}$$

其中，$f(\xi_k)$ 是被积函数 f 在积分点 ξ_k 处的函数值，ω_k 是加权系数，n 是所选积分点的数目。

例如取一个积分点 $\xi_1=0$（此时即 $n=1$），该点的函数值为 f_1（见图 4-7（a）），并取加权系数 $\omega_1=2$，则积分

$$I=\int_{-1}^{1}f(\xi)\mathrm{d}\xi\approx 2f_1$$

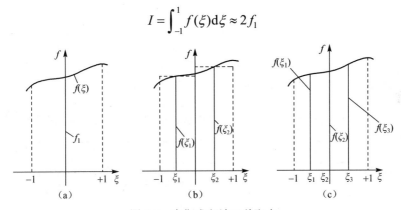

图 4-7　高斯求积法三种取点

这是一种最简单的计算方法，只有当函数 $f=f(\xi)$ 是一条直线，即 $f=f(\xi)$ 之下是一个梯形时才是精确的。若 $f=f(\xi)$ 是任意曲线，则此计算结果是相当粗糙的。

为了改善精度，在 $-1\leq\xi\leq+1$ 范围内取两个对称点 ξ_1、ξ_2，其函数值分别为 $f(\xi_1)$ 和 $f(\xi_2)$，如图 4-7（b），但是横坐标 ξ_1、ξ_2 以及相应的权 ω_1 和 ω_2 需要确定。为此设 $f(\xi)$ 为三次式，即

$$f=f(\xi)=c_0+c_1\xi+c_2\xi^2+c_3\xi^3$$

其积分值为

$$I=\int_{-1}^{1}f(\xi)\mathrm{d}\xi=\int_{-1}^{1}(c_0+c_1\xi+c_2\xi^2+c_3\xi^3)\mathrm{d}\xi=2\left(c_0+\frac{1}{3}c_2\right) \tag{4-50}$$

而由高斯求积公式

$$I=\int_{-1}^{1}f(\xi)\mathrm{d}\xi=\omega_1 f(\xi_1)+\omega_2 f(\xi_2) \tag{4-51}$$

于是由式（4-50）和式（4-51）得

$$\omega_1 f(\xi_1)+\omega_2 f(\xi_2)=2\left(c_0+\frac{1}{3}c_2\right)$$

即

$$\omega_1(c_0+c_1\xi_1+c_2\xi_1^2+c_3\xi_1^3)+\omega_2(c_0+c_1\xi_2+c_2\xi_2^2+c_3\xi_2^3)=2\left(c_0+\frac{1}{3}c_2\right) \tag{4-52}$$

注意到上式对于任何三次多项式被积函数都成立，即 c_0、c_1、c_2、c_3 取任意数值时，式（4-49）都成立。则式（4-52）的 c_0、c_1、c_2 及 c_3 前的系数必须相等，即有

$$\begin{cases} \omega_1 + \omega_2 = 2 \\ \omega_1 \xi_1 + \omega_2 \xi_2 = 0 \\ \omega_1 \xi_1^2 + \omega_2 \xi_2^2 = \dfrac{2}{3} \\ \omega_1 \xi_1^3 + \omega_2 \xi_2^3 = 0 \end{cases}$$

解方程可得

$$\xi_1 = -\xi_2 = -\frac{1}{\sqrt{3}} = -0.57735\cdots$$

$$\omega_1 = \omega_2 = 1$$

很显然，上面确定的两个积分点的高斯求积公式（4-51）对于被积函数是三次或三次以下的多项式可以得出精确的结果，否则是近似的表达式。另外，如图4-7（b）所示，用两个矩形面积来表示函数 $f(\xi)$ 在区间 $[-1,+1]$ 与轴 ξ 所围的面积，这就是式（4-50）的几何意义。

以相同的方法可以处理由 3 个函数值所组成的近似积分，如图4-7（c）所示。对不同的积分点数可确定相应的积分点坐标和加权系数，由此构成高斯积分表见表4-1。

表4-1 $\displaystyle\int_{-1}^{1} f(\xi)\mathrm{d}\xi = \sum_{k=1}^{n} \omega_k f(\xi_k)$ 高斯求积公式中的积分点坐标和加权系数

n	$\pm\xi_k$	ω_k
2	±0.5773502692	1.0000000000
3	±0.7745966692	0.5555555556
	0	0.8888888889
4	±0.8611363116	0.3478548451
	±0.3399810436	0.6521451549
5	±0.9061798459	0.2369268851
	±0.5384693101	0.4786286705
	0	0.5688888889

2．二维高斯求积

对于二维高斯求积

$$\int_{-1}^{1}\int_{-1}^{1} f(\xi,\eta)\mathrm{d}\xi\mathrm{d}\eta$$

可先对 ξ 积分，而把 η 视为常量，此时引入一维的高斯求积公式，有

$$\int_{-1}^{1} f(\xi,\eta)\mathrm{d}\xi = \sum_{i=1}^{n_1} \omega_i f(\xi_i,\eta) = \varphi(\eta) \tag{4-53}$$

再对 η 积分，有

$$\int_{-1}^{1}\int_{-1}^{1} f(\xi,\eta)\mathrm{d}\xi\mathrm{d}\eta = \int_{-1}^{1} \varphi(\eta)\mathrm{d}\eta = \sum_{j=1}^{n_2} \omega_j \varphi(\eta_j) \tag{4-54}$$

将式（4-53）代入式（4-54），得二维的高斯求积公式

$$\int_{-1}^{1}\int_{-1}^{1} f(\xi,\eta)\mathrm{d}\xi\mathrm{d}\eta = \sum_{i=1}^{n_1}\sum_{j=1}^{n_2} \omega_i \omega_j f(\xi_i,\eta_j) \tag{4-55}$$

3. 三维高斯求积

用相同的方法，可以导出三维的高斯求积公式

$$\int_{-1}^{1}\int_{-1}^{1}\int_{-1}^{1} f(\xi,\eta,\zeta)\mathrm{d}\xi\mathrm{d}\eta\mathrm{d}\zeta = \sum_{i=1}^{n_1}\sum_{j=1}^{n_2}\sum_{k=1}^{n_3}\omega_i\omega_j\omega_k f(\xi_i,\eta_j,\zeta_k) \tag{4-56}$$

在实际计算中，为了保证计算精度，并且不过分增加计算工作量，高斯积分中的积分点数 n 通常可根据等参数单元的节点数来选取，对于前面讨论的平面八节点等参数单元和空间二十节点等参数单元，都可以取 $n=3$。

习题

填空题

1. 等参数单元的位移函数和坐标变换函数具有相同的_____以及_____。

2. _____是有限元法中使用最为普遍、应用也很成功的一种单元。

思考题

1. 什么是等参数单元？等参数单元有何优点？

2. 根据选择单元位移函数的一般原则，弹性力学平面问题的四节点四边形单元能否使用下列的位移函数？为什么？

$$\begin{cases} u = \alpha_1 x + \alpha_2 y + \alpha_3 x^2 + \alpha_4 y^2 \\ v = \alpha_5 x + \alpha_6 y + \alpha_7 x^2 + \alpha_8 y^2 \end{cases}$$

3. 说明八节点四边形等参数单元能否采用以下的位移函数。

$$\begin{cases} u = \alpha_1 + \alpha_2\xi + \alpha_3\eta + \alpha_4\xi^2 + \alpha_5\xi\eta + \alpha_6\eta^2 + \alpha_7\xi^3 + \alpha_8\eta^3 \\ v = \alpha_9 + \alpha_{10}\xi + \alpha_{11}\eta + \alpha_{12}\xi^2 + \alpha_{13}\xi\eta + \alpha_{14}\eta^2 + \alpha_{15}\xi^3 + \alpha_{16}\eta^3 \end{cases}$$

4. 应用等参数单元时，为什么要采用高斯积分？高斯积分点的数目如何确定？

计算题

1. 如图 4-8 所示，四节点四边形单元在整体坐标系中的节点坐标为 1(50，60)，2(15，50)，3(20，20)，4(40，30)。已知四个节点的位移分量为 1(0.05，0.05)，2(0.01，0.04)，3(0.02，0.02)，4(0.03，0.02)。单元局部坐标为 $\xi\eta$，点 Q 的局部坐标为(0.5，0.5)，整体坐标与位移的单位均为 mm。采用等参数单元分析：

（1）求点 Q 的整体坐标。

（2）求点 Q 的位移分量。

2. 在弹性力学平面问题中，四节点四边形等参数单元是如图 4-9 所示的矩形单元，边长分别 a 为 b，在边 23 上受到垂直于单元边界的分布载荷作用。

（1）计算该等参数单元的雅可比矩阵。

（2）根据等参数单元的载荷移置公式，计算单元的等效节点力。

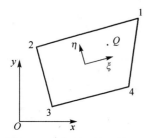

图 4-8 四节点四边形单元

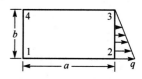

图 4-9 矩形单元载荷移置

第5章

ANSYS 基本操作

◇ 本章讲述 ANSYS 软件的基本功能与操作，介绍 ANSYS 软件的交互界面环境，常用菜单及对话框操作方法，坐标系的概念及相关操作。并通过一个简单实例介绍 ANSYS 有限元分析的标准步骤及求解过程，建立起 ANSYS 有限元分析的初步概念。本章内容是熟练使用 ANSYS 软件的基础。常用菜单及其对话框操作、ANSYS 有限元分析的标准步骤是本章重点，ANSYS 坐标系的操作与使用是本章难点。

5.1 ANSYS 概述

5.1.1 ANSYS 简介

ANSYS 是一种应用十分广泛的有限元分析软件，它由美国的 ANSYS 公司开发。ANSYS 公司是由美国匹兹堡大学力学系教授、有限元法的权威、著名的力学专家 John Swanson 博士于 1970 年创建并发展起来的，目前是世界 CAE 行业最大的公司之一。

ANSYS 软件是融结构、热、流体、电场、磁场、声场和耦合场分析于一体的大型通用有限元分析软件。功能完备的前处理器和后处理器使 ANSYS 易学易用，强大的图形处理能力以及得心应手的实用工具使使用者轻松愉快，奇特的多平台解决方案使用户物尽其用。它包含了前处理、求解、后处理和优化等模块，将有限元分析、计算机图形学和优化技术相结合，已成为解决现代工程学问题必不可少的工具。

ANSYS 软件的最初版本与今天的版本相比有很大的不同，最初版本仅仅提供了线性结构分析及热分析功能，而且是一个批处理程序，只能在大型计算机上使用。20 世纪 70 年代初加入了非线性、子结构等功能；20 世纪 70 年代末，图形技术和交互操作方式应用到了 ANSYS 中，使得 ANSYS 的使用进入了一个全新的阶段。随着分析技术的进步，许多新的设计分析概念和方法不断充实到 ANSYS 程序中，使得 ANSYS 的普及取得了巨大成功。经过 50 年的发展，如今的 ANSYS 软件功能不断丰富与完善，求解速度越来越快，求解规模越来越大，操作也越来越方便，受到国内外工程人员的极大欢迎。

目前，ANSYS 已经广泛应用于航空航天、机械制造、汽车交通、土木工程、核工业、铁道、石油化工、能源、国防、军工、电子、造船、生物医学、轻工、地矿、水利、日用家电等工业领域及科学研究中。它能与多数 CAD 软件接口，实现数据的共享和交换，是现代产品设计中的高级 CAD 工具之一。

5.1.2　ANSYS 的启动、退出与交互界面环境

1．启动 ANSYS

当 ANSYS 程序安装成功以后，在 Windows 操作系统中就可以找到 ANSYS 的启动程序，选择"开始"→"程序"→"ANSYS15.0"→"Mechanical APDL（ANSYS）15.0"直接启动，进入 ANSYS 交互界面环境。

2．ANSYS 交互界面环境

ANSYS 交互界面环境包含主窗口和信息输出窗口，各部分名称及其主要功能如下。

（1）主窗口：如图 5-1 所示，包含以下几个子区域：主菜单、工具菜单、命令输入窗口、图形输出窗口、状态条、工具条、快捷功能按钮、图形变换按钮组、可见/隐藏按钮和接触管理器按钮。

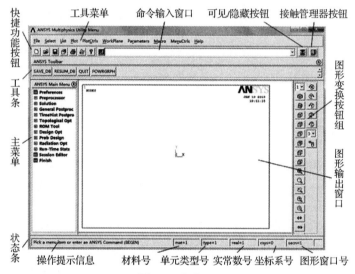

图 5-1　主窗口

（2）信息输出窗口：如图 5-2 所示，显示 ANSYS 程序运行过程中的输出文本信息。该窗口一般在主窗口的后面，当用户想要查看时，单击操作系统状态条上的 Output Window 图标，就可激活它并提升到台前。

3．退出 ANSYS

主要有三种退出 ANSYS 的方法。

（1）从工具条退出，选择按钮 ANSYS Toolbar→QUIT。

（2）从工具菜单退出，选择菜单路径 Utility Menu→File→Exit。

（3）在命令输入窗口中键入"EXIT"命令。

一旦执行上述退出操作，就会弹出如图 5-3 所示的对话框，提示退出前选择的操作（从上到下顺序）。

✦　Save Geom+Loads：退出 ANSYS 时保存几何与载荷数据。

✦　Save Geo+Ld+Solu：退出 ANSYS 时保存几何、载荷与求解数据。

✦　Save Everything：退出 ANSYS 时保存所有数据。

◇ Quit-No Save!：退出 ANSYS 时不保存任何数据。

选择完成后单击"OK"按钮，即可退出 ANSYS。

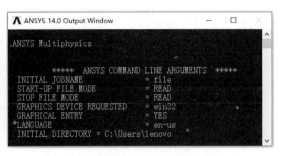

图 5-2　信息输出窗口

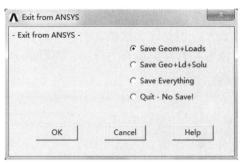

图 5-3　退出前选择的操作对话框

5.2　ANSYS 常用菜单与对话框操作

5.2.1　主菜单

主菜单（Main Menu）是使用交互界面环境进行有限元分析的主要操作窗口，如图 5-4 所示。主菜单中包含 ANSYS 的主要功能如下。

◇ 优选器（Preferences）。

◇ 前处理器（Preprocessor）。

◇ 求解器（Solution）。

◇ 通用后处理器（General Postproc）。

◇ 时间历程后处理器（TimeHist Postpro）。

◇ 拓扑优化设计（Topological Opt）：用于对几何结构进行优化，
这种优化通常以最小质量或者最小柔度为目标函数。

◇ 减缩积分模型工具（ROM Tool）：用于与减缩积分相关的操
作。

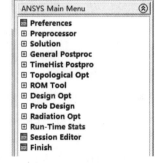

图 5-4　主菜单

◇ 设计优化（Design Opt）：包含了 OPT 操作，如定义优化变量、开始优化设计、查看设
计结果等，这是传统的优化操作，是单步分析的反复迭代。

◇ 概率设计（Prob Design）：结合设计和生产等过程中的不确定因素来进行设计。

◇ 辐射选项（Radiation Opt）：包含了 AUXl2 操作，如定义辐射率、完成热分析的其他设
置、写辐射矩阵，计算视角因子等。

◇ 运行时间估计器（Run-Time Stats）：估计运行时间、估计文件大小等。

◇ 记录编辑器（Session Editor）：用于查看在保存或者恢复之后的所有操作记录。

◇ 结束（Finish）：退出当前处理器，回到开始级。

1. 优选器

优选器（Preferences）可以选择分析任务涉及的学科，以及在该学科中所用的方法。选择
菜单 Main Menu→Preferences，打开"优选器"对话框，如图 5-5 所示。该步骤不是必需的，可
以不选，但会导致在以后分析中面临一大堆选择项目，所以让优选项过滤掉你不需要的选项是

明智的办法。尽管默认的是所有学科，但这些学科并不是都能同时使用，例如不可以把流体动力学（FLOTRAN）单元和其他某些单元同时使用。

在学科方法中，p-Method 方法是高阶计算方法，通常比 h-Method 方法具有更高的精度和收敛性，但是该方法消耗的计算时间与后者相比大大增加。且不是所有学科都适用 p-Method 方法，只有在结构静力分析、热稳态分析、电磁场分析中可用，其他场合下都采用 h-Method 方法。

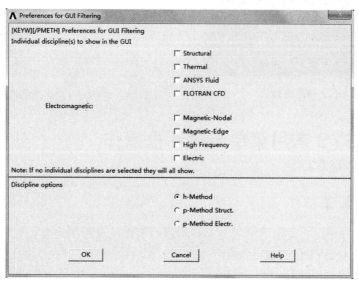

图 5-5 "优选器"对话框

2．主要处理器

ANSYS 软件中各主要处理器分别有各自的菜单子系统和对应的命令集执行不同的任务。

（1）前处理器（Preprocessor）：建立有限元模型 。

（2）求解器（Solution）：施加载荷并求解。

（3）通用后处理器（General Postproc）：获得某时刻整个模型的结果。

（4）时间历程后处理器（TimeHist Postpro）：处理模型上某位置点的结果随时间变化的情况。

3．主菜单结构

主菜单位于主窗口的左侧，为树形结构。每个根菜单项对应 ANSYS 的一个处理器或功能模块，可以用鼠标单击菜单项展开或收起下一级的子菜单项。

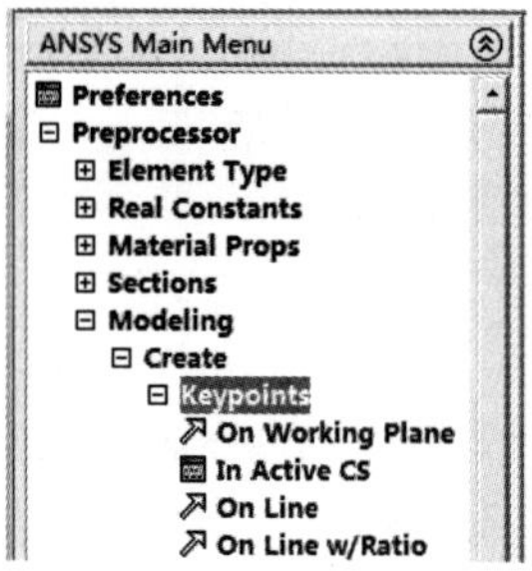

在主菜单的树形结构中，每个菜单项节点前都有一个图标，如图 5-6 所示，其意义分别如下。

① 图标⊞与图标⊟：图标⊞表示该菜单有下级子菜单项并且没有展开，单击图标⊞则展开下级子菜单并且变成图标⊟，单击图标⊟则收起下级子菜单并且变成图标⊞。

② 图标↗：表示单击该菜单项将弹出拾取对话框拾取操作对象，如关键点、线、面、体、节点和单元等。

③ 图标▦：表示单击该菜单项将弹出一个对话框。

图 5-6 主菜单图标示意图

5.2.2　工具菜单

ANSYS 的工具菜单位于主窗口的最上方，如图 5-7 所示，可以在 ANSYS 软件的所有级别中使用，配合主菜单完成一系列的辅助性操作，包括文件管理、选择、列表、绘图、绘图控制、工作平面、参数控制、宏、菜单控制以及帮助系统等子菜单项。

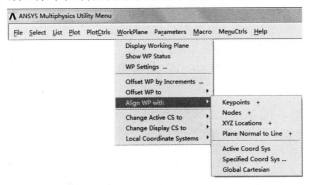

图 5-7　工具菜单示意图

工具菜单为下拉式结构，可直接完成某项功能或弹出菜单窗口。该菜单中的各菜单项具有不同的操作类型，对应不同类型的界面操作，在菜单项后面有标示符，其形式与意义分别如下。

◇ 标示符"…"：弹出一个对话框。

◇ 标示符"＋"：弹出"拾取"对话框。

◇ 标示符"▶"：展开下一级子菜单。

◇ 无任何符号：执行一条 ANSYS 命令。

1．File（文件）菜单

ANSYS 工具菜单中的文件菜单，专门用于对 ANSYS 的各种文件进行操作处理。包括清空数据库、定义文件名、设置工作路径、存储/恢复数据库文件、写出/读入文件、文件重命名/删除/复制等。选择菜单 Utility Menu→File，打开"文件"菜单，如图 5-8 所示。

1）设置文件名和工作路径

（1）Clear & Start New：用于清除当前的分析过程，并开始一个新的分析。它相当于退出 ANSYS 后，重新进入 ANSYS 图形用户界面。

选择菜单 Utility Menu→File→Clear & Start New，弹出如图 5-9 所示的对话框，采用默认状态，单击"OK"按钮，弹出 Verify 确认对话框，单击"Yes"按钮。

（2）Change Jobname：用于定义新的工作文件名。如果不指定文件名，所有文件的文件名均为 File。定义新的文件名，其主要目的是确保每次分析的文件不被覆盖。

选择菜单 Utility Menu→File→Change Jobname，弹出如图 5-10 所示对话框，在"Enter new jobname"文本框中输入新的文件名，单击"OK"按钮。

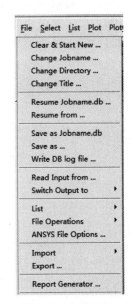

图 5-8　文件菜单

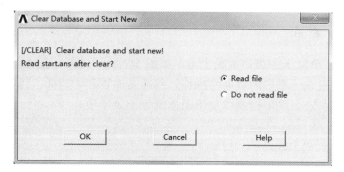

图 5-9　清除数据库对话框

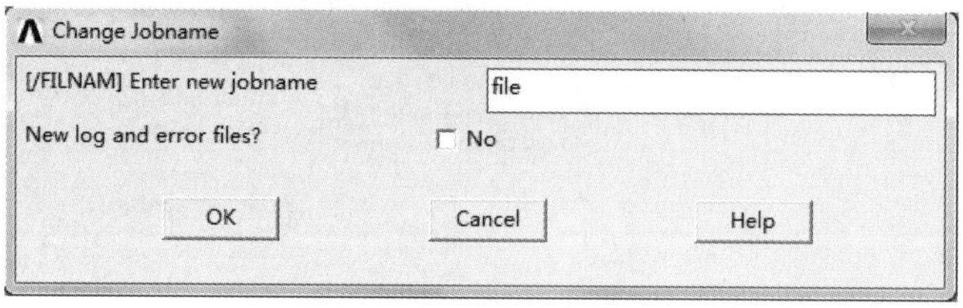

图 5-10　定义文件名对话框

文件名可以是长度不超过 64 个字符的字符串，必须以字母开头，可以包含字母、数字、下画线、横线等，但不允许包含中文字符及@、#、$、%等特殊符号。

（3）Change Directory：定义新的工作路径，后续操作将在新设置的工作路径中进行。工作路径是 ANSYS 进行有限元分析时用于存储各种数据的系统路径，如分析时的数据库文件 Jobname.db、命令流文件 Jobname.log、结果文件 Jobname.rst 等都存放在指定的工作路径中。ANSYS 不支持中文，这里要选择英文路径。

选择菜单 Utility Menu→File→Change Directory，弹出选择路径对话框，如图 5-11 所示，在操作系统中选择新的工作路径，然后确认即可。

（4）Change Title：用于在图形窗口中定义分析标题。分析标题对分析过程本身没有任何影响，其主要目的是用简洁的英文语句标示当前分析的某种信息，如分析对象、分析工况、分析性质等，用于提示用户。

选择菜单 Utility Menu→File→Change Title，弹出如图 5-12 所示对话框，在"Enter new title"文本框中输入主标题，然后单击"OK"按钮。

图 5-11　选择路径对话框

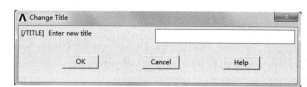

图 5-12　定义分析标题对话框

2）读入文件

有多种方式可以读入文件，包括读入数据库、读入命令记录和输入其他软件生成的模型文件。

（1）Resume Jobname.db：恢复当前正在使用的文件。

（2）Resume from：恢复用户选择的文件。

（3）Read Input from：用于读入并执行整个命令序列，如记录文件。当只有记录文件（.log）而没有数据库文件时（由于数据库文件通常很大，而记录文件很小，所以通常用记录文件进行交流），就有必要用到该命令。

3）保存文件

要养成经常保存文件的习惯。

（1）Save as Jobname.db：按照当前文件名存储数据库文件，数据库文件为 Jobname.db。对应的命令是 SAVE，对应的工具条快捷按钮为 Toolbar→SAVE DB。

（2）Save as：另存为，打开"Save DataBase"对话框，可以选择路径或更改名称，另存文件。

（3）Write db log file：把数据库内的输入数据写到一个记录文件（或称为命令流文件*.log）中，从数据库写入的记录文件和操作过程的记录可能并不一致。

4）文件重命名、复制与删除

在 ANSYS 环境中可以直接对各种文件执行重命名、删除和复制等操作。

（1）重命名文件。选择菜单 Utility Menu→File→File Operations→Rename。

（2）删除文件。选择菜单 Utility Menu→File→File Operations→Delete。

（3）复制文件。选择菜单 Utility Menu→File→File Operations→Copy。

5）导入与导出几何文件

导入（Import）和导出（Export）命令用于提供与其他软件的接口，如从 Pro/E 中输入几何模型。如果对这些软件很熟悉，在其中创建几何模型可能会比在 ANSYS 中建模方便一些。ANSYS 支持的输入接口有 IGES、CATIA、SAT、Pro/E、UG、PARA 等，如图 5-13 所示。其输出接口为 IGES。但是，它们需要 License 支持，而且需要保证其输入输出版本之间的兼容。否则，可能不会识别，导致文件传输错误。

6）Report Generator

此命令用于生成文件的报告，可以是图像形式的报告，也可以是文件形式的，这大大提高了 ANSYS 分析之间的信息交流。

7）退出 ANSYS

Exit 命令用于退出 ANSYS，选择该命令将打开退出对话框，询问在退出前是否保存文件，或者保存哪些文件。

2．Select（选择）菜单

选择操作是使用软件过程中经常用到的，也是非常实用的菜单。

（1）选择图元：选择菜单 Utility Menu→Select→Entities，弹出如图 5-14 所示的对话框，用于在图形窗口上选择图元。

选择对象表示要选择的图元，包括节点、单元、体、面、线和关键点，每次只能选择一种图元类型。

选择准则表示通过什么方式来选择，包括如下一些选择标准。

◇ By Num/Pick：通过在输入窗口中输入图元号或者在图形窗口中直接选择。

◇ Attached to：通过与其他类型图元相关联来选择，而其他类型图元应该是已选择好的。

◇ By Location：通过定义笛卡儿坐标系的 X、Y、Z 轴来构成一个选择区域，并选择其中的图元，可以一次定义一个坐标，单击"Apply"按钮后，再定义其他坐标内的区域。

◇ By Attribute：通过属性选择图元。可以通过图元或与图元相连的单元的材料号、单元类型号、实常数号、单元坐标系号、分割数目、分割间距比等属性来选择图元。需要设置这些号的最小值、最大值以及增量。

◇ Exterior：选择已选图元的边界，如单元的边界为节点、面的边界为线。如果已经选择了某个面，那么执行该命令就能选择该面边界上的线。

◇ By Result：选择结果值在一定范围内的节点或单元。执行该命令前，必须把所要的结果保存在单元中。

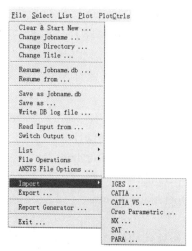

图 5-13　导入与导出几何文件菜单

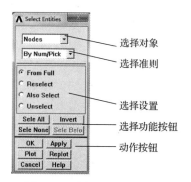

图 5-14　选择图元对话框

选择设置选项用于设置选择的方式，有如下几种方式。

◇ From Full：从整个模型中选择一个新的图元集合。

◇ Reselect：从已选择好的图元集合中再次选择。

◇ Also Select：把新选择的图元加到已存在的图元集合中。

◇ Unselect：从当前选择的图元中去掉一部分图元。

选择功能按钮是一个即时作用按钮，也就是说，一旦单击该按钮，选择已经发生。也许在图形窗口中看不出来，用 Replot 命令来重画，这时就可以看出其发生了作用。有 4 个选择功能按钮。

◇ Sele All：选择该类型下的所有图元。

◇ Sele None：撤销该类型下的所有图元的选择。

◇ Invert：反向选择。不选择当前已选择的图元集合，而选择当前没有选择的图元集合。

◇ Sele Belo：选择已选择图元以下的所有图元。例如，如果当前已经选择了某个面，则单击该按钮后，将选择所有属于该面的点和线。

动作按钮与多数对话框中的按钮意义一样。不过在该对话框中，多了"Plot"和"Replot"按钮，可以很方便地显示选择结果，只有那些被选择的图元才出现在图形窗口中。使用这项功能时，通常需要单击"Apply"按钮而不是"OK"按钮。

（2）组件和部件：Select→Comp/Assembly 菜单用于对组件和部件进行操作。简单地说，组件就是选择的某类图元的集合，部件则是组件的集合。

（3）全部选择：Select→Everything 菜单用于选择模型的所有项目下的所有图元。每次选择子集并完成对应的操作后，使用 Select→Everything 命令恢复全选。

3．Plot（图形显示）菜单

图形显示菜单主要控制图形的绘制和显示。在 ANSYS 有限元分析过程中，需要经常查看各种图形信息，如关键点、线、面、几何体、节点、单元、材料曲线、数据表、数组值等，这些信息将在 ANSYS 的图形输出窗口中显示，用户可以检查其分布和图形结果。

图形显示菜单路径为 Utility Menu→Plot，如图 5-15 所示，下面介绍其下经常使用的各菜单项与用法。

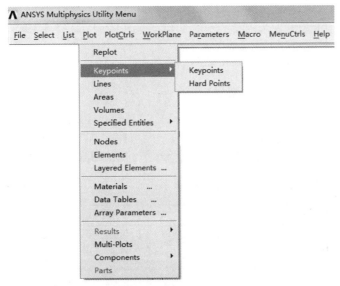

图 5-15　图形显示菜单

- ◇ Replot：此命令用于更新图形窗口，许多命令执行后并不能自动更新显示，所以需要该操作来更新图形显示。
- ◇ Keypoints：绘制关键点。
- ◇ Lines：绘制线。
- ◇ Areas：绘制面。
- ◇ Volumes：绘制体。
- ◇ Nodes：绘制节点。
- ◇ Elements：绘制单元。
- ◇ Layered Elements：绘制层单元。
- ◇ Data Tables：绘制数据表，一般非线性材料的材料属性都是利用 Data Table 进行定义的曲线，可以利用该菜单项画材料数据曲线。
- ◇ Results：绘制结果图。可以绘制变形图、等值线图、矢量图、三维动画等。
- ◇ Multi-Plots：同时显示所有数据，包括关键点、线、面、体、节点、单元等。

4．PlotCtrls（绘图控制）菜单

PlotCtrls 菜单选项较多，囊括的功能也较多，包括 Pan zoom rotate（图形变换）、Numbering（图元编号控制）、Style（图形显示风格控制）、Font Controls（字体设置）、Animate（动画设置）、Hard Copy（打印机或输出图片格式设置）、Capture Image（快速抓图）等。

在 PlotCtrls 菜单中选择"Numbering"，打开如图 5-16 所示的图元编号控制对话框。通过选择复选框，就可以打开或者关闭显示图元对象的编号。例如，选中"Line numbers"右侧的复选框，即变为"On"状态，那么在图形窗口中的所有线段就显示出其编号。

图元的编号显示有 3 种方式：颜色、数字和二者兼有。这个功能的实现通过"Numbering shown with"右侧的下拉菜单进行选择。还以线段显示为例，如果选择"Colors only"，那么线段就以不同的颜色区分显示；如果选择"Numbers only"，线段就带有编号显示而颜色是相同的；如果选择"Colors & numbers"，那么区分颜色同时带有编号显示；如果选择"no Color/Number"，则编号显示关闭。

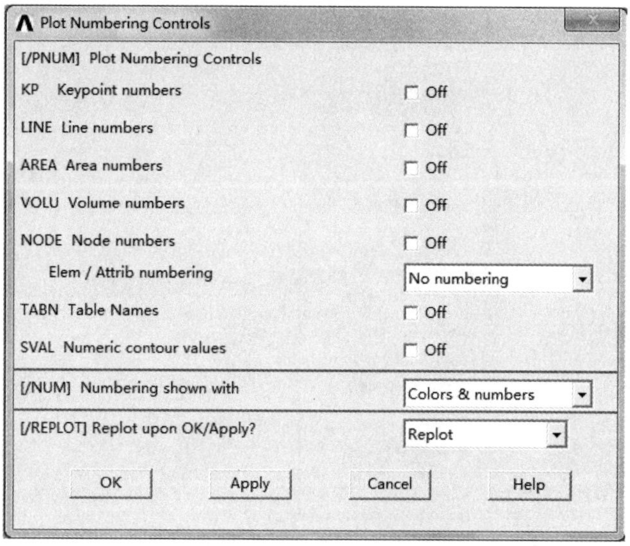

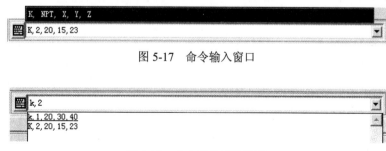

图 5-16 图元编号控制对话框

5.2.3 命令输入窗口

ANSYS 的所有菜单都对应一条或几条命令，即所有 ANSYS 都可以通过命令方式实现。如图 5-17 所示，在 ANSYS 的命令输入窗口中可以键入任何命令，并且会立即自动弹出该命令用法的提示信息，按照提示信息格式输入命令及其参数，回车后执行该命令。

凡是在命令输入窗口中键入并执行的命令，都将记录在下拉列表中，如图 5-18 所示。选择某一行命令并单击，该命令即出现在文本框中，此时可以对其进行适当的编辑，回车后重新执行；或者选中其中的命令，用鼠标双击直接执行选中的命令。

图 5-17 命令输入窗口

图 5-18 命令记录下拉列表

5.2.4　快捷功能按钮

如图 5-19 所示，快捷功能按钮主要用于快速执行 ANSYS 的经常性操作的功能，主要提供以下图标按钮。

◇ ⬚ 按钮：执行一个新分析。

◇ 📂 按钮：打开 ANSYS 数据库文件。

◇ 💾 按钮：保存 ANSYS 数据库文件。

◇ ▣ 按钮：弹出图形变换对话框。

◇ 🖨 按钮：打印图形。

◇ ✎ 按钮：生成计算报告。

◇ ❓ 按钮：打开 ANSYS 帮助。

5.2.5　工具条按钮

ANSYS 可以将常用的命令制成工具按钮的形式，以方便调用。如图 5-20 所示，工具条中提供下列主要图标按钮。

图 5-19　快捷功能按钮

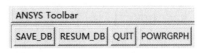

图 5-20　工具条按钮

◇ SAVE_DB 按钮：按当前工作文件名存储数据库文件。

◇ RESUM_DB 按钮：按当前工作文件名恢复数据库文件。

◇ QUIT 按钮：退出 ANSYS 程序。

◇ POWRGRPH 按钮：切换图形显示模式。默认为 on 状态，表示增强图形模式（PowerFagh Mode）；选择 off 状态，则切换为完全图形模式（Full Mode）。

5.2.6　▤（可见/隐藏）按钮

在 ANSYS 有限元分析过程中，经常会打开多个对话框，这些对话框或者处于前台可见状态，或者处于 ANSYS 交互界面主窗口的后台不可见状态。为了随时将这些打开的对话框从可见的前台隐藏到后台，或者将不可见的后台提升到前台，ANSYS 提供了一个快捷按钮，用于进行对话框的可见与隐藏状态的切换操作，该按钮就是 ▤。

如果在 ANSYS 交互操作中同时打开了多个对话框或动画控制器等，这些对话框在第一次打开时总是处在最前台，但是操作其他菜单或对话框时它们会自动退到 ANSYS 交互界面主窗口的后面隐藏起来，但并没有关闭。此时，如果需要显示它们，只需单击图标 ▤ 即可。再次单击图标 ▤，则又隐藏到 ANSYS 交互界面主窗口的后面。

该功能最大的好处在于不需要重新利用菜单路径访问某对话框，减少了单击菜单的次数。

5.2.7　"OK"与"Apply"（对话框执行）按钮

在大多数 ANSYS 对话框中，一般都有"OK"与"Apply"两个对话框执行按钮，如图 5-21 所示，它们的用法如下。

◇ 单击"OK"按钮：执行操作并关闭该对话框。

◇ 单击"Apply"按钮：执行操作并重新弹出该对话框，以便重复执行当前操作。

∧ Create Keypoints in Active Coordinate System
[K] Create Keypoints in Active Coordinate System
NPT　Keypoint number
X,Y,Z　Location in active CS
OK　　　Apply　　　Cancel　　　Help

图 5-21　对话框执行按钮示意图

5.2.8　Pan Zoom Rotate（图形变换）对话框

如图 5-1 所示的 ANSYS 交互界面主窗口，在其右侧提供了呈竖向排列的图形变换按钮组。还有一个与该功能完全对应的对话框，选择菜单 Utility Menu→PlotCtrls →Pan Zoom Rotate，弹出如图 5-22 所示的图形变换对话框。另外，单击如图 5-19 所示快捷功能按钮中的图标，同样弹出如图 5-22 所示的图形变换对话框。

图形变换操作是在有限元分析过程中经常使用的操作，以便快速实现观察各种方位、比例和大小的图形信息，便于对各实体对象进行选择、拾取、查询等操作。图形变换涉及图形窗口号选择、各方向视图、图形放大缩小、平移、旋转、单次旋转角度等。

下面针对如图 5-22 所示的图形变换对话框进行功能用法说明。对于 ANSYS 交互界面主窗口中显示的图形变换快捷按钮组，由于其功能与图形变换对话框中的对应功能按钮完全一致，所以就不再说明。

图 5-22　图形变换对话框

如图 5-22 所示的图形变换对话框被 7 条分隔线分成 8 个区域，为方便介绍现从上到下依次编号为第 1～8 区。

（1）第 1 区：选择图形变换操作的对象窗口。

列表中提供有 1、2、3、4、5 和 ALL。当选择编号 1 时，下面的图形变换操作只对窗口 1 有效，其他窗口则不进行任何图形变换，选择其他编号窗口依次类推。当选择 ALL 时，表示图形变换操作对所有窗口都有效，同步执行图形变换。

（2）第 2 区：各向视图变换按钮。

◇ Front 按钮：+Z 向视图。
◇ Back 按钮：-Z 向视图。
◇ Top 按钮：+Y 向视图。
◇ Bot 按钮：-Y 向视图。
◇ Right 按钮：+X 向视图。
◇ Left 按钮：-X 向视图。
◇ Iso 按钮：等轴视图。
◇ Obliq 按钮：斜视图。
◇ WP 按钮：工作平面视图。

提示：默认的视图方位是主视图方向，即从 Z 轴正向观察模型。

（3）第 3 区：鼠标框选视图变换按钮。

◇ Zoom 按钮：显示拾取矩形窗口中的图形。拾取矩形区域的方法是，首先拾取其中心点，然后拾取矩形区域的任意一个角点。

◇ Box Zoom 按钮：显示拾取矩形窗口中的图形。拾取矩形区域的方法是，首先拾取矩形区域的一个角点，然后拾取矩形区域的对角点。

◇ Win Zoom 按钮：显示拾取矩形窗口中的图形。拾取矩形区域的方法是，首先拾取矩形区域的一个角点，然后拾取矩形其他边线上的一个点。

◇ Back Up 按钮：退回到最后一次图形变换前的图形显示状态。

（4）第 4 区：平移与缩放视图。

方向箭头：图形平移变换。

◇ ◀按钮：左移变换。

◇ ▶按钮：右移变换。

◇ ▲按钮：上移变换。

◇ ▼按钮：下移变换。

大小圆点：图形缩放变换。

◇ •按钮：缩小变换。

◇ ●按钮：放大变换。

（5）第 5 区：旋转变换。

单击一次旋转变换按钮的旋转角度由第 6 区的旋转角度值控制。

◇ X-Ω 按钮：绕 X 轴顺时针旋转变换。

◇ Ω+X 按钮：绕 X 轴逆时针旋转变换。

◇ Y-Ω 按钮：绕 Y 轴顺时针旋转变换。

◇ Ω+Y 按钮：绕 Y 轴逆时针旋转变换。

◇ Z-Ω 按钮：绕 Z 轴顺时针旋转变换。

◇ Ω+Z 按钮：绕 Z 轴逆时针旋转变换。

（6）第 6 区：第 5 区单次旋转变换的角度。

◂ 30 ▸ 角度控制滑条：默认旋转变换的角度为 30°，可以用鼠标拖动滑条上的滑标改变旋转角度的大小，重新设置的旋转角度数值将显示在滑条上。

（7）第 7 区：选择图形变换方式。

ANSYS 提供两种图形变换方式，一是利用变换按钮进行图形变换，即按钮图形变换；二是利用鼠标拖动控制图形变换，即动态图形变换。"Dynamic Mode"不选中，则进行按钮图形变换，按照第 1～6 区的按钮进行图形变换。"Dynamic Mode"选中，则进行动态图形变换，此时操作如下：

◇ Model：模型变换，选中该选项时可以利用鼠标动态进行图形变换。按住鼠标左键直接拖动图形对象平移，按住鼠标右键直接拖动图形对象旋转。这个操作更自由、更方便，在实际用于观察图形对象时使用较多。

◇ Lights：光源变换，选中该选项时可以利用鼠标动态进行光源变换，能够连续地平移、旋转和缩放光源方位角和远近。

◇ 无论是模型变换还是光源变换，动态变换的鼠标操作方法基本一致。

➢ 按住 Ctrl 键+鼠标左键：360°平移模型或光源。

➢ 按住 Ctrl 键+鼠标中键：前后移动可缩放模型或光源，左右移动可旋转模型或光源。

➢ 按住 Ctrl 键+鼠标右键：旋转模型或光源。

（8）第 8 区：对话框动作按钮。

<u>Fit</u> 按钮：单击可使整个模型完全自适应地充满整个图形窗口。

其他按钮：与普通对话框用法相同。

5.2.9 "拾取" 对话框

ANSYS 操作中经常需要用鼠标拾取操作对象，如拾取一个节点施加集中力载荷，拾取一个面执行切分布尔运算等。进行拾取操作时，ANSYS 会弹出拾取对话框。

在讲解拾取操作之前，先了解 ANSYS 中拾取时鼠标的操作方法。

✧ 鼠标左键：鼠标箭头朝上表示拾取对象（Pick），朝下表示从拾取对象中排除对象（Unpick）。

✧ 鼠标中键：相当于拾取对话框的 "Apply" 按钮。

✧ 鼠标右键：每次单击一次鼠标右键，箭头方向颠倒一次，选择状态在拾取（Pick）与排除（Unpick）之间切换一次。

另外，ANSYS 的每个实体对象都有自己的 "热点"，拾取操作时，鼠标总是首先选中离鼠标位置最近的热点对象。实体对象热点的位置一般如下。

✧ 面、体和单元的热点：实体模型形心位置。

✧ 线的热点：有三个热点，一个在中间，两个在线的两端。

✧ 关键点或节点：自身位置。

下面对 "拾取" 对话框进行简单介绍。

1. 拾取实体对象

图 5-23　拾取对话框

实体对象包括点、线、面、体、节点与单元等。拾取各类实体对象时，一般会弹出如图 5-14 所示的对话框。以创建一条直线时拾取两个关键点的拾取对话框为例，如图 5-23 所示，该对话框被 4 条分隔线分成 5 个区域，下面介绍这类拾取对话框的操作方法。

（1）第 1 区：选择拾取模式。

选中 "Pick" 为拾取对象，选择 "Unpick" 表示将已选择的对象反选掉。

（2）第 2 区：选择方法。

✧ Single：选中该选项，则用鼠标逐个拾取对象。

✧ Box：选中该选项，则用鼠标定义一个矩形框选拾取对象。

✧ Polygon：选中该选项，则用鼠标定义一个多边形框选拾取对象。

✧ Circle：选中该选项，则用鼠标定义一个圆形拾取对象。

✧ Loop：选中该选项，则用鼠标选中一个对象链上的一个对象，从而选中链上的所有对象，如一个圆线由 4 段弧组成，只需选中其中的一段弧程序就自动搜索并选中所有 4 段弧。

（3）第 3 区：拾取状态信息。

✧ Count：总共拾取对象的数目。

✧ Maximum：最大拾取数目。

✧ Minimum：最小拾取数目。

✧ KeyP No.：最后一次拾取对象编号。

（4）第 4 区：对象拾取模式切换。

◇ List of Items：选中该选项，表示通过鼠标拾取方式选择实体对象。

◇ Min，Max，Inc：选中该选项，表示通过人工定义对象编号来规定拾取对象，即通过在下面的对话框中输入最小编号、最大编号和编号增量定义对象。

一般采用默认设置，用鼠标拾取。

（5）第 5 区：对话框按钮。

◇ Pick All 按钮：拾取当前全部实体对象。

◇ Reset 按钮：清空所有拾取操作，恢复到重新拾取状态。

◇ 其他按钮：与普通对话框用法相同。

2．拾取坐标位置

定义一个关键点或节点的坐标时使用此操作，可以用鼠标直接拾取图形窗口中关键点或节点的坐标位置，或在输入窗口输入关键点或节点的坐标。

5.3　ANSYS 的坐标系

在进行 ANSYS 有限元建模过程中，坐标系的选择和使用是必不可少的。ANSYS 中常用的坐标系有以下几种：总体坐标系、局部坐标系、工作平面、显示坐标系、节点坐标系、单元坐标系和结果坐标系。本节主要介绍总体坐标系、局部坐标系和工作平面，与之相关的坐标系菜单系统如图 5-24 所示。

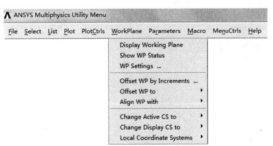

图 5-24　坐标系菜单系统

5.3.1　总体坐标系

总体坐标系是最基本的空间描述坐标系，存在于 ANSYS 分析的全部进程中，是一个绝对的参考系，是空间定义的基础。ANSYS 程序提供了 4 种形式的总体坐标系。

（1）直角坐标系：如图 5-25（a）所示，坐标描述（X，Y，Z），固定编号为 0。

（2）柱坐标系：如图 5-25（b）所示，坐标描述（R，θ，Z），固定编号为 1。

（3）球坐标系：如图 5-25（c）所示，坐标描述（R，θ，φ），固定编号为 2。

（4）柱坐标系：如图 5-25（d）所示，坐标描述（R，θ，Y），固定编号为 5。

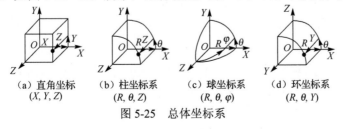

（a）直角坐标　　（b）柱坐标系　　（c）球坐标系　　（d）环坐标系
(X, Y, Z)　　　(R, θ, Z)　　　(R, θ, φ)　　　(R, θ, Y)

图 5-25　总体坐标系

5.3.2 局部坐标系

局部坐标系是在总体坐标系中创建的固定坐标系，可以指定为某单元或节点的坐标系。在很多情况下，用户必须创建自己的坐标系。局部坐标系原点与总体坐标系存在偏移距离，各坐标轴与总体坐标轴也存在偏转角度。

局部坐标系有创建、删除、激活、移动奇异点等操作。创建与删除局部坐标系菜单系统如图5-26所示。

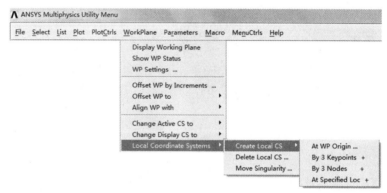

图5-26　创建与删除局部坐标系菜单系统

1. 创建局部坐标系

（1）局部坐标系的要素包括以下几个方面。

◇ 坐标系编号：局部坐标系的编号必须是大于或等于11的整数。

◇ 坐标系类型：如图5-27所示，有直角坐标系、柱坐标系、球坐标系和环坐标系（固定编号为3）。

◇ 坐标系原点：局部坐标系的原点位置。

◇ 坐标系各轴的方向：局部坐标系各轴的位置与方向。

◇ 坐标系各轴刻度比例：局部坐标系各轴上的刻度比例。需要指定Z轴和Y轴刻度分别相对于X轴刻度的比例，默认比例等于1，当比例不等于1时各轴刻度不相等。当需要创建椭球或椭圆坐标系时，各轴刻度比例必须不一致。

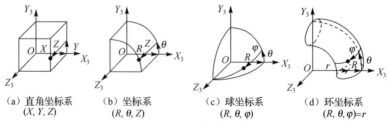

(a) 直角坐标系　　(b) 坐标系　　　(c) 球坐标系　　　　(d) 环坐标系
(X, Y, Z)　　　(R, θ, Z)　　　(R, θ, φ)　　　　$(R, \theta, \varphi)=r$

图5-27　局部坐标系类型

（2）创建局部坐标系的方法之一是在工作平面的坐标轴位置定义局部坐标系，其操作如下。

当需要定义一个局部坐标系时，首先移动和旋转工作平面WorkPlane到所需的空间位置，然后选择菜单Utility Menu→WorkPlane→Local Coordinate Systems→Create Local CS→At WP Origin，弹出如图5-28所示对话框，设置如下选项。

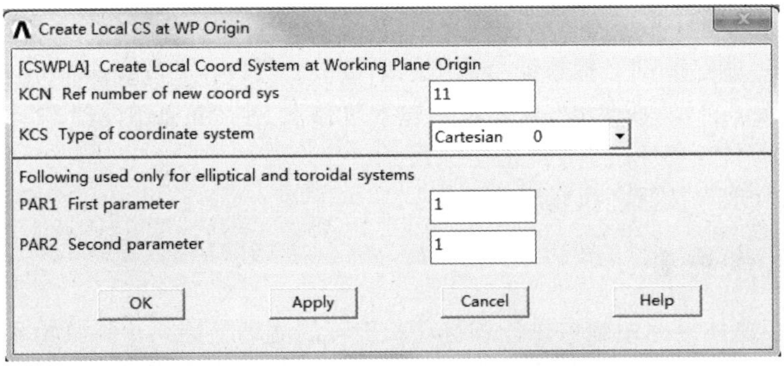

图 5-28　在 WP 坐标轴位置定义局部坐标系

◇ Ref number of new coord sys：定义局部坐标系的编号，输入大于或等于 11 的整数。

◇ Type of coordinate system：定义局部坐标系的类型。实际操作时，各选项及其意义如下：

➢ Cartesian——直角坐标系。

➢ Cylindrical——柱坐标系。选择该选项时，当三轴刻度比例不一致时则可以演变成椭圆柱坐标系。

➢ Spherical——球坐标系。选择该选项时，当三轴刻度比例不一致时则可以演变成椭球坐标。

➢ Toroidal——环坐标系。

◇ First parameter：当"Type of coordinate system"选择"Cylindrical"或者"Spherical"时，定义坐标系 Y 轴刻度相对 X 轴刻度的比例，默认为 1。当"Type of coordinate system"选择"Toroidal"时，定义圆环的主半径。

◇ Second parameter：当"Type of coordinate system"选择"Spherical"时，定义坐标系 Z 轴刻度相对 X 轴刻度的比例，默认为"1"。

最后，单击"OK"按钮，执行创建局部坐标系操作。

注意局部坐标系创建完成后，马上成为激活坐标系，即自动成为当前坐标系。

2. 删除局部坐标系

当局部坐标系不再需要时就可以删除它们。注意，当局部坐标系作为单元坐标系使用时不能删除。要删除局部坐标系，可选择菜单 Utility Menu→WorkPlane→Local Coordinate Systems→ Delete Local CS，弹出如图 5-29 所示对话框，然后进行设置。

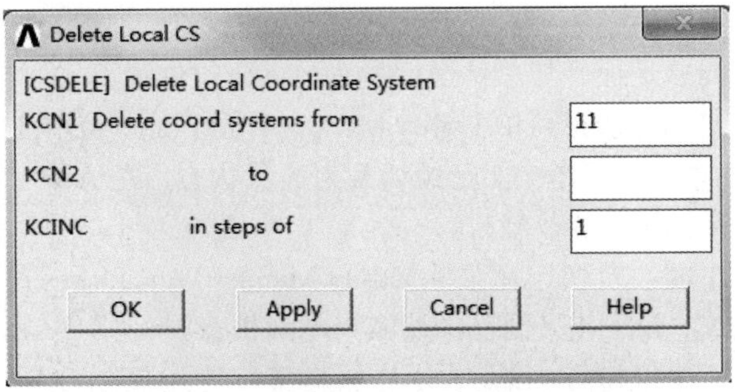

图 5-29　删除指定编号范围的局部坐标系

◇ Delete coord systems from：删除局部坐标系编号范围的起始值。如果下面两个值不输入，则仅删除该编号的局部坐标系。该编号只能输入等于或者大于 11 的整数。

◇ to：删除局部坐标系编号范围的终止值。

◇ in steps of：删除局部坐标系编号范围的增量值。假设在"Delete coord systems from"文本框中输入"11"，在"to"文本框中输入"15"，在"in steps of"文本框中输入"2"，那么将删除 11、13 和 15 号局部坐标系。

最后，单击"OK"按钮，执行删除操作。

5.3.3 工作平面

工作平面是在总体坐标系中可以任意移动和旋转的流动坐标系，其原始状态是和总体坐标系重合的。它是一个无限平面，与其他坐标系一样，包括坐标原点、坐标轴（*WX* 轴、*WY* 和 *WZ* 轴）。用户可以设置工作平面的显示风格，使其显示栅格、具有捕捉功能、设置捕捉增量等，也能方便地移动和转动到各种位置和方向上，还能激活工作平面使其成为当前坐标系。

工作平面在 ANSYS 实体建模中发挥着重要作用，是创建各种规则几何对象的基准坐标系。所有规则的几何线、面和体都是在工作平面中建造的。这些规则的几何对象包括圆线、弧线、圆面、环面、扇区、长方体、圆柱体、空心圆柱体、部分空心圆柱体、多边形柱等。工作平面还可以作为布尔运算的切分面，作为镜面映射操作的对称面等。

如图 5-30 所示，粗线框中的菜单就是工作平面的操作菜单系统，包括工作平面的显示/隐藏、显示风格和捕捉功能设置、各种平移与旋转变换等。

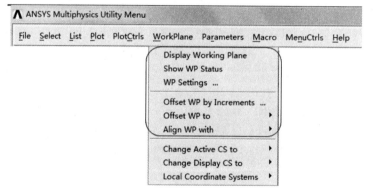

图 5-30　工作平面操作菜单系统

1. 工作平面的显示与隐藏

进入 ANSYS 后，在默认状态下并不显示工作平面坐标架，即工作平面处于隐藏状态。并且默认状态下，工作平面总是位于与总体坐标系完全重合的位置上。

如果需要显示工作平面，选择菜单 Utility Menu→WorkPlane→Display Working Plane，此时该菜单项前面显示标识 ✔，即工作平面已经切换为显示状态，在 ANSYS 图形窗口的总体坐标系上重合显示工作平面坐标架 *WX-O-WY*。

如果需要隐藏工作平面，再次选择菜单 Utility Menu→WorkPlane→Display Working Plane，此时该菜单项没有标识 ✔，即工作平面已经切换为隐藏状态。

提示：工作平面的打开和关闭，只是表示在图形窗口是否显示工作平面。隐藏了工作平面，并不影响工作平面的作用。

2. 设置工作平面的显示风格和捕捉功能

工作平面的坐标系形式及各种功能可以根据需要进行设置，如打开/关闭捕捉功能，打开/关闭栅格等。

选择菜单 Utility Menu→WorkPlane→WP Settings，弹出如图 5-31 所示的设置工作平面对话框，对话框中的选项被 4 条分隔线分成 5 部分，这 5 部分选项的设置如下。

（1）选择工作平面的坐标系类型。

✧ Cartesian：直角坐标系形式，如图 5-32（a）所示。在创建矩形等特征几何对象时，选择直角坐标系形式比较方便。

✧ Polar：极坐标系形式，如图 5-32（b）所示。在创建圆形、圆柱体等特征几何对象时，选择极坐标系形式比较方便。

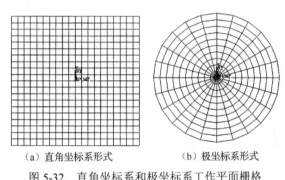

（a）直角坐标系形式　　（b）极坐标系形式

图 5-32　直角坐标系和极坐标系工作平面栅格

图 5-31　设置工作平面对话框

（2）是否显示坐标轴与栅格线。

✧ Grid and Triad：显示栅格和工作平面的 *WX-O-WY* 坐标轴。

✧ Grid Only：仅显示栅格，不显示工作平面的坐标轴。

✧ Triad Only：仅显示工作平面的 *WX-O-WY* 坐标轴，不显示工作平面的栅格。

（3）是否打开捕捉功能并设置捕捉增量：该功能指当鼠标拾取工作平面上的位置点时，移动鼠标的最小距离（栅格的间距）和能够捕捉到的位置点（栅格的交点）。

✧ Enable Snap：选中表示打开捕捉功能，否则处于关闭状态。

✧ Snap Incr：鼠标移动时位置变化的增量。

（4）栅格线间距、栅格显示范围与恢复容差。

✧ Spacing：相邻栅格线之间的间距。

✧ Minimum：当选择直角坐标系形式的工作平面时，用于规定 *X* 和 *Y* 方向上栅格线显示区域方位的最小坐标值。

✧ Maximum：当选择直角坐标系形式的工作平面时，用于规定 *X* 和 *Y* 方向上栅格线显示区域方位的最大坐标值。

◇ Radius：当选择极坐标系形式的工作平面时，用于规定栅格线显示区域的最大半径范围。

◇ Tolerance：恢复容差值。只有所在位置距工作平面距离小于在此容差的几何对象才认为其位于工作平面上。

（5）执行按钮：按照 ANSYS 的按钮规定选择执行按钮。

3．工作平面的平移与旋转变换

工作平面是一个流动坐标系，可以参照自身的坐标系进行平移和转动，即在总体坐标系中由一个位置变换到另外一个位置，由一种方向变换到另外一种方向。在变换位置和方向的工作平面中，能创建矩形、圆面、长方体等，这些几何对象或者其底面将位于变换后的工作平面上，从而可以在总体坐标系空间的任意位置上创建出各种规则的几何对象。

另外，经常用工作平面切分几何线、面和体，那么必须将工作平面变换到切开位置上。可以用工作平面作为镜面映射的对称面，那么也需要将工作平面变换到对称轴或者对称平面位置上。

工作平面的平移变换是指沿工作平面的 X、Y 和 Z 轴移动一定距离，即（ΔX，ΔY，ΔZ），旋转变换是指绕工作平面的 X、Y 和 Z 轴旋转一定的角度（单位是度），即（$\Delta\theta_x$，$\Delta\theta_y$，$\Delta\theta_z$）。

工作平面进行相对自身坐标系的平移和旋转变换方法，总结起来有以下三种，分别是增量变换、中心平移变换和对齐变换，下面仅介绍增量变换。

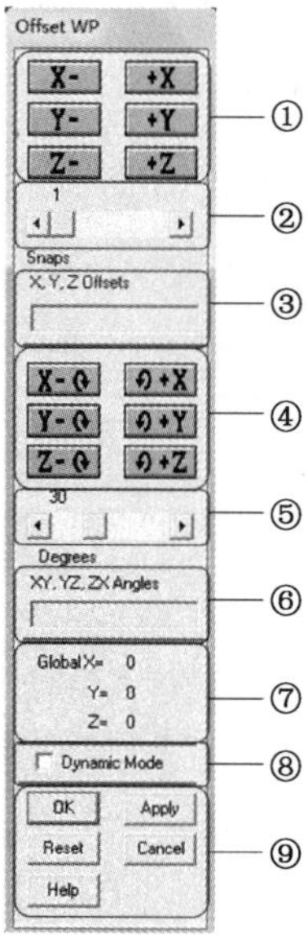

增量变换就是按照规定的平移距离值和旋转角度进行工作平面变化。选择菜单 Utility Menu→WorkPlane→Offset WP by Increments，弹出如图 5-33 所示的工作平面增量变换对话框，对话框中的选项分成 5 部分，下面说明这 5 部分各自的意义与用法。

（1）第 1 区：工作平面平移变换操作选项区域，包含图示①～③三个选项。

选项①：按照指定的坐标轴及其方向平移工作平面。

◇ 按钮 **X-** 和 **+X**：单击一次，将工作平面沿 X 的负方向和正方向平移选项②规定的距离（ΔX 的大小）。

◇ 按钮 **Y-** 和 **+Y**：单击一次，将工作平面沿 Y 的负方向和正方向平移选项②规定的距离（ΔY 的大小）。

◇ 按钮 **Z-** 和 **+Z**：单击一次，将工作平面沿 Z 的负方向和正方向平移选项②规定的距离（ΔZ 的大小）。

选项②　：规定单击一次选项①中的按钮时 ΔX、ΔY 或 ΔZ 的大小。

图 5-33　工作平面　　　选项③　：按照顺序定义工作平面平移 ΔX、ΔY 和 ΔZ 的数值，三增量变换对话框　　　个数值之间用逗号隔开，例如输入"10,-5,30"表示工作平面沿其 X 轴平移

10 个单位，沿 Y 轴平移-5 个单位，沿 Z 轴平移 30 个单位。仅仅输入该选项的数值并没有执行工作平面的平移操作，必须立即单击选项⑨中的"OK"或者"Apply"按钮，才按照规定平移数值执行平移操作。

（2）第 2 区：工作平面旋转变换选项操作区域，包含图示三个选项④～⑥。

选项④：按照指定的坐标轴及其方向旋转工作平面。

◇ 按钮 **X-⊘** 和 **⊘+X**：单击一次，将工作平面绕 X 轴顺时针（-）和逆时针（+）旋转变换（$\Delta\theta_X$ 的大小）。

❖ 按钮 **Y-θ** 和 **θ+Y**：单击一次，将工作平面绕 Y 轴顺时针（−）和逆时针（+）旋转变换（$\Delta\theta_y$ 的大小）。

❖ 按钮 **Z-θ** 和 **θ+Z**：单击一次，将工作平面绕 Z 轴顺时针（−）和逆时针（+）旋转变换（$\Delta\theta_z$ 的大小）。

选项⑤**|30 |**：规定单击一次选项④中的按钮时，$\Delta\theta_X$、$\Delta\theta_y$ 或者 $\Delta\theta_z$ 的大小。

选项⑥**| XY, YZ, ZX Angles |**：按照顺序定义工作平面绕 Z 轴、X 轴和 Y 轴旋转时的数值，三个数值之间用逗号隔开，例如输入"10,−5,30"表示工作平面绕其 Z 轴逆时针方向旋转 10°，绕其 X 轴顺时针方向旋转 5°，绕其 Y 轴逆时针方向旋转 30°。仅仅输入该选项的数值并没有执行工作平面的旋转操作，必须立即单击选项⑨中的"OK"或者"Apply"按钮，才按照规定旋转数值执行旋转操作。

（3）第 3 区仅有选项⑦：程序动态显示工作平面平移后原点在总体直角坐标系中的坐标值（X，Y，Z）。

（4）第 4 区仅有选项⑧**□ Dynamic Mode**：指定工作平面的变换模式。默认为按照数值进行变换模式，选中表示利用鼠标三键控制工作平面的动态变换模式。上述第 1 区和第 2 区的选项和用法都属于默认时按照数值进行工作平面变换。由于动态变换模式无法精确控制工作平面的平移距离和旋转角度，所以几乎不用，故该选项不选中。

（5）第 5 区：仅有选项⑨，包含对话框执行操作按钮。

提示：工作平面每一次的平移和旋转，都是相对于当前工作平面原点的，与总体坐标系没有直接关系。

5.3.4　激活坐标系

前面介绍了总体坐标系、局部坐标系和工作平面，都是 ANSYS 几何建模时使用的坐标系。在这些坐标系中，当前正在使用的有效坐标系究竟是哪一个，即究竟哪个坐标系是当前坐标系？如何将一个坐标系变成当前坐标系？

启动 ANSYS 进入交互界面工作环境，最初默认的激活坐标系（即当前坐标系）是总体直角坐标系。如果需要将某个坐标系变成当前坐标系，则需要"激活"（Active）它，同时程序会自动将原来的激活坐标系转变成非激活状态。用户可以定义多个坐标系，但某一时刻只能有一个坐标系被激活，成为当前坐标系。

激活坐标系菜单系统如图 5-34 所示，激活坐标系使其成为当前坐标系的方法如下：

（1）激活总体直角坐标系（0 号 CS）使其成为当前坐标系。

选择菜单 Utility Menu→WorkPlane→Change Active CS to→Global Cartesian。

（2）激活总体柱坐标系（1 号 CS）使其成为当前坐标系。

选择菜单 Utility Menu→WorkPlane→Change Active CS to→Global Cylindrical。

（3）激活总体柱坐标系（5 号 CS）使其成为当前坐标系。

选择菜单 Utility Menu→WorkPlane→Change Active CS to→Global Cylindrical Y。

（4）激活总体球坐标系（2 号 CS）使其成为当前坐标系。

选择菜单 Utility Menu→WorkPlane→Change Active CS to→Global Spherical

（5）激活指定编号坐标系使其成为当前坐标系，该方法主要用于激活局部坐标系。

选择菜单 Utility Menu→WorkPlane→Change Active CS to→Specified Coord Sys，弹出对话框，在"Coordinate system number"文本框中输入需激活坐标系的编号，然后单击"OK"或者

"Apply" 按钮。

（6）激活工作平面（4 号 CS）使其成为当前坐标系。

选择菜单 Utility Menu→WorkPlane→Change Active CS to→Working Plane。

提示：用户可以定义多个坐标系，但某一时刻只能有一个坐标系被激活，成为当前坐标系。

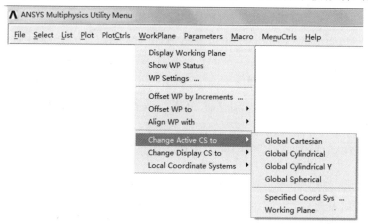

图 5-34　激活坐标系菜单系统

5.4　ANSYS 有限元分析过程及实例入门

5.4.1　ANSYS 主菜单系统

ANSYS 有限元分析的主菜单系统环境主要分为前处理、求解和后处理，分别对应 ANSYS 主菜单中的 Preprocessor （前处理器）、Solution（求解器）、General Postproc（通用后处理器）和 TimeHist Postpro（时间历程后处理器）。

（1）前处理器：主要进行单元选用、材料定义、创建几何模型和划分单元网格，得到有限元网格模型。

（2）求解器：用于选择分析类型、设置求解选项、施加载荷并设置载荷步选项，最后执行求解，得到求解结果文件。

（3）后处理器：用于分析处理求解所得结果文件中的结果数据，分为两种：

◇ 通用后处理器，简称为 POST1，用于处理对应时间点的总体模型结果。

◇ 时间历程后处理器，简称为 POST26，用于处理某时间或频率范围内某位置点上结果项的变化过程。

5.4.2　ANSYS 有限元分析的标准步骤

基于上述的 ANSYS 主菜单系统，标准的 ANSYS 有限元分析过程一般包括以下四个步骤。

1）开始准备工作（文件菜单）

（1）清空数据库。

（2）指定新的文件名。

（3）指定新的工作路径。

2）建立模型（前处理器）

（1）定义单元类型。

（2）定义单元实常数（根据需要）。

（3）定义材料属性数据。

（4）创建（或读入）几何模型。

（5）划分单元获得网格模型。

3）加载求解（求解器）

（1）选择分析类型。

（2）设置求解选项。

（3）施加载荷。

（4）设置载荷步选项。

（5）执行求解。

4）查看分析结果（后处理器）

（1）查看分析结果。

（2）分析处理并评估结果。

5.4.3　ANSYS 分析任务与分析目标

执行 ANSYS 有限元分析，首先需要深入研究分析对象，明确分析任务、分析目标等，制订有效的有限元分析方案。确定分析任务和分析目标，是制订分析方案的灵魂。

分析任务是有限元分析的内容，如对飞机结构执行静力计算，需要计算三种载荷工况，每种计算工况代表一种实际工作状态。

分析目标是有限元分析需要实现的工程目的，如验算飞机结构的强度是否符合设计要求，如果验算不合格，应该如何修改设计方案，直至强度满足设计要求。

应用有限元方法求解问题的关键是如何由实际的物理问题抽象出用于求解的有限元模型。这个过程需要技术人员根据工程问题的特点,恰当运用专业知识建立数学模型来表征实际系统。

5.4.4　ANSYS 分析实例

下面结合一个简单的实例，学习 ANSYS 有限元分析的标准求解过程，同时熟悉 ANSYS 交互界面环境及其菜单操作方法，从而建立起 ANSYS 有限元分析过程的初步概念。

如图 5-35 所示，一个中间带有圆孔的薄板结构，长度为 5m、宽度为 1m、厚度为 0.1m，正中间有一个半径为 0.3m 的孔。板的左端完全固定，板的右端承受面内向右的均布拉力，大小为 2000N/m。板材为普通 A3 钢，弹性模量为 $2×10^{11}$Pa，泊松比为 0.3。计算在拉力作用下结构的变形和等效应力分布情况。

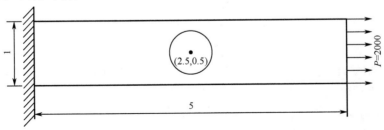

图 5-35　一端固支一端受拉的带孔板模型

首先，制订分析方案。

◇ 问题特性：平面应力问题，几何模型创建面。

◇ 分析类型：线性静力分析。

◇ 单元类型：选用 Solid182，并设置为平面应力带厚度。

◇ 实常数：把板厚作为单元实常数。

◇ 材料参数：材料是线弹性，需输入弹性模量及泊松比。

◇ 边界条件：左侧线上施加固定支撑。

◇ 载荷施加：右侧线上施加均布拉力。

操作步骤（GUI）如下。

1. 分析准备工作

（1）清空数据库，开始一个新分析。

选择菜单 Utility Menu →File → Clear & Start New，弹出"Clears Database and Start New"对话框，采用默认状态，单击"OK"按钮，弹出"Verify"确认对话框，单击"Yes"按钮。

（2）定义文件名。

选择菜单 Utility Menu→File →Change Jobname，弹出"Change Jobname"对话框，在"Enter new Jobname"文本框中输入"example1"，然后单击"OK"按钮，结果如图 5-36 所示。

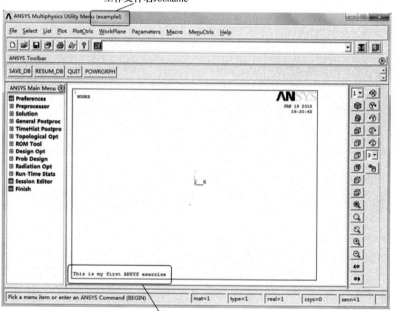

图 5-36　工作文件名显示位置示意图

（3）指定工作路径。

选择菜单 Utility Menu→File→Change Directory，弹出选择路径对话框，在操作系统中选中新的工作路径，然后确认。

2. 定义单元属性

（1）定义单元类型。

① 选择菜单 Main Menu→Preprocessor→Element Type→Add/Edit/Delete，弹出如图 5-37

（a）所示的定义单元类型对话框，单击按钮"Add"按钮，弹出如图 5-37（b）所示的单元类型库对话框，设置下列选项：

◇ 在左边列表框中选择"Structural Solid"。

◇ 在右边列表框中选择"Quad 4 node 182"。

单击"OK"按钮，返回定义单元类型对话框。

②单元选项设置：选中定义的单元，然后单击"Options"按钮，弹出如图 5-38 所示的对话框，在"K3"下拉列表框中选择"Plane strs w/thk"，单击"OK"按钮，即表示单元应用于平面应力问题，且单元是有厚度的。单击定义单元类型对话框中的"Close"按钮。

（a）定义单元类型对话框

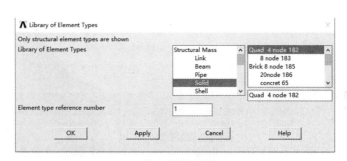

（b）单元类型库对话框

图 5-37　定义单元类型

图 5-38　单元选项设置对话框

（2）定义实常数。

选择菜单 Main Menu→Preprocessor→Real Constants→ Add/Edit/Delete，弹出如图 5-39（a）所示的定义单元实常数对话框，单击"Add"按钮，弹出如图 5-39（b）所示的选择单元类型对话框，选择"Type 1 PLANE182"，单击"OK"按钮。弹出如图 5-39（c）所示的对话框，在"THK"文本框中输入"0.1"，单击"OK"按钮，即单元厚度为 0.1。返回定义单元实常数对话框，单击"Close"按钮。

（3）定义材料属性。

选择菜单 Main Menu→Preprocessor→Material Props→Material Models，弹出如图 5-40 所示的定义材料属性对话框，在右边的"Material Models Available"框中依次单击 Structural→Linear→Elastic→Isotropic，弹出如图 5-40 所示的"Linear Isotropic Properties for Material…"对话框，在"EX"文本框中输入"2e11"，在"PRXY"文本框中输入"0.3"，单击"OK"按钮，返回

定义材料属性对话框，选择该对话框菜单中的 Material→Exit。

（a）定义单元实常数对话框　　　（b）选择单元类型　　　（c）输入单元实常数对话框

图 5-39　定义实常数

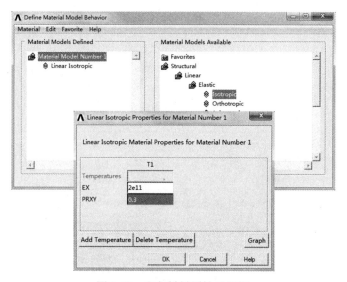

图 5-40　定义材料属性对话框

3. 创建几何模型

（1）在工作平面（WP）中创建矩形面。

选择菜单 Main Menu → Preprocessor → Modeling → Create → Areas → Rectangle → By Dimensions，弹出如图 5-41 所示的对话框。在"X1, X2 X-Coordinates"文本框中输入"0"和"5"，"Y1,Y2 Y-Coordinates"文本框中输入"0"和"1"，单击"OK"按钮。

图 5-41　在工作平面内定义矩形面

（2）在工作平面中创建圆面。

选择菜单 Main Menu→Preprocessor→Modeling→Create→Areas→Circle→Solid Circle，弹出如图 5-42（a）所示的定义圆面对话框。在"WP X"文本框中输入"2.5"，在"WP Y"文本框中输入"0.5"，在"Radius"文本框中输入"0.3"，单击"OK"按钮，结果如图 5-42（b）所示。

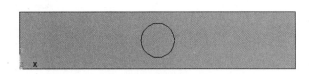

（a）定义圆面对话框　　　　　　　　　　　（b）定义的圆面

图 5-42　在工作平面中定义圆面

（3）布尔运算（矩形面减去圆面）。

选择菜单 Main Menu→Preprocessor→Modeling→Operate→Booleans→Subtract→Areas，弹出如图 5-43（a）所示的拾取对话框。此时鼠标变成向上的箭头，拾取"矩形面的形心"（即对准矩形面中心并单击鼠标左键），弹出如图 5-43（b）所示的多重对象选择对话框，对话框中提示"Picked Area is 1"，表示当前选中的是面 1，即矩形面。单击"OK"按钮，返回如 5-43（a）所示的对话框，单击"Apply"按钮（表示被减面已经选择完成），并再次弹出如图 5-43（a）所示的对话框。用鼠标拾取"圆面的形心"，再次弹出如图 5-43（b）所示的对话框，此时对话框中提示选中面"1"，即矩形面，单击"Next"按钮，则显示变成"Picked Area is 2"，表示当前选中了圆面，单击"OK"按钮，返回拾取对话框。单击"OK"按钮，执行矩形面减去圆面的操作，几何模型如图 5-44 所示。

（4）存储几何模型。

单击"ANSYS Toolbar"窗口中的"SAVE_DB"按钮。

4．创建网格模型

（1）打开网格划分工具。

选择菜单 Main Menu → Preprocessor → Meshing → MeshTool，弹出如图 5-45 所示的"MeshTool"对话框。

（2）设置单元尺寸。

单击如图 5-45 所示"MeshTool"对话框中 Size Controls→Areas 后对应的"Set"按钮，弹出"Element Size at Picked Areas"对话框，单击"Pick All"按钮，弹出控制单元尺寸对话框，如图 5-46 所示，在"SIZE Element edge length"文本框中输入"0.2"，即定义单元边尺寸为 0.2，单击"OK"按钮。

（3）执行网格划分。

单击如图 5-45 所示"MeshTool"对话框中的"Mesh"按钮，弹出"Mesh Areas"拾取对话框，单击"Pick All"按钮，执行网格划分操作，有限元网格模型如图 5-47 所示。

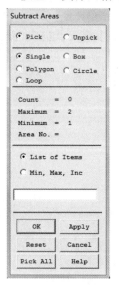

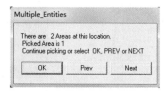

（a）拾取对话框　　　　　　　　　　（b）多重对象选择对话框

图 5-43　面减去面拾取操作对话框

图 5-44　几何模型

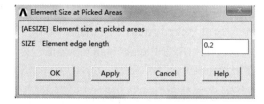

图 5-45　"MeshTool"对话框　　　　　　　　图 5-46　控制单元尺寸对话框

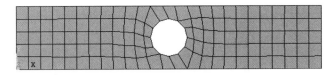

图 5-47 有限元网格模型

（4）孔附近单元网格加密处理。

在图 5-45 所示"MeshTool"对话框中"Refine at"下拉列表中选择"Lines"，单击"Refine"按钮，弹出拾取对话框。拾取孔周边四条弧线，单击"OK"按钮，弹出网格加密设置对话框如图 5-48 所示，在"Level of refinement"下拉列表中选择加密指数为"2"，单击"OK"按钮。执行孔周边网格加密处理，如图 5-49 所示。

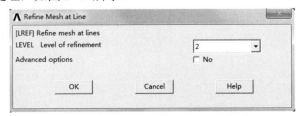

图 5-48 网格加密设置

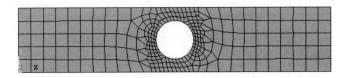

图 5-49 孔周边网格加密处理

（5）显示具有厚度的壳体模型。

① 选择菜单 Utility Menu→PlotCtrls→Style→Size and Shape，弹出如图 5-50 所示的对话框，将"Display of element shapes based on real constant descriptions"项设置为"On"，单击"OK"按钮。

② 选择菜单 Utility Menu→PlotCtrls→Pan Zoom Rotate，弹出"Pan Zoom Rotate"图形变换对话框，按顺序单击"Iso"和"Fit"按钮，查看网格划分模型，如图 5-51 所示。

（6）存储模型：单击"ANSYS Toolbar"窗口中的"SAVE_DB"按钮。

5. 施加载荷并求解

（1）设置求解选项。

选择菜单 Main Menu→Solution→Analysis Type→Sol'n Controls，弹出如图 5-52 所示的求解控制对话框，选择"Basic"选项卡，设置下列选项：

◇ 在"Time at end of loadstep"文本框中输入"1"，即设置当前载荷步的终点时刻为 1s。

◇ 选择"Time increment"选项，即选择时间增量控制方法。

◇ 在"Time step size"子步长文本框中输入"0.2"，即时间增量为 0.2s。

◇ "Frequency"项选择"Write every Nth substep"，即所有载荷子步的结果都输出到结果文件。

单击"OK"按钮。

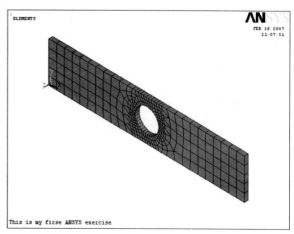

图 5-50　尺寸及形状控制对话框　　　　　　　图 5-51　有孔板壳的网格模型

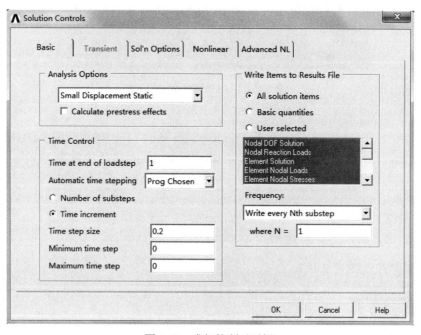

图 5-52　求解控制对话框

（2）施加约束条件。

选择菜单 Main Menu→Solution→Define Loads→Apply→Structural→Displacement→On Lines，弹出"Apply U,ROT on Lines"拾取对话框，用鼠标拾取坐标 X=0 位置的"直线 4"，单击"OK"按钮，弹出选择自由度对话框，如图 5-53 所示，在列表框中选择"All DOF"，其他项选默认设置，单击"OK"按钮，结果如图 5-54 所示。

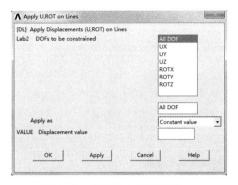

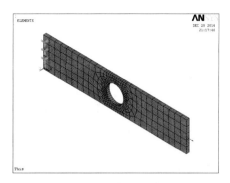

<table>
<tr><td>图 5-53　选择自由度对话框</td><td>图 5-54　施加固定边界条件与端部均匀拉压力</td></tr>
</table>

（3）施加均布拉力。

选择菜单 Main Menu→Solution→Define Loads→Apply→Structural→Pressure→On Lines，弹出拾取对话框，用鼠标拾取坐标 $X=5$ 位置的"直线 2"，单击"OK"按钮，弹出定义压力对话框，如图 5-55 所示，在"VALUE Load PRES value"文本框中输入"-2000"，其他项选默认设置，单击"OK"按钮，结果如图 5-54 所示。

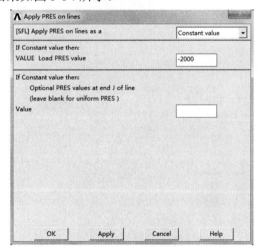

图 5-55　定义压力对话框

（4）执行求解。

选择菜单 Main Menu→Solution→Solve→Current LS，同时弹出"Solve Current Load Step"及"/STAT Command"两个求解对话框，如图 5-56 所示。阅读"/STAT Command"窗口中的载荷步提示信息，如果发现存在不正确的提示，单击"/STAT Command"窗口菜单 File→Close，关闭"/STAT Command"窗口，然后单击"Solve Current Load Step"对话框中的"Cancel"按钮，退出求解，修改错误之处。当"/STAT Command"窗口中所有提示无误时，关闭"/STAT Command"窗口，然后单击"Solve Current Load Step"对话框中的"OK"按钮，开始求解计算，单击"Yes"按钮。当求解结束时，弹出提示信息对话框，显示"Solution is done!"，表示求解成功，关闭此对话框。

6．结果后处理

（1）浏览结果文件包含的结果序列汇总表。

选择菜单 Main Menu→General Postproc→Results Summary，弹出如图 5-57 所示的结果汇总

信息，浏览完成后，单击窗口右上角的按钮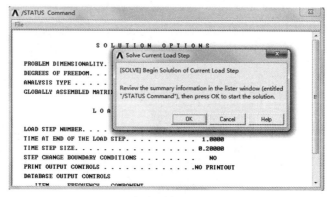。

图 5-56　求解对话框

（2）选择并读入用于后处理的结果序列。

选择菜单 Main Menu→General Postproc→Read Results→By Pick，弹出如图 5-58 所示的对话框，显示共有 5 个结果序列，选择最后一个结果序列号（Set=）5，单击"Read"按钮，然后单击"Close"按钮。

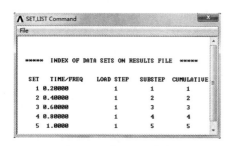

图 5-57　结果汇总信息

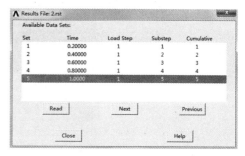

图 5-58　选择结果序列并读入后处理器

（3）观察总体变形，绘制位移等值线图。

选择菜单 Main Menu→General Postproc→Plot Results→Contour Plot→Nodal Solu，弹出如图 5-59 所示的对话框，选择 Nodal Solution→DOF solution→Displacement vector sum，即选择总位移。"Undisplaced shape key"项选择"Deformed shape with undeformed edge"，即显示变形后的形状和变形前的结构边界，单击"OK"按钮，显示如图 5-60 所示变形等值线图。

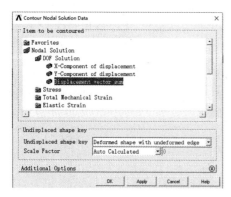

图 5-59　选择节点结果项

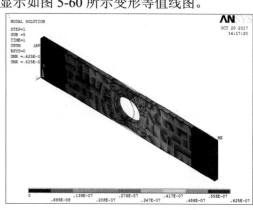

图 5-60　变形等值线图

（4）制作等效应力动画。

选择菜单 Utility Menu→PlotCtrls→Animate→Deformed Results，弹出如图 5-61 所示的对话框，设置下列选项：

◇ 在"No. of frames to create"文本框中输入"10"，即创建等效应力动画，包含 10 帧。

◇ 在"Time delay（seconds）"文本框中输入"0.5"，即播放时间间隔为 0.5s。

◇ 在"Contour Nodal Solution Data"项的左侧列表中选择"Stress"，在右侧列表中选择"von Mises SEQV"。

单击"OK"按钮，制作动画并弹出如图 5-62 所示的动画控制器，ANSYS 图形窗口显示等效应力动画，如图 5-63 所示，单击如图 5-62 所示动画控制器中的"Stop"按钮，则停止动画播放。

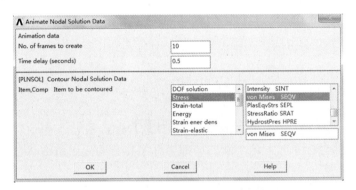

图 5-61　节点等效应力变形动画设置对话框

图 5-62　动画控制器

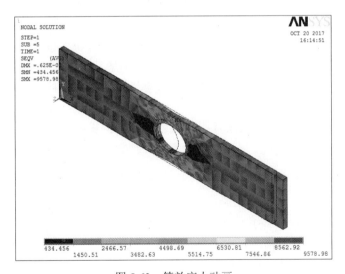

图 5-63　等效应力动画

习题

填空题

1. ANSYS 软件是融结构、流体、电场、磁场、声场和耦合场分析于一体的_____软件。

2．ANSYS 程序的主菜单中有_____、_____、_____和_____ 4 个主要处理器。

3．可以对图形窗口中的模型进行缩放、移动和视角切换的对话框称为_____。

4．ANSYS 软件默认的视图方位是_____。

5．在 ANSYS 中如果不指定工作文件名，所有文件的文件名均为_____。

6．ANSYS 常用的坐标系有_____、_____、_____、显示坐标系、节点坐标系、单元坐标系和结果坐标系。

7．ANSYS 程序提供了 4 个总体坐标系，分别是_____，固定内部编号为 0；_____，固定内部编号为 1；_____，固定内部编号为 2；_____，固定内部编号为 5。

8．局部坐标系的类型分为_____、_____、_____和_____。

9．局部坐标系的编号必须是大于或等于_____的整数。

10．选择菜单 Utility Menu→WorkPlane→Display Working Plane，将在图形窗口显示_____。

11．启动 ANSYS 进入 ANSYS 交互界面工作环境，最初的默认激活坐标系（即当前坐标系）总是_____。

判断题

1．ANSYS 不仅支持用户直接创建模型，也支持与其他 CAD 软件进行图形传递。（　　）

2．当用户定义了一个新的局部坐标系时，这个新的局部坐标系将自动处于激活状态，即自动成为当前坐标系。（　　）

3．工作平面是在总体坐标系中可以任意移动和旋转的流动坐标系。（　　）

4．工作平面是创建各种规则几何对象的基准坐标系，所有规则几何对象都是在工作平面中创建的。（　　）

5．工作平面的打开和关闭只影响在图形窗口是否显示工作平面的位置和角度，并不影响工作平面的作用。也就是说关闭了工作平面，只是不显示了，并不是工作平面的作用消失了。（　　）

6．工作平面每一次的平移和旋转，都是相对于当前工作平面原点的，与总体坐标系没有直接关系。（　　）

7．在激活某个坐标系后，如果没有明确改变坐标系的操作或者命令，当前激活的坐标系将一直保持有效。（　　）

思考题

1．ANSYS 主菜单中有几种主要处理器？各自的功能是什么？

2．何为 ANSYS 的工作路径？

3．ANSYS 常用坐标系的种类及概念是什么？

4．怎样理解工作平面的概念及作用？

5．标准的 ANSYS 有限元分析过程一般包括几个步骤？

第6章

实体建模

◇ 实体建模是 ANSYS 有限元分析中一个非常重要的环节。本章介绍 ANSYS 实体建模的方法，实体模型各级对象的相关操作，布尔运算、拖拉、移动、复制、镜像、缩放、删除等功能及其操作。如何针对实际情况，采用更简单有效的建模方法，需要大家在使用过程中慢慢熟悉和掌握。本章重点是基本几何对象的创建、布尔运算、编辑功能，本章难点是实体建模过程中 ANSYS 坐标系的使用。

6.1 实体建模概述

6.1.1 实体建模的方法

ANSYS 程序认为几何元素存在一定级别，由低到高的级别依次是：点、线、面、体，基于这种思想，ANSYS 程序提供两种实体建模方法。

（1）自底向上建模。

在进行实体建模时，首先定义关键点，然后根据关键点定义线、面或体，由线定义面或体，以及由面定义体，从低级别往高级别一步一步地创建任意的不规则实体模型，如图 6-1 所示。注意：自底向上建模是在激活坐标系中定义的。

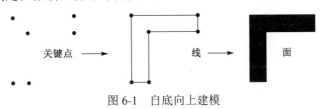

图 6-1　自底向上建模

（2）自顶向下建模。

与自底向上的实体建模刚好相反，自顶向下的实体建模是直接定义高级别的规则几何元素，如图 6-2 所示，程序自动创建属于这些实体元素的特征面、线和关键点。例如，创建块体时同时得到 6 个外表面、12 条棱线和 8 个顶部关键点。依此类推，直接创建面（如矩形面、圆环面等）就可以获得属于面的线和关键点，直接创建线（如直线、弧线等）就可以获得属于线的关键点。注意：自顶向下建模是在工作平面内定义的。

在实际操作中前者常用于任意形状几何实体的建模，并且在容易获得低级别元素时使用；后者则利用规则的几何对象建模，并利用 ANSYS 图形运算功能进行处理，从而得到复杂的实体模型。更多的时候，需要同时混合使用两种实体建模方法，以便适应复杂造型的需要，充分发挥各自的优势，相辅相成。

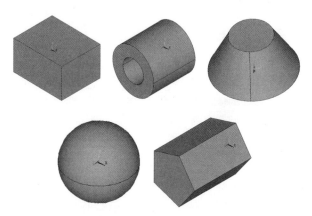

图 6-2　自顶向下构造模型

6.1.2　实体建模菜单系统

ANSYS 为实体建模提供了功能丰富的工具和方法，可以方便地创建各种关键点、线、面和体等基本几何对象，然后利用各种几何运算功能如布尔运算、拖拉、复制、移动、缩放、旋转、镜像等进行几何模型的处理，从而创建出各种形状复杂对象的实体模型。

图 6-3　实体建模菜单系统

ANSYS 前处理器（Preprocessor）中的实体建模菜单系统如图 6-3 所示，包含实体建模的全部功能，其菜单路径为 Main Menu→Preprocessor→Modeling，其下级子菜单项及其功能如下。

（1）Create：创建基本几何对象，包括各种类型的关键点、硬点、线、面与体等。

（2）Operate：几何运算处理，包括拖拉、延伸线、布尔运算、缩放和计算几何特性等。

（3）Move/Modify：移动或者修改各种对象的位置或者属性，包括几何模型的关键点、硬点、线、面与体的坐标值、方向或法向等，或者有限元模型的节点和单元的坐标位置、坐标系、方向或法向、材料、实常数等有限元基本属性参数。

（4）Copy：在激活坐标系下复制选中的关键点、线、面、体、节点或者单元。

（5）Reflect：相对激活坐标系的某个坐标平面镜像选中的关键点、线、面、体、节点或者单元。

（6）Check Geom：执行几何模型检查，检测创建几何模型中的短线、奇异点、节点或关键点之间的距离等。

（7）Delete：删除已定义的几何对象。

6.2　创建基本几何对象

基本几何对象包括各种类型的点、线、面、体、节点和单元等，创建基本几何对象菜单如图 6-4 所示，下面分别介绍它们的创建方法。

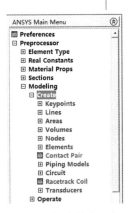

图 6-4　创建基本几何
对象菜单

6.2.1　关键点的创建

关键点是指绘图区的一个几何点，它本身不具有物理属性。实体建模时，关键点是最小的几何对象，关键点为结构中一个点的坐标，点与点连接成线，也可直接组合成面及体。关键点的建立按实体模型的需要而设定，但有时会建立些辅助点以帮助其他命令的执行。

硬点是一种特殊的关键点，附属于某线或者面上，以便在网格划分时在硬点位置强制生成一个节点，便于在硬点位置施加集中载荷或者结果提取。硬点虽然定义在线或面上，但并不改变模型的几何形状和拓扑结构。硬点不能用复制、移动或修改等进行操作处理。硬点存在时任何关联的面和体都不支持映射网格划分操作。

在 ANSYS 中定义关键点的方法很多，其菜单如图 6-5 所示，下面结合实际操作介绍一些常用方法。

1. On Working Plane（在工作平面中定义关键点）

选择菜单 Main Menu→Preprocessor→Modeling→Create→Keypoints→On Working Plane，弹出如图 6-6 所示的在工作平面上定义关键点对话框。此时可直接在图形窗口中用鼠标单击，即可定义 1 号关键点。如果想准确定位关键点的位置，可以在如图 6-6 所示的对话框中选择"WP Coordinates"选项，然后在文本框中输入关键点在工作平面上的坐标，如"0,5"，然后单击"OK"按钮，则 2 号关键点被创建。

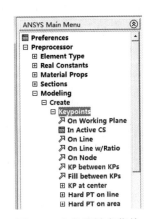

图 6-5　定义关键点菜单

图 6-6　在工作平面上定义关键点对话框

2. In Active CS（在激活坐标系中定义关键点）

选择菜单 Main Menu→Preprocessor→Modeling→Create→Keypoints→In Active CS，弹出如图 6-7 所示的在激活坐标系中定义关键点对话框。如在当前激活坐标系中输入关键点的编号"3"及坐标值"2""0""0"，单击"OK"按钮，则 3 号关键点被创建。

3. On Line（在选择的线上指定位置定义关键点）

（1）以上已经定义了两个关键点，把这两个关键点连起来就生成了线。用户可以直接在命令输入窗口中输入以下命令：L,1,2。

（2）选择菜单 Main Menu→Preprocessor→Modeling→Create→Keypoints→On Line 弹出拾取对话框。用鼠标在图形窗口中单击选中刚才生成的"线"，然后单击"OK"按钮。接着弹出如图 6-8 所示的对话框，此时在线上任一点单击鼠标，即可在此位置生成一个关键点。

图 6-7　在激活坐标系中定义关键点对话框　　　图 6-8　在线上定义关键点对话框

4. Fill between KPs（在两个关键点之间填充一系列关键点）

选择菜单 Main Menu→Preprocessor→Modeling→Create→Keypoints→Fill between KPs，弹出拾取对话框，用鼠标在图形窗口中依次选择关键点"1"和"2"，然后单击"OK"按钮，弹出如图 6-9 所示的填充关键点对话框。在"No of keypoints to fill"文本框中输入"2"，表示要填充的关键点数量；在"Starting keypoint number"文本框中输入"3"，表示要填充关键点的起始编号；在"Inc. between filled keyps"文本框中输入"1"，表示要填充关键点编号的增量；在"Spacing ratio"文本框中输入"1"，表示关键点间隔的比率，应为 0～1 之间的一个数。单击"OK"按钮，即在关键点 1 和 2 之间填充了两个关键点 3 和 4，如图 6-10 所示。

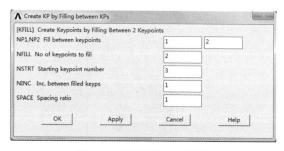

图 6-9　填充关键点对话框

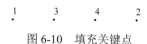

图 6-10　填充关键点

5. 由三点定义的圆弧中心生成一个关键点

可以过三点定义的圆弧中心生成关键点，要求三个已知的关键点不在同一条线上。为此可按前面介绍的方法，在笛卡儿坐标系的原点创建一个关键点 4，或直接在命令输入窗口输入以下命令：K，4。然后选择菜单 Main Menu→Preprocessor→Modeling→Create→Keypoints→KP at Center→3 keypoints，弹出拾取对话框。用鼠标在图形窗口中依次选择关键点 4、100 和 110，然后单击"OK"按钮。这时将在关键点 4、100 和 110 所在圆弧的中心处生成新的关键点 5。最后生成的关键点如图 6-11 所示。注意此操作只能在笛卡儿坐标系下使用。

图 6-11　关键点的定义

ANSYS 还提供了一些其他生成关键点的方法，读者可自己练习操作。

6.2.2 线的创建

连接两个或多个关键点即生成一条线。在 ANSYS 中线是一个向量,不仅有长度,还有方向。ANSYS 创建线的类型很多,包括直线、弧线和样条曲线等,还有垂线、切线、一定夹角的相交线和倒角线等。

如图 6-12 所示是创建线菜单系统,在 ANSYS 中主要分为创建直线、弧线、样条曲线和倒角线四类。选择菜单 Main Menu→Preprocessor→Modeling→Create→Lines,其下级子菜单项及其用法如下。

1. Lines:创建直线

创建直线菜单及下一级子菜单如图 6-13 所示,其用法如下。

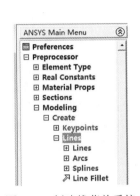

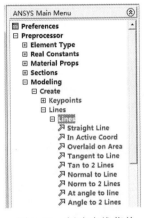

图 6-12 创建线菜单系统　　图 6-13 创建直线菜单

(1) Straight Line:选择两个关键点创建两者间的连接直线。不管当前的激活坐标系是何种坐标系,此操作都能保证生成的线为直线,即与当前激活坐标系无关,这是一个创建真正直线的方法。

(2) In Active Coord:在当前激活坐标系下创建两个关键点之间的连线。连线的实际形状与当前激活的坐标系形式密切相关,在直角坐标系中生成一条直线;在柱坐标系中生成弧线或者螺旋线,这被认为是柱坐标系下的"直线"。

例如,先在工作平面内定义两个关键点 1 和 2。然后选择菜单 Utility Menu→Preprocessor→Modeling→Create→Lines→Lines→In Active Coord,弹出拾取对话框,然后用鼠标依次在图形窗口中选择关键点 1 和 2,即生成一条直线 L1,如图 6-14 所示。

以上操作是在默认的总体直角(全局笛卡儿)坐标系下完成的,下面改在柱坐标系下进行同样的操作。

选择菜单 Utility Menu→WorkPlane→Change Active CS to→Global Cylindrical,改变当前坐标系为柱坐标系。选择 Utility Menu→Preprocessor→Modeling→Create→Lines→Lines→In Active Coord 菜单,弹出拾取对话框,然后用鼠标依次在图形窗口中选择关键点 1 和关键点 2,此时生成了一条弧线 L2,如图 6-14 所示。

另外还有其他一些创建直线的方法,如垂直线、相切线、相交线,读者可自己尝试。

2．Arcs：在工作平面内创建圆弧线

创建圆弧线菜单如图 6-15 所示，其下级子菜单用法如下。

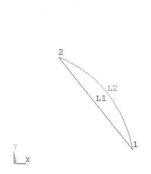

图 6-14　指定两个关键点定义线

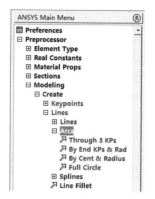

图 6-15　创建圆弧线菜单

（1）Through 3 KPs：利用指定的三个关键点创建一段圆弧线。首先指定圆弧线的起始关键点和终止关键点，然后指定圆弧线上的第三个关键点。

（2）By End KPs & Rad：利用两个端点和半径创建一段圆弧线。首先用鼠标在图形窗口中选择圆弧线的起止点，单击"OK"按钮。再选择某关键点表明圆心在哪一侧生成，单击"OK"按钮，接着会弹出如图 6-16 所示的对话框，在"Radius of the arc"文本框中输入圆弧线的半径，单击"OK"按钮，生成的圆弧线如图 6-17 所示。

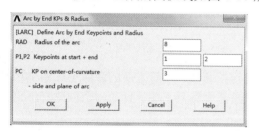

图 6-16　通过指定端点和半径建立圆弧线

图 6-17　圆弧线的生成

（3）By Cent & Radius：通过指定圆心与半径创建圆弧线。用鼠标在图形窗口中选择一关键点作为圆弧线的圆心，再在图形窗口中任意选择一点定出圆弧线的半径和起始点，然后单击"OK"按钮，弹出如图 6-18 所示的对话框。在"Arc length in degrees"文本框中输入圆弧线的度数"180"，表示半圆；在"Number of lines in arc"文本框中输入"2"，表示将弧段分成两段，分别编号。然后单击"OK"按钮，得到如图 6-19 所示的圆弧线。

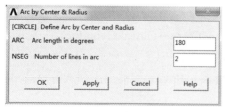

图 6-18　生成圆弧线

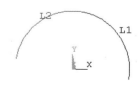

图 6-19　通过圆心和半径生成圆弧线

（4）Full Circle：利用一个半径上的圆心与另一端点创建完整的圆弧线。

注意：如果需要调整圆弧线所在空间的方位，必须首先将工作平面平移或旋转变换到适当的位置和方向上，然后再创建圆弧线。

3．Splines：创建样条曲线

创建样条曲线菜单如图 6-20 所示，其主要下级子菜单的用法如下。

（1）Spline thru KPs：根据指定的一系列已定义的关键点创建一条样条曲线。如图 6-21 所示，依次通过关键点 1、2、3、4 和 5 创建一条样条曲线 L1。

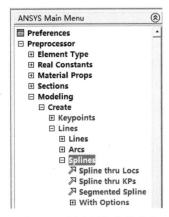

图 6-20 创建样条曲线菜单

图 6-21 创建样条曲线 L1

（2）Segmented Spline：根据指定的一系列位置点创建一条分段样条曲线。

4．Line Fillet：在两条线之间生成倒角线

假设用户已经创建了两条相交的线，对其进行倒角的操作如下。

选择菜单 Main Menu→Preprocessor→Modeling→Create→Lines→Line Fillet，弹出拾取对话框，用鼠标在图形窗口中选择两条相交的线 "L1" 和 "L2"，然后单击 "OK" 按钮。接着弹出如图 6-22 所示的对话框，在 "Fillet radius" 文本框中输入弧段半径；在 "Number to assign-" 文本框中输入在弧段中心处生成关键点的编号。单击 "OK" 按钮，得到如图 6-23 所示的结果。

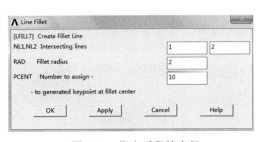

图 6-22 指定弧段的半径

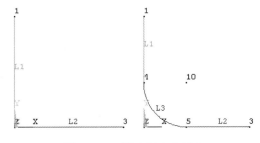

图 6-23 两线之间产生倒角

注意：执行此操作的两条线必须有一个共同的交点，才能产生倒角线。

6.2.3 面的创建

在 ANSYS 程序中面分为两种类型。

（1）任意形状面：即不规则形状面。

（2）规则面：包括矩形面、圆形面、圆环面、部分圆环面、扇形面、各种边数的正多边形面，图 6-24 所示是可以创建的部分规则面。注意：规则面是在工作平面内创建的，工作平面移动到不同方位，在其中创建的规则面就放置在工作平面所在方位。规则面在工作平面的几何尺寸定义是，*X* 方向尺寸为"Width"，*Y* 方向尺寸为"Height"。

创建面的菜单路径为 Main Menu→Preprocessor→Modeling→Create→Areas，如图 6-25 所示，其下级子菜单项及其用法如下。

图 6-24　部分规则面

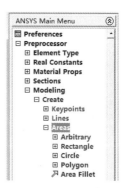

图 6-25　创建面菜单路径

1．Arbitrary：创建任意的不规则形状面

图 6-26　创建任意形状面菜单

这类面只能通过顶点创建、封闭边线创建、覆盖面创建、蒙皮创建和偏移创建。创建任意形状面，不受坐标系影响，在空间中可创建任意曲率的面。创建任意形状面菜单如图 6-26 所示，其下一级子菜单的用法如下。

（1）Through KPs：通过关键点生成面。用鼠标在图形窗口中选择已创建好的关键点，单击"OK"按钮。以关键点围成面时，关键点必须以顺时针或逆时针输入，面的法向按点的顺序依右手定则决定。

（2）Overlaid on Area：在一个已有面上定义一个子域面，该面与已有面完全重合，称为覆盖面。

（3）By Lines：通过封闭线定义面。在图形窗口中选择已经定义好的边界线，单击"OK"按钮，如图 6-27 所示。

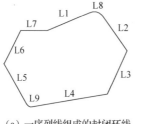

（a）一序列线组成的封闭环线

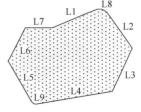

（b）利用封闭连线创建面

图 6-27　通过连续封闭边线定义面

（4）By Skinning：通过定义一序列的纬线在经线方向上蒙皮创建光滑样条曲面。首先定义一组纬线，然后在经线方向上依次选取各纬线创建蒙皮曲面。如图 6-28 所示，在高度方向创建一序列的"骨线"，然后分 4 次（一个圆弧由 4 段弧组成）从下往上选择"骨线"生成 4 个蒙皮，

4 个蒙皮组合形成整个花瓶的侧面。

（5）By Offset：通过偏移已存在的面创建新面。

2．Rectangle：在工作平面中创建矩形面

创建矩形面菜单如图 6-29 所示，其下一级子菜单的用法如下。

（1）By 2 Corners：通过定义矩形的角点与边长生成矩形面。在如图 6-30 所示的对话框中，在"WP X"和"WP Y"文本框中输入矩形角点坐标；在"Width"文本框中输入矩形沿 X 轴的尺寸，在"Height"文本框中输入矩形沿 Y 轴的尺寸，单击"OK"按钮。

（2）By Centr & Cornr：通过指定中心点和一个角点生成一个矩形面。首先拾取工作平面上的一位置点"WP X,WP Y"作为矩形的中心点，定义矩形的"Width"和"Height"。

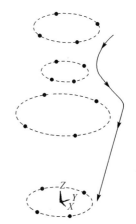

图 6-28　由 4 个同轴不等高度的圆弧线四次蒙皮曲面围成的花瓶面

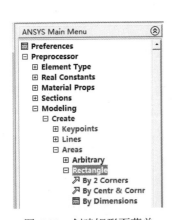

图 6-29　创建矩形面菜单

图 6-30　选择角点和边长定义矩形面

（3）By Dimensions：通过指定两个角点位置坐标定义矩形面。在如图 6-31 所示的对话框中，在"X-coordinates"文本框中分别输入左下角点和右上角点的 X 坐标；在"Y-coordinates"文本框中分别输入左下角点和右上角点的 Y 坐标，单击"OK"按钮。

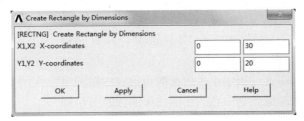

图 6-31　通过定义角点坐标创建矩形面

3. Circle：在工作平面中创建圆面

创建圆面菜单如图 6-32 所示，其下一级子菜单的用法如下。

（1）Solid Circle：通过指定圆心位置（WP X,WP Y）和半径 Radius 创建圆面。

（2）Annulus：通过指定圆心位置（WP X,WP Y）、内外半径创建圆环面。

（3）Partial Annulus：通过指定圆心位置（WP X,WP Y）、内外半径以及起始角度与终止角度创建部分圆环面。

（4）By End Points：通过指定直径的两个端点位置（EX1,EY1）和（EX2,EY2）创建一圆形面。

（5）By Dimensions：通过指定外径 RAD1、内径 RAD2、起始角度 THETA1 与终止角度 THETA2，创建以工作平面原点为圆心的部分圆环面，如图 6-33 所示。

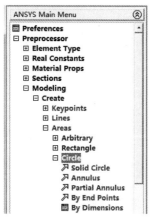

图 6-32　创建圆面菜单

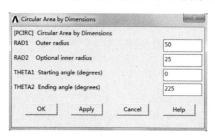
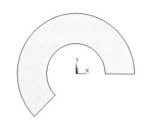

图 6-33　以工作平面原点为圆心定义圆环面

4. Polygon：在工作平面内创建各种边数的正多边形面

"创建正多边形面"的菜单系统如图 6-34 所示，其下一级子菜单的用法如下。

（1）Triangle：通过指定面的中心、外接圆半径及方向角 Theta，创建一个正三角形面。

（2）Square：通过指定面的中心、外接圆半径及方向角 Theta，创建一个正方形面。

（3）Pentagon：通过指定面的中心、外接圆半径及方向角 Theta，创建一个正五边形面。

（4）Hexagon：通过指定面的中心、外接圆半径及方向角 Theta，创建一个正六边形面，如图 6-35 所示。

（5）Septagon：通过指定面的中心、外接圆半径及方向角 Theta，创建一个正七边形面。

（6）Octagon：通过指定面的中心、外接圆半径及方向角 Theta，创建一个正八边形面。

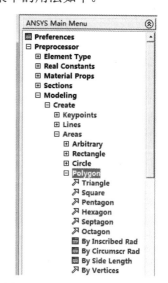

图 6-34　创建正多边形面的菜单

（7）By Inscribed Rad：通过指定正多边形的边数和内接圆半径，创建一个以工作平面的原点为中心的正多边形面，如图 6-36 所示。

（8）By Circumscr Rad：通过指定正多边形的边数和外接圆半径，创建一个以工作平面的原点为中心的正多边形面。

图 6-35　在工作平面任意位置创建正六边形面

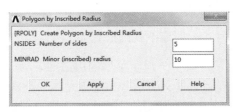

图 6-36　以工作平面原点为中心生成正五边形面

（9）By Side Length：通过指定正多边形的边数和边长，创建一个以工作平面的原点为中心的正多边形面。

（10）By Vertices：通过指定多个顶点创建多边形面。

5．Area Fillet：在两个相交面之间创建一个倒角面

选择菜单 Main Menu→Preprocessor→Modeling→Create→Areas→Area Fillet，弹出创建倒角面对话框。拾取想要倒角的两个面，然后单击"OK"按钮。弹出如图 6-37 所示的对话框，在"Fillet radius"文本框中输入弧面半径，单击"OK"按钮，创建的倒角面如图 6-38 所示。

图 6-37　倒角面设置对话框

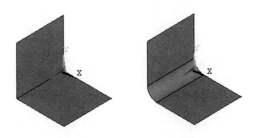

图 6-38　创建的倒角面

6.2.4 体的创建

在 ANSYS 程序中体分为两种类型，不规则形状体和规则形状体。

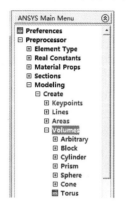

图 6-39 创建体的菜单系统

（1）不规则形状体。只有两种定义方法，一是通过顶点定义，二是通过封闭面围成体。

（2）规则形状体。包括长方体、圆柱、正多棱柱、球、锥台和环等。规则体是在工作平面坐标系中创建的，且规则体的底面总是位于工作平面内。规则体在工作平面（WP）中的三向尺寸定义是：底面在 X 方向尺寸为"Width"，Y 方向尺寸为"Height"，Z 方向尺寸为"Depth"。

如图 6-39 所示是创建体的菜单系统，菜单路径为 Main Menu→Preprocessor→Modeling→Create→Volumes，其下级子菜单项及其用法如下。

1．Arbitrary：创建不规则形状体

创建不规则形状体菜单如图 6-40 所示，其下一级子菜单的用法如下。

（1）Through KPs：通过一系列的关键点创建体。这些关键点是体的全部顶点，点的输入必须依连续的顺序，对 8 点块体而言，连接的原则为相对应面点的输入顺序相同。如图 6-41 所示，对于六面体可以是 V,1,2,3,4,5,6,7,8 或 V,8,7,3,4,5,6,2,1。

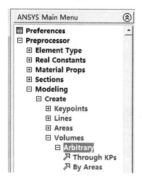

图 6-40 创建不规则形状体的菜单

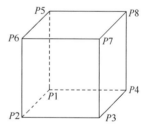

图 6-41 由关键点生成体

（2）By Areas：通过一系列的边界面围成体。依次选择面，则原有的面将成为体的边界面，且彼此之间完全封闭。

2．Block：创建长方体

创建底面在工作平面 WX-WY 上的长方体，菜单如图 6-42 所示，其下一级子菜单的用法如下。

（1）By 2 Corners & Z：通过指定底面的一个角点和沿 X、Y、Z 轴尺寸生成长方体。如图 6-43 所示，首先指定长方体底面 1 个角点的位置坐标（WP X，WP Y），然后定义长方体的"Width"、"Height"和"Depth"。

（2）By Centr,Cornr,Z：通过指定底面中心及三维尺寸生成长方体。首先在工作平面上指定长方体底面中心点位置坐标"WP X,WP Y"，

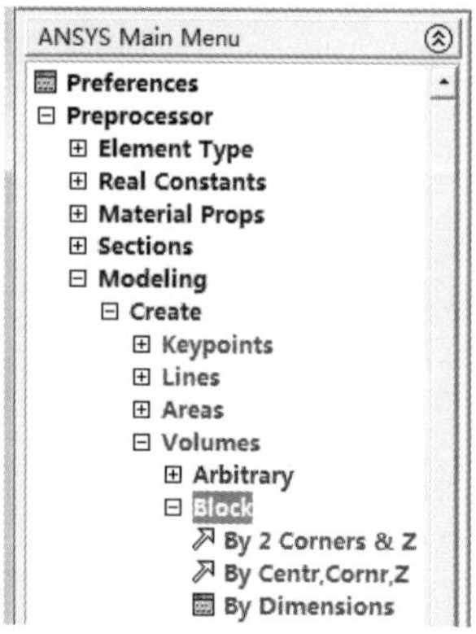

图 6-42 创建长方体的菜单

然后定义三维尺寸"Width"、"Height"和"Depth"。

（3）By Dimensions：通过指定两个对角点位置坐标"X1,Y1,Z1""X2,Y2,Z2"定义长方体，如图 6-44 所示。

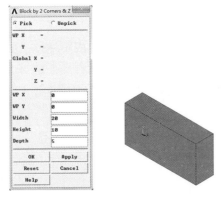

图 6-43　指定底面一个角点和长、宽、高生成长方体

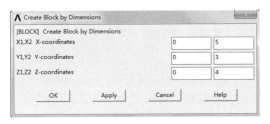

图 6-44　通过对角点坐标生成长方体

3．Cylinder：创建圆柱体

创建底面在工作平面 WX-WY 上、轴线与 WZ 轴一致的圆柱体（或部分圆柱体），底面定义方法与圆面、扇形面、圆环面和部分圆环面的定义方法完全一致。创建圆柱体的菜单如图 6-45 所示，其下一级子菜单的用法如下。

（1）Solid Cylinder：创建实心圆柱体。首先指定圆心位置（WP X,WP Y），再指定圆柱半径"Radius"，最后指定圆柱高度"Depth"。

（2）Hollow Cylinder：创建空心圆柱体。如图 6-46 所示，首先指定底面圆心位置坐标"WP X,WP Y"，再指定内外半径"Rad-1""Rad-2"，最后指定圆柱高度"Depth"。

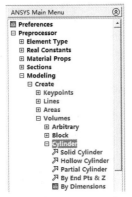

图 6-45　创建圆柱体的菜单

图 6-46　在工作平面任意处生成圆柱体

（3）Partial Cylinder：创建部分空心/实心圆柱体。首先指定圆心位置"WP X,WP Y"，再指定内外半径"Rad-1""Rad-2"以及环向起始角度"Theta-l"与终止角度"Theta-2"，最后指定圆柱高度"Depth"。

（4）By End Pts & Z：创建实心圆柱体。指定底面上直径的两个端点位置"EX1,EY1"和"EX2,EY2"以及圆柱高度"Depth"。

（5）By Dimensions：以工作平面原点为圆心生成圆柱体。如图 6-47 所示，通过指定圆柱体的外径"RAD1"、内径"RAD2"（默认为 0），圆柱底面的 Z 向坐标"Z1"与顶面的 Z 向坐标"Z2"，以及起始角度"THETA1"与终止角度"THETA2"，创建部分空心圆柱体。

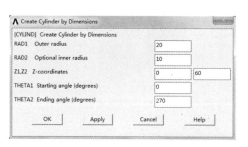

图 6-47　以工作平面原点为圆心生成圆柱体

4．Prism：创建正多棱柱体

创建底面在工作平面 WX-WY 上的正多棱柱体，底面的定义方法与创建正多边形面的方法类似，底面加上厚度就是正多棱柱，如图 6-48 所示。创建正多棱柱体的菜单如图 6-49 所示，其下一级子菜单的用法如下。

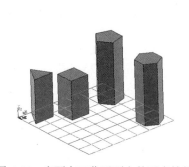

图 6-48　底面在工作平面上的正多棱柱

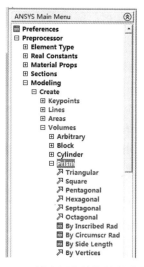

图 6-49　创建正多棱柱体的菜单

（1）Triangular：在工作平面任意位置处，生成底面为正三角形的正三棱柱。

（2）Square：在工作平面任意位置处，生成底面为正方形的正四棱柱。

（3）Pentagonal：在工作平面任意位置处，生成底面为正五边形的正五棱柱。

（4）Hexagonal：在工作平面任意位置处，生成底面为正六边形的正六棱柱。

（5）Septagonal：在工作平面任意位置处，生成底面为正七边形的正七棱柱。

（6）Octagonal：在工作平面任意位置处，生成底面为正八边形的正八棱柱。

（7）By Inscribed Rad：通过内切圆半径创建以 WZ 轴为轴线的正棱柱体。

（8）By Circumscr Rad：以工作平面的原点为圆心，通过外接圆半径创建以 WZ 轴为轴线的正棱柱体。如图 6-50 所示，在"Z-coordinates"文本框中输入棱柱的底面和顶面 Z 坐标；在"Number of sides"文本框中输入截面边数；在"Major (circumscr) radius"文本框中输入截面外接圆的半径。

图 6-50　通过外接圆方式在工作平面定义正多棱柱

（9）By Side Length：通过边数和边长方式创建以 WZ 轴为轴线的正棱柱体。

5．Sphere：创建球体

圆心在工作平面的 WX-WY 面上。创建球体的菜单如图 6-51 所示，其下一级子菜单的用法如下。

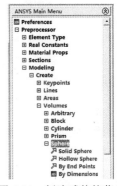

（1）Solid Sphere：在工作平面的任意位置处创建实心球体，指定圆心位置"WP X,WP Y"与半径"Radius"。

（2）Hollow Sphere：在工作平面的任意位置处创建空心球体，指定圆心位置"WP X,WP Y"与内外半径"Rad-1"、"Rad-2"。

（3）By End Points：以直径的端点创建实心球体，指定直径的两个端点位置"XE1, YE1"和"XE2, YE2"。

（4）By Dimensions：以工作平面原点为中心生成实心/空心球体，指定球的外径"RAD1"、内径"RAD2"，以及起始角度"THETA1"与终止角度"THETA2"，如图 6-52 所示。

图 6-51　创建球体的菜单

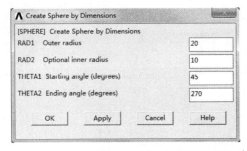

图 6-52　以工作平面原点为中心生成球体

6．Cone：创建圆锥体

圆锥体（或锥台）底面在工作平面的 WX-WY 面上，"创建圆锥体"的菜单如图 6-53 所示，其下一级子菜单的用法如下。

图 6-53　创建圆锥体的菜单

（1）By Picking：以拾取方式创建圆锥体（或锥台）。首先拾取底面圆心"WP X, WP Y"，再拾取底面半径"Rad-1"和顶面半径"Rad-2"，最后拾取锥体高度"Depth"。

（2）By Dimensions：通过指定圆锥体（或锥台）尺寸数据创建锥台。依次指定底面半径"RBOT"、顶面半径"RTOP"、锥台底面高度坐标"Z1"、顶面高度坐标"Z2"以及起始角度"THETA1"与终止角度"THETA2"，如图 6-54 所示。

7. Torus：创建圆环体

"创建圆环体"的菜单路径为 Main Menu → Preprocessor → Modeling → Create → Volumes → Torus，如图 6-55 所示依次指定圆环体的外径"RAD1"、内径"RAD2"、主半径"RADMAJ"，以及起始角度"THETA1"与终止角度"THETA2"，单击"OK"按钮，得到圆环体，如图 6-56 所示。

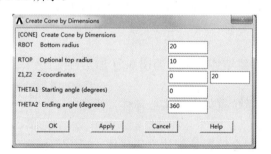

图 6-54　锥台

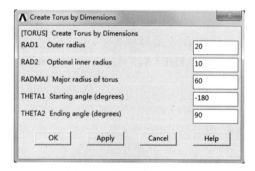

图 6-55　定义圆环体对话框

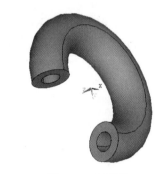

图 6-56　圆环体

6.3　布尔运算

　　布尔运算就是对生成的几何对象进行求交、相加、相减等逻辑运算处理，给用户快速生成复杂实体模型提供了极大的方便。无论是自顶向下，还是自底向上建立的实体模型，都可以对其进行布尔运算。布尔运算的几何对象以及相连的所有几何对象必须没有划分单元网格，如果已经划分有单元网格，必须首先清除网格。

　　ANSYS 中常用的布尔运算有：求交、相加、相减、切分、粘接、叠分和互分等。菜单路径为 Utility Menu→Preprocessor→Modeling→Operate→Booleans，如图 6-57 所示，其下级子菜单的用法如下。

（1）Intersect（求交）：是指保留两个或者多个几何对象的重叠部分，剩余的几何对象则在此操作之后被删除。它包括普通求交（Common）和两两求交（Pairwise）两种情况，二者的主要区别体现在多个几何实体（3 个或 3 个以上）求交操作上，普通求交操作是在多个实体相交时取其公共区域，而两两求交操作是在多个实体求交时取每两个实体相交的公共区域。另外，普通求交操作可以在不同实体之间进行，如线与面、线与体、面与体的求交，两两求交操作只限于同类实体之间。

图 6-57 布尔运算菜单系统

✧ Common：普通求交运算，如图 6-58 所示。

➤ Volumes：求体之间的公共部分。

➤ Areas：求面之间的公共部分。

➤ Lines：求线之间的公共部分。

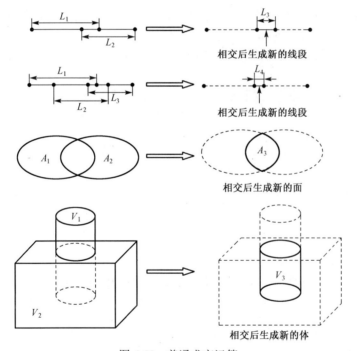

图 6-58 普通求交运算

✧ Pairwise：两两求交运算，如图 6-59 所示。

✧ Area with Volumes：求面与体之间的公共部分，结果可能是点、线或面。ANSYS 只允许 1 个面与 1 个体求交。

✧ Line with Volume：求线与体之间的公共部分，结果可能是点或线。ANSYS 只允许 1 条线段与 1 个体求交。

✧ Line with Area：求线与面之间的公共部分，结果可能是点或线。ANSYS 只允许 1 条线段与 1 个面求交。

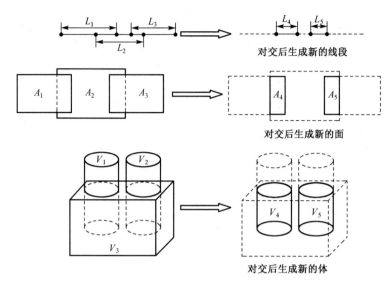

图 6-59　两两求交运算

（2）Add（相加）：是将两个或多个几何对象合并成一个新的几何对象。

◇ Volumes：将多个分开的体相加生成一个体。

◇ Areas：将多个分开的面相加生成一个面（如图 6-60 所示）。

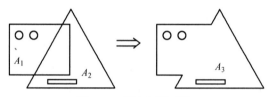

图 6-60　面与面的相加

◇ Lines：将多个分开的线相加生成一条线。

（3）Subtract（相减）：是从 1 个几何对象上删除与另外 1 个几何对象相重合的部分，生成新的几何对象。

◇ Volumes：从体中减去体。

◇ Areas：从面中减去面。如图 6-61 所示是 2 个面相减（$A_1 - A_2$）后的结果。

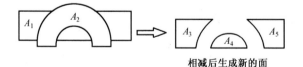

图 6-61　2 个面相减

◇ Lines：从线中减去线。

（4）Divide（切分）：是指把一个几何对象分割为两个或者多个，分割后得到的几何对象仍通过共同的边界连接在一起。

◇ Volume by Area：体被面切分成多个体。

◇ Volu by WrkPlane：体被工作平面切分成多个体。

◇ Area by Volume：面被体切分成多个面。

◇ Area by Area：面被面切分成多个面。

◇ Area by Line：面被线切分成多个面（如图 6-62 所示）。

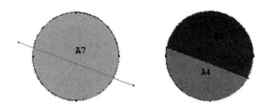

图 6-62　面被线切分成多个面

◇ Area by WrkPlane：面被工作平面切分成多个面。

◇ Line by Volume：线被体切分成多段线。

◇ Line by Area：线被面切分成多段线。

◇ Line by Line：线被线切分成多段线。

◇ Line by WrkPlane：线被工作平面切分成多段线。

◇ Line into 2 Ln's：线被分成两段线。

◇ Line into N Ln's：线被分成 *N*（指定的数目）段段线。

（5）Glue（粘接）：原来几何对象之间完全独立，但在边界上存在位置重叠区域，通过粘接操作可以将公共部分求交出来，并成为它们之间的公共边界。粘接后的几何对象仍然保持相互独立，只是它们在交界处共用低级图元。如线与线粘接，结果是两线在交界处共用一个关键点。划分网格时具有公共相连的节点，从而认为是连续体关系或者焊接关系。

◇ Volumes：将多个体粘接起来。

◇ Areas：将多个面粘接起来（如图 6-63 所示）。

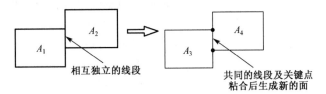

图 6-63　面与面粘接

◇ Lines：将多条线粘接起来。

（6）Overlap（叠分）：原来几何对象之间存在重叠区域，通过叠分操作可以求出公共区域几何对象，并形成相互连接的边界，原几何对象减去公共几何对象形成新的几何对象。

◇ Volumes：多个体之间进行叠分运算。

◇ Areas：多个面之间进行叠分运算（如图 6-64 所示）。

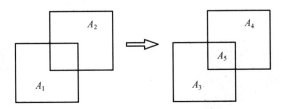

图 6-64　面与面的叠分

◇ Lines：多条线之间进行叠分运算。

（7）Partition（互分）：把两个或者多个实体相互分为多个实体，但相互之间仍通过共同的边界连接在一起。

◇ Volumes：多个体之间进行互分运算。

◇ Areas：多个面之间进行互分运算（如图 6-65 所示）。

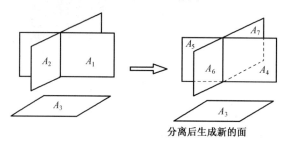

图 6-65　面与面互分

◇ Lines：多条线之间进行互分运算。

6.4　拖拉

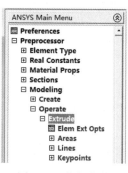

图 6-66　拖拉菜单

拖拉是利用低维数的几何对象按照一定方式拖动，获得高维数的几何对象。菜单路径是 Utility Menu→Preprocessor→Modeling→Operate→Extrude，如图 6-66 所示，其下级子菜单的用法如下。

（1）Elem Ext Opts：在拖拉面生成体的过程中，如果被拖拉面已经划分面单元网格，就可以在拖拉面生成体的同时生成体单元网格。此时必须设置拖拉体单元的属性，包括体单元的材料号（默认是继承面的材料）、实常数号、单元坐标系号、拖拉方向上生成单元的份数、首末单元长度比以及是否清除面网格等。同理，线单元可以拖拉生成面单元。

（2）Areas：拖拉面生成体。用于创建旋转体、轨迹线拖拉体、法向拖拉厚度或按坐标轴方向延伸生成体。

◇ Along Normal：面沿自身法向方向拖拉厚度生成体。

◇ By XYZ Offset：面沿当前坐标系的坐标轴方向拖拉一定厚度生成体。

◇ About Axis：面绕两个指定关键点定义的轴线旋转指定角度生成指定份数的旋转体。如图 6-67 所示，T 形截面绕 KP1 和 KP2 定义的轴线旋转生成 3 个几何体。

◇ Along Lines：面沿路径轨迹拖拉生成体。如图 6-68 所示，一个圆面沿轨迹线拖拉生成体。

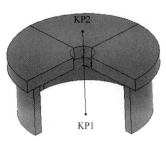

图 6-67　面绕轴线旋转生成体

图 6-68　面沿路径拖拉生成体

（3）Lines：线沿轨迹拖拉或者绕轴线旋转生成面。

◇ About Axis：线绕两个关键点定义的轴线旋转生成面。如图 6-69 所示，花瓶母线绕关键点 KPL 和 KP2 定义的轴线旋转，生成由 4 个面组成的外围面。

◇ Along Lines：线沿路径轨迹拖拉生成面。

（4）Keypoints：关键点沿线拖拉生成平行线或者绕轴旋转生成弧线。

◇ About Axis：关键点绕两个关键点定义的轴线旋转生成环线。

◇ Along Lines：关键点沿路径轨迹拖拉生成轨迹的平行线。

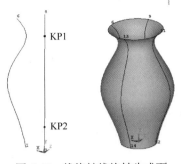

图 6-69　线绕轴线旋转生成面

6.5　编辑功能

几何对象生成后，有时需要对其进行适当的编辑和修改，ANSYS 提供了对几何对象进行移动、复制、镜像和缩放等编辑功能，它们是在当前坐标系下进行操作的。

6.5.1　缩放

缩放是在激活坐标系下对单个或多个几何对象进行放大或缩小，包含复制和移动两种方式。当用户想把模型转换成另一种单位制时，如从米到毫米，相当于将几何对象三维方向同时放大 1000 倍。

选择菜单 Main Menu→Preprocessor→Modeling→Operate→Scale，打开缩放菜单系统，如图 6-70 所示。如图 6-71（a）所示是外圈分布 6 个圆面在 X 和 Y 两维上等比例缩小得到内圈分布的六个小圆面；如图 6-71（b）所示是内圆仅在 Y 方向上缩放生成外椭圆。

图 6-70　缩放菜单系统

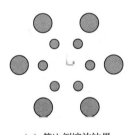

（a）等比例缩放结果　　（b）非等比例缩放结果

图 6-71　缩放

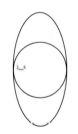

在执行缩放操作时，各种几何对象的缩放选项基本类似，下面以缩放体及其网格为例，说明缩放操作过程及其设置。选择菜单 Main Menu→Preprocessor→Modeling→Operate→Scale→Volumes，弹出如图 6-72 所示对话框，设置下列选项后单击"OK"按钮。

◇ RX,RY,RZ：在当前坐标系下 X、Y 和 Z 三个方向的缩放系数。直角坐标系为 X、Y 和 Z，柱坐标为 R、θ 和 Z；球坐标系则为 R、θ 和 φ。如果三个比例系数不一致就可以缩放出椭圆、椭球等，如果某方向的缩放系数等于 1 即不进行缩放。

◇ Keypoint increment：新生关键点的编号增量，默认为程序自动编号。

◇ Item to be scaled：选择"Volumes Only"选项，表示仅仅缩放几何对象；选择"Volumes and mesh"选项，表示缩放几何对象及其所属网格。

◇ Existing volumes will be：选择"Copied"选项，表示采用复制方式缩放原几何体，且原几何体仍然保留；选择"Moved"选项，表示缩放并移动原几何体。

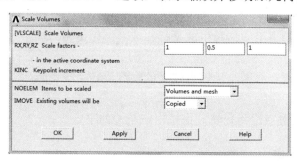

图 6-72　缩放几何体对话框

6.5.2　移动

在 ANSYS 的自顶向下建模过程中，有些命令只能直接在工作平面的原点处生成相应的几何对象。如果用户对现有几何对象的形体构造满意，但想把几何对象放到其他位置上，就可以使用移动几何对象的操作。用户可以先生成模型，再将其移动到合适的位置。

移动的菜单路径为 Main Menu→Preprocessor→Modeling→Move/Modify，如图 6-73 所示。

6.5.3　复制

如果模型中具有重复出现的部分，只需对重复部分进行实体建模并划分网格，然后利用复制操作生成整个模型，同时复制单元网格。复制是在当前坐标系下进行操作的，不同坐标系下复制的方式不一样：在直角坐标系中沿三个轴线方向进行复制；在柱坐标系中沿 X 轴进行径向复制、绕 Y 轴进行旋转复制，沿 Z 轴进行高度方向复制；同理在球坐标系中则按照各坐标的物理意义进行复制。

复制菜单路径为 Main Menu→Preprocessor→Modeling→Copy，如图 6-74 所示。

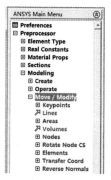　

图 6-73　移动菜单　　　　　图 6-74　复制菜单

在执行复制操作时，各种几何对象的复制选项都基本类似，下面以复制几何体及其网格为例，说明复制操作过程及其设置。如图 6-75 所示是复制体的实例，假设当前激活坐标系是总体柱坐标系，选择菜单 Main Menu→Preprocessor→Modeling→Copy→Volumes，弹出拾取几何体对话框，用鼠标拾取如图 6-75（a）所示的复制对象，单击"OK"按钮，弹出如图 6-75（b）所示的对话框，设置下列选项后单击"OK"按钮。

当前坐标系：总体柱坐标系

（a）

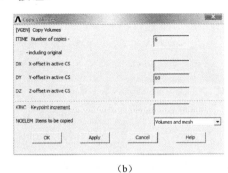

（b）

图 6-75　复制体及其网格

◇ Number of copies including original：总共复制的几何体份数（包括被复制对象），本实例输入"6"，即环向复制生成总共 6 个几何体。

◇ X-offset in active CS：在当前激活坐标系下 X 方向复制几何体的距离增量，本实例为空或输入"0"，表示 X 方向无增量距离。

◇ Y-offset in active CS：在当前激活坐标系下 Y 方向复制几何体的距离增量，本实例输入"60"，表示 Y 旋转方向上的角度增量为60°。

◇ Z-offset in active CS：在当前激活坐标系下 Z 方向复制几何体的距离增量，本实例为空或输入"0"，表示 Z 方向无增量距离。

◇ Keypoint Increment：新生关键点的编号增量，默认为程序自动编号。

◇ Items to be copied：选择"Volumes Only"选项，表示仅仅复制几何对象；选择"Volumes and mesh"选项，表示复制几何对象及其所属网格。

6.5.4　镜像

如果模型中存在几何对称平面，就可以创建一半模型并划分单元网格，然后通过镜像操作创建另一半模型和网格。如果镜像后两个对称部分之间存在重合几何对象，为了将两部分连起来形成一体，必须利用合并操作将重合的几何对象合并起来，如果几何模型划分有网格，则必须合并重合面上的节点。

镜像操作时的对称面必须是当前激活的直角形式坐标系（总体直角坐标系、局部直角坐标系或工作平面）的某个坐标平面。

镜像菜单路径为 Main Menu→Preprocessor→Modeling→Reflect，如图 6-76 所示。

在执行镜像操作时，各种几何对象的镜像选项都基本类似，下面以镜像几何体及其网格为例，说明镜像操作过程及其设置。如图 6-77 所示左侧图形是镜像体对象，假设当前激活坐标系是总体直角坐标系，选择菜单 Main Menu→Preprocessor→Modeling→Reflect→Volumes，弹出拾取几何体对话框，用鼠标拾取镜像体对象，单击"OK"按钮，接着弹出 6-77 右侧所示的镜像对话框，设置下列选项后单击"OK"按钮。

图 6-76　镜像菜单系统

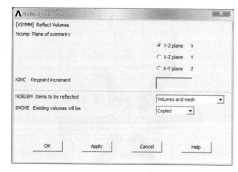

图 6-77　镜像体及其网格

（1）Plane of symmetry：选择当前激活坐标系的某个坐标平面作为对称面，有三个选项。

➢ Y-Z plane X：相对 *YOZ* 平面对称，即关于 *X* 坐标对称。

➢ X-Z plane Y：相对 *XOZ* 平面对称，即关于 *Y* 坐标对称。

➢ X-Y plane Z：相对 *XOY* 平面对称，即关于 *Z* 坐标对称。

本实例选择 Y-Z plane X 选项。

（2）Keypoint Increment：新生关键点的编号增量，默认为程序自动编号。

（3）Item to be reflected：选择"Volumes Only"选项，表示仅仅镜像几何体；选择 Volumes and mesh 选项，表示镜像几何体及其所属网格。

（4）Existing volumes will be：选择"Copied"选项，表示采用复制方式镜像原几何体且原几何体仍然保留；选择"Moved"选项，则表示采用移动方式镜像原几何体。

6.5.5　编辑操作综合训练

下面以一个圆面为例，综合学习几何对象的移动、复制、镜像和缩放等操作。

（1）创建圆面。选择菜单 Main Menu→Preprocessor→Modeling→Create→Areas→Circle→Solid Circle，弹出如图 6-78 所示的对话框，在工作平面原点处定义一个半径为 10 的圆面。

图 6-78　定义圆面

（2）移动圆面。选择菜单 Main Menu→Preprocessor→Modeling→Move/Modify→Areas→Areas，弹出拾取对话框，在图形窗口中选择上一步生成的圆面，单击"OK"按钮。接着弹出如图 6-79 所示的对话框，在"X-offset in active CS"和"Y-offset in active CS"文本框中都输入"10"，设置面在当前激活坐标系中的移动增量，单击"OK"按钮。移动后的圆面如图 6-80 所示。

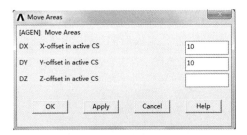

<table>
<tr><td>图 6-79　移动面增量设置</td><td>图 6-80　面的移动</td></tr>
</table>

（3）复制圆面。选择菜单 Main Menu→Preprocessor→Modeling→Copy→Areas，弹出拾取对话框。在图形窗口中选择生成的圆面，单击"OK"按钮，弹出如图 6-81 所示的设置对话框。在"Number of copies"文本框中输入复制的数量"4"（包括现有的圆面），在"X-offset in active CS"文本框中输入当前激活坐标系中的 X 增量"20"，然后单击"OK"按钮。此时已经新生成三个圆面，位置如图 6-82 所示。

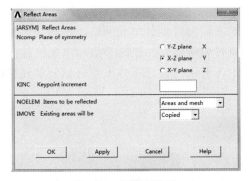

<table>
<tr><td>图 6-81　复制面的设置</td><td>图 6-82　复制生成面</td></tr>
</table>

（4）镜像圆面。选择菜单 Main Menu→Preprocessor→Modeling→Reflect→Areas，弹出拾取对话框，在图形窗口中选择所有的面，单击"OK"按钮。接着弹出如图 6-83 所示的镜像面对话框。在"Plane of symmetry"（对称平面）中选择"X-Z plane"，即设置 XZ 平面为对称平面；在"Existing areas will be"下拉列表框中选择"Copied"，然后单击"OK"按钮。此时新生成了四个圆面，如图 6-84 所示。

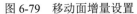

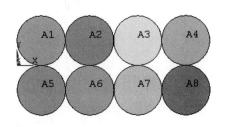

<table>
<tr><td>图 6-83　镜像面设置</td><td>图 6-84　镜像生成面</td></tr>
</table>

（5）缩放圆面。选择菜单 Main Menu→Preprocessor→Modeling→Operate→Scale→Areas，弹出拾取对话框，在图形窗口中选择 A1～A4 四个圆面，单击"OK"按钮，弹出如图 6-85 所示的缩放面设置对话框。在"Scale factors"三个文本框中分别输入当前激活坐标系 X、Y 和 Z

方向的缩放因子（取值为 0～1 之间），如"0.8，0.8，1"；在"Existing areas will be"下拉列表框中选择"Moved"，删除原来的面，然后单击"OK"按钮。缩放后的结果如图 6-86 所示。

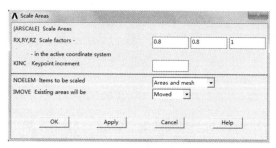

图 6-85　缩放面设置对话框

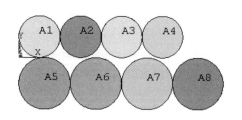

图 6-86　面的缩放

6.6　删除几何对象

在实际建模时，经常会存在多余的或者创建错误的几何对象、节点和单元，此时需要利用删除菜单将其删除。

选择菜单 Main Menu→Preprocessor→Modeling→Delete，打开如图 6-87 所示的删除菜单系统，其下级子菜单项及其用法如下：

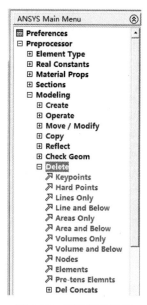

图 6-87　删除菜单系统

（1）Keypoints：删除关键点。

（2）Hard Points：删除硬点。

（3）Lines Only：仅删除线，保留属于线的关键点。

（4）Lines and Below：删除线及其所属的关键点。

（5）Areas Only：仅删除面，保留属于面的线和关键点。

（6）Areas and Below：删除面及其所属的线和关键点。

（7）Volumes Only：仅删除体，保留属于体的面、线和关键点。

（8）Volume and Below：删除体及其所属的面、线和关键点。

（9）Nodes：删除节点。

（10）Elements：删除单元。

（11）Pre-tens Elemnts：删除预紧力单元。

删除几何对象时，要求它们没有划分单元网格，否则必须首先清除其上的单元，然后才能执行删除操作。删除节点和单元往往用于直接创建有限元模型的过程中，对于先建立实体模型再划分单元网格的情况则无效。

6.7　合并重合几何对象

在许多操作中，经常会出现重合几何对象或重合节点与单元，需要采取合并操作将它们合并成一个几何对象或者有限元对象，如镜像完成后，对称面上存在重合关键点、节点、线和面，往往需要执行合并操作之后才能得到连续几何对象。另外，复制也可能出现重合几何对象。合并操作主要针对关键点和节点，合并关键点之后，自动合并上一级重合的几何对象。

如图 6-88 所示，合并操作的菜单为 Main Menu→Preprocessor→Numbering Ctrls→Merge Items，弹出如图 6-89 所示对话框，设置下列选项后单击"OK"按钮。

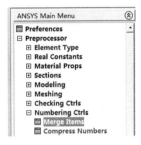

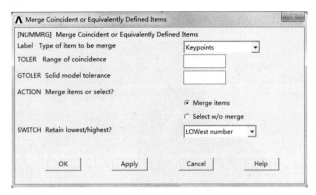

图 6-88　合并操作菜单　　　　　　　　图 6-89　合并操作对话框

◇ Type of item to be merge：选择合并的对象类型，供选择的选项有 Nodes（节点）、Elements（单元）、Keypoints（关键点）、Material props（材料）、Element types（单元类型）、Real constants（实常数）、Coupled sets（耦合序列）、Constraint eqs（约束方程）和 All（前面所有类型）。在选择 All 选项时，有可能出现材料号或实常数号等合并的现象，因为只要它们所属内容完全一致就执行合并处理。

◇ Range of coincidence：指定合并重合容差，只适用于关键点和节点，默认值为"1.0E-4"。当两对象的距离小于或等于该值时就认为可以合并，否则不能合并。

◇ Solid model tolerance：用于替代实体模型内部使用的容差值，一般不使用。

◇ Merge items or select?：选择"Merge item"选项，表示执行合并操作，选择"Select w/o merge"选项，表示选择重合的对象但不执行合并处理。

◇ Retain lowest/highest?：执行合并操作后保留最大或最小编号的合并对象。

6.8　轴承座实体建模

ANSYS 软件的前处理器具有比较强的实体建模功能，本节通过轴承座的实体建模，来学习 ANSYS 的实体建模操作。

建立如图 6-90 所示轴承座的实体模型，由于轴承座具有对称性，先建立二分之一模型（如右侧一半），再用镜像的方法得到整个模型。

1. 修改背景颜色

启动 ANSYS 软件之后，图形显示窗口默认的背景颜色是黑色，可以把背景颜色修改成白色。

选择菜单 Utility Menu→PlotCtrls→Style→Colors→Reverse Video，如图 6-91 所示，可把背景颜色改为白色。"Reverse Video"对背景进行了反色操作，它是一个两选菜单项，重新再选择一次就可把背景色改回黑色。

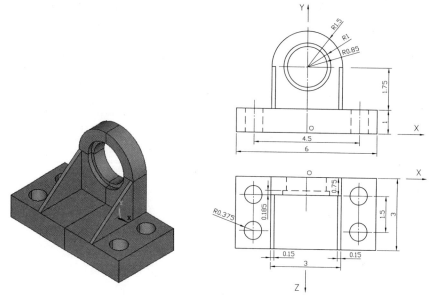

图 6-90　轴承座

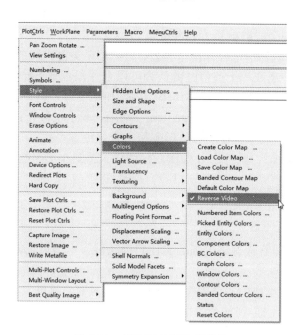

图 6-91　修改背景颜色的菜单

2. 创建带圆孔基座的二分之一模型

先创建一个长方体，然后在对应通孔的位置上创建两个圆柱体，最后进行布尔操作，从长方体中减去两个圆柱体，得到带有两个圆柱形通孔的基座。

（1）创建长方体。

通过输入对角点的坐标值创建长方体，选择菜单 Main Menu→Preprocessor→Modeling→Create→Volumes→Block→By Dimensions，显示如图 6-92 所示的创建长方体对话框，在"X1，X2 X-coordinates"文本框中输入"0""3"，在"Y1，Y2 Y-coordinates"文本框中输入"0""1"，在

"Z1，Z2 Z-coordinates"文本框中输入"0""3"，单击"OK"按钮，得到长方体，如图 6-93 所示。

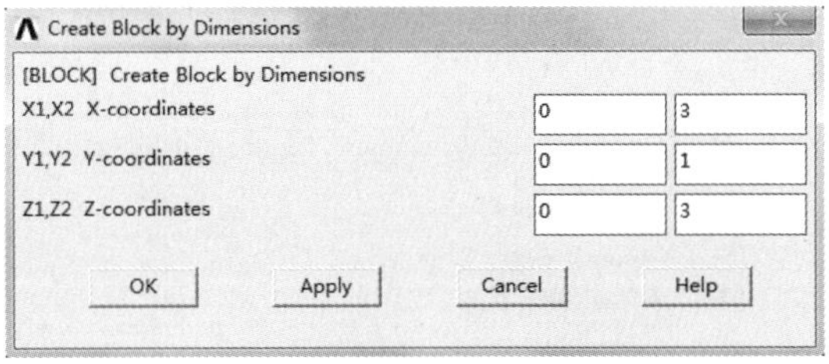

图 6-92 创建长方体的对话框

图 6-93 创建长方体

（2）建立与孔的体积相当的圆柱体。

采用输入半径和高度的方法，在通孔所在的位置创建圆柱体。由于圆柱体的中心位置与工作平面的原点重合，圆柱体的对称轴与工作平面的 Z 轴重合，所以需要平移并旋转工作平面。

① 显示工作平面：选择菜单 Utility Menu→WorkPlane→Display Working Plane。

② 平移并旋转工作平面：选择菜单 Utility Menu→Work Plane→Offset WP by Increments，显示出"Offset WP"工作平面增量变换对话框，在对话框中的"X，Y，Z Offsets"文本框中输入坐标原点沿三个坐标轴的偏移量"2.25，1.25，0.75"，单击"Apply"按钮，即把工作平面相对原来位置进行了平行偏移。

然后在对话框的"XY，YZ，ZX Angles"文本框中输入绕工作平面 Z、X 和 Y 坐标轴转动的角度"0，-90"，单击"OK"按钮，即把工作平面做了旋转，如图 6-94 所示。也就是绕 Z 轴旋转 0°，绕 X 轴顺时针旋转 90°，绕 Y 轴旋转 0°。如果不输入最后一项数值，ANSYS 软件自动把它当作零值来处理。

要注意绕坐标轴转动角度的正负值的含义，在 ANSYS 软件中，坐标轴方向服从右手法则，绕 X 轴转动-90°表示从 Z 轴正向转向 Y 轴正向。

③ 创建实心圆柱体：选择菜单 Main Menu→Preprocessor→Modeling→Create→Volumes→Cylinder→Solid Cylinder，弹出如图 6-95 所示的对话框，输入圆心坐标、半径和高度，在"WP X"文本框中输入"0"，在"WP Y"文本框中输入"0"，在"Radius"文本框中输入"0.75/2"或"0.375"，在"Depth"文本框中输入"-1.5"，单击"OK"按钮，得到沿 Z 轴负方向的圆柱体，如图 6-96 所示。

图 6-94 平移、旋转工作平面

图 6-95 创建实心圆柱的对话框

④ 复制生成另一个圆柱体：选择菜单 Main Menu→Preprocessor→Modeling→Copy→

Volumes，拾取圆柱体，单击"OK"按钮，显示如图 6-97 所示的复制体积元素对话框。在"Z-offset in active CS"文本框中输入"1.5"（沿总体坐标系 Z 轴正向移动），然后单击"OK"按钮，复制生成的圆柱体如图 6-98 所示。

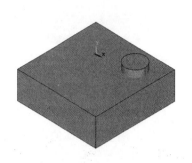

图 6-96　创建实心圆柱

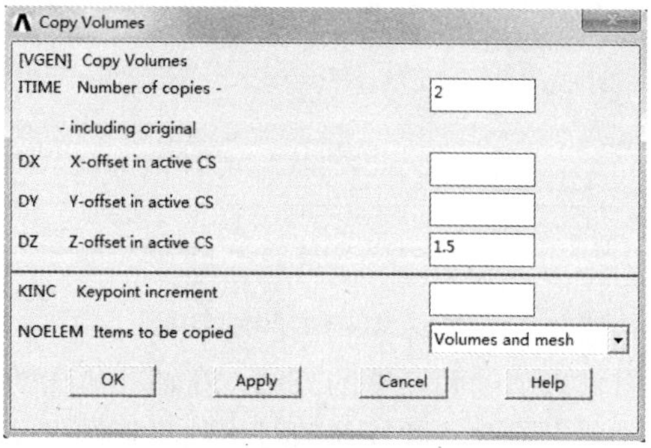

图 6-97　复制体积元素对话框

（3）从长方体中减去两个圆柱体生成通孔。

对创建出来的三个体积元素进行布尔操作（相减），选择菜单 Main Menu→Preprocessor→Operate→Booleans→Subtract→Volumes，首先拾取被减的长方体，单击"OK"按钮，再拾取要减去的两个圆柱体，单击"OK"按钮，得到如图 6-99 所示的带两个通孔的基座。

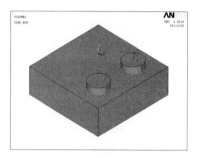

图 6-98　复制生成的圆柱体

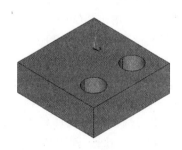

图 6-99　带两个通孔的基座

（4）使工作平面与整体直角坐标系一致。

在创建通孔的时候，改变了工作平面的位置和角度，在进行后续操作之前，使工作平面与总体直角坐标系一致。

选择菜单 Utility Menu→WorkPlane→Align WP with→Global Cartesian。

3. 创建支架的下半部分对应的长方体

选择菜单 Main Menu→Preprocessor→Modeling→Create→Volumes→Block→By 2 corner&Z，弹出如图 6-100 所示的对话框，通过定义一个角点坐标和沿坐标轴三个方向的尺寸创建立方体。在"WP X"文本框中输入"0"，在"WP Y"文本框中输入"1"，在"Width"文本框中输入"1.5"，在"Height"文本框中输入"1.75"，在"Depth"文本框中输入"0.75"，单击"OK"按钮，得到如图 6-101 所示的基座与支架下半部分。长方体的原点坐标设在"0,1,0"的位置上，即基座的上表面。

4. 创建支架的上半部分

在支架上部创建一个四分之一的实心圆柱作为支架的上半部分。

（1）偏移工作平面到支架的前表面。

把工作平面的原点定义在支架前表面的左上顶点，选择菜单 Utility Menu→WorkPlane→Offset WP to→Keypoints+，打开如图 6-102 所示的对话框，显示选择关键点的对话框，在刚创建的长方体的左上角拾取关键点，单击"OK"按钮。即把工作平面平移，使其原点与选择的关键点重合，保持坐标轴的方向不变。

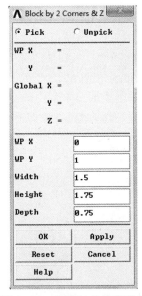

图 6-101　基座与支架下半部

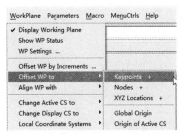

图 6-100　创建长方体的菜单　　　　　图 6-102　将工作平面原点平移到关键点处的菜单

（2）创建四分之一的实心圆柱体。

选择菜单 Main Menu→Preprocessor→Modeling→Create→Volumes→Cylinder→Partial Cylinder+，打开如图 6-103 所示的对话框，输入圆心点坐标，在"WP X"文本框中输入"0"，在"WP Y"文本框中输入"0"；在"Rad-1"（内径）文本框中输入"0"，在"Theta-1"（起始角）文本框中输入"0"；在"Rad-2"（外径）文本框中输入"1.5"，在"Theta-2"（终止角）文本框中输入"90"，在"Depth"（高度）文本框中输入"-0.75"，单击"OK"按钮，创建四分之一圆柱体，如图 6-104 所示。

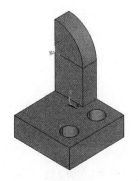

图 6-103　定义部分圆柱体对话框　　　　图 6-104　创建四分之一圆柱体

（3）进行布尔运算，对支架的上、下两部分体进行"相加"操作。

选择菜单 Main Menu→Preprocessor→Modeling→Operate→Booleans→Add→Volumes +，拾取构成支架的上下两个部分（即四分之一圆柱体和长方体），作为布尔运算"加法"操作的对象，单击"OK"按钮。

5. 在支架上生成阶梯孔

先在圆孔位置处创建两个实心圆柱体，再进行布尔运算（相减）。由于已经使工作平面的 Z 轴与通孔的中心轴重合，所以不需要再偏移工作平面。

（1）在圆孔位置处创建两个实心圆柱体。

选择菜单 Main Menu→Preprocessor→Modeling→Create-→Volumes→Cylinder→Solid Cylinder，在如图 6-105 所示的对话框中输入参数，单击"Apply"按钮。继续创建第二个实心圆柱体，在如图 6-106 所示的对话框中输入参数，单击"OK"按钮，两个实心圆柱体如图 6-107 所示。

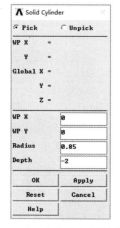

图 6-105　定义大径圆柱体　　　图 6-106　定义小径圆柱体　　　图 6-107　支架与实心圆柱体

（2）进行布尔运算，对体积元素进行"减法"操作。

选择菜单 Main Menu→Preprocessor→Modeling→Operate→Booleans→Subtract→Volumes +，拾取构成支架的体积元素，作为布尔"减法"操作的被减对象，单击"Apply"按钮，继续拾取两个圆柱体作为"减去"的对象，单击"OK"按钮，完成布尔运算，带阶梯圆孔的支架如图 6-108 所示。

（3）合并位置重合的关键点。

为操作方便，先合并位置重合的关键点。选择菜单 Main Menu→Preprocessor→Numbering Ctrls→Merge Items，显示如图 6-109 所示的项目合并对话框，将下拉列表框"Type of item to be merge"设置为"Keypoints"，单击"OK"按钮。执行合并操作之后才能得到连续几何对象。

6. 创建三角形的加强支板

先创建一个与支架下半部分侧面平行的三角形面，再用拖拉的方法创建出加强支板。

（1）在基座上部前面边缘线的中点位置建立一个关键点。

选择菜单 Main Menu→Preprocessor→Modeling→Create→Keypoints→KP between KPs，在两个现存关键点之间创建一个新的关键点。拾取如图 6-110 所示的两个关键点，单击"OK"按钮，显示出如图 6-111 所示的关键点位置选项对话框，选择"RATI"选项，在"Value(ratio,or distance)"文本框中输入"0.5"，单击"OK"按钮。

图 6-108　带阶梯圆孔的支架

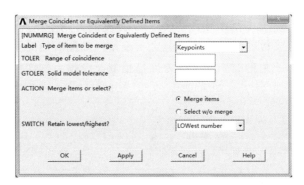

图 6-109　项目合并对话框

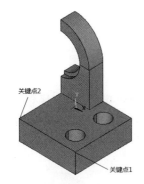

图 6-110　边缘线上的两个关键点

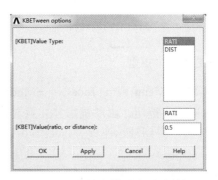

图 6-111　关键点位置选项对话框

参数 "RATI" 的含义是第一个关键点到新建关键点之间距离和第一个关键点到第二个关键点之间距离的比值。参数 "DIST" 的含义是第一个关键点到新建关键点之间的距离。

（2）创建三角形面作为加强支板的侧表面。

如图 6-112 所示，由棱边中点处新建的关键点 KP1，及支架下半部分的顶点 KP2、KP3 构成了加强支板侧面的三个顶点，通过三个关键点建立加强支板的侧面。

选择菜单 Main Menu→Preprocessor→Modeling→Create→Areas→Arbitrary→Through KPs+，依次拾取关键点 KP1、KP2 和 KP3，单击 "OK" 按钮，建立出加强支板的三角形侧面，如图 6-113 所示。

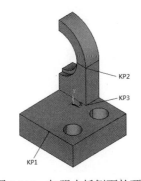

图 6-112　加强支板侧面的顶点

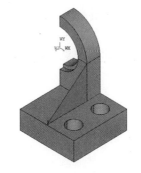

图 6-113　加强支板的三角形侧面

（3）沿法向拖拉三角形面形成一个三棱柱。

选择菜单 Main Menu→Preprocessor→Modeling→Operate→Extrude→Areas→Along Normal，拾取创建的三角形面，单击 "OK" 按钮，显示如图 6-114 所示的面沿法线拖动对话框，在 "Length of extrusion"文本框中输入"0.15"，厚度的方向是指向轴承孔中心的，单击"OK"按钮，得到带有加强支板的轴承座的二分之一模型，如图6-115所示。

注意：三角形面积的法线方向与拾取三个顶点的次序有关，满足右手法则。

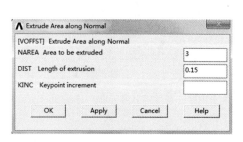

图 6-114　面沿法向拖动对话框

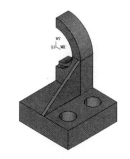

图 6-115　轴承座的二分之一模型

7. 镜像生成整个模型

选择菜单 Main Menu→Preprocessor→Modeling→Reflect→Volumes，显示体积元素选择对话框，单击"Pick All"按钮，出现镜像体元素对话框，如图6-116所示，选择"Y-Z plane"选项，单击"OK"按钮，得到轴承座模型，如图6-117所示。

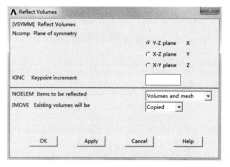

图 6-116　镜像体元素对话框

图 6-117　轴承座模型

8. 粘接所有体积元素

选择菜单 Main Menu→Preprocessor→Modeling→Operate→Booleans→Glue→Volumes，显示体积元素选择对话框，单击"Pick All"按钮。

通过粘接操作连接起来的几何对象划分网格时具有公共相连的节点，从而认为是连续体关系或者焊接关系。

习题

判断题

1. 自底向上建模是在激活坐标系上定义的，而自顶向下建模是在工作平面内定义的。
（　　）

2．所有任意不规则几何对象都是在激活坐标系中创建的。（　　）

3．所有直接定义的规则几何对象如圆线、矩形面、圆柱、等边多棱柱等，都是在工作平面内创建的。（　　）

4．布尔运算就是对生成的实体模型进行求交、相加、相减、粘接、切分等操作。（　　）

5．无论是自底向上，还是自顶向下建立的实体模型，在 ANSYS 中都可以对其进行布尔运算。（　　）

6．布尔运算的几何对象必须没有划分单元网格，如果已经划分有单元网格，必须首先清除网格，才可以对其进行布尔运算。（　　）

7．在 ANSYS 程序中，缩放是在激活坐标系下对单个或多个几何对象进行放大或缩小，同时包含复制和移动两种方式。（　　）

8．在 ANSYS 程序中，复制是在当前坐标系下进行操作的，不同当前坐标系下复制的方式不一样。（　　）

9．在 ANSYS 程序中，镜像操作时的对称面必须是当前激活的直角形式坐标系的某个坐标平面。（　　）

10．删除几何对象时，要求它们没有划分单元网格，否则必须首先清除其上的单元，然后才能执行删除操作。（　　）

11．选择菜单 Main Menu→Preprocessor→Modeling→Delete→Lines Only，可删除线及其上的关键点。（　　）

12．如果实体模型的低阶几何元素连在高阶几何元素上，则低阶几何元素不能被删除。（　　）

思考题

1．ANSYS 实体建模的方法有几种？每一种是如何建模的？各自的适用场合是什么？

2．布尔运算操作能实现几种功能？并说明各个功能的作用。

3．何为拖拉？拖拉有几种方式？

操作题

1．如图 6-118 所示为某机械产品上的一根轴，分别采用不同方法建立其几何实体模型。该轴为加工和安装设置了多个凹槽和凸台，在建模过程中可根据分析问题的性质取舍。特别是纯粹为加工方便而设置的凹槽和凸台在分析过程中完全可以不考虑。

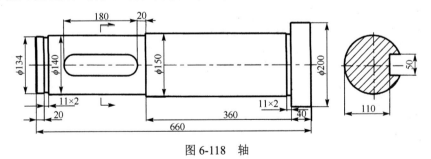

图 6-118　轴

2．创建如图 6-119 所示的螺栓的实体模型。

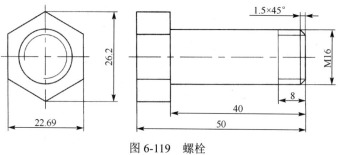

图 6-119　螺栓

3．图 6-120 所示为一个直齿圆柱齿轮结构示意图，结构参数为：模数 m=6mm、齿数 z=28，建立实体模型。

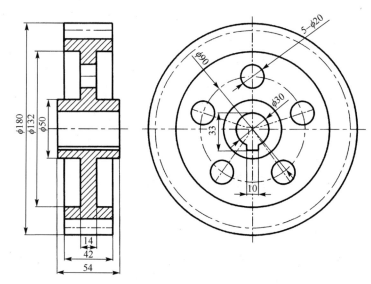

图 6-120　直齿圆柱齿轮结构示意图

第 7 章

网格划分与创建有限元模型

✧ 本章讲述创建有限元模型的方法及操作过程。介绍节点和单元的定义方法，网格划分工具的功能，网格划分的步骤，网格划分控制（尺寸控制和形状控制等）。还通过实例让读者进一步熟练网格划分的基本过程，网格划分的操作技巧需要在以后的学习过程中慢慢培养和积累。网格划分的尺寸控制是本章的重点及难点。

7.1 创建有限元模型概述

7.1.1 创建有限元模型的方法

ANSYS 提供两种创建有限元模型的方法，即直接法和几何模型网格划分法。

直接法：首先创建节点，然后利用节点创建单元，多个单元组成一个有限元模型。该方法适用于简单规则并且单元数目较少的有限元模型，如质量单元、弹簧、杆、梁等线单元。

几何模型网格划分法：首先创建（或者导入）几何模型，然后利用网格划分工具将其划分成带有单元的网格模型。对于复杂结构的有限元建模，一般都采用此方法。

7.1.2 创建有限元模型的基本过程

1. 直接法的基本过程

（1）定义单元类型。

（2）定义单元实常数。

（3）定义材料属性。

（4）创建节点：利用菜单 Main Menu→Preprocessor→Modeling→Create→Nodes 实现。

（5）分配单元属性：利用菜单 Main Menu→Preprocessor→Modeling→Create→Elements→Elem Attributes，指定当前需要创建单元的单元属性，包括单元类型号、单元实常数号、材料号、单元坐标系等。

（6）创建单元：利用菜单 Main Menu→Preprocessor→Modeling→Create→Elements，根据定义的节点创建单元。

2. 几何模型网格划分法的基本过程

（1）定义单元类型。

（2）定义单元实常数。

（3）定义材料属性。

（4）创建几何模型。利用菜单 Main Menu→Preprocessor→Modeling 实现。

（5）给每个几何对象分配单元属性。在划分单元网格之前，必须先给每个几何模型的点、线、面、体分配适当的单元属性，包括单元类型号、单元实常数号、材料号、单元坐标系、方向关键点等。可以通过菜单 Main Menu→Preprocessor→Meshing→Mesh Attributes，或者使用网格划分工具（MeshTool）中的分配单元属性按钮实现。

（6）控制网格划分密度或单元尺寸大小。

（7）选择单元形状和网格划分器类型。

（8）执行网格划分操作。

ANSYS 创建有限元模型，无论采用上述哪种方法，都必须首先定义单元类型、单元实常数和材料属性参数。

在网格划分过程中定义网格划分控制不是必需的，因为默认的网格生成控制对多数模型生成都是合适的。但定义单元属性对于网格划分来说是必不可少的，它不仅影响到网格划分，而且对求解的精度也有很大影响。

7.2　定义单元属性

定义单元属性是指定义单元类型、单元实常数和材料属性参数。

7.2.1　定义单元类型

1. ANSYS 的单元库

ANSYS 为用户提供了大量可以选择的、不同形状、不同用途的单元，来满足不同问题的分析需要。单元可以按不同形式进行分类。

按学科领域进行分类：①结构单元；②流体单元；③热单元；④电路、电场和磁场单元；⑤耦合场单元。

按单元维数与拓扑形式分类：①点单元（如质量单元）；②线单元（如弹簧、杆、梁等单元）；③面单元（如壳单元）；④体单元。

按阶数与节点数目分类：①线性单元（不带边中点）；②二次单元（带边中点）。

每个单元都有唯一的编号，是根据前缀和号来识别的，不同前缀代表不同的单元种类，不同的号代表该种类中具体的单元形式，如 BEAM188、SHELL181 和 SOLID96 等。

ANSYS 常用的结构单元类型有 Mass（质量）、Link（杆）、Beam（梁）、Pipe（管）、Shell（壳）和 Solid（实体）等。表 7-1 为常用的结构单元类型。

表 7-1　常用的结构单元类型

分　类	单　元　名
点单元	MASS21
杆单元	LINK180
梁单元	BEAM188，BEAM189
管单元	PIPE288，PIPE289，ELBOW290

分　类	单　元　名
2-D 实体单元	PLANE25，PLANE83，PLANE182，PLANE183
3-D 实体单元	SOLID65，SOLID185，SOLID186，SOLID187 SOLID272，SOLID273，SOLID285
壳单元	SHELL28，SHELL41，SHELL61，SHELL181，SHELL208，SHELL281
接触单元	CONTA171，CONTA173，CONTA174，CONTA175，CONTA176，CONTA177，CONTA178

在有限元分析中，对于不同的问题需要应用不同特性的单元，同时每一种单元也是专门为特定的有限元问题而设计的。因此，在进行有限元分析之前，选择和定义适合分析问题的单元类型是非常必要的。单元选择不当，将直接影响到计算能否进行和结果的精度。

2．定义单元类型的操作

定义单元类型的常用操作步骤如下。

（1）选择菜单 Main Menu→Preprocessor→Element Type→Add/Edit/Delete，弹出如图 7-1 所示的定义单元类型对话框，此时列表框中显示"NONE DEFINED"，表示没有任何单元被定义。单击"Add..."按钮，弹出单元类型库对话框，如图 7-2 所示，列表框中列出了单元库中的所有单元类型。左侧列表框中显示单元的分类，右侧列表框为单元的特性和编号。选择单元时应先明确自己要定义的单元类型，如 Beam（梁）、Link（杆）、Shell（壳）和 Solid（实体）等，然后再从右边的列表框中找到合适的单元。

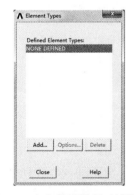

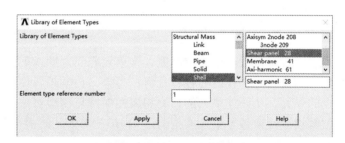

图 7-1　定义单元类型对话框　　　　　图 7-2　单元类型库对话框

（2）例如定义 SHELL28 单元。在左侧列表框中选择"Shell"，则右侧列表框中显示所有的 Shell 单元，选中"Shear panel 28"单元，并在"Element type reference number"文本框中输入单元编号，默认为"1"，如图 7-2 所示，单击"OK"按钮。

（3）如果单击"Apply"按钮，可继续添加其他的单元类型，同时"Element type reference number"文本框中的数值将自动变为"2"。如定义一个 PLANE182 单元，如图 7-3 所示，单击"OK"按钮。返回单元类型对话框，如图 7-4 所示，即先后定义了两种单元 SHELL28 和 PLANE182。

（4）如果用户想删除某单元类型，则在图 7-4 所示的对话框中选中此单元，单击"Delete"按钮。

（5）对于不同的单元有不同的选项设置。例如前面定义的 PLANE182 单元，在图 7-4 所示的对话框中，选中"PLANE182"，单击"Options"按钮，弹出如图 7-5 所示的对话框，在"K3"

下拉列表框中选择 "Plane strs w/thk"，单击 "OK" 按钮，即表示单元应用于平面应力问题，且
单元是有厚度的。

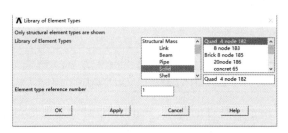

图 7-3　定义梁单元对话框

图 7-4　定义单元类型对话框

（6）选择菜单 Utility Menu→List→Properties→Element Types，可列表显示所有定义的单元
类型，如图 7-6 所示。

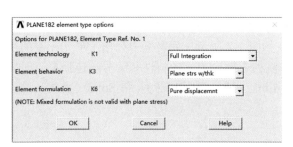

图 7-5　单元选项设置对话框

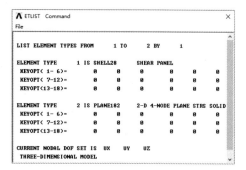

图 7-6　列表显示单元类型

7.2.2　定义实常数

单元实常数是指板壳单元的厚度、梁单元截面特性或截面几何尺寸等，它是从物理对象到
抽象成数学对象时无法保留的各种几何、力学、热学等属性参数，必须以单元实常数的方式增
补给指定的单元，从而使单元的行为和属性保持与物理对象的一致。

实常数设置是依赖于单元类型的，如 BEAM 单元的横截面特性、SHELL 单元的厚度等。
下面以 PLANE182 单元为例，介绍单元实常数的设置步骤。

（1）选择菜单 Main Menu→Preprocessor→Real Constants→Add/Edit/Delete，弹出如图 7-7
所示的定义实常数对话框，此时列表框中显示 "NONE DEFINED"，表示没有任何实常数被定
义。单击 "Add..." 按钮，弹出如图 7-8 所示的对话框。

图 7-7　定义实常数对话框

图 7-8　选中 PLANE182 单元

（2）选中"Type 2 PLANE182"，单击"OK"按钮，弹出如图 7-9 所示设置单元实常数对话框，设置下列选项：

◇ 在"Real Constant Set No."文本框中输入"1"，即单元实常数编号为 1。

◇ 在"THK"文本框中输入"0.1"，即单元实常数值为 0.1，单击"OK"按钮。

（3）单击"Edit..."按钮，可以对实常数进行编辑；单击"Delete..."按钮，可将其删除。

（4）选择菜单 Utility Menu→List→Properties→All Real Constants，可列表显示所有定义的实常数，如图 7-10 所示。

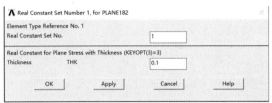

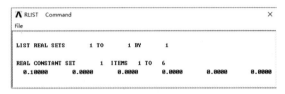

图 7-9　设置单元实常数　　　　　　　　　图 7-10　列表显示实常数

对于 BEAM（梁）单元，ANSYS 还提供了专门工具，能方便地创建截面尺寸。用户可以选择截面库中已有的截面类型，或自己定义新的截面类型，程序可以自动计算出截面面积和惯性矩等参数，极大地方便了梁单元实常数的定义。

例如为 BEAM3 建立一个槽形截面，其操作如下。

（1）选择菜单 Main Menu→Preprocessor→Sections→Beam→Common Sections，如图 7-11 所示。弹出 BEAM 单元截面设置工具，如图 7-12 所示。在"Name"文本框中输入截面名称；在"Sub-Type"下拉列表框中选择"c"，槽形截面的几何参数将出现在对话框中，分别在"W1"、"W2"、"W3"、"t1"、"t2"和"t3"文本框中输入参数，单击"OK"按钮，即定义了一个截面。

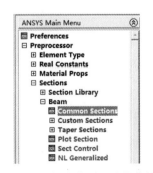

图 7-11　创建截面工具的菜单　　　　　　图 7-12　BEAM 单元截面设置工具

（2）用户可以在 BEAM 单元截面设置工具中单击"Preview"按钮，将在图形窗口中显示所定义截面的几何参数，如图 7-13 所示。图中 ✕ 表示截面的几何中心，▫ 表示截面的剪心，在图的右侧列出截面的几何特性，如截面面积和惯性矩等。

ANSYS 的截面库中还提供有矩形（■）、圆形（●）、管形（◎）、工字形（工）和角钢（L）

等多种截面类型。用户还可以在 Sub-Type 下拉列表框中选择 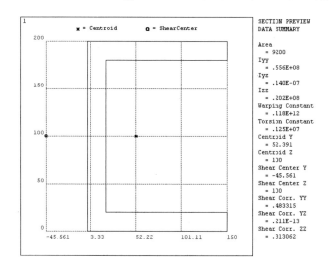，设置自定义的截面。

图 7-13　槽形截面几何参数

7.2.3　定义材料属性

定义材料属性就是输入材料参数，下面介绍常用的线性和非线性材料参数的定义方法。

1．定义线性材料参数

假设材料是各向同性的线弹性材料，其材料参数的定义步骤如下。

（1）选择菜单 Main Menu→Preprocessor→Material Props→Material Models，弹出定义材料参数对话框，如图 7-14 所示。在右侧列表框中依次单击 Structural→Linear→Elastic→Isotropic 菜单，弹出如图 7-15 所示的设置弹性模量和泊松比对话框，在"EX"文本框中输入弹性模量，在"PRXY"文本框中输入泊松比。

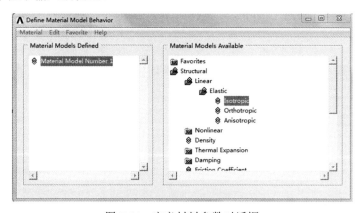

图 7-14　定义材料参数对话框

（2）单击"Add Temperature"按钮，可以输入不同温度时的弹性模量和泊松比，如图 7-16 所示。

（3）单击"Graph"按钮，打开如图 7-17 所示的下拉菜单。选择"EX"选项，将在图形视窗中显示材料弹性模量随温度的变化曲线，如图 7-18 所示；选择"PRXY"选项，将在图形窗口中显示泊松比与温度的关系曲线。

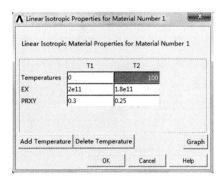

图 7-15　设置弹性模量和泊松比对话框　　　图 7-16　输入随温度变化的弹性模量和泊松比对话框

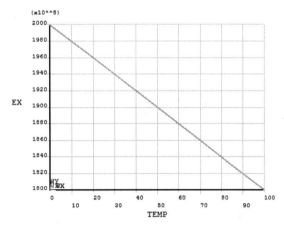

图 7-17　Graph 下拉菜单　　　　　图 7-18　弹性模量随温度变化曲线

（4）要删除 T2 温度，可在如图 7-16 所示的对话框中选中"T2"，单击"Delete Temperature"按钮，即可删除该列数据。此时材料的弹性模量和泊松比将不随温度变化。

（5）接着单击"OK"按钮，返回定义材料参数对话框，如图 7-19 所示。左侧的列表框中已经出现了"Linear Isotropic"项，表示已经定义了一种各向同性线弹性材料。

（6）还可以在如图 7-19 所示的对话框中，单击左上角的菜单 Material→New model...，定义新的材料参数。单击后将弹出如图 7-20 所示的对话框，在"Define Material ID"文本框中输入材料 ID 号（程序会自动编号，用户也可以自己定义），单击"OK"按钮，重复以上步骤进行定义。

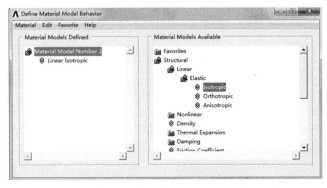
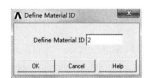

图 7-19　定义材料参数对话框　　　　　图 7-20　定义材料 ID

2．定义非线性材料参数

下面新建一个材料模型，定义一个较为复杂的非线性材料参数，操作如下。

（1）在定义非线性材料对话框中，单击左上角的菜单 Material→New model...选项，弹出"Define Material ID"对话框，输入材料 ID 号，单击"OK"按钮。

（2）如图 7-21 所示，在选中材料 2 的基础上，依次单击菜单 Structural→Nonlinear→Inelastic→Rate Independent→Isotropic Hardening Plasticity→Mises Plasticity→Multilinear，弹出提示框，提示在进行非线性材料参数输入之前应先定义弹性材料属性。

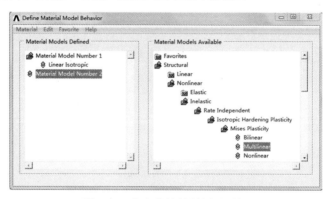

图 7-21　定义非线性材料对话框

（3）单击"确定"按钮，将弹出"Linear Isotropic Properties for Material Number 2"对话框，输入弹性模量"2.0e11"和泊松比"0.3"，单击"OK"按钮。

（4）接着弹出如图 7-22 所示的数据点输入对话框，在"STRAIN"文本框中输入应变"0.001"，在"STRESS"文本框中输入应力"206e6"。

（5）单击"Add Point"按钮，依次添加如图 7-23 所示的数据点。选择"Delete Point"按钮可以删除相应的数据点。

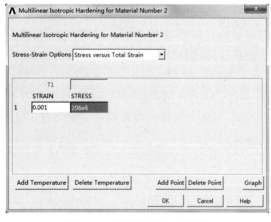

图 7-22　数据点输入对话框

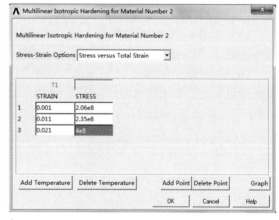

图 7-23　添加数据点对话框

（6）单击"Graph"按钮，可在图形窗口中显示材料的应力应变关系曲线，如图 7-24 所示。

（7）单击"OK"按钮，完成材料模型 2 的定义。

ANSYS 提供了多种材料模型的定义，适用于不同的问题，但步骤都和以上介绍的类似。

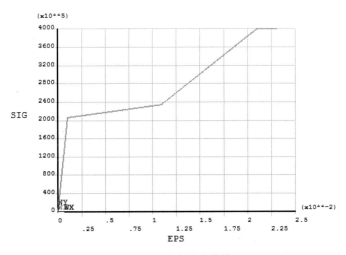

图 7-24　应力应变曲线

7.3　直接法创建有限元模型实例

单自由度的弹簧-质量系统如图 7-25 所示，弹簧的拉压刚度为 100N/m，质量大小为 100kg，创建该弹簧-质量系统的有限元模型。

直接法创建该模型的基本思路如下。

（1）定义单元类型：质量单元（1 号单元类型）和弹簧单元（2 号单元类型）。

（2）定义单元实常数：质量单元的实常数（1 号单元实常数）和弹簧单元的实常数（2 号单元实常数）。

图 7-25　弹簧-质量系统

（3）创建节点。

（4）设置质量单元及其实常数为当前单元属性。

（5）创建质量单元。

（6）设置弹簧单元及其实常数为当前单元属性。

（7）创建弹簧单元。

具体菜单操作过程如下。

（1）定义单元类型。

① 定义单元类型 1：选择菜单 Main Menu→Preprocessor→Element Type→Add/Edit/Delete，弹出定义单元类型对话框，单击"Add"按钮，弹出单元类型库对话框，选择左侧列表窗中的"Structural Mass"，再选择右侧列表窗中的"3D mass 21"，在"Element type reference number"文本框中输入"1"（即单元类型 1 指向单元库中的单元 Mass21），单击"OK"按钮。如图 7-26 所示，接着单击"Options"按钮，弹出设置质量单元属性对话框，将"Rotary inertia options K3"设置为"2-D w/o rot iner"（二维质量没有转动惯量），如图 7-27 所示，单击"OK"按钮，返回定义单元类型对话框。

② 定义单元类型 2：单击单元类型对话框中的"Add"按钮，弹出单元类型库对话框，选择左侧列表窗中的"Combination"（连接单元），再选择右侧列表窗中的"Spring-damper 14"单元，在"Element type reference number"文本框中输入"2"，即单元类型 2 指向单元库中的单

元 COMBIN14，如图 7-28 所示，单击"OK"按钮。返回定义单元类型对话框，如图 7-29 所示，选中窗口中的"Type 2 COMBIN14"，单击"Options"按钮，弹出设置弹簧单元属性对话框，将"DOF select for lD behavior K2"设置为"Longitude UX DOF"，即设置弹簧的刚度方向为 X 方向，如图 7-30 所示，单击"OK"按钮，返回定义单元类型对话框，单击"Close"按钮。

图 7-26　定义单元类型 1

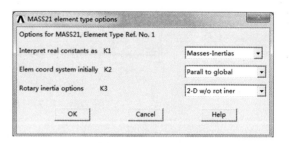

图 7-27　设置质量单元属性对话框

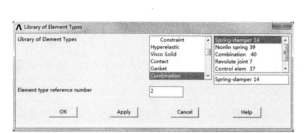

图 7-28　单元类型库对话框

图 7-29　定义单元类型 2

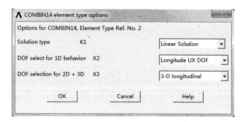

图 7-30　设置弹簧单元属性对话框

（2）定义单元实常数。

① 定义单元实常数 1：选择菜单 Main Menu→Preprocessor→Real Constants→Add/Edit/Delete，弹出定义单元实常数对话框，单击"Add"按钮，弹出"Element Type for Real Constants"对话框，选择列表窗中的"Type1 Mass21"，单击"OK"按钮，弹出设置质量单元实常数对话框，如图 7-31 所示，在"Real Constant Set No."文本框中输入"1"，在"2-D mass MASS"文本框中输入"100"，单击"OK"按钮。

② 定义单元实常数 2：单击"Add"按钮，弹出"Element Type for Real Constants"对话框，选择列表窗中的 Type 2 COMBIN 14，单击"OK"按钮，弹出定义弹簧单元实常数对话框，在"Real Constant Set No."文本框中输入"2"，在"Spring constant"文本框中输入"100"，即弹簧刚度为 100，如图 7-32 所示，单击"OK"按钮，返回定义单元类型对话框，再单击"Close"按钮。

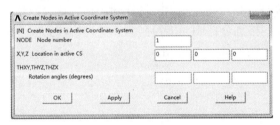
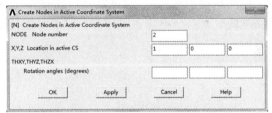

图 7-31　设置质量单元实常数对话框　　　　图 7-32　定义弹簧单元实常数对话框

（3）创建节点 1 与节点 2。

选择菜单 Main Menu→Preprocessor→Modeling→Create→Nodes→In Active CS，弹出"Create Nodes in Active Coordinate System"对话框，在"Node number"文本框中输入"1"，"X,Y,Z Location in active CS"文本框中依次输入"0""0""0"，如图 7-33 所示，单击"Apply"按钮。再次弹出"Create Nodes in Active Coordinate System"对话框，在"Node number"文本框中输入"2"，"X,Y,Z Location in active CS"文本框中依次输入"1""0""0"，如图 7-34 所示，单击"OK"按钮。

图 7-33　在当前坐标系中创建节点 1　　　　图 7-34　在当前坐标系中创建节点 2

（4）创建质量单元。

选择菜单 Main Menu→Preprocessor→Modeling→Create→Elements→Auto Numbered→Thru Nodes，弹出节点拾取对话框，用鼠标选中节点 2，单击"OK"按钮。

（5）设置单元属性。

选择菜单 Main Menu→Preprocessor→Modeling→Create→Elements→Elem Attributes，弹出对话框，将"Element type number"项设置为"2 COMBIN 14"，"Real constant set number"项设置为"2"，其他项默认，如图 7-35 所示，单击"OK"按钮。

（6）创建弹簧连接单元。

选择菜单 Main Menu→Preprocessor→Modeling→Create→Elements→Auto Numbered→Thru Nodes，弹出节点拾取对话框，依次用鼠标选中节点 1 与节点 2，单击"OK"按钮。创建出弹簧-质量系统的有限元模型，如图 7-38 所示。

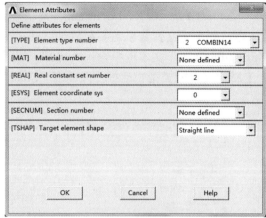

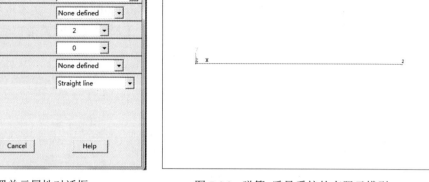

| 图 7-35　设置单元属性对话框 | 图 7-36　弹簧-质量系统的有限元模型 |

7.4　网格划分控制

ANSYS 以数学的方式表达结构的几何形状，用于在里面填充节点和单元，还可以在几何边界上方便地施加载荷，但是几何模型并不参与有限元分析，所有施加在有限元边界上的载荷或约束，必须最终传递到有限元模型上（带有节点和单元的模型）进行求解。

生成节点和单元的网格划分过程包括以下三个步骤：定义单元属性、网格划分控制、生成网格。定义了单元属性，理论上就可以按 ANSYS 的默认网格控制来进行网格划分。但有时按默认的网格控制来划分，会得到较差的网格，如图 7-37（a）所示，这样的网格往往会导致计算精度降低，甚至不能完成计算。这时可以使用网格划分控制功能得到满意的网格，如图 7-37（b）所示。

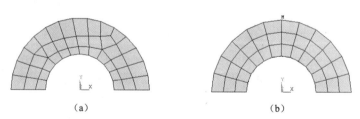

| （a） | （b） |

图 7-37　同一实体不同的网格划分

网格划分控制能建立用于实体模型划分网格的因素，如单元形状、中间节点位置、单元尺寸控制等。这一步骤在整个分析过程中非常重要，对分析结果的精确性和正确性有决定性影响。

7.4.1　网格划分工具

ANSYS 提供了一个强大的网格划分工具，包括网格划分可能用到的所有命令，如设置单元属性，网格密度控制，单元尺寸控制，单元形状控制，网格划分器选择，网格加密操作等。选择菜单 Main Menu→Preprocessor→Meshing→MeshTool，打开网格划分工具（MeshTool），如图 7-38 所示，可以方便地进行网格划分控制的参数设置。

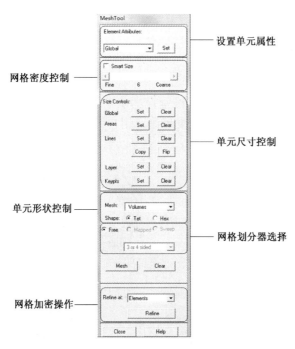

图 7-38　网格划分工具

7.4.2　设置单元属性

在网格划分工具的"Element Attributes"下拉列表框中，可以选择 Global、Volumes、Area、Lines 或 Keypoint 选项，进行单元属性设置。例如，选中"Global"，单击"Set"按钮，将弹出如图 7-39 所示的设置单元属性对话框，可在该对话框中设置对应的单元类型号、单元材料号、实常数号、坐标系号及单元截面号（只有定义了 BEAM 单元或 SHELL 单元，才会有单元截面号）。

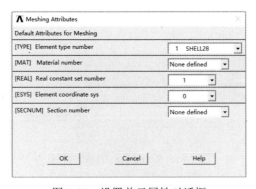

图 7-39　设置单元属性对话框

也可以选择菜单 Main Menu→Preprocessor→Meshing→Mesh Attributes，为实体模型分配单元属性。

7.4.3　网格密度控制

Smart Size 是 ANSYS 提供的智能网格划分功能，它有自己的内部计算机制，在很多情况下，使用 Smart Size 更有利于生成形状合理的单元。在自由网格划分时，建议使用 Smart Size 控制网格的大小。

1．Smart Size 的基本控制

基本控制是用 Smart Size 的网格划分水平值来控制网格大小的，程序会自动设置一套独立的控制值来生成想要的网格大小。其尺寸级别范围从 1（细）到 10（粗糙），默认的水平值是 6。水平值（Smart Size）越小，网格划分效果越好，用户可以按自己的需要修改。图 7-40 显示了不同 Smart Size 水平值下的网格划分结果，从中可以看出 Smart Size 的强大功能。

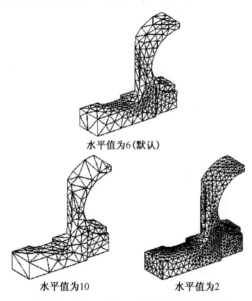

图 7-40　Smart Size 水平值的控制效果

注意，只有当"Smart Size"复选框选中时，"Smart Size"选项才打开，调节滑块即可。

另外还可以选择菜单 Main Menu→Preprocessor→Meshing→Size Cntrls→SmartSize→Basic，将弹出如图 7-41 所示的 Smart Size 的基本设置对话框，在"Size Level"下拉列表中从 1 到 10 选择一个级别，单击"OK"按钮。

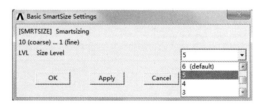

图 7-41　Smart Size 的基本设置

2．Smart Size 的高级控制

当用户需要对 Smart Size 进行特殊的网格划分设置时，就需要使用高级控制技术。Smart Size 的高级控制给用户提供了人工控制网格质量的可能，如用户可以改变诸如小孔和小角度处的粗化选项。

选择菜单 Main Menu→Preprocessor→Meshing→Size Cntrls→SmartSize→Adv Opts，将弹出如图 7-42 所示的 Smart Size 的高级控制对话框，该对话框的参数设置如下。

FAC：用于计算默认网格尺寸的比例因子。当用户没有使用类似于 ESIZE 的命令对对象划

分网格进行特殊指定时，该值的设置直接影响单元的大小。其取值范围为 0.2～5。图 7-43 显示了此参数的控制效果。

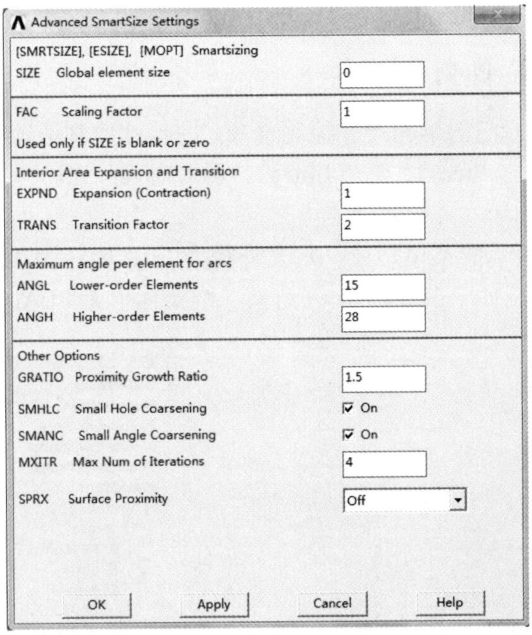

图 7-42　Smart Size 的高级控制

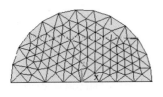

FAC=0.2　　　　　　　　　　FAC=5

图 7-43　FAC 参数的控制效果

EXPND：网格划分胀缩因子。该值决定了面内部单元尺寸与边缘处的单元尺寸的比例关系，取值范围为 0.5～4。图 7-44 显示了此参数的控制效果。

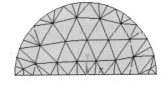

EXPND=0.5　　　　　　　　　　EXPND=2

图 7-44　EXPND 参数的控制效果

TRANS：网格划分过滤因子。该值决定了从面的边界上到内部单元尺寸胀缩的速度。该值必须大于 1 而且最好小于 4。

ANGL：对于低阶单元，该值设置了每个单元边界过渡中允许的最大跨越角度。ANSYS 默认为 22.5°（Smart Size 的水平值为 6 时）。

其他参数如 "GRATIO" "SMHLC" "SMANC" 等，在一般情况下接受默认即可。当在

"MeshTool"对话框中选了"Smart Size"，并拖动滑块进行了 Smart Size 水平设置后，高级控制对话框中的值将自动恢复为默认值。因此，在高级控制对话框中修改了参数后，应马上进行网格划分。

7.4.4 单元尺寸控制

网格划分工具提供了专门的单元尺寸控制选项，在尺寸控制选项组里，如图 7-45 所示，可以对于全局（Global）、面（Areas）、线（Lines）、层（Layer）或关键点（Keypoint）进行单元尺寸设置和网格清除。

例如，利用图 7-46 所示的菜单路径，定义外径为 20、内径为 10 的半圆环面，如图 7-47 所示。半圆环面的几何模型如 7-48 所示，并定义二维实体单元 PLANE182 。

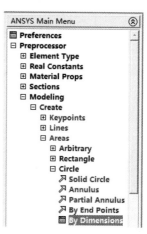

图 7-46 定义半圆环面的菜单路径

图 7-45 尺寸控制选项组

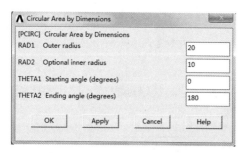

图 7-47 定义半圆环面的对话框

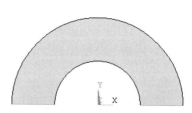

图 7-48 半圆环面的几何模型

1）全局单元尺寸控制网格划分

（1）选择菜单 Main Menu→Preprocessor→Meshing→MeshTool，打开如图 7-38 所示的网格划分工具对话框，并设置好单元属性。

（2）单击图 7-45 中 Global 右边的"Set"按钮，弹出如图 7-49 所示的对话框。在"Element edge length"（最大单元边长）文本框中输入单元大小"3"，单击"OK"按钮，回到网格划分工具对话框。注意：这两个选项只能设置其中的一个，不能同时设置。

（3）在图 7-38 所示的网格划分工具对话框中，定义单元形状控制为"Quad"；网格划分器选择"Free"。然后单击"Mesh"按钮，弹出图形选取对话框，再用鼠标在图形窗口中选择要划分的圆环面，单击"OK"按钮，得到的网格如图 7-50 所示。

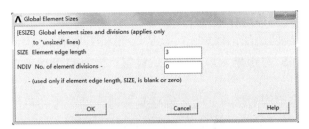

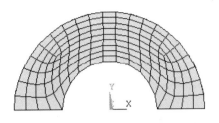

图 7-49 全局单元尺寸设置   图 7-50 全局控制单元尺寸网格划分结果

2）线控制单元尺寸网格划分

（1）选择菜单 Main Menu→Preprocessor→Meshing→MeshTool，打开如图 7-38 所示的网格划分工具对话框，并设置好单元属性。

（2）单击图 7-45 中"Lines"右边的"Set"按钮，弹出图形选取对话框，在图形窗口中选择圆环的内外弧线，然后单击"OK"按钮。接着弹出如图 7-51 所示的对话框，在"No. of element divisions"（线上的单元划分个数）文本框中输入"12"，单击"OK"按钮。

（3）再次单击图 7-45 中"Lines"右边的"Set"按钮，弹出图形选取对话框，在图形窗口中选择圆环的两条下边线，然后单击"OK"按钮。在弹出的"Element Sizes on Picked Lines"对话框中，设置"No. of element divisions"为"3"，并单击"OK"按钮。线上单元边长设置完毕，结果如图 7-52 所示。

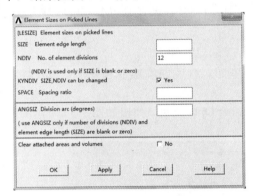

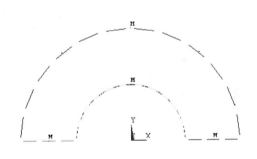

图 7-51 设定线上单元边长   图 7-52 设置好线上单元边长的模型

（4）在图 7-38 所示的对话框中，定义单元形状控制为"Quad"；网格划分器选择"Free"。然后单击"Mesh"按钮，弹出图形选取对话框，用鼠标在图形窗口中选择要划分的圆环面，单击"OK"按钮，得到的网格如图 7-53 所示。

网格划分工具还可以对面和关键点进行单元尺寸控制，其操作与线类似。

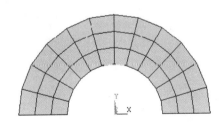

图 7-53 线控制单元尺寸网格划分结果

7.4.5 单元形状控制

在网格划分工具的"Mesh"下拉列表框中，可以选择网格划分的对象类型，如"Volumes""Areas""Lines"或"Keypoint"。当在下拉列表中选择"Areas"时，"Shape"选项组的内容将变为"Tri"（三角形）和"Quad"（四边形），可以控制用三角形还是四边形单元对面进行划分。当在下拉列表中选择"Volumes"时，"Shape"选项组的内容将变为"Hex"（六面体）和"Tet"

（四面体），可以控制用六面体还是四面体单元对体进行划分。

同一个网格区域的面单元可以是三角形或四边形，体单元可以是六面体或四面体。因此在进行网格划分之前，应该决定是使用 ANSYS 对于单元形状的默认设置，还是自己指定单元形状。

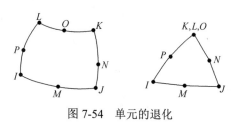

图 7-54　单元的退化

当用四边形单元进行网格划分时，结果中还可能包含有三角形单元，这就是单元划分过程中产生的单元"退化"现象。比如，PLANE82 单元是二维的结构单元，具有 8 个节点（I、J、K、L、M、N、O、P），默认情况下，PLANE82 具有四边形的外形，但当节点 K、L 和 O 定义为同一个节点时，原来的四边形单元即"退化"为三角形单元，如图 7-54 所示。

当在划分网格前指定单元形状时，不必考虑单元形状是默认的形式还是某一单元的退化形式。相反，可以考虑想要的单元形状本身的最简单形式。用网格划分工具指定单元形状的操作如下。

（1）选择菜单 Main Menu→Preprocessor→Meshing→MeshTool，打开如图 7-38 所示的"MeshTool"对话框。

（2）在"Mesh"下拉列表框中选择需要划分的对象类型。当选择面网格划分时，在"Shape"选项组中选择"Quad"（四边形）或"Tri"（三角形）选项；当选择体网格划分时，可选择"Tet"（四面体）或"Hex"（六面体）选项。

（3）单击"Mesh"按钮对模型进行网格划分。

用户还可以打开"Mesher Options"（网格划分器选项）对话框进行单元形状设置，操作如下：

（1）选择 Main Menu→Preprocessor→Meshing→Mesher Opts 菜单，弹出如图 7-55 所示的网格划分器选项对话框。

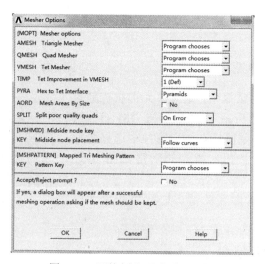

图 7-55　网格划分器选项对话框

（2）在"Mesher options"对话框中有"Triangle Mesher"（三角形网格划分器）、"Quad Mesher"（四边形网格划分器）和"Tet Mesher"（四面体网格划分器）等选项。选择合适的网格划分器，单击"OK"即可。

7.4.6　网格划分器选择

在进行一般的网格控制之前，应该考虑好本模型使用自由网格划分（Free）还是映射网格划分（Mapped）。

自由网格划分对于单元没有特殊的限制，也没有指定的分布模式，而映射网格划分则不但对单元形状有所限制，而且对单元排布模式也有要求。映射面网格只包含四边形单元，映射体网格只包含六面体单元。映射网格具有规则的形状，明显成排地规则排列，因此，如果想要这种网格类型，必须将模型生成具有一系列相当规则的体或面，才能进行映射网格划分，如图 7-56 所示。

自由网格划分主要是使用 Smart Size 进行控制，要进行自由网格划分，可以选择菜单 Main Menu→Preprocessor→Meshing→Mesh Tool，打开"MeshTool"对话框，参考图 7-57，通过选择"Free"单选按钮，使用自由网格划分模式。

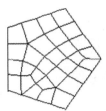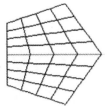

图 7-56　自由网格划分（左）与映射网格划分（右）　　　图 7-57　自由网格划分选择模式

使用"MeshTool"对话框的优点在于，用户选择了单元的形状时，ANSYS 会自动将对于此单元形状不可用的网格划分模型的相应按钮置于不可用状态。

7.4.7　网格加密操作

当完成了网格划分之后，有时可能由于某种原因，还需要对有限元模型的局部进行网格细化。

下面以面的细化为例，介绍网格细化的 GUI 操作方法。图 7-58 是用默认的"Smart Size"（水平值为 6）自由网格划分得到的面网格结果，要对其进行局部细化，操作步骤如下：

（1）选择菜单 Main Menu→Preprocessor→Meshing→MeshTool，打开网格划分工具对话框。

（2）在"Mesh Tool"对话框最下方的"Refine at"下拉列表框中，选择"Lines"（线）选项，如图 7-59 所示。然后单击 Refine 按钮，弹出图形选取对话框，然后在图形窗口中选取内圆线，单击"OK"按钮，将弹出如图 7-60 所示的对话框。

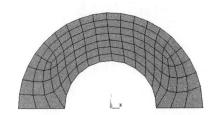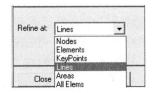

图 7-58　自由网格划分结果　　　　　　　　图 7-59　网格细化对象选择

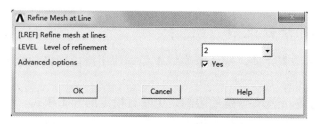

图 7-60　设置细化级别对话框

（3）在"Level of refinement"下拉列表框中选择适当的细化级别，如"2"（级别分为1～5，1细化程度最低，5细化程度最高），选中"Advanced options"右边的"Yes"复选框，表示将进行细化的高级设置，单击"OK"按钮。

（4）在弹出的细化高级设置对话框（如图 7-61 所示）中，设置如下参数：在"Depth of refinement"文本框中输入细化深度"1"；在"Postprocessing"下拉列表框中选择"Cleanup+Smooth"选项，表示进行清理与平滑化操作，单击"OK"按钮。此时可得到网格细化的结果，如图 7-62 所示。

图 7-61　细化高级设置对话框

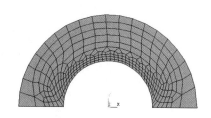

图 7-62　对内圆线周围进行网格细化

说明：细化深度是指从用户指定的实体向周围细化单元的单元层数，深度越大，细化的范围也就越大。

以上是对线周围进行细化的操作，利用其他对象进行细化的操作与此类似，只需在第（2）步中选择相应的对象即可。

7.4.8　清除实体模型上的网格

先利用 MeshTool 上的清除按钮 Clear，执行网格清除工作，然后利用菜单执行网格清除工作。

（1）清除关键点上定义的节点和点单元。

选择菜单 Main Menu→Preprocessor→Meshing→Clear→Keypoints，弹出拾取清除网格的关键点对话框，用鼠标拾取关键点，单击"OK"按钮。

（2）清除线上定义的节点和线单元。

选择菜单 Main Menu→Preprocessor→Meshing→Clear→Lines，弹出拾取清除网格的线对话框，用鼠标拾取线，单击"OK"按钮。

（3）清除面上定义的节点和面单元。

选择菜单 Main Menu→Preprocessor→Meshing→Clear→Areas，弹出拾取清除网格的面对话框，用鼠标拾取面，单击"OK"按钮。

（4）清除体上定义的节点和体单元。

选择菜单 Main Menu→Preprocessor→Meshing→Clear→Volumes，弹出拾取清除网格的体对

话框，用鼠标拾取体，单击"OK"按钮。

习题

填空题

1．定义单元属性的操作主要包括_____、_____、_____。

2．在有限元分析中，如单元种类选择不当，会直接影响到_____和_____。

3．ANSYS 提供了一个强大的网格划分工具，包括_____、_____、_____等网格划分可能用到的所有命令。

4．在网格划分工具中，Smart Size 是用网格划分水平值（大小从 1 到 10）来控制网格划分大小的，程序会自动地设置一套独立的控制值来生成想要的大小，其中默认的网格划分水平是_____。

5．自由网格划分对于单元没有特殊的限制，也没有指定的分布模式，而_____则不仅对于单元形状有所限制，而且对单元排列模式也有讲究。

判断题

1．单元是根据前缀和号来识别的，不同的前缀代表不同单元种类，不同的号代表该种类中的具体单元形式。（　　）

2．ANSYS 中常用的结构单元类型有 Beam（梁）、Link（杆）、Shell（壳）和 Solid（实体）等。（　　）

3．实常数的定义是为单元服务的，是单元特性的进一步描述。（　　）

4．不是所有单元都需要单元实常数，实常数只是某些单元特有的参数，而且不同单元的实常数代表的意义也不同。（　　）

5．选择菜单 Main Menu→Preprocessor→Meshing→MeshTool，可打开 ANSYS 的网格划分工具，该工具高度集成几何模型网格划分功能，操作简单方便。（　　）

6．网格划分的好坏直接影响计算结果的准确性和有效性。（　　）

7．当划分好网格之后，如果想删除或者修改实体模型是不能直接实现的，必须先将网格清除才能进行。（　　）

思考题

1．ANSYS 创建有限元模型的方法有几种？各自的适用场合是什么？

2．简述网格划分的基本过程。

3．在 ANSYS 有限元分析时，是否每种单元类型都要定义实常数？为什么？

4．如何区分有限元模型和实体模型？

5．前处理器的功能是什么？在 ANSYS 的前处理器内主要能完成哪些操作？

第8章

施加载荷与求解

✧ 本章主要介绍载荷施加与求解的方法，包括载荷施加的途径，载荷步和子步的概念，载荷类型与加载过程，位移约束的施加方法，载荷的施加方法及求解等内容。读者只有通过对大量 ANSYS 实例进行不间断的练习，才能够熟练掌握 ANSYS 施加载荷的技巧。载荷的施加方法是本章重点内容，多载荷步的求解是本章难点。

在建立了有限元模型之后，就可以对模型施加载荷并进行求解了。施加载荷是进行有限元分析的关键一步，可以直接对实体模型施加载荷，也可以对网格划分之后的有限元模型施加载荷。施加完载荷，并且对模型划分了网格之后，就可以选择适当的求解器对问题进行求解了。

8.1　施加载荷与求解概述

如果一个完整的求解过程只需要一个载荷步求解就可以完成，则称之为单载荷步求解，其分析的基本步骤如下：

（1）选择分析类型。
（2）设置分析类型选项。
（3）施加载荷。
（4）设置载荷步选项。
（5）执行求解。

8.1.1　选择分析类型

在实际工程分析中，不同性质的求解问题具有不同的求解设置与求解过程。对于结构分析类型，包括线性静力分析、模态分析、谐响应分析、瞬态分析、谱分析、几何非线性分析、材料非线性分析和接触分析等，它们都有一套适应自身求解特点的加载和求解过程及其相关设置选项。

选择菜单 Main Menu→Solution→Analysis Type→New Analysis，弹出选择分析类型对话框，如图 8-1 所示。在结构分析时分析类型选项有以下几种。

Static：静态求解，对应分析类型编号 0，可以执行所有线性或非线性静力/稳态问题求解。

Modal：模态求解，对应分析类型编号 2，计算结构的模态振型与频率。

Harmonic：谐响应求解，对应分析类型编号 3，计算结构在不同频率激励下的谐响应行为。

Transient：瞬态求解，对应分析类型编号 4，计算结构在时间历程载荷作用下的瞬态响应行为。

Spectrum：谱分析，对应分析类型编号 8，包含响应谱求解和随机振动求解两种。

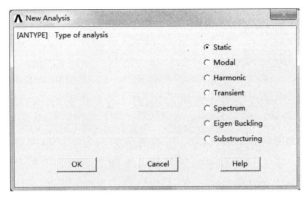

图 8-1　选择分析类型对话框

Eigen Buckling：特征屈曲求解，对应分析类型编号 1，计算线性临界屈曲载荷。选择其中的一个分析类型，单击"OK"按钮。

Substructuring：子结构分析，对应分析类型编号 7，计算超单元生成超单元矩阵。

8.1.2　设置分析类型选项

选择完分析类型，接下来设置与分析类型相关的分析选项。
如图 8-2 所示，选择菜单 Main Menu→Solution→Analysis Type→Analysis Options，弹出设置分析类型选项对话框，如图 8-3 所示。

由于分析类型不同，该对话框显示的内容也会不同，该步骤针对不同分析类型设置各自的分析选项，包括通用几何非线性、求解器等一系列设置选项，以及静、动力学分析类型的其他专用选项。选择某种分析类型时，也可能不显示该菜单，说明不需要进行分析选项设置（如分析类型选择"Transient"）。

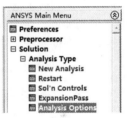

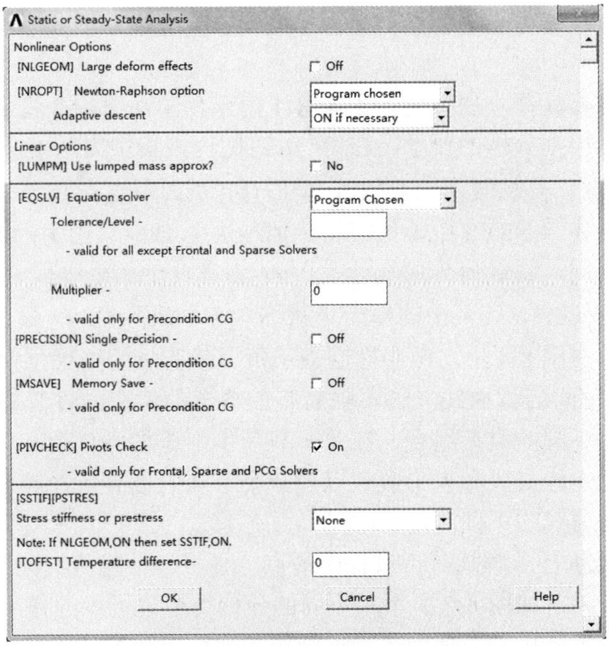

图 8-2　设置分析类型选项菜单

图 8-3　设置分析类型选项对话框

8.1.3　载荷及其分类

有限元分析的主要目的是检查结构或构件对一定载荷条件的响应。在 ANSYS 术语中，载荷（Loads）包括边界条件和模型内部或外部的作用力。不同学科中的载荷内容不同，在结构分析中主要指位移、速度、加速度、力（力矩）、压力、温度和重力；在热分析中主要指温度、热流率、对流、热流密度、生热率。

为了真实反映实际物理情况，ANSYS 将载荷分为六大类：自由度（DOF）约束、集中载荷、表面载荷、体载荷、惯性载荷和耦合场载荷。下面对这六大类载荷进行简单说明。

（1）自由度约束（DOF constraint）：给定某一自由度一已知值。例如，结构分析中约束被指定为位移和对称边界条件，热力学分析中指定为温度等。

（2）集中载荷（Force）：施加于模型关键点或节点上的集中载荷。例如结构分析中的集中力和力矩，热力学分析中的热流率等。

（3）表面载荷（Surface load）：施加于某个面的分布载荷。例如结构分析中的压力，热力学分析中的对流等。

（4）体载荷（Body load）：体或场载荷。例如结构分析中的温度，热力学分析中的生热率等。

（5）惯性载荷（Inertia loads）：由物体惯性引起的载荷。例如结构分析中的重力加速度、角速度和角加速度。主要在结构分析中使用。

（6）耦合场载荷（Coupled-field loads）：为以上载荷的一种特殊情况，指从一种分析得到的结果用作另一种分析的载荷，例如将热分析中计算得到的温度作为结构分析中的体载荷。

8.1.4　载荷步与载荷子步

载荷步（Load Step）是指为了获得正确计算结果而对所施加的载荷所做的相关配置。根据求解问题的难易程度，一个实际的加载过程可分为单载荷步或多载荷步。在单载荷步问题分析中，通过施加一个载荷步即可满足要求；而在多载荷步问题中，需要多次施加不同的载荷才能满足要求。

下面通过图示来解释载荷步的概念。如图 8-4 所示为某次结构分析中所需要施加的集中力载荷与时间的关系图。根据分析的要求，在 $0 \sim t_1$ 时间内，集中力从 0 开始线性增加到 1kN，接着该力保持 1kN 不变，持续时间为 $t_1 \sim t_2$，最后在 t_3 的时候，又逐渐线性降为零。这是一个实际问题的物理描述，在 ANSYS 中，如何正确体现这个 1kN 集中力的加载过程呢？

首先根据时间的不同，将载荷分成 3 步。$0 \sim t_1$ 为第一步加载过程，$t_1 \sim t_2$ 为第二步加载过程，$t_2 \sim t_3$ 为第三步加载过程。这其中的每一步就称为一个载荷步。一般来说，每个载荷步结束位置的确定比较重要。在图 8-4 中，用小圆圈表示每个载荷步的结束位置。

上述是通过载荷-时间历程曲线来解释载荷步的概念的。在线性静态或稳态分析中，可以使用不同的载荷步施加不同的载荷组合，在第一载荷步中施加风载荷，在第二载荷步中施加重力载荷，在第三载荷步中施加风和重力载荷以及一个不同的边界条件等。在瞬态分析中，将多个载荷步加到载荷历程曲线的不同区段。

子步（Substep）是执行求解载荷步过程中的点。它将一个载荷步分为很多增量进行求解，在每个子步点都计算结果，如图 8-5 所示。不同的分析类型，子步的作用也不同

在非线性静态或稳态分析中，使用子步逐渐施加载荷以获得精确解；在线性或非线性瞬态

分析中，使用子步是为了满足瞬态时间累积法则（为获得精确解，通常规定一个最小累积时间步长）：在谐波分析中，使用子步可获得谐波频率范围内多个频率处的解。平衡迭代是在给定子步下为了收敛而进行的附加计算。

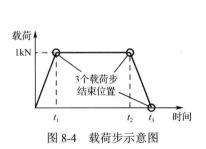

图 8-4　载荷步示意图

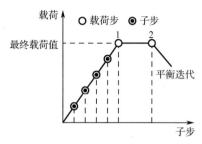

图 8-5　载荷步、子步和平衡迭代

8.1.5　设置载荷步选项

在 ANSYS 中对模型施加载荷，可以使用多种方法，而且通过载荷步选项可以控制求解过程中如何使用载荷。

载荷步选项（Load step options）是用于表示控制载荷应用的选项（如时间、子步数、时间步及载荷阶跃或逐渐递增等）的总称。选择菜单 Main Menu→Solution→Load Step Opts，可展开载荷步选项菜单，如图 8-6 所示。

如果用户展开的载荷步选项菜单不完全，选择菜单 Main Menu→Solution→Unabridged Menu 即可。

1．时间与时间步选项

展开载荷步选项菜单后，选择菜单 Main Menu→Solution→Load Step Opts→Time/Frequenc →Time‐Time Step，弹出如图 8-7 所示的对话框。在"Time at end of load step"文本框中输入终止载荷步时间（如 1 或 2 等），在"Time step size"文本框中输入时间步大小，在"Stepped or ramped b.c."单选列表框中选择逐步加载（Ramped）或阶跃加载（Stepped）模式。

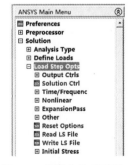

图 8-6　载荷步选项菜单

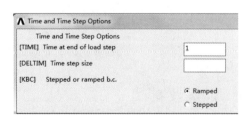

图 8-7　时间与时间步选项

如果是逐步加载，在每个载荷子步中载荷将逐渐增加，且全部载荷出现在载荷步结束时，如图 8-8（a）所示。

如果是阶跃加载，全部载荷施加于第一个载荷子步，且在载荷步的其余部分，载荷保持不变，如图 8-8（b）所示。

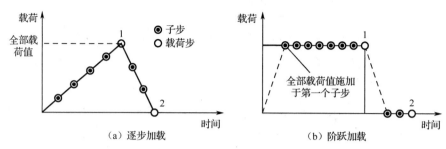

图 8-8　阶跃加载与逐步加载

2．求解输出控制选项

求解过程包含大量的中间时间点上的结果数据，包括基本解（基本自由度）和各种导出解（如应力、应变、力等）。对于用户来讲，往往仅仅关心部分结果数据，在求解时只需控制输出这些结果数据到结果文件中就足够了。所以，求解输出控制十分必要，其包含两个方面的内容：写入结果文件中的结果项与频率。

选择菜单 Main Menu→Solution→Load Step Opts→Output Ctrls→DB/Results File，弹出如图 8-9 所示的结果输出控制对话框，设置下列选项。

（1）Item to be controlled：选择写入结果文件的结果项。

（2）File write frequency：指定写入结果文件的频率。

（3）Component name：输出结果的模型组件，可以有选择地输出部分模型上的结果。

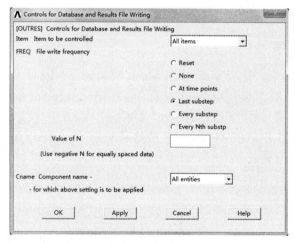

图 8-9　结果输出控制对话框

8.1.6　求解控制

选择菜单 Main Menu→Solution→Analysis Type→Sol'n Controls，弹出如图 8-10 所示的求解控制对话框，包含 5 个选项卡，用户可以利用鼠标单击选择。

（1）Basic：基本选项卡。

（2）Transient：瞬态选项卡。

（3）Sol'n Options：求解选项卡。

（4）Nonlinear：非线性选项卡。

（5）Advanced NL：高度非线性选项卡。

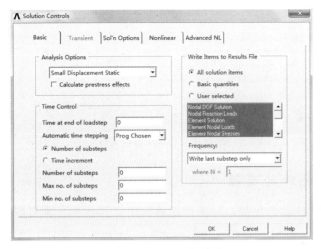

图 8-10　求解控制对话框

下面介绍 Basic（基本）选项卡。

（1）Analysis Options：分析设置选项。

♦ Analysis Options：选择分析类型。

♦ Calculate prestess effects：确定在分析过程中是否需要考虑预应力效应。

（2）Time Control：载荷步时间控制选项。

♦ Time at end of loadstep：当前载荷步的终点时刻。

♦ Automatic time stepping：是否打开自动调整时间积分步长功能。

♦ Number of substeps：通过指定子步数目及其波动范围进行指定。

♦ Time increment：通过指定子步步长大小及其波动范围进行指定。

（3）Write Items to Results File：写入结果文件中的结果项设置选项。

♦ Write Items Results File：写入结果文件中的结果项。

♦ Frequency：写入结果文件的频率。

8.1.7　多载荷步求解

当一个载荷历程被划分成多个载荷步进行求解时，相当于在单载荷步的基础上继续进行后续其他载荷步的求解过程，即重复单载荷步的求解过程，直至完成整个时间历程求解。

在 ANSYS 中，进行多载荷步求解的基本方法主要有两种：多重求解法、载荷步文件法。

（1）多重求解法。

多重求解法是最常用的方法，它的步骤是在每个载荷步定义好后就执行 SOLVE 命令。它的缺点是在交互使用时必须等到每一步求解结束后才能定义下一载荷步。

（2）载荷步文件法。

载荷步文件法是将每一载荷步写入到载荷步文件中，然后通过一条命令就可以读入每个载荷步文件并获得解答。要求解多步载荷，选择菜单 Main Menu→Solution→Solve→From LS Files，弹出如图 8-11 所示的对话框。在"Starting LS file number"、"Ending LS file number"和"File number increment"文本框中分别输入载荷步文件的最小序号、最大序号和序号增量，单击"OK"按钮。

图 8-11　读入载荷步文件

8.1.8　载荷施加的途径

ANSYS 提供了两种加载途径，即将载荷施加于实体模型上或有限元模型上，如图 8-12 所示。

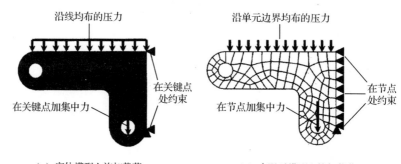

（a）实体模型上施加载荷　　　　　　（b）有限元模型上施加载荷

图 8-12　载荷施加方式

（1）在实体模型上施加载荷。

将载荷施加到关键点、线、面或体上，程序在求解时将自动转换到有限元模型上，独立于有限元网格而存在，往往操作简单快捷，但要注意实体坐标系与有限元节点等坐标的一致性。

（2）在有限元模型上施加载荷。

将载荷施加到节点或单元，也是有限元分析的最终载荷施加状态，所以不会出现载荷施加冲突等问题，但将随有限元网格的改变而自动删除。

无论是在有限元模型还是在实体模型上施加载荷，在执行求解之前，ANSYS 程序都会自动将所有的实体模型上的载荷转化为等效的有限元模型载荷。若这两种方式在相同位置定义了相互冲突的同种载荷，则总是用实体载荷转化来的有限元载荷覆盖直接施加在有限元模型上的载荷。

8.1.9　载荷的显示

如果用户对模型施加了载荷，可使用以下方法显示载荷。

选择菜单 Utility Menu→PlotCtrls→Symbols，将弹出如图 8-13 所示的对话框。在"Boundary condition symbol"单选列表中选中"All BC+Reaction"选项，然后单击"OK"按钮即可。如果在"Boundary condition symbol"单选列表中选中"None"选项，可关闭载荷显示。

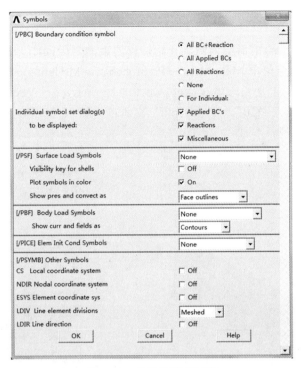

图 8-13　显示载荷对话框

8.2　载荷的施加

施加结构载荷的菜单路径为 Main Menu→Solution→Define Loads→Apply→Structural，如图 8-14 所示，其下级子菜单项依次为施加位移约束、集中载荷、表面载荷、体载荷、惯性载荷和耦合场载荷等。

注意：在创建了几何模型并且选择了单元类型后，才会出现施加载荷菜单。

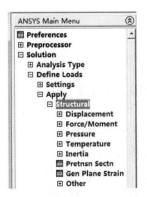

图 8-14　施加结构载荷菜单

8.2.1　施加自由度约束

自由度约束又称位移约束（DOF），是对模型在空间中的自由度的约束。自由度约束可施加于节点、关键点、线和面上，用来限制对象某一方向上的自由度。

1. 施加自由度约束操作

下面以如图 8-15 所示的矩形梁为例，介绍位移约束的常用操作。

（1）定义长方体。选择菜单 Main Menu→Preprocessor→Modeling→Create→Volumes→Block →By 2 Corners & Z，弹出定义长方体对话框。如图 8-16 所示，在"Width"文本框中输入"10"，在"Height"文本框中输入"20"，在"Depth"文本框中输入"50"，单击"OK"按钮，得到如图 8-15 所示的实体模型。

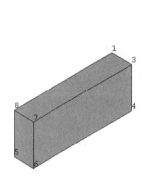

图 8-15　矩形梁

图 8-16　定义长方体对话框

（2）定义单元 SOLID65。选择菜单 Main Menu→Preprocessor→Element Type→Add/Edit/ Delete，弹出定义单元类型对话框，单击"Add"按钮，弹出单元库对话框，如图 8-17 所示选择"Solid""concret 65"单元，单击"OK"按钮，然后关闭定义单元类型对话框。

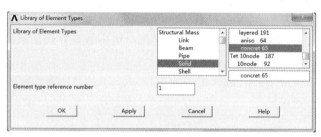

图 8-17　定义单元类型

（3）单击工具栏上的"SAVE_DB"按钮保存当前模型，本章以后还要用到此模型。

（4）接下来对关键点 5 施加所有位移约束。选择菜单 Main Menu→Solution→Define Loads →Apply→Structural→Displacement→On Keypoints，弹出如图 8-18 所示的图形选取对话框。在文本框中输入"5"，或者用鼠标在图形窗口中选择关键点 5，然后单击"OK"按钮。接着弹出如图 8-19 所示的约束自由度对话框，在"DOFs to be constrained"列表框中选中"ALL DOF"，单击"OK"按钮，即对关键点 5 约束了各个方向的自由度。

在"Displacement value"文本框中需输入位移约束值，默认值为 0，因此用户置空即表示位移约束值为 0，用户还可以设置为其他值，正值表示沿笛卡尔坐标正向，负值表示沿笛卡儿坐标负向。

（5）对关键点 6 约束 UY 和 UZ 方向的自由度。重复步骤（4），按图 8-20 所示进行设置，"DOFs to be constrained"列表框为多选列表框，可同时选中多个自由度，选中的项会自动变为深色，施加完约束的模型如图 8-21 所示。

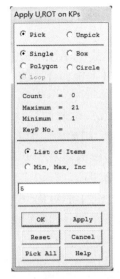

图 8-18　图形选取对话框

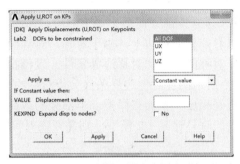

图 8-19　约束自由度对话框

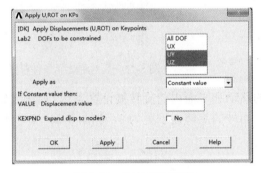

图 8-20　约束 UY 和 UZ

图 8-21　施加完约束的模型

（6）删除位移约束。选择菜单 Main Menu→Solution→Define Loads→Delete→Structural→Displacement→On Keypoints 来删除关键点施加的位移约束。当弹出图形选取对话框后，选中要删除约束的关键点，单击"OK"按钮，接着弹出如图 8-22 所示的删除位移约束对话框，在"DOFs to be deleted"下拉列表框中选中要删除的约束方向，单击"OK"按钮。

一般删除位移约束后，图形窗口中仍显示该约束的符号，此时用户从右键菜单中选择"Replot"刷新，如图 8-23 所示。

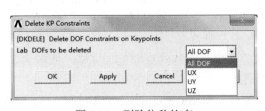

图 8-22　删除位移约束

图 8-23　图形窗口右键菜单

用户还可以对节点、线、面施加相应的位移约束，其操作与关键点类似，不再详述。

2. 施加对称和反对称约束

如果有限元模型本身具有对称或反对称的特性，则用户可以使用对称或反对称约束来简化模型。

在实际问题中，很多模型和载荷往往是具有某种对称结构的，故在 ANSYS 中可以只建立 1/2 或者 1/4 模型。而所有采用这种方法建立的分析都需要在对称轴上施加合适的边界条件（即位移约束）。

如图 8-24 所示的模型，右侧部分为在 ANSYS 中实际建模的部分，右侧部分与左侧部分（在 ANSYS 中并未建立该部分模型）关于中间对称面具有轴对称结构。假如实际的载荷压力 P 均匀加在模型左右部分的顶边上，由于对称，对称面上的水平压力应该为零。如果只考虑 1/2 模型，则需要在对称面上施加对称边界条件，以模拟全模型的载荷情况。

如图 8-25 所示的反对称边界条件（反对称约束）模型，与图 8-24 的对称边界条件（对称约束）模型正好相反。施加在模型上半部分的载荷与施加在模型下半部分的载荷大小相等而方向相反。如果此时只建立 1/2 模型，则需要在对称面上施加反对称边界条件。

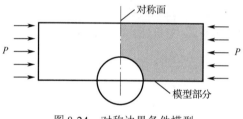

图 8-24　对称边界条件模型

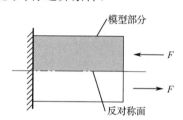

图 8-25　反对称边界条件模型

对于结构分析，对称边界条件指平面外的移动和平面内的旋转被设置为 0，如图 8-26（a）所示。而反对称边界条件指平面内的移动和平面外的旋转被设置为 0，如图 8-26（b）所示。

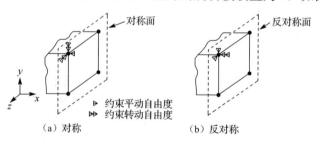

图 8-26　对称与反对称约束

现以上面建立的矩形梁模型为例，介绍施加对称约束的操作方法。

（1）单击工具栏上的 RESUM_DB 按钮，恢复上面保存的矩形梁模型数据库。

（2）选择 Main Menu → Solution → Define Loads → Apply → Structural → Displacement → Symmetry B.C.→On Areas 菜单，弹出"Apply SYMM on Areas"对话框，在图形窗口中选中左侧端面。

图 8-27　施加对称约束

（3）单击"OK"按钮，对称约束即施加完毕，如图 8-27 所示，对称边界上标有 S 标记。

可单击菜单 Main Menu → Solution → Define Loads → Apply → Structural→Displacement→Antisymm B.C.→On Areas，对面施加反对称约束。施加过反对称约束的边界上将标有 A 标记。

用户还可以对节点、线施加相应的对称或反对称约束，其操作与面类型类似，不再详述。

8.2.2 施加集中载荷

在结构分析中，集中载荷主要包括集中力（FX，FY，FZ）和力矩（MX、MY、MZ），只能施加到关键点和节点上。

选择菜单 Main Menu→Solution→Define Loads→Apply→Structural→Force/Moment，弹出施加集中力与力矩菜单，如图 8-28 所示。

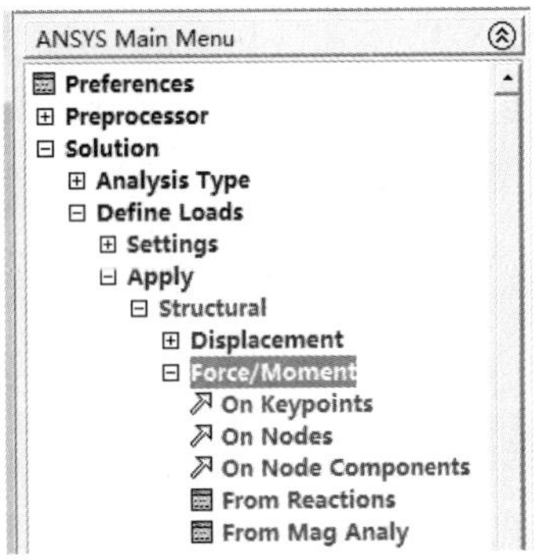

图 8-28 施加集中力与力矩菜单

1．施加力和力矩

以图 8-15 所示的矩形梁为例，在关键点 7 和 8 上施加竖向的集中力载荷，其步骤如下。

（1）单击工具栏上的"RESUM_DB"按钮，恢复 8.2.1 节中保存的矩形梁模型数据库。

（2）选择菜单 Main Menu→Solution→Define Loads→Apply→Structural→Force/Moment→On Keypoints，弹出图形选取对话框，用鼠标在图形窗口中选中关键点 7 和 8，然后单击"OK"按钮，弹出如图 8-29 所示的对话框。接着在"Direction of force /mom"下拉列表框中选择"FY"选项，在"Force/moment value"文本框中输入力的大小"30"，然后单击"OK"按钮即可。结果如图 8-30 所示。

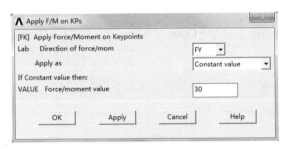

图 8-29 对关键点施加力

图 8-30 施加 Y 向的集中力

如果在"Force/moment value"文本框中输入负值，表示力的方向沿坐标轴负向。

2．重复设置力和力矩

在默认的情况下，在同一个位置重新设置力或力矩，则新的设置将取代原来的设置。例如对上面的矩形梁，在关键点 7 和 8 重新设置了方向向下的集中载荷 FY=-30，将取代原来的 FY=30 的设置，其操作如下。

（1）选择菜单 Main Menu→Solution→Define Loads→Settings→Replace vs Add→Forces，弹出如图 8-31 所示的对话框。在"New force values will"下拉列表框中选中"Replace existing"选项，然后单击"OK"按钮，则以后进行重复设置力时，新的力将替代原有的力。

在"New force values will"下拉列表框中选中"Add to existing"表示新的力将累加到原来的力上；选中"Be ignored"表示新设置的力将被忽略。

（2）选择菜单 Main Menu→Solution→Define Loads→Apply→Structural→Force/Moment→On Keypoints，重新设置关键点 7 和 8 的 FY=-30 即可。

3. 缩放力和力矩

有时用户需要对集中力载荷进行缩放，其操作方法如下。

选择菜单 Main Menu→Solution→Define Loads→Operate→Scale FE Loads→Forces，弹出如图 8-32 所示的对话框。在"Forces to be scaled"列表框中选择待缩放的标识，如"FY"选项；在"Scale factor"文本框中输入缩放比例"0.5"，然后单击"OK"按钮。

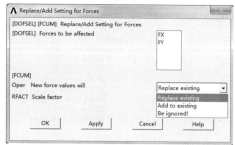

图 8-31　重复设置力对话框　　　　　　　图 8-32　缩放力

只有将载荷直接加到节点上或者将载荷转换之后，比例缩放操作才起作用。

4. 转换力和力矩

要将施加在实体模型上的力或力矩转换到有限元模型上，可执行以下操作。

（1）选择菜单 Main Menu→Preprocessor→Meshing→Mesh→Volumes→Free，选择图形窗口中的体，单击"OK"按钮对体进行网格划分。

（2）选择菜单 Main Menu→Solution→Define Loads→Operate→Transfer to FE→Forces，弹出如图 8-33 所示的对话框，单击"OK"按钮。

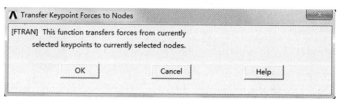

图 8-33　转换力对话框

（3）选择菜单 Main Menu→Solution→Define Loads→Operate→Scale FE Loads→Forces，并按图 8-29 进行设置，单击"OK"按钮。

（4）选择菜单 Utility Menu→List→Loads→Forces→On All Nodes，将列表显示节点上的集中力，如图 8-34 所示。可以看出，力的大小都缩小为原来的二分之一了。

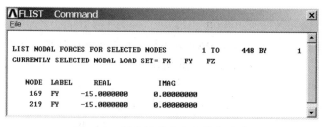

图 8-34　列表显示节点上的集中力

8.2.3　施加表面载荷

表面载荷是结构分析中常见的一种形式，在结构分析中主要是指压力载荷。在 ANSYS 中压力载荷是施加在面或线上的分布载荷。另外，压力载荷还可以施加在节点和单元上。压力载荷一般有三种常见的分布形式：均匀分布、线性分布和按一定函数关系变化的载荷。

施加压力载荷的菜单如图 8-35 所示，Main Menu→Solution→Define Loads→Apply→Structural→Pressure。

1．施加均布载荷

以图 8-15 所示的矩形梁为例，施加均布载荷操作如下。

（1）单击工具栏上的"RESUM_DB"按钮，恢复 8.2.1 节中保存的矩形梁模型数据库。

（2）选择菜单 Main Menu→Solution→Define Loads→Apply→Structural→Pressure→On Areas，对面施加表面载荷。选中要定义表面载荷的面，然后单击"OK"按钮，接着弹出如图 8-36 所示的对话框。在"Apply PRES on areas as a"下拉列表框中选择"Constant value"选项，在"Load PRES value"文本框中输入载荷集度值（如"100"），单击"OK"按钮。

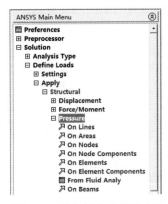

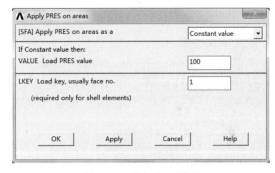

图 8-35　施加压力载荷的菜单　　　　　　　图 8-36　施加表面载荷

还可以选择菜单 Main Menu→Solution→Define Loads→Apply→Structural→Pressure→On Lines，对线施加表面载荷；选择菜单 Main Menu→Solution→Define Loads→Apply→Structural→Pressure→On Nodes，对节点施加表面载荷；选择菜单 Main Menu→Solution→Define Loads→Apply→Structural→Pressure→On Elements，对单元施加表面载荷。

ANSYS 程序是用单元来存储加在节点上的面载荷的。因此，如果对同一表面使用节点面载荷命令和单元面载荷命令，则最后施加的面载荷命令有效。

2．施加线性变化的载荷

要定义线性变化的压力，可以使用指定斜率的功能，用于后续施加的表面载荷。

例如，如图 8-37 所示的水压力对浸入水中的矩形截面（如图 8-38 所示）施加 X 方向侧向线性变化的静液压力，可在笛卡儿坐标系的 Y 方向指定其斜率。具体操作步骤如下。

（1）建立边长为 20 和 40 的矩形面。

通过输入两个对角点的坐标(0,0)、(20,40)创建矩形面。选择菜单 Main Menu→Preprocessor→Modeling→Create→Areas→Rectangle→By Dimensions，在"X-coordinates"文本框中分别输入左下角点和右上角点的 X 坐标；在"Y-coordinates"文本框中分别输入左下角点和右上角点

的 Y 坐标，如图 8-39 所示，单击"OK"按钮。

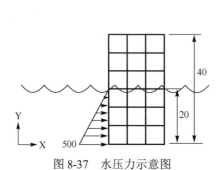

图 8-37　水压力示意图

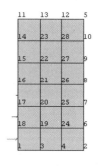

图 8-38　矩形面模型

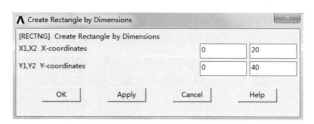

图 8-39　定义矩形面

（2）定义单元类型。

选择菜单 Main Menu→Preprocessor→Element Type→Add/Edit/Delete，弹出定义单元类型对话框，单击"Add..."按钮，弹出单元类型库对话框，如图 8-40 所示，定义壳单元"SHELL181"，单击"OK"按钮，然后关闭"Element Types"对话框。

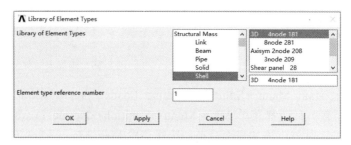

图 8-40　单元类型库对话框

（3）划分网格。

将长边划分为6个单元，短边划分为3个单元。选择菜单 Main Menu→Preprocessor→Meshing→MeshTool，打开"MeshTool"对话框。单击"Lines"右边的"Set"按钮，在图形窗口中选择矩形的两条长边线，然后单击"OK"按钮，在"No. of element divisions"文本框中输入"6"，单击"OK"按钮。再次单击"MeshTool"对话框中"Lines"右边的"Set"按钮，在图形窗口中选择矩形的两条短边线，单击"OK"按钮，在"No. of element divisions"文本框中输入"3"，单击"OK"按钮。然后单击"MeshTool"对话框中的"Mesh"按钮，单击"Pick All"按钮。并显示节点编号，有限元模型如图 8-41 所示。

（4）保存模型。

单击工具栏上的"SAVE_DB 按钮"，保存当前模型。

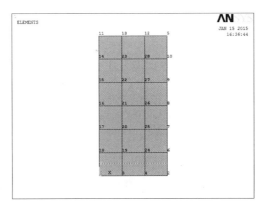

图 8-41 有限元模型

（5）梯度设置。

选择菜单 Main Menu→Solution→Define Loads→Settings→For Surface Ld→Gradient，弹出如图 8-42 所示的梯度设置对话框。在"Type of surface load"下拉列表框中选择"Pressure"；在"Slope value（load/length）"文本框中输入分布梯度数值"−25"，在"Slope direction"下拉列表框中选择"Y direction"，表示压力沿 Y 的正方向每个单位长度下降 25。并在"Location along Sldir−"文本框中输入"0"，即随后施载的位置坐标 Y=0，单击"OK"按钮。

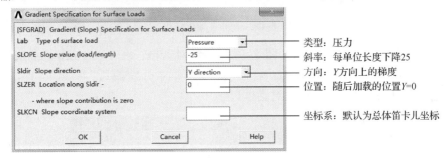

图 8-42 梯度设置对话框

（6）施加载荷。

选择菜单 Main Menu→Solution→Define Loads→Apply→Structural→Pressure→On Nodes，弹出拾取对话框，选择节点 1、18、17 和 16，单击"OK"按钮。弹出如图 8-43 所示的对话框，在"Load PRES value"文本框中输入"500"，单击"OK"按钮，线性变化的载荷已经施加完毕。

（7）列表显示压力载荷。

选择菜单 Utility Menu：List→Loads→Surface→On Picked Nodes，依次选择节点 1、18、17 和 16，单击"OK"按钮，即可列表显示压力载荷，如图 8-44 所示。

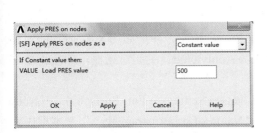

图 8-43 施加基准位置上的压力值

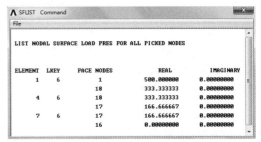

图 8-44 列表显示压力载荷

注意：指定了斜率后，对所有随后的载荷施加都起作用。要去除指定的斜率，可在命令输入窗口中输入"SFGRAD"，然后回车即可。

3．施加按一定函数关系变化的载荷

有些载荷是按一定函数关系非线性变化的，对于这种载荷的施加就要用到函数加载的方法。以图 8-30 所示的矩形面模型为例，对底部 4 个节点 1、2、3 和 4 施加函数载荷，具体操作步骤如下。

（1）单击工具栏上的"RESUM_DB"按钮，恢复前面保存的矩形面模型数据库。

（2）选择菜单 Utility Menu→Parameters→Array Parameters→Define/Edit，弹出如图 8-45 所示的对话框。

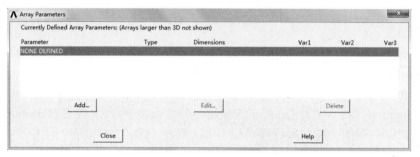

图 8-45　数组管理对话框

（3）单击"Add…"按钮，弹出如图 8-46 所示的对话框。在"Parameter name"文本框中输入数组名"Pres_1"，在"No.of rows,cols,planes"文本框中分别输入"4""1""1"，单击"OK"按钮，回到如图 8-45 所示的数组管理对话框。

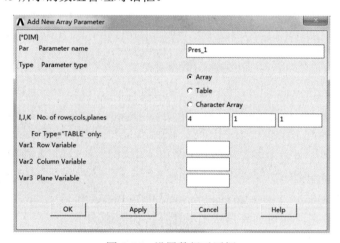

图 8-46　设置数组对话框

（4）选中刚才定义的数组"Pres_1"，然后单击"Edit…"按钮，弹出如图 8-47 所示的对话框，并按图中所示输入 4 个数据。然后选择菜单 File→Apply/Quit，关闭对话框，然后再单击"Close"按钮。至此定义了一个四维数组。

（5）选择菜单 Main Menu→Solution→Define Loads→Settings→For Surface Ld→Node Function，弹出设置函数对话框。如图 8-48 所示，在"Name of array parameter -"文本框中输入"Pres_1(1)"，然后单击"OK"按钮。

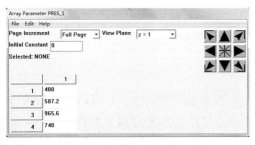

图 8-47 定义数组数据点对话框

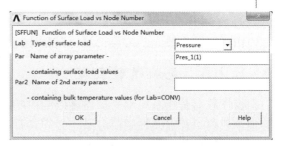

图 8-48 设置函数对话框

（6）选择菜单 Main Menu→Solution→Define Loads→Apply→Structural→Pressure→On Nodes，弹出图形选取对话框，选择节点 1、3、4 和 2，单击"OK"按钮。弹出如图 8-49 所示的对话框，在"Load PRES value"文本框中输入"100"，单击"OK"按钮。至此按函数变化的载荷已经施加完毕。

（7）列表显示压力载荷。选择菜单 Utility Menu：List→Loads→Surface→On Picked Nodes，依次选择节点 1、3、4 和 2，单击"OK"按钮，即可列表显示压力载荷，如图 8-50 所示。

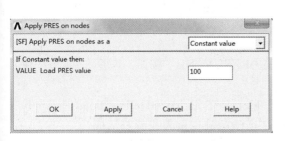

图 8-49 对节点施加载荷

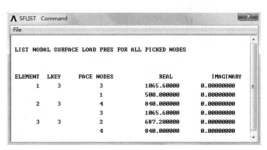

图 8-50 列表显示压力载荷

节点 1 上的载荷对应于 Pres_1(1)的值，节点 2 上的载荷对应于 Pres_1(2)的值，依此类推。

8.2.4 施加体载荷

体载荷是作用于模型体积上的载荷，结构分析中的体载荷主要是指温度分布载荷。

对于节点施加体载荷的操作如下。

（1）单击工具栏上的"RESUM_DB 按钮"，恢复 8.2.1 节中保存的矩形梁模型数据库。

（2）选择菜单 Main Menu→Solution→Define Loads→Apply→Structural→Temperature→On Keypoints，弹出图形选取对话框，选择适当的关键点，单击"OK"按钮，弹出如图 8-51 所示的对话框。

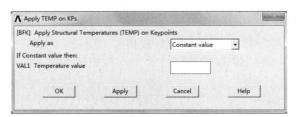

图 8-51 施加温度载荷

（3）在"Temperature value"文本框中输入温度值，单击"OK"按钮。

（4）选择菜单 Utility Menu→List→Loads→Body→On All Keypoints，可列表显示关键点的

体载荷。

用户可以对单元、节点、线、面和体施加体载荷，操作类似。

8.2.5　施加惯性载荷

惯性载荷是指系统承受加速度效应引起的惯性力，包括施加线加速度、转速与转动加速度等惯性载荷。计算惯性载荷时系统必须具有质量，即必须定义结构的密度属性参数。

施加惯性载荷菜单如图 8-52 所示，选择菜单 Main Menu→Solution→Define Loads→Apply

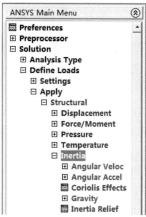

图 8-52　施加惯性载荷菜单

→Structural→Inertia，其下级子菜单项及其用法如下。

（1）Angular Veloc：定义系统具有的角速度，相当于定义由于转速引起的离心加速度（离心力）效应。

（2）Angular Accel：施加系统具有的转动角加速度（扭转载荷）。

（3）Coriolis Effects：定义科里奥利效应。

（4）Gravity：施加线性加速度。注意：施加的加速度方向的反方向才是惯性力的方向。

（5）Inertia Relief：是否进行惯性释放计算。

惯性载荷中最常见的是重力载荷，下面简单介绍一下重力载荷的施加步骤。

（1）单击工具栏上的"RESUM_DB"按钮，恢复 8.2.1 节中保存的矩形梁模型数据库。

（2）建立好有限元模型后，选择菜单 Main Menu→Solution→Define Loads→Apply→Structural→Inertia→Gravity→Global，弹出如图 8-53 所示的施加重力载荷对话框。

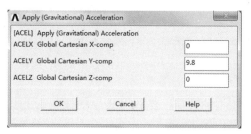

图 8-53　施加重力载荷对话框

（3）在"Global Cartesian Y-comp"文本框中输入重力加速度"9.8"，然后单击"OK"按钮即可。此时图形窗口中会有一个向上的箭头表示加速度场的方向。

此命令用于对物体施加一个加速度场（非重力场），因此，要施加作用于 Y 轴负方向的重力，应指定一个 Y 轴正方向的加速度；输入加速度值时应注意单位的一致性。

（4）如果要删除定义的惯性载荷，选择菜单 Main Menu→Solution→Define Loads→Delete→Structural→Inertia→Gravity，弹出如图 8-54 所示的对话框，单击"OK"按钮。

图 8-54　删除惯性载荷

8.2.6 施加特殊载荷

除了以上介绍的常见载荷外，在 ANSYS 中还提供了一些特殊载荷的施加方法，如耦合场载荷、轴对称载荷和预应力载荷等。

1. 耦合场载荷

在耦合场分析中，通常包含将第一个分析中的结果数据施加于第二个分析并作为第二个分析的载荷。例如，可以将热力分析中计算得到的节点温度施加于结构分析中作为体载荷。要施加这样的耦合场载荷，按以下方法操作。

（1）选择菜单 Main Menu→Solution→Define Loads→Apply→Structural→Temperature→From Therm Analy，弹出如图 8-55 所示的从热力学分析中读取温度载荷对话框。

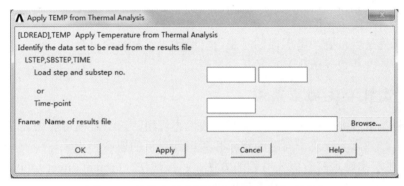

图 8-55　从热力学分析中读取温度载荷对话框

（2）在"Load step and substep no."文本框中输入载荷步和子步数，单击"Browse…"按钮，选择热力学分析生成的结果文件，单击"OK"按钮。

2. 轴对称载荷

对于轴对称的协调单元（如 PLANE25、SHELL61、PLANE75 等），程序要求将载荷以程序能作为傅里叶级数来说明的形式施加。对这些单元，可选择菜单 Main Menu→Solution→Load Step Opts→Other→For Harmonic Ele，接着弹出如图 8-56 所示的施加轴对称载荷对话框。进行适当设置后，单击"OK"按钮。然后再用其他的载荷施加命令对模型施加载荷。

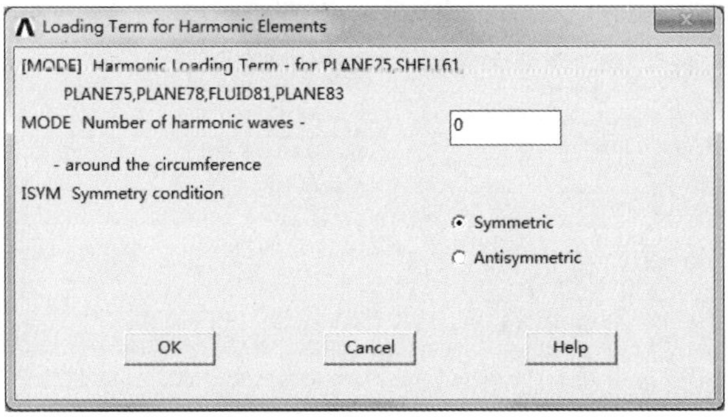

图 8-56　施加轴对称载荷对话框

8.3 求解

施加完载荷，经检查无误后，即可进行有限元的求解。求解过程包括对模型进行检查、选择求解器、求解的实施及对求解过程中出现问题的解决等。通常有限元求解的结果有两种，即基本解（节点的自由度值）和导出解（如单元的应力、应变等）。

8.3.1 模型检查

通常在求解之前，应对模型进行检查，以确保所输入的初始数据正确，检查内容包括：
（1）单位是否统一，建议采用统一国际单位；
（2）所选用单元类型是否符合实际结构，单元选项是否正确；
（3）单元实常数是否正确；
（4）材料属性是否正确，考虑惯性时是否已经输入了材料密度；
（5）载荷（外力和边界条件）定义是否正确。

8.3.2 选择合适的求解器

求解器功能是求解关于结构自由度的联立线性方程组，这个过程可能需要花费几分钟到几个小时或者几天，基本上取决于问题的规模和所用计算机的速度。

ANSYS 提供了多种求解有限元方程的方法：直接解法（Frontal direct solution）、稀疏矩阵法（Sparse direct solution）、雅可比共轭梯度法（Jacobi Conjugate Gradient，简称 JCG）、不完全乔类斯基共轭梯度法（Incomplete Cholesky Conjugate Gradient，简称 ICCG）、条件共轭梯度法（Preconditioned Conjugate Gradient，简称 PCG）和自动迭代法（Automatic iterative solver，简称 ITER）等。进行求解时，系统默认的求解器是直接解法。用户如果想改变求解器，可按下述步骤操作。

（1）选择菜单 Main Menu→Solution→Analysis Type→Sol'n Controls，弹出求解控制对话框，选择其中的"Sol'n Options"选项卡，如图 8-57 所示。

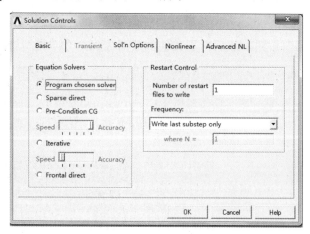

图 8-57 求解控制对话框

（2）在"Equation Solvers"单选列表框中选择适当的求解器，单击"OK"按钮。
用户还可以通过以下方法来选择求解器，操作如下。

（1）选择菜单 Main Menu→Solution→Unabridged Menu 展开求解模块的隐藏菜单。

（2）选择菜单 Main Menu→Solution→Analysis Type→Analysis Options，弹出选择求解器对话框，在"Equation Solver"下拉列表框中选择适当的求解器，单击"OK"按钮，如图 8-58 所示。

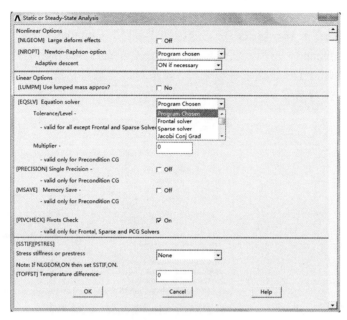

图 8-58　选择求解器

表 8-1 提供了选择求解器时的一般准则，供用户参考。

表 8-1　求解器选择准则

解　法	适 用 场 合	模 型 大 小	内存使用	硬盘使用
直接解法	要求稳定性（非线性分析）或内存受限制	低于 50 000 自由度	低	高
稀疏矩阵法	要求稳定性和求解速度（非线性分析）；线性分析收敛很慢时（尤其对病态矩阵，如形状不好的单元）	自由度为 10 000～500 000（多用于板壳和梁模型）	中	高
雅可比共轭梯度法	在单场问题（如热、磁、声等）中求解速度很重要时	自由度为 50 000～1 000 000 以上	中	低
不完全乔莱斯基共轭梯度法	在多物理场模型中要求尽量提高求解速度时，有效求解其他迭代法很难收敛的模型	自由度为 50 000～1 000 000	高	低
条件共轭梯度法	当求解速度很重要时（大型模型的线性分析），尤其适合实体单元的大型模型求解	自由度为 50 000～1 000 000	高	低

8.3.3　执行求解

求解的实施比较简单，单步求解只需要求解当前载荷步，多步求解要先把各步写入步骤文件中，然后对这些文件的内容进行求解。

选择菜单路径 Main Menu→Solution→Solve，如图 8-59 所示，然后选择求解方式。

（1）Current LS：使用当前的载荷步设置求解，这是常用的方式。

（2）From LS Files：从载荷文件中读入载荷数据并求解。

（3）Partial Solu：单步求解。

比如单步求解过程，可选择菜单路径 Main Menu→Solution→Solve→Current LS，同时弹出"Solve Current Load Step"及"/STAT Command"两个求解对话框，如图 8-60 所示。阅读"/STAT Command"窗口中的载荷步提示信息，如果发现存在不正确的提示，单击菜单/STAT Command→File→Close，关闭"/STAT Command"窗口，然后单击"Solve Current Load Step"对话框中的"Cancel"按钮，退出求解，修改错误之处。当"/STAT Command"窗口中所有提示均无误时，关闭"/STAT Command"窗口，然后单击"Solve Current Load Step"对话框中的"OK"按钮，开始求解计算，单击"Yes"。当求解结束时，弹出提示信息对话框，显示"Solution is done!"，表示求解成功，关闭此对话框。

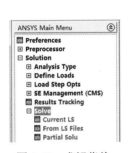

图 8-59　求解菜单

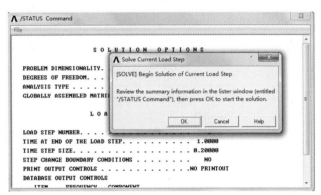

图 8-60　求解对话框

8.3.4　中断和重新启动

用户可以中断正在运行的 ANSYS 求解。在一个多任务操作系统中完全中断一个非线性分析时，会产生一个放弃文件，命名为 Jobname.abt。在平衡方程迭代开始时，如果 ANSYS 程序发现在工作目录中有这样一个文件，分析过程将会停止，并能在以后重新启动。

有时在第一次运行完成后也许要重新启动分析过程，例如想将更多的载荷步加到分析中。重新启动的操作步骤如下。

（1）启动 ANSYS 程序，选择菜单 Utility Menu→File→Change Jobname，设定一个与第一次运行时相同的工作名。

（2）选择菜单 Main Menu→Solution，进入求解模块，然后单击工具栏上的"RESUM_DB"按钮恢复数据库文件。

（3）选择菜单 Main Menu→Solution→Analysis Type→Restart，指定为重新启动分析。

（4）按需要修正载荷或附加载荷。

新加的斜坡载荷从零开始增加，新施加的体载荷从初始值开始。删除重新加上的载荷可视为新施加的载荷，而不用调整；待删除的表面载荷和体载荷，必须减小到零或初始值，以保持 Jobname.ESAV 文件和 Jobname.OSAV 文件的数据库一致。

（5）选择菜单 Main Menu→Solution→Load Step Opts→Other→Reuse Tri Matrix，弹出如图 8-61 所示的对话框，选择是否要重新使用三角化矩阵。

默认情况下程序重启动计算新的三角化矩阵，用户可以通过此命令使程序使用原有的矩阵，这样可以节省大量计算时间。然而，仅在某些条件下才能使用 Jobname.TRI 文件，尤其当规定的自由度约束没有发生改变，且为线性分析时。

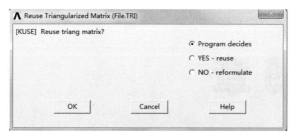

图 8-61　选择是否重新使用三角化矩阵

（6）选择菜单 Main Menu→Solution→Solve→Current LS，进行重新求解。

习题

填空题

1．在 ANSYS 中，不仅可以将表面载荷施加到线和面上，还可以施加到节点和单元上；既可以施加_____的载荷，也可以施加_____的载荷，还可以施加按一定函数关系变化的载荷。

2．ANSYS 提供的求解器有_____、_____、_____、_____、_____和_____等。

判断题

1．在 ANSYS 程序中，载荷（Loads）包括边界条件和模型内部或外部的作用力。（　　）

2．在 ANSYS 程序中，只有在进行了网格划分之后，才可以进行载荷的施加。（　　）

3．用户在求解器中可以实现创建几何模型、网格划分和求解等功能。（　　）

4．在 ANSYS 程序中，创建了几何模型并选择了单元类型后，才会出现施加载荷菜单。（　　）

思考题

1．常见的结构分析类型有哪些？

2．单载荷步求解的基本步骤是什么？

3．求解器的功能是什么？

4．ANSYS 施加载荷的途径有几种？各有何特点？

5．在 ANSYS 中何为载荷？载荷如何分类？在结构分析中每一类载荷是指什么？

6．载荷步和子步有何区别？

第 9 章

后处理

◇ 本章阐述 ANSYS 通用后处理和时间历程后处理的概念及方法。首先介绍通用后处理器的操作，包括读取结果数据、图形显示计算结果、列表结果、查询结果等。然后介绍时间历程后处理器的一般操作和使用，包括变量的定义、变量的操作运算、变量的图形显示、列表显示和变形过程的动画显示等，需要读者在实际的分析操作中逐步熟悉。读取数据结果和等值线图的绘制是本章重点，路径和变量操作是本章难点。

9.1　后处理概述

9.1.1　后处理

后处理是指检查分析结果。它是 ANSYS 分析过程中的最后一步，也是一个重要模块。通过后处理的相关操作，可以有针对性地得到在分析中感兴趣的参数和结果，从而更好地为工程实际服务，搞清楚作用载荷如何影响设计。

9.1.2　后处理器

后处理器就是用来分析处理求解结果信息和以各种方式提取数据信息的工具。但是结果的正确性仍然需靠用户的专业知识，这是任何有限元软件都无法代替的，需要依靠用户的工程判断能力来评估结果。

ANSYS 程序提供两种后处理器：通用后处理器（POST 1）和时间历程后处理器（POST 26）。

通用后处理器用于分析处理整个模型在某个载荷步的某个子步（或者某个结果序列，或者某特定时间或频率下）的结果，例如结构静力求解中载荷步 2 的最后一个子步的应力，或者瞬态动力学求解中时间等于 6s 时的位移、速度与加速度等。

时间历程后处理器用于查看指定点的特定结果随时间、频率或其他项的变化情况，例如在瞬态动力学分析中结构某节点上的位移、速度和加速度等在 0~10s 之间的变化规律。

9.1.3　结果文件

在求解结束时，ANSYS 运算器会将分析的结果写入结果文件中，此结果文件将自动存入工作路径中。对于不同的分析学科，ANSYS 采用不同的结果文件后缀，结构分析的结果文件扩展名为 .rst。

9.1.4　结果数据

求解后可以生成两种类型的结果数据：基本数据和派生数据。

（1）基本数据：是指每个节点计算所得的自由度解，如结构分析的位移分量、热分析的温度、磁场分析的磁势等，这些数据均称为节点解数据。

（2）派生数据：是指由基本数据计算得到的数据，如结构分析中的应力和应变、热分析中的热梯度和热流量、磁场分析中的磁通量等。派生数据又称为单元数据，通常出现在单元节点、单元积分点以及单元质心等位置。

9.2　通用后处理技术

9.2.1　通用后处理的一般步骤及菜单系统

在求解完成后，进入通用后处理器，其菜单如图 9-1 所示，就可以进行各种结果的后处理了。

通用后处理的一般步骤如下：

（1）选择结果文件和结果数据；

（2）查看结果文件包含的结果序列；

（3）读入用于后处理的结果序列；

（4）设置结果输出方式控制选项；

（5）图形显示结果；

（6）列表结果；

（7）查询结果。

图 9-1　通用后处理器菜单

9.2.2　选择结果文件与结果数据

进入 POST1 后，首先需要确定用于后处理的结果文件与结果数据。如果用户依次完成模型创建、加载和求解，然后直接进入 POST1 中对当前结果文件中的结果数据执行后处理操作，就可以不需要该步骤，因为程序默认是自动将当前的 Jobname.rst 文件当作后处理结果文件。

有时，如果一个模型计算得到多个结果文件，或者需要分析处理多个不同模型的结果文件，则需要针对不同数据库文件（.db 文件）的结果文件执行后处理操作，那么每次后处理时需要首先指定用于后处理的结果文件。选择菜单 Main Menu→General Postproc→Data & File Opts，弹出如图 9-2 所示的读入结果数据和文件的设置对话框，设置下列选项。

（1）Data to be read：选择读入的数据项。结果文件中包含各种类型的结果项数据信息，选择适当的数据项进行结果处理。一般建议用默认项即"All items"，表示读入所有结果项。

（2）Results file to be read：选择读入的结果文件。分为两种情况：

◇ Read single result file：读入单个结果文件。此时，单击"…"按钮，在计算机文件系统中搜索用于后处理的 ANSYS 结果文件。

◇ Read multiple CMS result files：读入多个 CMS 结果文件，仅用于 CMS 分析结果处理。

提示：在 ANSYS 中如果用户依次完成了创建模型、施加载荷、求解过程，并且中间没有退出过 ANSYS，程序就会默认将当前的结果文件 Jobname.rst 当作后处理结果文件。若用户重新启动过 ANSYS，想再次查看以前求解过的分析结果，则必须先把结果文件读入到数据库中。

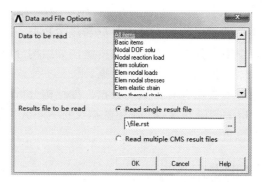

图 9-2　读入结果数据和文件的设置对话框

9.2.3　查看结果文件包含的结果序列

选择好读入的结果文件及其结果数据之后，首先需要了解选定的结果文件中总共包含有多少个结果序列，它们分别对应求解过程中的各个载荷步与子步。

选择菜单路径 Main Menu→General Postproc→Results Summary，弹出如图 9-3 所示某结果文件包含的列表结果序列汇总信息表，用户可以仔细确认结果文件包含多少个结果序列的结果信息。

SET	TIME/FREQ	LOAD STEP	SUBSTEP	CUMULATIVE
1	0.20000	1	1	1
2	0.40000	1	2	2
3	0.60000	1	3	3
4	0.80000	1	4	4
5	1.0000	1	5	5

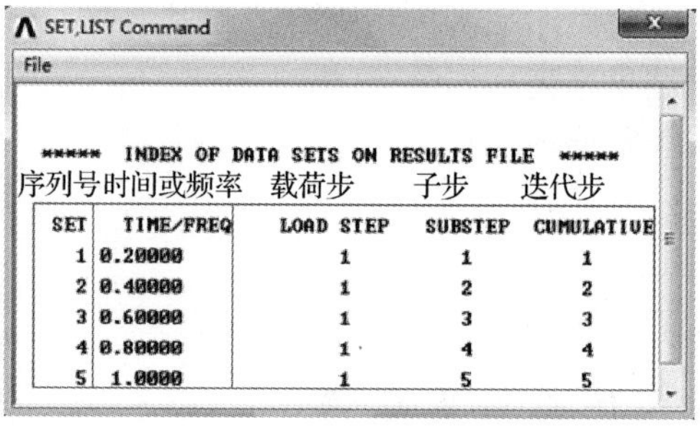

图 9-3　列表结果序列汇总信息表

注意：在 ANSYS 中如果用户依次完成了创建模型、施加载荷和求解过程，并且中间没有退出过 ANSYS，程序就会默认将当前的结果文件当作后处理结果文件。若用户重新启动过 ANSYS，想再次查看以前求解过的分析结果，则必须先把结果文件读入到数据库中。

9.2.4　读入用于后处理的结果序列

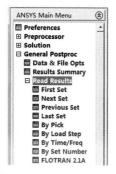

图 9-4　读入结果序列菜单

了解结果文件包含的结果序列状态，就可以选择其中的结果序列进行各种后处理分析。

必须首先将结果文件中指定的结果序列信息读入到后处理环境，然后才能对读入的数据进行后处理。那些没有读入的结果序列的信息是不能进行后处理的，所以每次后处理某个结果信息，首先必须读入后处理器。

要将指定的结果序列读入后处理器，可以选择菜单 Main Menu→General Postproc→Read Results，如图 9-4 所示，其下级子菜单项及其用法如下。

（1）First Set：读入第一个子步的结果数据。

（2）Next Set：读入当前子步的下一个子步的结果数据。

（3）Previous Set：读入当前子步的上一个子步的结果数据。

（4）Last Set：读入最后一个子步的结果数据。

（5）By Pick：选择子步直接读取。

（6）By Load Step：按子步号读取。

（7）By Time/Freq：按时间/频率读取。

（8）By Set Number：根据序列号读取。

9.2.5　结果输出方式控制

在进行结果后处理时，结果的输出方式是可以进行人工控制的，不同的控制条件下输出的结果信息存在很大差异。在后处理操作时，必须注意与后处理结果输出控制相关的这些选项。

要对结果输出进行控制，可以选择菜单 Main Menu→General Postproc→Options for Outp，弹出如图 9-5 所示的结果输出控制设置对话框，设置下列选项。

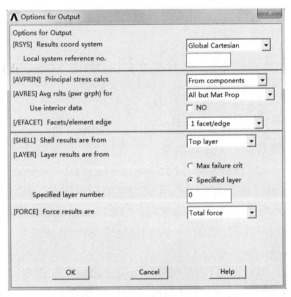

图 9-5　结果输出控制设置对话框

（1）Results coord system：选择结果坐标系，即结果数据输出时的参照坐标系。许多结果项，如应力分量、应变分量、变形分量、集中载荷与力矩分量等都是参照结果坐标系输出的。结果坐标系可以选择以下几种。

◇ Global Cartesian：在总体直角坐标系下输出结果信息。

◇ Global cylindric：在总体柱坐标系下输出结果信息。

◇ Global spherical：在总体球坐标系下输出结果信息。

◇ As calculated：在计算坐标系下输出结果信息。

◇ Local system：在局部坐标系下输出结果信息，此时必须指定局部坐标系的编号，即在 Local system reference no. 项的文本框中需要输入指定局部坐标系的编号。

（2）Principal stress calcs：当两个或更多单元共用一个节点时，选择利用结果分量计算该节点导出结果的方式。该方式主要影响节点主应力、主应变和矢量结果等。

（3）Avg rslts (pwr grph) for：当 PowerGraphics 打开时表示计算平均结果设置。注意：不连续的位置就是两种材料或实常数的边界位置。

（4）Use interior data：选择结果数据平均处理的方法。

（5）Facets/element edge：打开"PowerGraph"图形增强显示方式时每个单元边的片段数。建议由程序自动处理，用户不需要进行任何设置。

（6）Shell results are from：控制单层壳单元的结果输出位置。

（7）Layer results are from：控制多层复合材料壳单元的结果输出位置。

（8）Force results are：控制输出单元节点载荷选项，控制输出载荷方式。

9.2.6 图形显示结果

把所需的结果读入数据库中后，可通过图形显示功能直观地查看求解结果。通用后处理器提供了以下几种图形显示：变形图、等值线图、矢量图、粒子轨迹图以及破裂和压碎图。用图形方式或列表方式显示计算结果，包括节点的位移、应变和应力，单元的应力、应变。

提示：ANSYS 一旦完成了求解过程，在通用后处理器中就会出现"Plot Resulte"菜单，否则不显示此菜单。

1. 绘制变形图

变形图主要观察模型的变形情况，选择菜单 Main Menu→General Postproc→Plot Results，可展开图形绘制菜单，如图 9-6 所示。

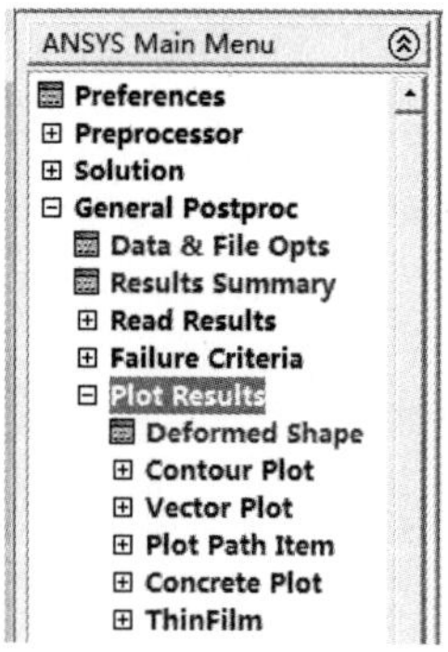

绘制变形图的操作如下：

（1）选择菜单 Main Menu→General Postproc→Read Results→Last Set，读取最后一个子步结果。

（2）选择菜单 Main Menu→General Postproc→Plot Results→Deformed Shape，弹出如图 9-7 所示的绘制变形图对话框。单选框"Def shape only"表示仅显示变形后的结构；"Def + undeformed"表示变形后和变形前的结构同时显示；"Def + undef edge"表示显示变形后的结构和变形前的结构边界。

图 9-6　图形绘制菜单

（3）如果选择"Def + undef edge"单选框，单击"OK"按钮，然后单击显示控制工具栏中的 ⬡ 按钮，即可在图形窗口中绘制变形图，如图 9-8 所示。

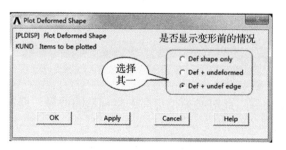

图 9-7　绘制变形图对话框

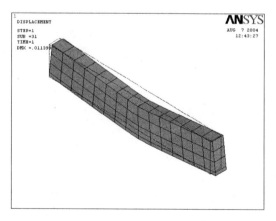

图 9-8　绘制的变形图

当计算得到的变形过小时，程序会自动对变形进行放大以显示变形的趋势。用户可以通过以下操作来显示实际变形的比例。

（1）选择菜单 Utility Menu→PlotCtrls→Style→Displacement Scaling，弹出如图 9-9 所示的对话框。

（2）在"Displacement scale factor"单选列表中选中"1.0"（true scale），在"Replot upon OK/Apply?"下拉列表框选中"Replot"选项，然后单击"OK"按钮，即可显示结构的实际变形，如图 9-10 所示。

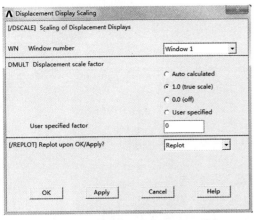

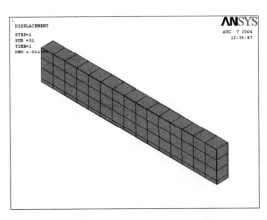

图 9-9　控制变形缩放比例对话框　　　　图 9-10　按实际变形比例显示变形图

在如图 9-9 所示的对话框中选中"User specified"单选按钮，并在"User specified factor"文本框中输入缩放比例，可实现自定义比例显示变形图。

2．绘制等值线图

等值线图即所谓的云图，主要通过颜色的变化来体现位移、应力、应变等变化情况。等值线图显示结果是通过图形方式显示结果信息最常用的方法，即将结果数据映射到一组颜色上，然后通过颜色插值显示在整个模型上。

1）图形显示节点结果

（1）选择菜单 Main Menu→General Postproc→Plot Results→Contour Plot→Nodal Solu，弹出节点结果等值线图对话框，如图 9-11 所示。

（2）Item to be contoured：等值图显示的结果项，包括各种位移、应力、应变等结果项。在列表框中依次选择 Nodal Solution→Stress→von Mises stress 菜单，其他保持不变，单击"OK"按钮即可显示节点应力等值线图，如图 9-12 所示。

图 9-11 中其他选项的说明：

◇ Undisplaced shape key：变形前形状控制选项。下拉列表中有三个选项。
- ➢ Deformed shapy only：仅仅显示变形后的形状。
- ➢ Deformed shape with undeformed model：显示变形后和变形前的形状。
- ➢ Deformed shape with undeformed edge：显示变形后的形状和变形前的结构边界。

◇ Scale Factor：变形显示比例，提供以下几种控制方法。
- ➢ Auto Calculated：自动计算变形比例，采用默认设置。此时，程序根据实际变形大小对实际变形尺寸进行缩放。
- ➢ True Scale：显示真实的变形大小，即比例系数为 1。

图 9-11　节点结果等值线图对话框

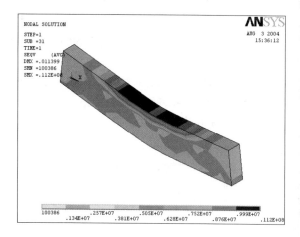

图 9-12　节点应力等值线图

➤ User Specified：用户定义变形比例系数，此时必须输入定义的比例系数值。

➤ Off：不显示变形形状。

◇ Additional Options：单击⊗按钮，可展开和隐藏附加的选项。

◇ Scale Factor for contact items：接触结果项的比例系数，默认为 1。

◇ Interpolation Nodes→Number of facets per element edge：插值节点，每个单元边界上的分片数目。提供的选项有：Corner only 表示将单元边界设成一段，不显示中间节点；Corner+midside 表示将单元边界设成两段，显示中间节点；All applicable 表示所有。

◇ Value for computing the EQV strain：计算 EQV 应变的值。

2）图形显示单元结果

等值线图显示单元结果项，如单元主应力、能量等。

（1）选择菜单 Main Menu→General Postproc→Plot Results→Contour Plot→Element Solu，弹出单元结果等值线图对话框，如图 9-13 所示。

（2）在 "Item to be contoured" 列表框中依次选择 Element Solution→Stress→von Mises stress菜单，其他保持不变，单击 "OK" 按钮可绘制出单元应力的等值线图，如图 9-14 所示。

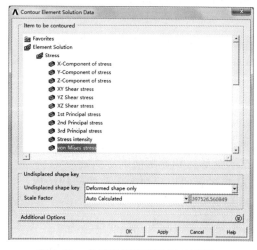

图 9-13　单元结果等值线图对话框

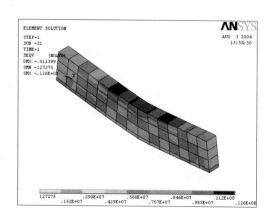

图 9-14　单元应力等值线图

9.2.7　列表显示结果信息

许多时候，需要用列表方式详细显示每个节点、单元或其他位置上的某项结果的具体方向与大小等信息，并允许存储到指定的文件中。

选择菜单 Main Menu→General Postproc→List Results，打开列表显示结果菜单，如图 9-15 所示，其下级子菜单项及其用法如下。

（1）Detailed Summary：所有结果序列信息的汇总列表，显示结果文件包含的结果序列信息。

（2）Iteration Summry：列表显示所有的求解迭代信息。

（3）Percent Error：列表显示所选单元的能量百分比误差。

（4）Sorted Listing：指定列表显示时的显示顺序方式。该菜单项定义之后，在以后的列表操作中均受影响。该菜单对应的子菜单项如下。

　◇ Sort Nodes：按照节点的某项结果进行升序或者降序排列。对节点列表结果项设置排序方式，选择该菜单弹出如图 9-16 所示对话框，设置下列通用选项。

图 9-15　列表显示结果菜单

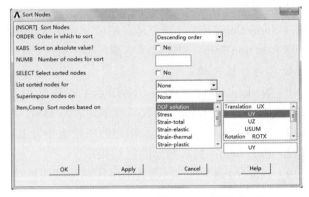

图 9-16　列表结果项排序方式设置对话框

> ➤ Order in which to sort：指定列表结果项显示顺序。有两个选项：Descending order 为降序排列即从大到小排列。Ascending order 为升序排列即从小到大排列。
>
> ➤ Sort on absolute value：控制排序之前是否要对结果数据进行绝对值处理，设置为 No 表示按照实际值排序，不是按绝对值进行排序，设置为 Yes 表示按照结果的绝对值大小进行排序。
>
> ➤ SELECT Select sorted nodes：是否选择排序的节点。
>
> ➤ Item，Comp Sort nodes based on：选择排序的结果项，如位移、应力、应变等。默认时程序按照节点的编号进行排序，用户可以根据自己的需要按照应力分量或合成应力排序、位移分量或总位移排序等，排序后列表结果更容易查找到最大最小结果及其位置。

　◇ Unsort Nodes：取消节点排序。

　◇ Sort Elems：按照单元的某项结果进行升序或者降序排列。其基本的方法与节点排序一致，但是只能按照预定义的单元表结果项进行排序，所以必须利用 Element table 功能先定义结果项单元表。

> ➤ Unsort Elems：取消单元排序。

（5）Nodal Solution：列表显示节点结果项，如位移、各种应力与应变等，如图 9-17 所示。

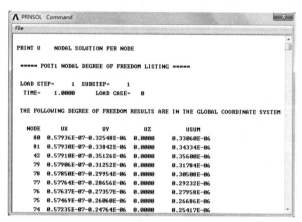

图 9-17　列表节点结果的总位移

（6）Element Solution：列表显示单元结果项，如应力、应变、单元能量等。

（7）Section Solution：列表显示"BEAM188/189"单元截面网格上的结果项，如位移、各种应力与应变等。

（8）Superelem DOF：列表显示超单元自由度结果项。

（9）Reaction Solu：列表显示支撑反力。可选择列表显示的反力项，包括 Fx、Fy、Fz、Mx、My、Mz 和各分量之和。

（10）Nodal Loads：列表显示各节点上的载荷 Fx、Fy、Fz、Mx、My、Mz 和各分量之和。

（11）Elem Table Data：列表显示单元表结果项。

（12）Vector Data：列表显示指定的矢量大小及其方向余弦。

（13）Path Item：列表显示路径结果项。

（14）Linearized Strs：列表显示路径结果项线性化结果。

9.2.8　查询节点及单元结果

ANSYS 提供结果查询工具，允许用鼠标直接查询图形窗口中显示模型节点或单元上的结果项，快速查找出最大和最小值及其位置，并将查询的结果适时地显示在位置模型上。

选择菜单 Main Menu→General Postproc→Query Results，可查询节点或单元结果项菜单，如图 9-18 所示，其下级子菜单项及其用法如下。

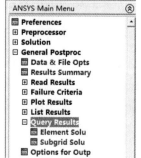

图 9-18　查询节点或单元
结果项菜单

（1）Element Solu：用鼠标查询拾取单元指定的单元结果项数据，具体操作方法与下面的节点查询类似。

（2）Subgrid Solu（或 Nodal Solu）：用鼠标查询拾取网格节点上的节点结果项数据。选择该菜单弹出如图 9-19 所示的查询结果项设置对话框，在"Item，Comp Item to be viewed"中选择查询的结果项，单击"OK"按钮，弹出如图 9-20 所示的查询网格或节点结果的拾取对话框，如果单击其上的"Min"或"Max"按钮，则模型上立即显示出选中结果项的最大或最小位置和数值，如果直接用鼠标拾取模型网格节点，则在拾取网格节点上显示该位置的结果项数值。如图 9-21 所示是查询节点结果的示意图。

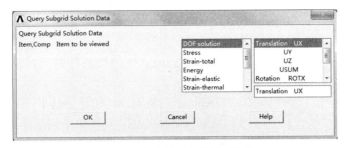

图 9-19　查询结果项设置对话框

图 9-20　查询网格或节点结果的拾取对话框

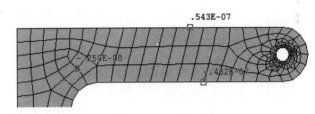

图 9-21　查询节点结果的示意图

9.2.9　抓取结果显示图片

各种变形图、等值图、矢量图等结果图形，都可以通过抓图生成结果图片或者图片文件，用于编写计算报告、PPT 演示等。

常用的抓图方法有两种。

（1）简单抓图：抓取 ANSYS 图形窗口当前显示的内容，选择菜单 Utility Menu→PlotCtrls→Capture Image，弹出抓取图形窗口，可以存储到指定的图形文件中。

（2）高级抓图：直接抓取 ANSYS 图形窗口当前显示的内容，并可以进行图形风格控制，选择菜单 Utility Menu→PlotCtrls→Hard Copy→To File，弹出如图 9-22 所示对话框，首先选择图形格式 BMP/Postscript/TIFF/JPEG/PNG，然后确定图形颜色 Monochrome（黑白）/Gray Scale（灰度）/Color（彩色），是否进行 TIFF 压缩（TIFF compression），是否图形反色处理（Reverse Video），指定存储文件的名称（Save to），每单击一次"OK/Apply"按钮抓图一幅，图形编号累计叠加。

图 9-22　抓图对话框

9.2.10　动画显示结果

动画常用于动态显示模型变形过程，可以清晰地观察模型上每一部分变形的大小、位置的变化，包括非线性过程、时间历程以及频率扫描等求解的结果动态处理。所有的等值线图和矢量图显示的结果都可以制作成动画，以动态方式显示结果变化趋势或者一段时间内的变化状态。

制作动画的菜单路径为 Utility Menu→PlotCtrls→Animate，如图 9-23 所示，常用的下级子菜单项及其用法如下。

图 9-23　动画制作菜单

（1）Mode Shape：制作模态振型动画，常用于模态求解后处理。

（2）Deformed Shape：制作单个结果序列的变形结果动画。

（3）Deformed Results：制作单个结果序列的各种结果等值线动画。

（4）Over Time：将一定时间范围内的结果项串起来生成连贯的等值线动画，常用于瞬态求解后处理。

（5）Over Results：根据连续的结果序列制作某结果项的等值图动画，常用于非线性静力求解与瞬态求解的后处理，即将多个结果序列结果项串起来生成连贯的等值线动画。

（6）Q-Slice Contours：制作某结果项等值图沿模型某方向进行切片扫描的动画。

（7）Q-SliceVectors：制作某结果项矢量沿模型某方向进行切片扫描的动画。

（8）Isosurfaces：制作某结果项的等值面动画。

如依次选择菜单 Utility Menu → PlotCtrls → Animate → Deformed Results，打开如图 9-24 所示的对话框。在"No. of frames to create"文本框中输入动画帧数"10"；在"Time delay (seconds)"文本框中输入时间间隔"0.5"；在"PLNSOL"列表框中选择要观察的内容，即动画显示位移、应变还是应力。单击"OK"按钮就可以实现动画显示。

动画控制窗口如图 9-25 所示，"Forward/Backward"选项表示循环播放；"Forward Only"选项表示仅向前播放。单击"Stop"按钮停止动画播放，单击"Close"按钮关闭对话框。

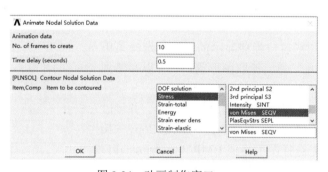

图 9-24　动画制作窗口

图 9-25　动画控制窗口

注意：在显示动画之前，必须先读入结果数据文件，选择菜单 Main Menu→General Postproc →Read Results。当前显示的动画会自动保存在工作目录下，文件名与工作文件名相同。

9.3　时间历程后处理技术

时间历程后处理器（POST26）可用于查看模型中指定点的分析结果随时间、频率等的变化关系。它可以完成从简单的图形显示及列表、微分和响应频谱的生成等操作，还可以生成结构随时间的变形动画。经常用于非线性分析、瞬态分析和谐响应分析。

时间历程后处理器的典型用途有 3 个：

（1）在瞬态求解后处理结果项与时间关系。

（2）谐响应求解后处理结果项与频率之间的关系。

（3）在非线性静力求解后处理作用力与变形的关系。

使用时间历程后处理器的一般步骤如下：

（1）进入时间历程后处理器。

（2）选择用于后处理的文件与结果数据。

（3）定义变量，包括存储数据序列。

（4）执行变量运算，如平滑处理、数学运算、生成谱以及与数组之间实现数据转换等。

（5）数据输出，有曲线、列表以及文件等输出形式。

时间历程后处理器的菜单如图 9-26 所示。

9.3.1　定义和存储变量

1．变量定义

时间历程后处理器的大部分操作都是对变量而言的，变量是结果数据与时间（或频率）一一对应的简表。这些结果数据可以是某节点处的位移、力、单元应力、单元热流量等。因此要在时间历程后处理器中查看结果，首先要把待查看的结果数据定义并存储为一个变量。

ANSYS 提供了一个集成传统 POST26 功能和函数编辑器的变量观察器（Variable Viewer），它可以实现定义变量等几乎所有的变量操作，并结合函数编辑功能实现对变量的复杂运算处理。

下面举例介绍定义变量的基本操作。

（1）选择菜单 Main Menu→TimeHist Postpro，弹出"Time History Variables"（变量观察器）对话框，如图 9-27 所示。对变量的定义、存储、数学运算及显示等操作都可以在此对话框中进行。

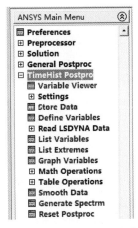

图 9-26　时间历程后处理器的菜单

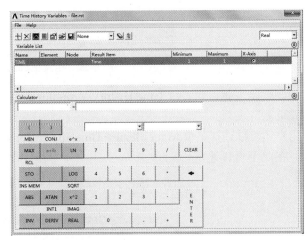

图 9-27　"Time History Variables"对话框

说明：如果无意中关闭"Time History Variables"（变量观察器）对话框，选择菜单 Main Menu→TimeHist Postpro→Variable Viewer，可重新打开。

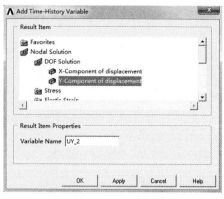

图 9-28　选择结果项目

（2）单击"Time History Variables"对话框中的 **+** 按钮，将弹出如图 9-28 所示的选择结果项目对话框。

（3）在"Result Item"列表框中选择要查看的结果项目，如 Nodal Solution→DOF Solution→Y-Component of displacement。接着在"Result Item Properties"选项组中出现一个文本框，程序已自动为变量定义了一个名字"UY_2"，如无须修改，单击"OK"按钮。

（4）接着会弹出图形选取对话框，直接用鼠标在图形窗口中选择节点，或者在文本框中输入要查看的节点编号，单击"OK"按钮。

说明：当用鼠标选取节点时，"Time History Variables"对话框可能会挡住图形窗口中的模型，这时把"Time History Variables"对话框移开即可，不要关闭此对话框，否则定义变量将会失败。

（5）此时会回到"Time History Variables"对话框，如图 9-29 所示。从"Variable List"列表框中可以看到已经定义了一个新的变量 UY_2，其中存储的是节点 1 的 Y 方向位移。重复以上步骤可以继续定义变量，默认情况下可定义 10 个变量。

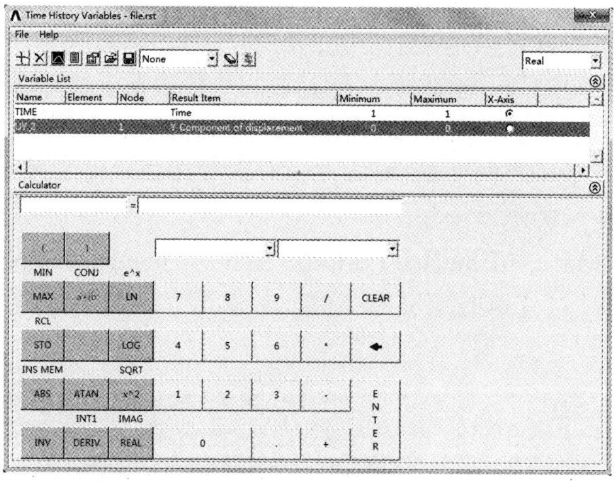

图 9-29　定义生成的变量

如要删除变量，可在"Time History Variables"对话框中选中要删除的变量，然后单击 **×** 按钮，即可删除变量。

用户还可以选择菜单 Main Menu→TimeHist Postpro→Define Variables 来定义变量，如图 9-30 所示，在此不再详述。

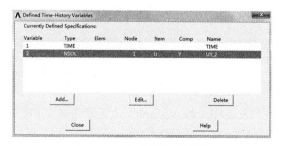

图 9-30　定义变量对话框

2．变量存储

定义完变量后，有时为了对变量数据进行进一步的处理，需要将变量数据存储为一个单独的文件或者数组。接前述的操作，可对定义的变量 UY_2 进行如下的存储操作。

（1）在图 9-29 的"Time History Variables"对话框中，选中变量"UY_2"，然后单击![按钮图标]按钮，将弹出如图 9-31 所示的存储变量对话框。

（2）在存储变量对话框中有三种存储变量的方式。

① 存储为文件：选中"Export to file"选项，然后在文本框中输入要保存的文件名，文件的扩展名可以是"*.csv"（可用 Excel 打开）或"*.prn"（可用记事本打开），单击"OK"按钮即可。

② 存储为 APDL 表：选中"Export to APDL table"选项，然后在文本框中输入表名，单击"OK"按钮即可。

图 9-31　存储变量对话框

说明：存储完成后，选择菜单 Utility Menu：Parameters→Array Parameters→Define/Edit，选中生成的表，单击"Edit..."按钮，可查看存储的 APDL 表，它以时间或频率为索引，如图 9-32 所示。

③ 存储为 APDL 数组：选中"Export to APDL array"选项，然后在文本框中输入数组名，单击"OK"按钮即可。

说明：存储完成后选择菜单 Utility Menu→Parameters→Array Parameters→Define/Edit，选中生成的数组，单击"Edit..."按钮，可查看存储的 APDL 数组，它以 1、2、3 等为索引，如图 9-33 所示。

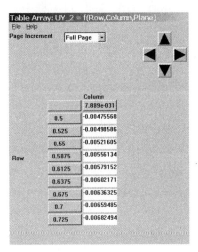

图 9-32　生成的 APDL 表

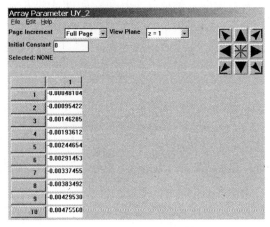

图 9-33　生成的 APDL 数组

3．变量导入

变量的导入功能使用户可以从结果文件中读取数据集到时间历程变量中。如果用户导入了试验结果数据，就可以显示和比较试验数据与相应的 ANSYS 分析结果数据之间的差异了。可以通过以下操作实现变量的导入。

（1）在"Time History Variables"对话框中单击![按钮图标]按钮，弹出如图 9-34 所示的导入变量对话框。

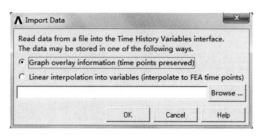

图 9-34　导入变量对话框

（2）单击"Browse..."按钮，选择变量文件（"*.csv"或"*.prn"）路径，然后单击"OK"按钮即可。

在导入变量文件时，选择"Linear interpolation into variables"菜单，则程序会对文件中的数据进行线性插值，从而计算得到在 ANSYS 时间或频率点上的结果数据，然后把该结果数据作为一个时间历程变量存储，并添加到变量列表框中。

9.3.2　变量的操作

时间历程后处理器还可以对定义好的变量进行一系列的操作，主要包括数据运算、变量与数组的相互赋值、数据平滑及生成响应频谱等。

1. 数学运算

有时对定义的变量进行适当的数学运算是必要的。例如，在瞬态分析时定义了位移变量后，可以对该变量进行时间求导，得到速度和加速度等。"Time History Variables"对话框中提供了一个非常方便的数据运算工具集，如图 9-35 所示。

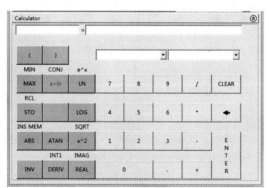

图 9-35　数学运算工具集

下面假设已经定义了两个位移变量 UY_2 和 UY_3，要通过数学运算得到一个新变量 alpha=（UY_3-UY_2）/1.5。其操作步骤如下。

（1）在变量名输入框中输入"alpha"，在表达式输入框中输入"(-)/1.5"。

（2）把活动光标移到"-"前面，然后在变量下拉列表框中选择"UY_3"选项，再把光标移动到"-"后面，在变量下拉列表框中选择"UY_3"选项，最后得到的表达式如图 9-36 所示。

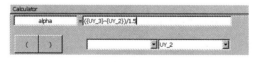

图 9-36　数学运算表达式

（3）单击"ENTER"按钮或直接按回车键即可生成新的变量"alpha"，如图 9-37 所示。

此外，还可以利用菜单 Main Menu→TimeHist Postpro→Math Operations，完成同样的数学运算，该菜单如图 9-38 所示，用法不再详述。

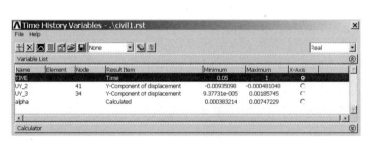

图 9-37　数学运算生成新的变量　　　　　　　　图 9-38　数学运算菜单

2. 变量与数组相互赋值

在时间历程后处理器中，变量可以保存到数组中，也可以将数组中的数据输入到变量中。将变量保存到数组中的操作如下。

（1）首先定义一个空的数组。选择菜单 Utility Menu→Parameters→Array Parameters→Define/Edit，弹出如图 9-39 所示的对话框。

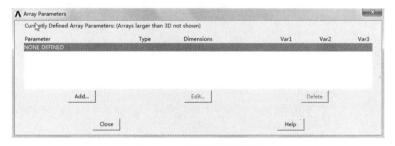

图 9-39　定义数组对话框

（2）单击"Add…"按钮，弹出如图 9-40 所示的对话框。在"Parameter name"文本框中输入数组名"arr1"，在"No. of rows,cols,planes"文本框中分别输入"50"、"1"和"1"，单击"OK"按钮，然后单击"Close"按钮。至此已经定义了一名为 arr1 的空数组。

（3）选择菜单 Main Menu→TimeHist Postpro→Table Operations→Variable to Par，弹出如图 9-41 所示的将变量赋给数组对话框。

（4）在"Array parameter"文本框中输入刚才定义的数组名"arr1"；在"Variable containing data"文本框中输入变量的参考号"2"（即"Time History Variables"对话框中变量列表框中的第 2 个变量）；在"Time at start of data"文本框中输入变量的起始时间"0"，单击"OK"按钮。

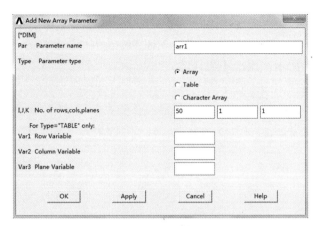

图 9-40 设置数组

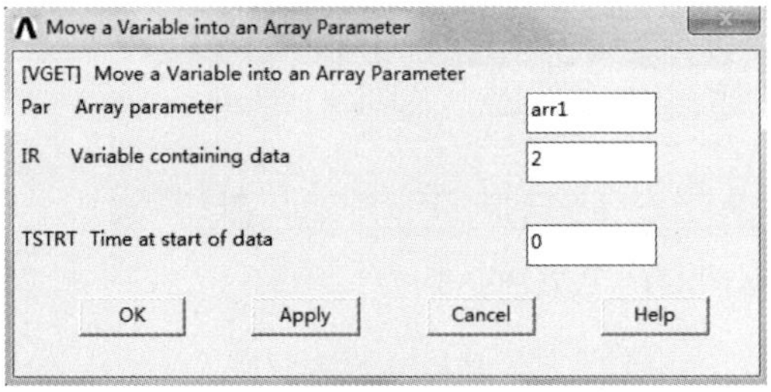

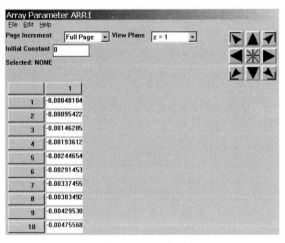

图 9-41 将变量赋给数组对话框

（5）再次选择菜单 Utility Menu→Parameters→Array Parameters→Define/Edit，选中 "arr1" 数组并单击 "Edit…" 按钮，可查看数组中的数据，如图 9-42 所示。

图 9-42 arr1 数组

将数组中的数据输入到变量的操作如下。

（1）选择菜单 Main Menu→TimeHist Postpro→Table Operations→Parameter to Var，弹出如图 9-43 所示的数组转化为变量对话框。

（2）在 "Array parameter" 文本框中输入数组名 "arr1"；在 "Variable containing data" 文本框中输入要生成的变量的参考号 "10"；在 "Time at start of data" 文本框中输入起始时间点 "0"。然后单击 "OK" 按钮。

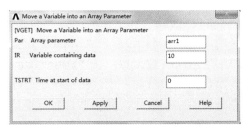

图 9-43　数组转化为变量对话框

如果变量参考号与已定义的变量重复，则原来的变量数据将被覆盖。

（3）选择菜单 Main Menu→TimeHist Postpro→Variable Viewer，可查看新生成的变量，如图 9-44 所示。

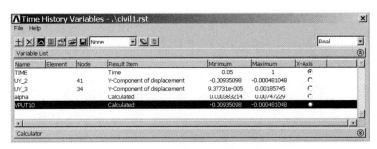

图 9-44　生成的 VPUT10 变量

3．数据平滑

若进行一个会产生很多噪声数据的分析，如动态分析，则通常需要平滑响应数据。通过消除一些局部的波动，而保持响应的整体特征来使用户更好地理解和观察响应。操作步骤如下。

（1）选择菜单 Main Menu→TimeHist Postpro→Smooth Data，弹出如图 9-45 所示的数据平滑对话框。

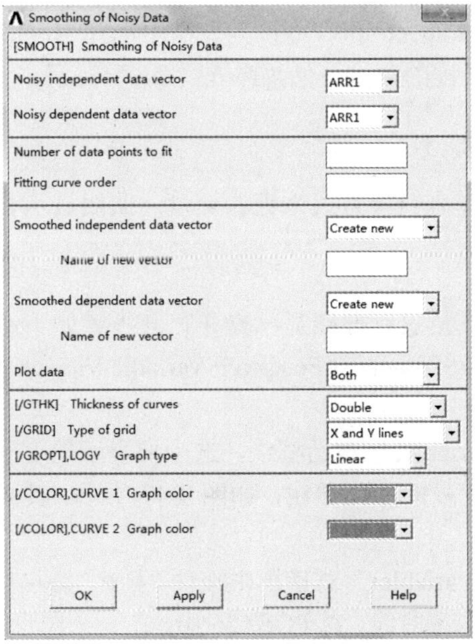

图 9-45　数据平滑对话框

（2）在"Noisy independent data vector"和"Noisy dependent data vector"下拉列表框中分别选择独立变量（数组）和受约束变量（数组）；在"Number of data points to fit"文本框中输入平滑数据点的数目，留空表示平滑所有数据点；在"Fitting curve order"文本框中输入平滑函数的最高阶数，默认的阶数为数据点数目的一半，然后单击"OK"按钮。

该操作仅适合静态或瞬态分析的结构数据，并不适合对复变量进行操作。

4. 生成响应频谱

生成响应频谱的功能允许用户在给定的时间历程中生成位移、速度、加速度响应谱。频谱分析中的响应谱可用于计算结构的整个响应。操作步骤如下。

（1）选择菜单 Main Menu→TimeHist Postpro→Generate Spectrm，弹出如图 9-46 所示的生成响应频谱对话框。

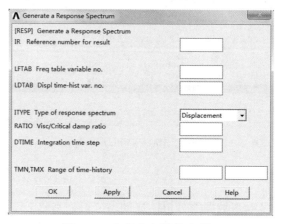

图 9-46　生成响应频谱对话框

（2）在"Reference number for result"文本框中输入结构的参考号；在"Freq table variable no."文本框中输入响应谱频率变量编号；在"Displ time-hist var. no."文本框中输入位移时间历程变量编号；在"Type of response spectrum"下拉列表框中选择响应谱的类型；在"Range of time-history"文本框中输入时间历程的范围。然后单击"OK"按钮。

9.3.3 查看变量

时间历程后处理器中同样有两种方式来查看变量：曲线显示和列表显示。

1. 绘制变量曲线

下面对前两节中定义的变量进行曲线显示操作，其步骤如下。

（1）选择菜单 Main Menu→TimeHist Postpro→Variable Viewer，弹出"Time History Variables"对话框。

（2）在"Time History Variables"对话框中，选中要显示的变量（如 UY_2），然后单击■按钮，即可在图形窗口中显示变量的变化曲线，如图 9-47 所示。其中，X 轴为时间变量 TIME，Y 轴为显示的变量数据。

说明：在"Time History Variables"对话框中按住"Ctrl"键可同时选中多个变量，单击■按钮即在图形窗口中同时显示多条曲线。在 POST26 中，在一个图形窗口中一次最多绘制 10 个变量的曲线。

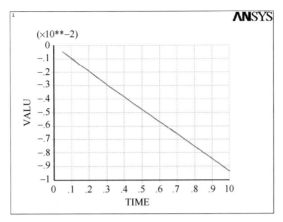

图 9-47　位移 UY2 与时间的关系曲线

如果想以定义的变量为 X 轴，可按以下步骤操作。

（1）选择菜单 Main Menu→TimeHist Postpro→Variable Viewer，弹出如图 9-48 所示的变量管理对话框。

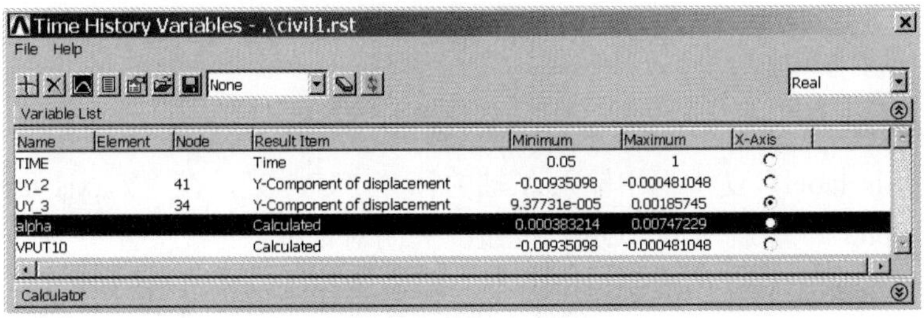

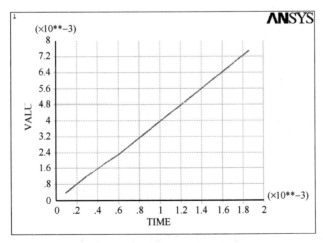

图 9-48　变量管理对话框

（2）在"Variable List"列表框中，选中变量"UY_3"中"X-Axis"列的单选按钮，接着选中"alpha"变量，并单击█按钮，将得到如图 9-49 所示的关系曲线。可以看出，坐标轴标签并没有改变。下面的操作将修改坐标轴标签。

图 9-49　alpha 与 UY_3 的关系曲线

（3）选择菜单 Utility Menu→PlotCtrls→Style→Graphs→Modify Axes，弹出如图 9-50 所示的修改曲线坐标轴设置对话框。

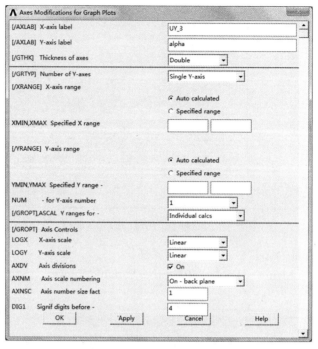

图 9-50　修改曲线坐标轴设置对话框

（4）在"X-axis label"文本框中输入 X 轴的标签"UY_3"，在"Y-axis label"文本框中输入 Y 轴的标签"alpha"，然后单击"OK"按钮，关闭对话框。

（5）一般设置完成之后，图形窗口中并不立即刷新并显示新风格的曲线，需要用户强制刷新窗口。在图形窗口中单击鼠标右键，选择"Replot"菜单，将重新绘制关系曲线，如图 9-51 所示。可以看出，此时坐标轴标签已经修改过来了。

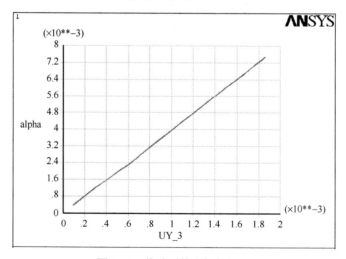

图 9-51　修改后的坐标轴标签

此外，用户还可以选择菜单 Main Menu→TimeHist Postpro→Graph Variables，来绘制变量曲线。单击该菜单，将弹出如图 9-52 所示的对话框。在文本框中输入变量，单击"OK"按钮即可，一次最多可输出 10 个变量。

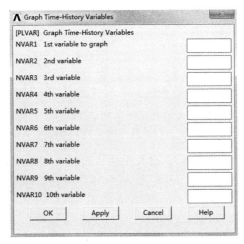

图 9-52　绘制变量曲线对话框

2．列表显示变量和极值

当需要检查变量记录结果项的具体数值时，可以通过列表显示方式进行。变量的列表显示操作如下。

（1）选择菜单 Main Menu→TimeHist Postpro→Variable Viewer，弹出"Time History Variables"对话框。

（2）在"Time History Variables"对话框中，选中要显示的变量，然后单击 按钮，即可列表显示相应变量记录的结果项数据，如图 9-53 所示。

在"Time History Variables"对话框中按住"Ctrl"键可同时选中多个变量，单击 按钮可同时显示多个变量。

此外，还可以选择菜单 Main Menu→TimeHist Postpro→List Variables，来列表显示变量。单击该菜单，将弹出如图 9-54 所示的对话框。在文本框中输入变量，单击"OK"按钮，一次最多可输出 6 个变量。

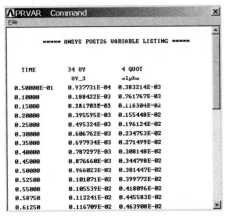

图 9-53　列表显示变量数据

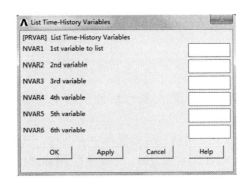

图 9-54　列表显示变量

另外，如果只关心一组变量的极大与极小值，操作如下。

（1）选择菜单 Main Menu→TimeHist Postpro→List Extremes，弹出如图 9-55 所示的列表显示变量极值对话框。

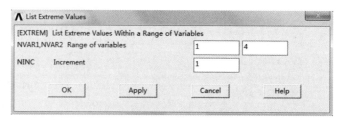

图 9-55　列表显示变量极值对话框

（2）在"Range of variables"文本框中输入变量号的起止范围，如"1"和"4"；在"Increment"文本框中输入增量步长，默认为"1"。然后单击"OK"按钮，即可列表显示每个变量的两个极值以及极值对应的时间和位置等信息，如图 9-56 所示。

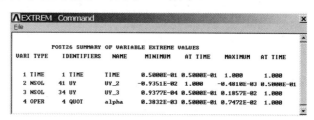

图 9-56　显示变量极值

习题

填空题

1．ANSYS 中的两个后处理器分别是_____和_____。

2．通用后处理器提供的图形显示方式有_____、_____、_____、粒子轨迹图以及破裂图和压碎图。

3．ANSYS 程序在求解结束后，工作目录中生成一个结果记录文件，称之为_____。不同的分析学科，ANSYS 采用不同的结果文件后缀，结构求解后结果文件名的后缀为_____。

4．通用后处理器可以查看指定求解步骤上的整个模型的计算结果，包括_____、_____和_____等。

5．时间历程后处理器（POST 26）可用于查看模型中指定点的分析结果随_____、_____等的变化关系。

6．要在时间历程后处理器中查看结果，首先要把待查看的结果数据定义并存储为一个_____。

7．时间历程后处理器中有两种方式查看变量，分别是_____显示和_____显示。

8．在查看变量时，选择菜单 Main Menu→TimeHist Postpro→List Variables，可以_____显示变量。

9．动画技术可以动态地显示模型随时间的变化情况，多用于_____的分析中。

判断题

1．后处理就是检查求解的结果。（　　　）

2．后处理器就是用来分析处理求解结果信息和以各种方式提取数据信息的工具。（　　）

3．变形图的绘制主要用来观察模型的变形情况。（　　）

4．等值线图的绘制即所谓的云图绘制，主要通过颜色的变化来体现模型的位移（即变形）、应力、应变等情况。（　　）

5．变量可以存储为文件、APDL 表和 APDL 数组的形式。存储完成后，还可以通过适当的方法导入。（　　）

6．选择菜单 Utility Menu→PlotCtrls→Style→Graphs→Modify Axes，可以设定图形显示的坐标轴标签。（　　）

7．选择菜单 Utility Menu→PlotCtrls→Redirect Plots→To Segment Memory，可以通过设置动画的帧数显示动画。（　　）

8．用图形显示变量时，一次只可显示一个变量的数据结果。（　　）

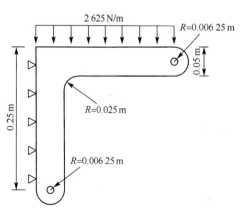

第 10 章

结构线性静力分析

✧ 本章介绍常见的几种结构静力分析，包括平面问题、空间问题、轴对称问题、周期对称结构等线性静力分析等，并通过典型实例对这几种结构分析的求解过程进行了介绍。读者勤加练习，就能掌握具体问题的 ANSYS 结构静力分析方法。本章重点是结构线性静力分析的过程及步骤，难点是各种静力问题分析的操作方法。

10.1 结构静力分析简介

从计算的线性和非线性角度，可以把结构分析分为线性分析和非线性分析；从载荷与时间的关系，又可以把结构分析分为静力分析和动态分析。而线性静力分析是最基本的分析。

静力分析是计算在固定不变的载荷作用下结构的效应，它不考虑惯性和阻尼的影响。静力分析可以计算那些固定不变的惯性载荷对结构的影响（如重力和离心力），以及那些可以近似为等价静力作用的随时间变化的载荷（如通常在建筑规范中所定义的等价静力风载和地震载荷）。线性分析是指在分析过程中结构的几何参数和载荷参数只发生微小的变化，以至可以把这种变化忽略，而把分析中的所有非线性项去掉。

本章介绍 ANSYS 在机械工程领域的应用实例，使读者能快速入门，从而在较短的时间内，既知其然，又知其所以然，真正掌握 ANSYS 有限元分析方法，并能灵活应用于实际问题中。

10.2 钢支架的平面问题分析

对常用的钢支架进行结构静力分析。钢支架结构尺寸如图 10-1 所示，厚度为 3.12×10^{-3} m。材料为普通钢材，弹性模量 $E = 2 \times 10^{11}$ Pa，泊松比为 0.3。支架左边界固定，顶面上作用有 2625N/m 的均布载荷。假定支架在厚度方向上无应力（即平面应力问题），求解钢支架的位移及应力分布。

首先制订分析方案。

✧ 问题特性：平面应力问题，几何模型创建面。

✧ 分析类型：结构静力分析，材料是线弹性。

✧ 单元数据：选择 Solid 182，并设置为平面应力带厚度，其厚度为单元实常数。

图 10-1 钢支架结构尺寸

◇ 边界条件：左侧线上施加固定支撑。

◇ 载荷施加：顶面施加均布压力。

求解步骤如下。

1．定义单元属性

（1）定义单元类型。选择菜单 Main Menu→Preprocessor→Element Type→Add/Edit/Delete，弹出"Element Types"（定义单元类型）对话框，单击"Add"按钮，弹出单元类型库对话框如图 10-2 所示，选中"Solid""Quad 4 node 182"单元，单击"OK"按钮。回到"Element Typcs"对话框，选中定义的单元，单击"Options"按钮，弹出如图 10-3 所示的对话框。在"K3"下拉列表框中选择"Plane strs w/thk"，单击"OK"按钮。单击"Element Types"对话框中的"Close"按钮。

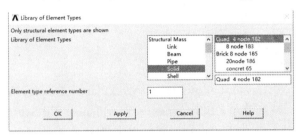

图 10-2　单元类型库

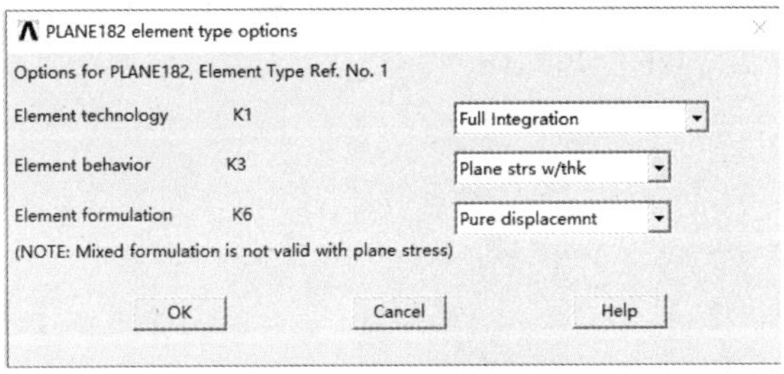

图 10-3　单元设置选项

（2）定义实常数。选择菜单 Main Menu→Preprocessor→Real Constants→Add/Edit/Delete，弹出"Real Constants"（定义实常数）对话框，单击"Add"按钮，选中"PLANE 182"单元，单击"OK"按钮。然后按图 10-4 所示输入实常数值"3.12e-3"，单击"OK"按钮。单击"Real Constants"对话框中的"Close"按钮。

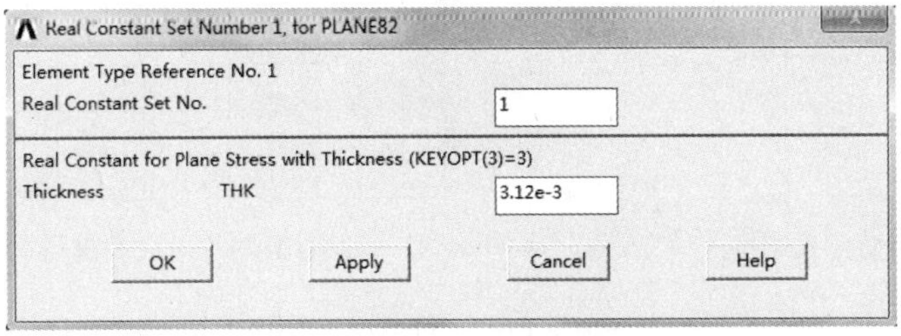

图 10-4　定义实常数对话框

（3）输入材料属性。选择菜单 Main Menu→Preprocessor→Material Props→Material Models，弹出如图 10-5 所示的定义材料模型对话框，单击 Structural→Linear→Elastic→Isotropic 菜单，弹出如图 10-6 所示的对话框。在"EX"文本框中输入弹性模量"2e11"，在"PRXY"文本框

中输入泊松比"0.3"，单击"OK"按钮。再单击定义材料模型对话框中的 **✕**。

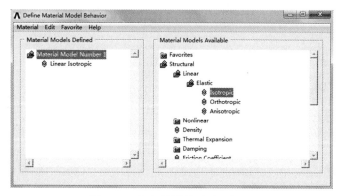

图 10-5　定义材料模型对话框

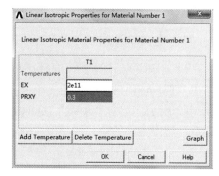

图 10-6　定义材料参数

2. 创建几何模型

（1）显示工作平面。选择菜单 Utility Menu→WorkPlane→Display Working Plane。

（2）设置工作平面。选择菜单 Utility Menu→WorkPlane→WP Settings，弹出设置工作平面对话框，按图 10-7 所示进行工作平面设置，然后单击"OK"按钮。

（3）定义关键点。选择菜单 Main Menu→Preprocessor→Modeling→Create→Keypoints→On Working Plane，弹出拾取关键点对话框，用鼠标在图形窗口中按图 10-8 的位置定义 6 个关键点，勾画出钢支架的轮廓，单击"OK"按钮。

图 10-7　设置工作平面

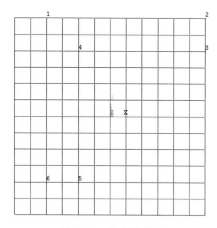

图 10-8　生成关键点

（4）生成面。选择菜单 Main Menu→Preprocessor→Modeling→Create→Areas→Arbitrary→Through KPs，弹出拾取关键点对话框，依次在图形窗口中选择关键点 1、2、3、4、5 和 6，单击"OK"按钮，即生成了直角形的面。

（5）打开线编号。选择菜单 Utility Menu→PlotCtrls→Numbering，将线编号设为"ON"，如图 10-9 所示，单击"OK"按钮。打开线编号显示的结果，如图 10-10 所示。

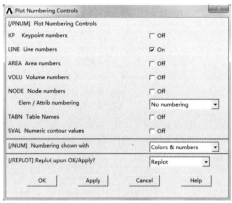

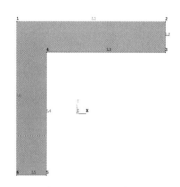

图 10-9　打开线编号　　　　　　　　　　图 10-10　显示结果

（6）对线进行倒角。选择菜单 Main Menu→Preprocessor→Modeling→Create→Lines→Line Fillet，弹出拾取线对话框，在图形窗口中选择线"L3"和"L4"，单击"OK"按钮。接着弹出如图 10-11 所示的对话框，在"Fillet radius"文本框中输入倒角半径"0.025"，单击"OK"按钮。

（7）把倒角填充成面。选择菜单 Main Menu→Preprocessor→Modeling→Create→Areas→Arbitrary→By Lines，弹出拾取线对话框，选择倒角位置边线，单击"OK"按钮，倒角后的模型如图 10-12 所示。

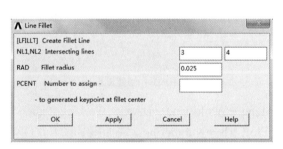

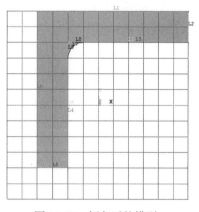

图 10-11　对线进行倒角　　　　　　　　　图 10-12　倒角后的模型

（8）生成两个圆面。选择菜单 Main Menu→Preprocessor→Modeling→Create→Areas→Circle→Solid Circle，弹出定义圆面对话框，按图 10-13 所示的对话框输入圆心坐标、半径（或者用捕捉的方法），单击"Apply"按钮。再按图 10-14 所示的对话框输入圆心坐标、半径（或者用捕捉的方法），单击"OK"按钮，即在模型中画两个圆面，圆心位于边中点，直径等于边长，生成的圆面如图 10-15 所示。

（9）面相加。选择菜单 Main Menu→Preprocessor→Modeling→Operate→Booleans→Add→Areas，在弹出的对话框中，单击"Pick All"按钮，所有的面将通过布尔加运算变为一个面。

（10）创建两个小圆面。选择菜单 Main Menu→Preprocessor→Modeling→Create→Areas→Circle→Solid Circle，弹出定义圆面对话框，按图 10-16（a）所示的对话框捕捉（或输入）圆心坐标，输入半径"0.00625"，单击"Apply"按钮。再按图 10-16（b）所示的对话框捕捉（或输入）圆心坐标，输入半径"0.00625"，单击"OK"按钮。在模型中生成两个小圆面，圆心与步骤（8）中生成的圆面重合，如图 10-17 所示。

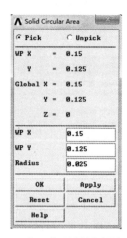

图 10-13　在工作平面创建圆面（1）　　　　图 10-14　在工作平面创建圆面（2）

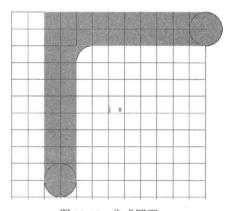

图 10-15　生成圆面

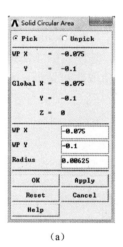

（a）　　　　　　（b）

图 10-16　创建圆面

（11）关闭工作平面栅格。选择菜单 Utility Menu→WorkPlane→Display Working Plane。

（12）打开面编号。选择菜单 Utility Menu→PlotCtrls→Numbering，将面编号设为"ON"，将线编号关闭，然后单击"OK"按钮。

（13）面相减。选择菜单 Main Menu→Preprocessor→Modeling→Operate→Booleans→Subtract→Areas，弹出拾取对话框，选择"A5"，单击"OK"按钮，接着选择"A1"面和"A2"面，然后单击"OK"按钮，将得到如图 10-18 所示的几何模型。

图 10-17　生成小圆面

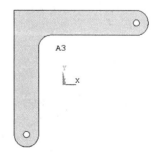

图 10-18　几何模型

3．划分网格

（1）选择菜单 Main Menu→Preprocessor→Meshing→MeshTool，打开网格划分工具"MeshTool"对话框，如图 10-19 所示。单击 Size Controls→Lines 后对应的"Set"按钮，弹出拾取线对话框，选择模型的外边线（全部外轮廓线），单击拾取对话框中的"OK"按钮。弹出如图 10-20 所示对话框，在"Element edge length"文本框中输入"0.0125"，单击"OK"按钮。

（2）选择菜单 Main Menu→Preprocessor→Meshing→MeshTool，单击"MeshTool"对话框中 Size Controls→Lines 后对应的"Set"按钮，弹出拾取线对话框，选择模型的小圆内边线，单击"OK"按钮，在"Element edge length"文本框中输入"0.001"，单击"OK"按钮。

（3）在"MeshTool"对话框中的"Mesh"下拉列表中选择"Areas"；然后在"Shape"项选择"Quad"（四边形单元）；选择"Free"（自由网格划分器）；单击"Mesh"按钮，弹出"Mesh Areas"（拾取）对话框，单击"Pick All"按钮，执行网格划分操作，即可完成模型的网格划分，网格划分结果如图 10-21 所示。

图 10-19　网格划分工具

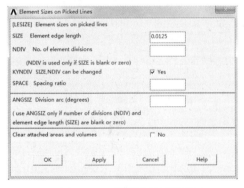

图 10-20　设置线的网格尺寸

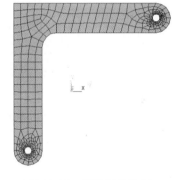

图 10-21　网格划分结果

4．施加载荷并求解

（1）施加约束条件。选择菜单 Main Menu→Solution→Define Loads→Apply→Structural→Displacement→On Lines，弹出拾取线对话框，选择模型的左边线，单击"OK"按钮，弹出如图 10-22 所示的对话框。在"DOFs to be constrained"列表框中选择"All DOF"，然后单击"OK"按钮。

（2）施加外力。选择菜单 Main Menu→Solution→Define Loads→Apply→Structural→Pressure→On Lines，弹出拾取线对话框，选择模型顶边线，单击"OK"按钮，弹出如图 10-23 所示的对话框。在"Load PRES value"文本框中输入压力值"2625"，单击"OK"按钮，结果如图 10-24 所示。

（3）求解。选择菜单 Main Menu→Solution→Solve→Current LS，弹出如图 10-25 所示的对话框，查看列表中的信息，经确认无误后关闭此对话框。然后单击确认对话框中的"OK"按钮，再单击"Yes"按钮，开始求解。求解结束后，会弹出提示求解结束对话框，单击"Close"按钮。

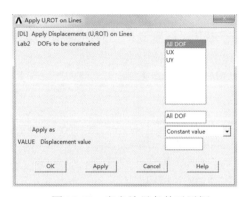

图 10-22　定义边界条件对话框

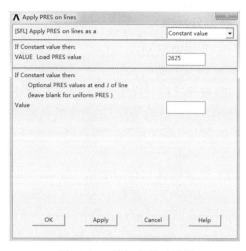

图 10-23　施加荷载对话框

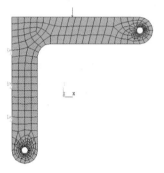

图 10-24　施加荷载后的结果

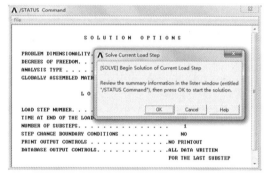

图 10-25　求解确认对话框

5．查看结果

（1）查看变形。选择主菜单 Main Menu→General Postproc→Plot Results→Deformed Shape 命令，弹出"Plot Deformed Shape"对话框，选择"Def+undef edge"（显示变形后的结构和未变形轮廓线）选项，单击"OK"按钮，在图形窗口中显示出变形图及变形前的轮廓线，如图 10-26 所示。

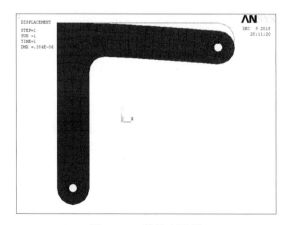

图 10-26　结构变形图

（2）查看节点等效应力。选择菜单 Main Menu→General Postproc→Plot Results→Contour Plot→Nodal Solu，打开等值线显示节点解数据对话框，如图 10-27 所示。在 Stress（应力）中选择 von Mises stress 选项，同时选择"Deformed shape only"（仅显示变形后模型）选项，单击"OK"按钮，图形窗口中显示出节点等效应力等值线图，如图 10-28 所示。

图 10-27　钢支架等值线显示节点解数据对话框

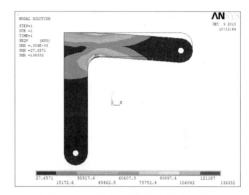

图 10-28　节点等效应力等值线图

10.3　联轴器的三维结构分析

联轴器结构如图 10-29 所示，已知联轴器材料的拉压弹性模量 $E = 2.06 \times 10^{11}\,\text{Pa}$，泊松比 $\mu = 0.3$。联轴器在底面的四周边界不能发生上下运动，即不能发生轴向位移；在底面的两个圆周上不能发生任何方向的运动；在小轴孔的孔面及圆台上分布有 $1 \times 10^6\,\text{Pa}$ 的压力；在大轴孔的孔台上分布有 $1 \times 10^7\,\text{Pa}$ 的压力；在大轴孔的键槽的一侧受到 $1 \times 10^5\,\text{Pa}$ 的压力。分析联轴器在工作时发生的变形和应力的分布情况。

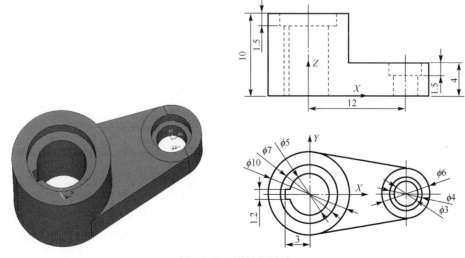

图 10-29　联轴器结构

分析步骤如下。

1．定义单元属性

在进行有限元分析时，首先应根据分析问题的几何结构、分析类型和所分析的问题精度要求等，选定适合具体分析的单元类型。本例中选用十节点四面体实体结构单元 10node 187，此单元可用于计算三维问题。

（1）定义单元类型。

选择菜单 Main Menu→Preprocessor→Element Type→Add/Edit/Delete，打开"Element Types"对话框。单击"Add"按钮，打开单元类型库对话框，如图 10-30 所示，在左侧选择"Solid"实体单元类型，在右侧列表框中选择"10node 187"选项，即选择十节点四面体实体结构单元。单击"OK"按钮，返回到单元类型对话框，单击 Close 按钮。

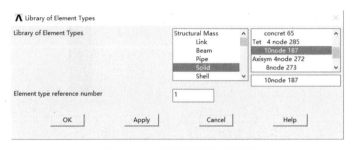

图 10-30　单元类型库对话框

（2）定义材料属性。

静力分析中必须定义材料的弹性模量和泊松比。

选择菜单 Main Menu→Preprocessor→Material Props→Material Models，打开"Define Material Model Behavior"窗口。依次单击 Structural→Linear→Elastic→Isotropic，打开定义材料模型属性参数对话框，在"EX"文本框中输入弹性模量"2.06e11"，在"PRXY"文本框中输入泊松比"0.3"，单击"OK"按钮。在"Define Material Model Behavior"窗口中，选择菜单 Material→Exit，或者单击右上角的"×"按钮。

2．建立联轴器的三维实体模型

（1）创建两个圆柱体。

选择菜单 Main Menu → Preprocessor → Modeling → Create → Volumes → Cylinder→Solid

图 10-31　生成两个圆柱体

Cylinder，打开创建圆柱体对话框，在"WP X"文本框中输入"0"，在"WP Y"文本框中输入"0"，在"Radius 文本框中输入"5"，在"Depth 文本框中输入"10"，单击"Apply"。接着在"WP X 文本框中输入"12"，在"WP Y 文本框中输入"0"，在"Radius 文本框中输入"3"，在"Depth 文本框中输入"4"，单击"OK"按钮，单击查看三维视图，然后转至合适的视角。生成两个圆柱体，如图 10-31 所示。

（2）创建与两个圆柱面相切的 4 个关键点。

① 显示线。选择菜单 Utility Menu→Plot→Lines。

② 创建局部坐标系。选择菜单 Utility Menu→WorkPlane→Local Coordinate Systems→Create Local CS→At Specified Loc+，打开创建坐标系对话框，如图 10-32 所示。在"Global Cartesian"

文本框中输入"0,0,0",单击"OK"按钮,弹出"Create Local CS at Specified Location"对话框,在"Type of coordinate system"中选择"Cylindrical 1",如图 10-33 所示,单击"OK"按钮。

图 10-32　创建坐标系对话框　　　　　　　　　图 10-33　创建局部柱坐标系

③ 建立与两圆柱面相切的 2 个关键点。选择菜单 Main Menu→Preprocessor→Modeling→Create→Keypoints→In Active CS,打开创建关键点对话框。在"Keypoint number"文本框中输入"110",在"Location in active CS"文本框中分别输入"5""-80.4""0",如图 10-34 所示,单击"Apply",创建一个关键点。然后再在"Keypoint number"文本框中输入"120",在"Location in active CS"文本框中分别输入"5""80.4""0",单击"OK"按钮,创建另一个关键点。

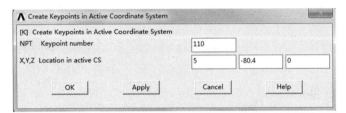

图 10-34　在局部坐标系中创建关键点

④ 创建第 2 个局部坐标系。选择菜单 Utility Menu→WorkPlane→Local Coordinate Systems→Create Local CS→At Specified Loc|,打开创建局部坐标系对话框。在"Global Cartesian"文本框中输入"12,0,0",单击"OK"按钮,打开"Create Local CS At Specified Location"对话框。在"Ref number of new coord sys"中输入"12",在"Type of coordinate system"中选择"Cylindrical 1",单击"OK"按钮。

⑤ 建立与两圆柱面相切的另外 2 个关键点。选择菜单 Main Menu→Preprocessor→Modeling→Create→Keypoints→In Active CS,弹出创建关键点对话框。在"Keypoint number"文本框中输入"130",在"Location in active CS"文本框中分别输入"3""-80.4""0",单击"Apply"按钮,创建一个关键点。再在"Keypoint number"文本框中输入"140",在"Location in active CS"文本框中分别输入"3""80.4""0",单击"OK"按钮,创建另一个关键点,如图 10-35 所示。

(3)生成与圆柱底相交的面。

① 用 4 个相切的关键点创建四条直线。选择菜单 Main Menu→Preprocessor→Modeling→

Create→Lines→Lines→Straight lines，弹出定义线对话框。拾取关键点"110"和"130"，关键点"120"和"140"，关键点"110"和"120"，关键点"130"和"140"，使它们成为四条直线，单击"OK"按钮，如图10-36所示。

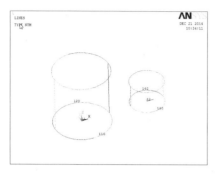

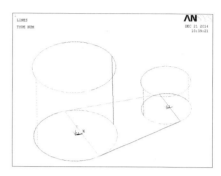

图10-35　建立两圆柱面相切的4个关键点　　　　　图10-36　创建4条直线

② 创建一个四边形面。选择菜单 Main Menu→Preprocessor→Modeling→Create→Areas→Arbitrary→By Lines，弹出拾取线对话框，顺时针依次拾取刚刚建立的4条直线，单击"OK"按钮。

图10-37　生成的四棱柱

（4）沿面的法向拖拉面形成一个四棱柱。

选择菜单 Main Menu → Preprocessor → Modeling → Operate→Extrude→Areas→Along Normal，弹出拖拉对话框。在图形窗口中拾取四边形面，单击"OK"按钮。这时打开创建体对话框，在"DIST"文本框中输入"4"，厚度的方向是向圆柱所在的方向，单击"OK"按钮，生成的四棱柱如图10-37所示。

（5）连结所有体。

选择菜单 Main Menu → Preprocessor → Modeling → Operate→Booleans→Add→Volumes，弹出拾取对话框，单击"Pick All"按钮。

（6）创建大端的轴孔。

① 激活总体直角坐标系。选择菜单 Utility Menu→WorkPlane→Change Active CS to→Global Cartesian。

② 偏移工作平面。选择菜单 Utility Menu→WorkPlane→Offset WP to→XYZ Locations+，打开偏移工作平面对话框，在"Global Cartesian"文本框中输入"0，0，8.5"，单击"OK"按钮。

③ 创建两个圆柱体。选择菜单 Main Menu→Preprocessor→Modeling→Create→Volumes→Cylinder→Solid Cylinder，打开创建圆柱体对话框。在"WP X"文本框中输入"0"，在"WP Y"文本框中输入"0"，在"Radius"文本框中输入"3.5"，在"Depth"文本框中输入"1.5"，单击"Apply"按钮，生成1个圆柱体。然后在"WP X"文本框中输入"0"，在"WP Y"文本框中输入"0"，在"Radius"文本框中输入"2.5"，在"Depth"文本框中输入"-8.5"，单击"OK"按钮，生成另一个圆柱体，结果如图10-38所示。

④ 从联轴体中"减"去圆柱体形成轴孔。选择菜单 Main Menu→Preprocessor→Modeling→Operate→Booleans→Subtract→Volumes，打开拾取对话框。在图形窗口中拾取联轴体作为布尔"减"操作的母体，单击"Apply"按钮。接着在图形窗口中拾取刚刚建立的两个圆柱体作为"减"去的对象，单击"OK"按钮，结果如图10-39所示。

图 10-38 生成两个圆柱体

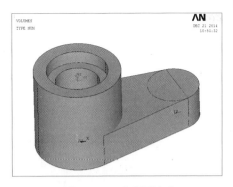

图 10-39 形成圆轴孔

（7）创建大端轴孔的键槽。

① 偏移工作平面。选择菜单 Utility Menu→WorkPlane→Offset WP to→XYZ Locations，打开偏移工作平面对话框，在 "Global Cartesian" 文本框中输入 "0,0,0"，单击 "OK" 按钮。

② 创建长方体。选择菜单 Main Menu→Preprocessor→Modeling→Create→Volumes→Block→By Dimensions，打开创建长方体对话框。在 "X-coordinates" 文本框中输入 "0" "−3"，在 "Y-coordinates" 文本框中输入 "−0.6" "0.6"，在 "Z-coordinates" 文本框中输入 "0" "8.5"，如图 10-40 所示，单击 "OK" 按钮，得到的长方体如图 10-41 所示。

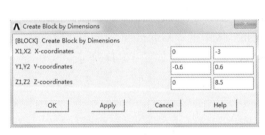

图 10-40 创建长方体

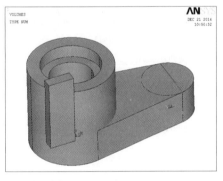

图 10-41 生成长方体

③ 从联轴体中再 "减" 去长方体形成带键槽的轴孔。选择菜单 Main Menu→Preprocessor→Modeling→Operate→Booleans→Subtract→Volumes，弹出拾取对话框。在窗口中拾取联轴体作为布尔 "减" 操作的母体，单击 "Apply" 按钮。在图形窗口中拾取刚刚建立的长方体作为 "减" 去的对象，单击 "OK" 按钮，结果如图 10-42 所示。

（8）形成小端的轴孔。

① 偏移工作平面。选择菜单 Utility Menu→WorkPlane→Offset WP to→XYZ Locations，打开工作平面设置对话框，在 "Global Cartesian" 文本框中输入 "12,0,2.5"，单击 "OK" 按钮。

② 创建圆柱体。选择菜单 Main Menu→Preprocessor→Modeling→Create→Volumes→Cylinder→Solid Cylinder，打开创建圆柱体对话框，在 "WP X" 文本框中输入 "0"，在 "WP Y" 文本框中输入 "0"，在 "Radius" 文本框中输入 "2"，在 "Depth" 文本框中输入 "1.5"，单击 "Apply" 按钮，生成 1 个圆柱体。然后在 "WP X" 文本框中输入 "0"，在 "WP Y" 文本框中输入 "0"，在 "Radius" 文本框中输入 "1.5"，在 "Depth" 文本框中输入 "−2.5"，单击 "OK" 按钮，生成另一个圆柱体。

③ 从联轴体中"减"去圆柱体形成轴孔。选择菜单 Main Menu→Preprocessor→Modeling →Operate→Booleans→Subtract→Volumes，拾取联轴体作为布尔"减"操作的母体，单击"Apply"按钮。拾取刚刚建立的两个圆柱体作为"减"去的对象，单击"OK"按钮，所得结果如图 10-43 所示。

图 10-42　生成大端带键槽的轴孔

图 10-43　形成轴孔

（9）保存数据文件。

选取工具条上的 SAVE_DB。

3．划分网格，创建有限元模型

选择菜单 Main Menu→Preprocessor→Meshing→MeshTool 命令，打开"MeshTool"网格划分工具。单击"Line"域中的"Set"按钮，打开线选择对话框，选择大轴孔圆周线，单击"OK"按钮。ANSYS 会提示线划分控制的信息，在"No. of element　divisions"文本框中输入"10"，即定义单元划分数，单击"OK"按钮。选择"Mesh"域中的"Volumes"，单击"Mesh"按钮，打开体选择对话框，单击"Pick All"按钮，ANSYS 划分后的体如图 10-44 所示。

4．施加载荷

（1）在基座的底部施加位移约束。

① 选择菜单 Main Menu→Solution→Define Loads→Apply→Structural→Displacement→On lines，拾取基座底面的所有外边界线，单击"OK"按钮，选择 UZ 作为约束自由度，单击"OK"按钮。

② 选择菜单 Main Menu→Solution→Define Loads→Apply→Structural→DiSplacement→On lines，拾取基座底面的两个圆周线，单击"OK"按钮。选择"All DOF"作为约束自由度，单击"OK"按钮，结果如图 10-45 所示。

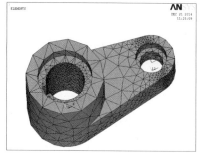

图 10-44　划分后的体

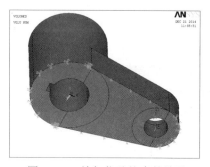

图 10-45　施加位移约束的结果

（2）施加压力载荷。

① 在小轴孔圆周面及圆台上施加压力载荷。选择菜单 Main Menu→Solution→Define Loads →Apply→Structural→Pressure→On Areas，拾取小轴孔的内圆周面和小轴孔的圆台，单击"OK"按钮。然后打开"Apply PRES on areas"对话框，在"Load PRES value"文本框中输入"1e6"，单击"OK"按钮，所得结果如图 10-46 所示。

② 在大轴孔轴台上和键槽的一侧施加压力载荷。用同样方法在大轴孔轴台上和键槽的一侧分别施加大小为"1e7"和"1e5"的压力载荷，结果如图 10-47 所示。

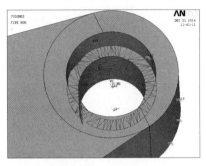 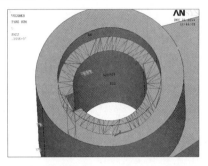

图 10-46　在小轴孔圆周面及圆台上施加压力载荷　　图 10-47　在大轴孔轴台上和键槽一侧施加压力载荷

5．进行求解

选择菜单 Main Menu→Solution→Solve→Current LS 命令，打开一个确认对话框和一个状态列表，查看列表中的信息，确认无误后，关闭此对话框。单击确认对话框中的"OK"按钮，开始求解。求解过程中会有进度的显示，求解完成后会打开提示求解结束对话框，单击"Close"按钮。

6．查看结果

（1）查看变形。

三维实体需要查看 3 个方向的位移和总位移。

① 选择菜单 Main Menu→General Postproc→Plot Result→Contour Plot→Nodal Solu，打开"Contour Nodal Solution Data"（等值线显示节点解数据）对话框。如图 10-48 所示，在"Item to be contoured"（等值线显示结果项）域中选择"DOF Solution"（自由度解）选项，并选择"X-Component of displacement"（X 方向位移）选项；同时选择"Deformed shape with undeformed edge"（变形后和变形前轮廓线）选项，单击"OK"按钮。在图形窗口中显示 X 方向位移图，包含变形前的轮廓线，如图 10-49 所示，图中下方的色谱表明不同颜色对应的数值（带符号）。

② 用同样的方法查看 Y 方向、Z 方向位移及总位移。

（2）查看应力。

① 选择菜单 Main Menu→General Postproc→Plot Results→Contour Plot→Nodal Solu，打开等值线显示节点解数据对话框。如图 10-50 所示，在"Item to be contoured"（等值线显示结果项）域中选择"Stress"选项，并选择"X-Component of stress"（X 方向应力）选项；同时选择"Deformed shape with undeformed edge"选项，单击"OK"按钮，图形窗口中显示出 X 方向（径向）应力分布图，如图 10-51 所示。

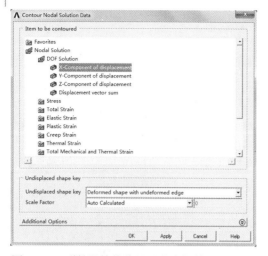

图 10-48　联轴器等值线显示节点解数据对话框

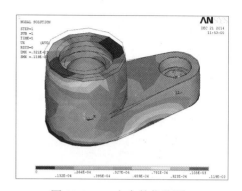

图 10-49　X 方向的位移图

图 10-50　等值线显示节点解数据

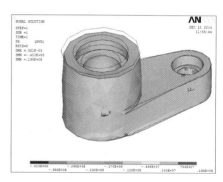

图 10-51　X 方向的应力分布图

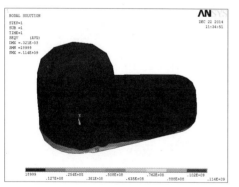

图 10-52　等效应力分布图

② 用同样的方法查看 Y 方向、Z 方向上的应力。

③ 选择菜单 Main Menu→General Postproc→Plot Results→Contour Plot→Nodal Solu，打开 "Contour Nodal Solution Data" 对话框。在 "Item to be contoured" 域列表中选择 "Stress" 选项，在列表框中选择 "von Mises stress" 选项；同时选择 "Deformed shape only" 选项，单击 "OK" 按钮，图形窗口中显示出等效应力分布图，如图 10-52 所示。

（3）应力动画。

① 选择菜单 Utility Menu→PlotCtrls→Animate→Deformed Results，在打开的对话框左侧选择 "Stress"，右侧选择 "von Mises SEQV"，如图 10-53 所示，单击 "OK" 按钮。

② 要停止播放变形动画，单击 "Stop" 按钮，如图 10-54 所示。

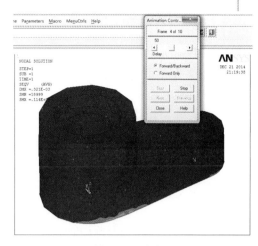

图 10-53　选择动画内容　　　　　图 10-54　播放动画

10.4　转轮的轴对称结构分析

如图 10-55 所示的转轮，已知转轮的内径为 5，外径为 8，具体尺寸见转轮截面图。转轮高速旋转，角速度为 62.8rad/s。转轮在边缘受到压力的作用，压力大小为 $1×10^6$ Pa。转轮材料的弹性模量 $E=2.06×10^{11}$ Pa，泊松比 $\mu=0.3$，密度为 7800kg/m³。分析转轮的变形及应力情况。

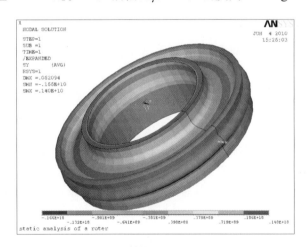

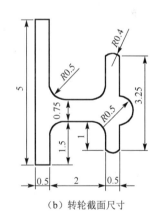

（a）转轮三维模型　　　　　　　　（b）转轮截面尺寸

图 10-55　转轮

在 ANSYS 程序中，轴对称模型必须在总体坐标系 XOY 平面的第一象限中进行创建，并且总体坐标系的 Y 轴就是旋转对称轴。

求解时，自由度约束、压力载荷、温度载荷和 Y 方向加速度可以像其他非轴对称模型一样进行施加，唯独集中力载荷有特殊的含义，它表示的是力或力矩在 360°范围内的合力，即输入的是整个圆周上的总载荷大小。同样，在求解结果后处理时，轴对称模型输出的反作用力结果也是整个圆周上的合力输出，即力和力矩按总载荷大小输出。

具体分析步骤如下。

1．选定分析范畴

对于不同的分析范畴（如结构分析、热分析、流体分析、电磁场分析等），ANSYS所用主菜单的内容不尽相同。为此，在分析开始时需要选定分析内容的范畴，以便ANSYS显示出与其相对应的菜单选项。

选择菜单Main Menu→Preferences，打开"Preferences for GUI Filtering"（菜单过滤参数选项）对话框，选中"Structural"选项，单击"OK"按钮。

2．定义单元属性

（1）定义单元类型。

本例中选用4节点四边形板单元Solid 182，Solid 182不仅能用于计算平面应力问题，还可用于分析平面应变和轴对称问题。

① 选择菜单Main Menu→Preprocessor→Element Type→Add/Edit/Delete，打开"Element Types"（定义单元类型）对话框。单击"Add"按钮，打开单元类型库，如图10-56所示，在左边的列表框中选择"Solid"，在右边的列表框中选择"Quad 4 node 182"选项，单击"OK"按钮，返回到定义单元类型对话框，如图10-57所示。

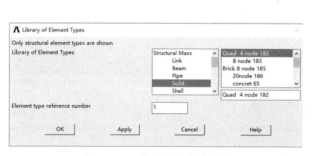

图10-56　单元类型库对话框

图10-57　定义单元类型对话框

② 单击如图10-57所示的定义单元类型对话框中的"Options"按钮，打开如图10-58所示的单元选项设置对话框，对PLANE182单元进行设置，使其可用于计算平面应力问题，在"K3"（单元行为方式）下拉列表框中选择"Axisymmetric"（轴对称）选项。单击"OK"按钮，返回到如图10-57所示的单元类型对话框，单击"Close"按钮。

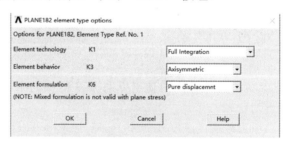

图10-58　单元选项设置对话框

（2）定义材料属性。

本例中选用的单元类型不需定义实常数。考虑惯性力的静力分析必须定义材料的弹性模量、泊松比和密度。

① 定义弹性模量和泊松比。选择菜单 Main Menu→Preprocessor→Material Props→Material Models，打开定义材料模型属性窗口。按图 10-59 所示，依次选择 Structural→Linear→Elastic →Isotropic 选项，打开 1 号定义材料的弹性模量和泊松比对话框，如图 10-60 所示，在"EX"文本框中输入弹性模量"2.06e11"，在"PRXY"文本框中输入泊松比"0.3"，单击"OK"按钮。返回到定义材料模型属性窗口，在此窗口的左边一栏出现刚定义的编号为 1 的材料属性。

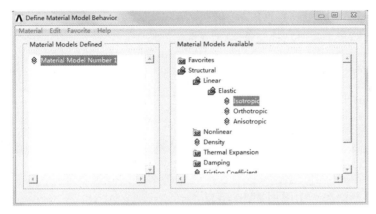

图 10-59　定义材料模型属性窗口

② 定义材料密度。在定义材料模型属性窗口依次选择 Structural→Density 选项，打开定义材料密度对话框。如图 10-61 所示，在"DENS"文本框中输入密度数值"7800"，单击"OK"按钮。返回定义材料模型属性窗口，在此窗口的左边一栏编号为 1 的材料属性下方出现密度项，从菜单中选择 Material→Exit 命令，或者单击右上角的 ⊠，完成对材料模型属性的定义。

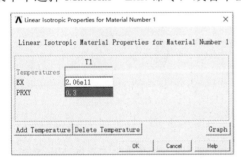

图 10-60　定义材料的弹性模量和泊松比

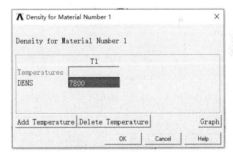

图 10-61　定义材料密度

3．建立几何模型

在总体坐标系 *XOY* 平面的第一象限中创建转轮的截面，具体步骤如下。

（1）建立三个矩形面。

通过指定两个对角点的坐标创建矩形面。选择菜单 Main Menu→Preprocessor→Modeling→ Create→Areas→Rectangle→By Dimensions，打开定义矩形面对话框。

① 依次输入 X1=5，X2=5.5，Y1=0，Y2=5，如图 10-62 所示，单击"Apply"按钮。

② 再输入 X1=5.5，X2=7.5，Y1=1.5，Y2=2.25，单击"Apply"按钮。

③ 最后输入 X1=7.5，X2=8.0，Y1=0.5，Y2=3.75，单击"OK"按钮。

（2）建立一个圆面。

选择菜单 Main Menu→Preprocessor→Modeling→Create→Areas→Circle→Solid Circle，弹出定

义圆面对话框。如图10-63所示，在圆心坐标"WP X"文本框中输入"8"，"WP Y"文本框中输入"1.875"，在"Radius"文本框中输入"0.5"，单击"OK"按钮，所得的结果如图10-64所示。

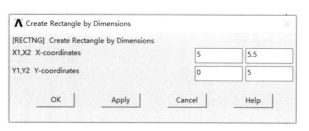

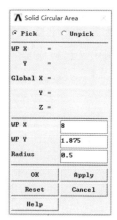

图10-62　建立矩形面　　　　　　　　　　　　　　　图10-63　定义圆面

（3）将三个矩形面和一个圆面加在一起。

选择菜单 Main Menu→Preprocessor→Modeling→Operate→Booleans→Add→Areas，出现"Add Areas"对话框，单击"Pick All"按钮，结果如图10-65所示。

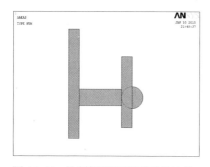

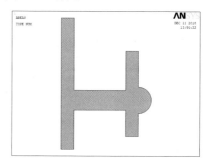

图10-64　绘制矩形面和圆面的结果　　　　　　　　　图10-65　相加面

（4）打开线编号。

选择菜单 Utility Menu→PlotCtrls→Numbering，打开编号控制对话框。如图10-66所示，将线编号设为"ON"，单击"OK"按钮，结果如图10-67所示。

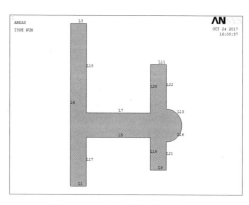

图10-66　编号控制对话框　　　　　　　　　　　　　图10-67　打开线编号的结果

（5）进行倒角。

分别对线 18 与 7、7 与 20、5 与 17、5 与 19 进行倒角，倒角半径为 0.5。

选择菜单 Main Menu→Preprocessor→Modeling→Create→Lines→Line Fillet，打开"Line Fillet"对话框，选择进行倒角的线。

① 拾取线 18 与 7，单击"OK"按钮，输入圆角半径"0.5"，如图 10-68 所示，单击"Apply"按钮。

② 拾取线 7 与 20，单击"OK"按钮，输入圆角半径"0.5"，单击"Apply"按钮。

③ 拾取线 5 与 17，单击"OK"按钮，输入圆角半径"0.5"，单击"Apply"按钮。

④ 拾取线 5 与 19，单击"OK"按钮，输入圆角半径"0.5"，单击"OK"按钮，如图 10-69 所示。

图 10-68　建立倒角

（6）打开关键点编号。选择菜单 Utility Menu→PlotCtrls→Numbering，打开编号控制对话框。将关键点编号设为"ON"，同时关闭线编号，单击"OK"按钮，结果如图 10-70 所示。

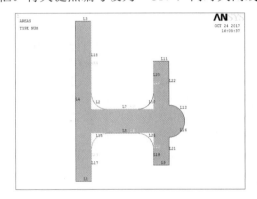

图 10-69　倒角线

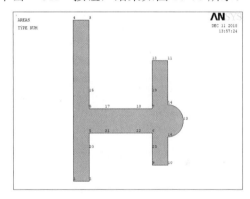

图 10-70　打开关键点编号结果

（7）通过两个端点及半径画圆弧线。

选择菜单 Main Menu→Preprocessor→Modeling→Create→lines→Arcs→By End KPs & Rad，打开"Arc by End KPs & Rad"对话框。拾取关键点 12 及 11，单击"OK"按钮，再拾取编号为 10 的关键点，单击"OK"按钮，输入圆弧半径"0.4"，如图 10-71 所示，单击"Apply"；拾取关键点 9 及 10，单击"OK"按钮，再拾取 11 点，单击"OK"按钮，输入圆弧半径"0.4"，单击"OK"按钮，生成的圆弧如图 10-72 所示。

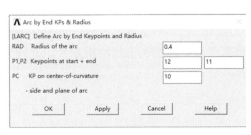

图 10-71　输入半径参数

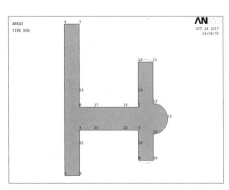

图 10-72　生成圆弧的结果

（8）打开线编号。

选择菜单 Utility Menu→PlotCtrls→Numbering，将线编号设为"On"，将关键点编号设为"Off"，单击"OK"按钮。

（9）由线生成任意形状面。

选择菜单 Main Menu→Preprocessor→Modeling→Create→Areas→Arbitrary→By Lines，出现"Create Area by Lines"对话框。

① 拾取线 6、8、2，单击"Apply"按钮。

② 拾取线 25、26、27，单击"Apply"按钮。

③ 拾取线 15、23、24，单击"Apply"按钮。

④ 拾取线 10、12、14，单击"Apply"按钮。

⑤ 拾取线 11、28，单击"Apply"按钮。

⑥ 拾取线 9、29，单击"OK"按钮，生成的结果如图 10-73 所示。

（10）将所有的面加在一起。

选择菜单 Main Menu→Preprocessor→Modeling→Operate→Booleans→Add→Areas，弹出拾取对话框，单击"Pick All"按钮，即选择所有的面，结果如图 10-74 所示。

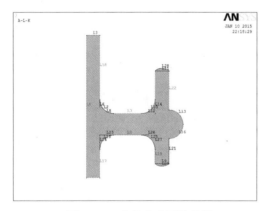
图 10-73　由线生成面的结果

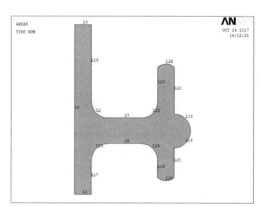
图 10-74　面加在一起的结果

4．对转轮的截面划分网格

（1）选择菜单 Mina Menu→Preprocessor→Meshing→MeshTool，打开"MeshTool"网格划分工具，单击 Line 域的"Set"按钮，打开线选择对话框。在图上选择定义单元划分数的线 L4，单击"OK"按钮，出现如图 10-75 所示的对话框。在"No.of element divisions"文本中框中输入"20"，即将线 L4 分成 20 份，单击"Apply"按钮。

（2）然后在图上选择 L2，L7，L10，L20，L28，单击"OK"按钮，在"No.of element divisions"文本框中输入"5"，将这些线分成 5 份，单击"OK"按钮。

（3）在"Mesh"栏中选择"Areas"选项，在"Shape"选项中选择"Free"，单击"Mesh"按钮，在对话框中选择"Pick All"按钮，ANSYS 将按照对线的控制进行网格划分，其间会出现警告信息，关闭它。面划分的结果如图 10-76 所示。

5．施加载荷并求解

（1）施加固定位移约束。

选择菜单 Main Menu→Solution→Define Loads→Apply→Structural→Displacement→On lines，出现线选择对话框，选择内径上的线 L4，单击"OK"按钮，这时出现施加固定约束对话框，选择"All DOF"选项，如图 10-77 所示，单击"OK"按钮。

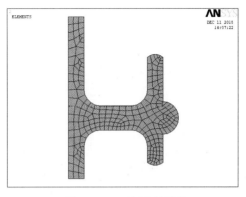

图 10-75　控制线划分对话框　　　　　　　　　　　图 10-76　面划分的结果

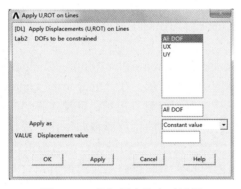

图 10-77　施加固定约束对话框

（2）施加压力载荷。

选择菜单 Main Menu→Solution→Define Load→Apply→Structural→Pressure→On Lines，打开线选择对话框，选择轮截面外缘的 6 条线，单击"OK"按钮。然后打开"Apply PRES on lines"对话框，在"Load PRES value"文本框中输入"1e6"，如图 10-78 所示，然后单击"OK"按钮。施加压力的结果如图 10-79 所示。

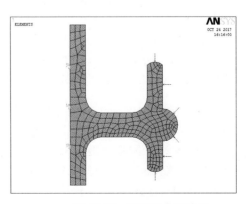

图 10-78　施加压力　　　　　　　　　　　　　　图 10-79　施加压力的结果

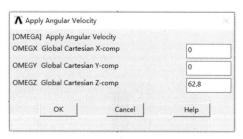

图 10-80　施加角速度对话框

（3）施加角速度载荷。

选择菜单 Main Menu→Solution→Define Load→Apply→Structural→Inertia→Angular Veloc→Global，打开施加角速度对话框。按图 10-80 所示，在"Global Cartesian Z-comp"（总体 Z 轴角速度分量）文本框中输入"62.8"，单击"OK"按钮。转速是相对于总体笛卡儿坐标系施加的，施加转速引起的惯性载荷。

（4）进行求解。

选择菜单 Main Menu→Solution→Solve→Current LS，打开一个确认对话框和状态列表，查看状态列表中的求解选项，确认无误后，单击"OK"按钮，开始求解。求解完成后打开提示求解完成对话框，单击"Close"按钮。

6. 查看结果

可在直角坐标系下观察结果，径向应力对应 SX，轴向应力对应 SY，环向应力对应 SZ。

（1）查看径向变形。关键的变形为径向变形，在高速旋转时径向变形过大，可能导致边缘与转轮壳发生摩擦。

选择菜单 Main Menu→General Postproc→Plot Result→Contour Plot→Nodal Solu，打开等值线显示节点解数据对话框。如图 10-81 所示，在"Item to be contoured"（等值线显示结果项）域列表框中选择"DOF solution"（自由度解）选项。继续选择"Translation UX"（X 方向位移）选项，此时结果坐标系为柱坐标系，X 方向位移即径向位移。选择"Def+undef edge"（变形后和变形前轮廓线）选项，单击"OK"按钮，在图形窗口中显示出变形图，包含变形前的轮廓线，如图 10-82 所示。图中下方的色谱表明不同颜色对应的数值。

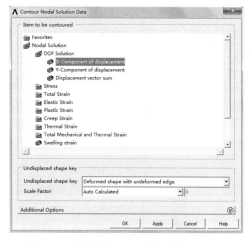

图 10-81　等值线显示节点解数据对话框

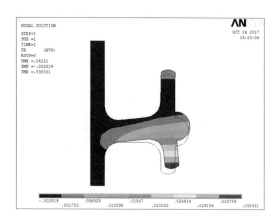

图 10-82　径向变形图

（2）查看径向应力。转轮高速旋转时的主要应力是径向应力。

选择菜单 Main Menu→General Postproc→Plot Results→Contour Plot→Nodal Solu，打开等值线显示节点解数据对话框。如图 10-83 所示，在"Item to be contoured"（等值线显示结果项）列表框中选择"Stress"（应力）选项，继续选择"X-Component of stress"（X 方向应力）选项。选择"Deformed shape only"（仅显示变形后模型）选项，单击"OK"按钮，图形窗口中显示出 X 方向（径向）应力分布图，如图 10-84 所示。

图 10-83　等值线显示节点解数据对话框

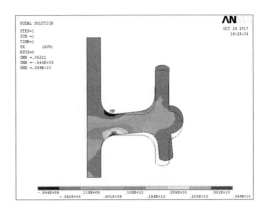

图 10-84　径向应力分布图

（3）查看三维立体图。

① 查看三维扩展结果。选择菜单 Utility Menu→PlotCtrls→Style→Symmetry Expansion→ 2D Axi-Symmetric，打开选择二维扩展对话框，如图 10-85 所示。在"Select expansion amount" 栏中选择"Full expansion"，单击"OK"按钮，单击查看三维视图，得到如图 10-86 所示的三维扩展结果。

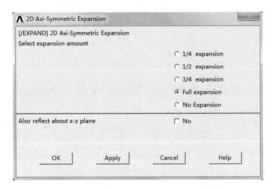

图 10-85　选择二维扩展对话框

② 查看 1/4 扩展后的结果。选择菜单 Utility Menu→PlotCtrls→Style→Symmetry Expansion →2D Axi-Symmetric，打开选择二维扩展对话框。在"Select expansion amount"栏中选择"1/4 expansion"，单击"OK"按钮，得到如图 10-87 所示的 1/4 扩展后的结果。

图 10-86　三维扩展结果

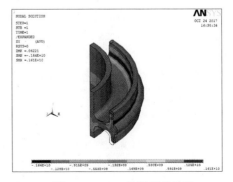

图 10-87　1/4 扩展后的结果

10.5　轮子的周期对称结构分析

通过车轮分析练习创建实体模型、工作平面的平移及旋转、布尔运算（相减、粘接）等方法。

如图 10-88 所示的轮子，已知轮子角速度为 ω=525rad/s，材料的弹性模量 E=2.06×10^{11}Pa，泊松比 μ=0.3，密度为 7800kg/m^3。分析轮子仅承受绕轴线旋转角速度作用下的受力情况。

本例为周期对称结构，三维建模与分析时只需建立整个模型的 1/16，如图 10-88（c）所示。

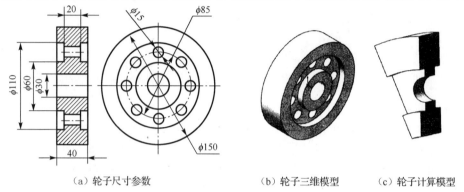

（a）轮子尺寸参数　　　　　　（b）轮子三维模型　　　（c）轮子计算模型

图 10-88　轮子

分析步骤（GUI 方式）如下。

1. 建立轮辋模型

（1）定义两个旋转轴上关键点。选择菜单 Main Menu→Preprocessor→Modeling→Create→Keypoints→In Active CS，打开定义关键点对话框。在 "X"，"Y"，"Z" 文本框中输入 1 号关键点的坐标 "0"，"0"，"0"，单击 "Apply" 按钮。在 "X"，"Y"，"Z" 文本框中输入 2 号关键点的坐标 "0.040"，"0"，"0"，单击 "OK" 按钮。

（2）绘制轮辋断面矩形面。通过指定两个对角点的坐标值（0, 0.11/2）、（0.040, 0.150/2）定义矩形面。选择菜单 Main Menu→Preprocessor→Modeling→Create→Areas→Rectangle→By Dimensions，打开定义矩形面对话框，如图 10-89 所示，在 "X-coordinates" 文本框中输入 "0"，"0.040"，在 "Y-coordinates" 文本框中输入 "0.110/2"，"0.150/2"，单击 "OK" 按钮。

（3）旋转形成轮辋实体。选择菜单 Main Menu→Preprocessor→Modeling→Operate→Extrude→Areas→About Axis，弹出拖拉面对话框。拾取轮辋断面矩形面，单击 "Apply" 按钮，拾取上面定义的两个旋转轴上的关键点 1，2，单击 "OK" 按钮，输入圆弧角度 "360/16"，单击 "OK" 按钮，如图 10-90 所示。

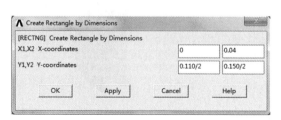

图 10-89　定义矩形面对话框

图 10-90　轮辋实体

2. 建立辐板模型

（1）绘制辐板断面矩形面。通过指定两个对角点的坐标值（0.010, 0.060/2）、（0.030, 0.110/2）定义矩形面。选择菜单 Main Menu→Preprocessor→Modeling→Create→Areas→Rectangle→By Dimensions，打开定义矩形面对话框，在"X-coordinates"文本框中输入"0.010""0.030"，在"Y-coordinates"文本框中输入"0.060/2""0.110/2"，单击"OK"按钮，如图 10-91 所示。

（2）旋转形成辐板实体。选择菜单 Main Menu→Preprocessor→Modeling→Operate→Extrude→Areas→About Axis，拾取辐板断面矩形面，单击"Apply"按钮。拾取上面定义的两个旋转轴上的关键点 1、2，单击"OK"按钮，输入圆弧角度"360/16"，单击"OK"按钮，如图 10-92 所示。

图 10-91　辐板断面矩形面　　　　　图 10-92　辐板实体

3. 建立轮毂模型

（1）绘制轮毂断面矩形面。通过指定两个对角点的坐标值（0，0.030/2）、（0.040，0.060/2）定义矩形面。选择菜单 Main Menu→Preprocessor→Modeling→Create→Areas→Rectangle→By Dimensions，打开定义矩形面对话框。在"X-coordinates"文本框中输入"0""0.040"，在"Y-coordinates"文本框中输入"0.030/2""0.060/2"，单击"OK"按钮，如图 10-93 所示。

（2）旋转形成轮毂实体。选择菜单 Main Menu→Preprocessor→Modeling→Operate→Extrude→Areas→About Axis，拾取辐板断面矩形面，单击"Apply"按钮。拾取上面定义的两个旋转轴上的关键点，单击"OK"按钮。输入圆弧角度"360/16"，单击"OK"按钮，结果如图 10-94 所示。

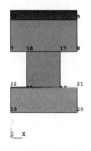

图 10-93　轮毂断面矩形面　　　　　图 10-94　轮毂实体

4. 辐板孔建模

（1）将工作平面绕 Y 轴转 90°。选择菜单 Utility Menu→WorkPlane→Offset WP by Increments，在"XY，YZ，ZX Angles"文本框中输入"0，0，90"，单击"OK"按钮。

（2）创建实心圆柱体。选择菜单 Main Menu→Preprocessor→Modeling→Create→Volumes→Cylinder→Solid Cylinder，弹出创建圆柱体对话框。在"X"文本框中输入"0"，在"Y"文本

框中输入 "0.085/2"，在 "Radius" 文本框中输入 "0.015/2"，在 "Depth" 文本框中输入 "0.040"，单击 "OK" 按钮，如图 10-95 所示。

（3）将圆柱体从轮体中减掉。选择菜单 Main Menu→Preprocessor→Modeling→Operate→Booleans→Subtract→Volumes，弹出拾取对话框。首先拾取轮体（共 3 部分），单击 "Apply" 按钮，然后拾取圆柱体，单击 "OK" 按钮，从轮体中减掉圆柱体，结果如图 10-96 所示。

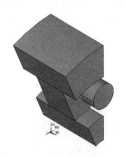 

图 10-95　创建实心圆柱体　　　　图 10-96　1/16 的轮体模型

5. 模型粘接

选择菜单 Main Menu→Preprocessor→Modeling→Operate→Booleans→Glue→Volumes，弹出拾取对话框，单击 "Pick All" 按钮。

6. 定义单元属性

（1）定义单元类型。选择菜单 Main Menu→Preprocessor→Element Type→Add/Edit/Delete，弹出定义单元类型对话框，单击 "Add" 按钮。弹出单元类型库对话框，从中选择 "Solid" 和 "Brick 8node 185"，如图 10-97 所示，单击 "OK" 按钮，返回到定义单元类型对话框，再单击 "Close" 按钮。

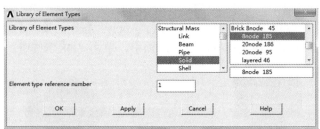

图 10-97　单元类型库对话框

（2）定义材料属性。选择菜单 Main Menu→Preprocessor→Material Props→Material Models，弹出材料属性窗口，依次单击 Structural→Linear→Elastic→Isotropic，在弹出的对话框中设置 "EX"（弹性模量）为 "2.06e11"；"PRXY"（泊松比）为 "0.3"，单击 "OK" 按钮。

（3）定义密度。在材料属性窗口中，依次单击 Structural→Density，在弹出的对话框中 "DENS" 设置密度为 "7800"，单击 "OK" 按钮。考虑自重，必须输入材料密度。

7. 划分网格

（1）定义单元尺寸。选择菜单 Main Menu→Preprocessor→Meshing→MeshTool，弹出 "MeshTool" 网格划分工具，单击对话框 "Global" 项中的 "Set" 按钮，在单元尺寸对话框中，设置 "SIZE" 为 "0.005"（单元长度为 5mm），单击 "OK" 按钮。

（2）划分网格。选择菜单 Main Menu→Preprocessor→Meshing→MeshTool，选中"MeshTool"对话框中的"Hex/Wedge"和"Sweep"选项，单击"Sweep"按钮，再单击拾取对话框中的"Pick All"按钮，得到有限元网格模型，如图 10-98 所示。

8．施加载荷

（1）添加固定约束。选择菜单 Main Menu→Solution→Define Loads→Apply→Structural→Displacement→On Area，在图形窗口中选中轮毂孔面，单击拾取对话框中的"OK"按钮。在施加约束对话框中选择"All DOF"（所有自由度）选项，单击"OK"按钮，如图 10-99 所示。

（2）添加对称约束。选择菜单 Main Menu→Solution→Define Loads→Apply→Structural→Displacement→Symmetry B.C.→On Areas，在图形窗口选中所有的模型分割面，单击拾取对话框中的"OK"按钮，结果如图 10-100 所示。

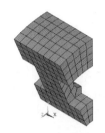 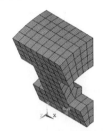 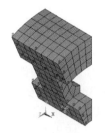

图 10-98　有限元网格模型　　　图 10-99　施加固定约束　　　图 10-100　添加对称约束

（3）施加角速度载荷。选择菜单 Main Menu→Solution→Define Loads→Apply→Structural→Inertia→Angular Veloc→Global，在角速度对话框的"OMEGX"中输入绕 X 轴的角速度"525"，单击"OK"按钮。

9．进行求解

选择菜单 Main Menu→Solution→Solve→Current LS，弹出求解状态信息和确认求解对话框。浏览求解状态信息无误后，将此对话框关闭。单击求解对话框中的"OK"按钮，求解结束后会出现求解完成提示信息，单击"Close"按钮。

10．查看结果

选择菜单 Main Menu→General Postproc→Plot Results→Contour Plot→Nodal Solu，在对话框中选择 Nodal Solution→Stress→von Mises stress，单击"OK"按钮，即可绘制第四强度理论等效应力图，如图 10-101。

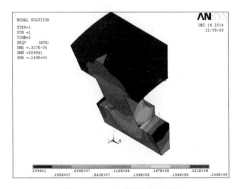

图 10-101　等效应力图

习题

1. 一个中间带有圆孔的长方形薄板，如图 10-102 所示。长为 30mm，宽为 10mm，壁厚为 1mm，孔的半径为 2mm。材料的弹性模量为 2×10^{11}Pa，泊松比为 0.292。两端受均布压力 1×10^5Pa，中心孔承受向外的压力 5×10^5Pa。求解薄板的 X 方向位移及等效应力。

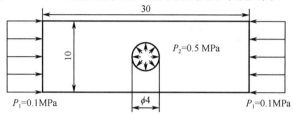

图 10-102　带孔薄板的几何模型

2. 铆钉几何模型如图 10-103 所示，铆钉圆柱高度为 10mm，圆柱外径的直径为 6mm，内孔直径为 3mm，深度为 4mm；下端球直径为 15mm，高为 4.5mm。铆钉材料弹性模量为 2.06×10^{11}Pa，泊松比为 0.3。约束条件是下半球面所有方向上的位移固定。载荷为上圆环面施加压力载荷，压力为 1×10^6Pa。分析铆钉受力时发生的变形及应力分布。

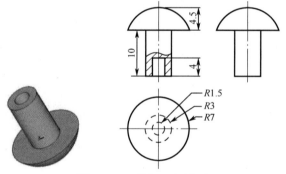

图 10-103　铆钉几何模型

3. 如图 10-104 所示为汽车连杆的几何模型，连杆的厚度为 0.5m，在小头孔的内侧 90° 范围内承受 P=1000N 的面载荷作用。连杆的材料属性为弹性模量 E=30×10^{6}Pa，泊松比为 0.30。利用有限元分析该连杆的受力状态。

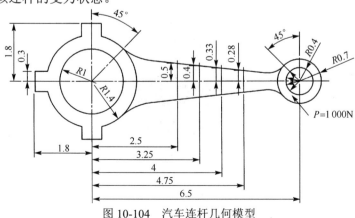

图 10-104　汽车连杆几何模型

4．对高速旋转的齿轮进行应力分析。考察齿轮泵在高速运转时发生多大的径向位移，从而判断其变形情况，并分析齿轮运转过程中齿面受到的压力作用。所用的齿轮为标准齿轮，齿顶直径为 48，齿底直径为 30，齿数为 10，厚度为 4，弹性模量为 2.06×10^{11}，密度为 7800，最大转速为 62.8rad/s，齿轮模型如图 10-105 所示，计算其应力分布。

图 10-105   齿轮模型

第 11 章

结构动力学分析

◇ 本章介绍几种常见的结构动力学分析问题，包括模态分析、谐响应分析、瞬态动力学分析等。通过典型实例对这几种结构动力学分析的求解过程进行了介绍，使读者能够从实例中掌握操作的方法和技巧，为以后独立操作打下基础。其中，各种动力学问题的 ANSYS 分析步骤及特点是本章重点，区分各种动力学问题是本章难点。

11.1　ANSYS 动力学分析简介

11.1.1　动力学分析的概念

结构动力学研究的是结构在随时间变化载荷作用下的响应问题，它与静力学分析的主要区别是需要考虑惯性力和阻尼力的影响。

在实际工程结构的设计中，动力设计和分析是必不可少的一部分，几乎现代的所有工程结构都面临着动力学问题，在航空航天、船舶、汽车等行业，动力学问题更加突出。在这些行业中将会接触大量的旋转结构，例如轴、轮盘等，这些结构一般来说在整个机械中占有极其重要的地位，它们的损坏大部分都是由于共振引起较大振动应力引起的。同时由于处于旋转状态，它们所受外界激振力比较复杂，更要求对这些关键部分进行完整的动力设计和分析。

通常动力学分析的工作主要有系统的动力特性分析（即求解结构的固有频率和振型）和系统在受到一定载荷时的动力响应分析两部分。根据系统的特性可分为线性动力学分析和非线性动力学分析两类。根据载荷随时间变化的关系可以分为稳态动力学分析和瞬态动力学分析。

11.1.2　动力学分析的类型

ANSYS 提供了强大的动力学分析工具，可以很方便地进行各类动力学分析问题，如模态分析、谐响应分析、瞬态动力学分析和谱分析。模态分析是线性分析，是其他动力学分析的基础。

（1）模态分析：模态分析是用来确定结构的振动特性的一种技术，这些振动特性包括固有频率、振型、振型参与系数（即在特定方向上某个振型在多大程度上参与了振动）等。模态分析是所有动力学分析类型中最基础的内容，同时也可以作为其他更详细的动力学分析的起点，例如谐响应分析、瞬态动力学分析和谱分析等。

模态分析假定结构是线性的，任何非线性特性，如塑性单元即使定义了也将被忽略。模态提取是用来描述特征值和特征向量计算的术语，在 ANSYS 中提取模态的方法有 6 种：子空间法（Subspace）、分块法（Block Lanczos）、动态提取法（Power Dynamics）、缩减法（Reduced）、非对称法（Unsymmetric）和阻尼法（Damped）。使用何种模态提取方法主要取决于模型大小

（相对于计算机的计算能力而言）和具体的应用场合。

模态分析过程主要由 4 个步骤组成：建模、选择分析类型和分析选项、施加边界条件并求解和评价结果。

（2）谐响应分析：用于分析持续的周期载荷在结构系统中产生的持续的周期响应（谐响应），以及确定线性结构承受随时间按正弦（简谐）规律变化的体载荷时稳态响应的一种技术。这种分析技术只是计算结构的稳态受迫振动，发生在激励开始时的瞬态振动不在谐响应分析中考虑。谐响应分析是一种线性分析，但也可以分析有预应力的结构。

在 ANSYS 中进行谐响应分析主要可采用 3 种方法进行求解计算：Full（完全法）、Reduced（缩减法）和 Mode-Superposition（模态叠加法）。这 3 种方法各有优缺点，但是在进行谐响应分析时，它们存在着共同的使用局限。即所有施加的载荷必须随着时间按正弦规律变化，且必须有相同的频率。另外，三种方法均不适用于计算瞬态响应，不允许有非线性特性存在。这些局限可以通过进行瞬态动力学分析来克服，这时应将简谐载荷表示为有时间历程的载荷函数。进行谐响应分析的步骤可分为：建模、选择分析类型及选项、施加载荷并求解和查看结果。

（3）瞬态动力学分析（亦称时间历程分析）：是确定随时间变化载荷（例如爆炸）作用下结构响应的技术。它需要输入一个作为时间函数的体载荷，可以输出随时间变化的位移和其他的导出量，如应力和应变等。可以用瞬态动力学分析确定结构在静载荷、瞬态载荷和简谐载荷的随意组合作用下随时间变化的位移、应变、应力及力。载荷和时间的相关性使得惯性力和阻尼作用比较重要。

ANSYS 允许在瞬态动力学分析中包括各种类型的非线性，如大变形、接触、塑性等。求解瞬态运动方程主要有两种解法：模态叠加法和直接积分法。瞬态动力学分析步骤主要有：建模、选择分析类型和选项、定义边界条件和初始条件、施加时间历程载荷并求解和查看结果。

（4）谱分析：是一种将模态分析结果与一个已知的谱联系起来计算模型的位移和应力的分析技术。谱分析替代时间历程分析，主要用于确定结构对随机载荷或随时间无规律变化载荷（如地震、风载、海洋波浪、喷气发动机推力、火箭发动机振动等）的动力响应情况。谱是谱值与频率的关系曲线，它反映了时间历程载荷的强度和频率信息。

11.1.3　动力学分析的基本步骤

各类动力学分析在求解过程和求解选项上有较大区别，所以对其基本分析过程分别介绍。

1. 模态分析的基本步骤

（1）模型的建立。

建模过程和其他类型的分析类似，但应注意以下两点：

① 在模态分析中只有线性行为是有效的。如果指定了非线性单元，将作为线性的来对待。

② 材料性质可以是线性的或非线性的、各向同性的或正交各向异性的、恒定的或和温度相关的。在模态分析中必须指定弹性模量 EX（或某种形式的刚度）和密度 DENS（或某种形式的质量），而非线性特性将被忽略。

（2）加载并求解步骤：

① 指定分析类型和分析选项；

② 定义主自由度；

③ 在模型上加载；

④ 指定载荷步选项；

⑤ 开始求解计算。

（3）模态扩展。

求解器的输出内容主要是固有频率，固有频率被写到输出文件 Jobname.OUT 及振型文件 Jobname.MODE 中。输出内容中也可以包含缩减的振型和参与因子表，这取决于对分析选项和输出控制的设置。由于振型现在还没有被写到数据库或结果文件中，因此还不能对结果进行后处理。要进行后处理，还需对模态进行扩展。

在模态分析中，用"扩展"这个词指将振型写入结果文件。也就是说，"扩展模态"不仅适用于 Reduced 模态提取方法得到的缩减振型，而且也适用于其他模态提取方法得到的完整振型。因此，如果想在后处理器中观察振型，必须先扩展之（也就是将振型写入结果文件）。

模态扩展要求振型文件 Jobname.MODE、文件 Jobname.EMAT、Jobname.ESAV 及 Jobname.TRI（如果采用 Reduced 法）必须存在。数据库中必须包含和解算模态时所用模型相同的分析模型。

扩展模态的方法是：①激活扩展处理及相关选项；②指定载荷步选项；③开始扩展处理。

（4）观察结果。

模态分析的结果（即模态扩展处理的结果）被写入结构分析结果文件 Jobname.RST 中。分析结果包括：①固有频率；②已扩展的振型；③相对应力和力分布（如果需要）。

可以在 POST1 后处理器中观察模态分析的结果。如果要在 POST1 中观察结果，则数据库中必包含和求解相同的模型，而且结果文件 Jobname.RST 必须存在。

观察结果数据的过程是：①读入合适子步的结果数据；②执行任何想做的 POST1（通用后处理）操作。

2．谐响应分析的基本步骤

用不同的谐响应分析方法时，进行谐响应分析的过程不尽相同，下面首先描述如何用完全法进行谐响应分析的基本步骤，然后再列出用缩减法和模态叠加法时的不同地方。

1）完全法谐响应分析

完全法谐响应分析过程由 3 个主要步骤组成：

（1）建模。

建模过程和其他类型的分析类似，需要指定文件名和标题，定义单元类型、单元实常数、材料特性以及几何模型，并划分有限元网格。谐响应分析需要注意以下两点：

① 在谐响应分析中只有线性行为是有效的。如果指定了非线性单元，将作为线性的来对待。

② 材料性质可以是线性的或非线性的、各向同性的或正交各向异性的、恒定的或和温度相关的。在模态分析中必须指定弹性模量 EX（或某种形式的刚度）和密度 DENS（或某种形式的质量），而非线性特性将被忽略。

（2）加载及求解步骤：

① 指定分析类型和分析选项；

② 在模型上加载；

③ 指定载荷步选项；

④ 开始求解计算。

如果要进行时间历程后处理（在 POST26 中），则一个载荷步和另一个载荷步的频率范围时间不能存在重叠。还有一种用于处理多步载荷的方法，它允许将载荷步保存到文件中然后用一个宏进行一次性求解。

（3）观察结果。

谐响应分析的结果被写入结构分析结果文件 Jobname.RST 中。文件中包含下述数据：基本数据、节点位移（UX，UY，UZ，ROTX，ROTY，ROTZ）、派生数据、节点和单元应力、应变、单元力和节点反作用力等。所有数据在解所对应的强制频率处按简谐规律变化。

如果在结构中定义了阻尼，响应将与载荷异步。所有结果将是复数形式的，并以实部和虚部存储。如果施加的是异步载荷，同样也会产生复数结果。

可以用 POST26 或 POST1 观察结果。通常的处理顺序是首先用 POST26 找到临界强制频率模型中所关注的点中产生最大位移（或应力）时的频率，然后用 POST1 在这些临界强制频率处处理整个模型。

2）缩减法谐响应分析

缩减法的分析过程由 5 个基本步骤组成。

（1）建模。

（2）加载并求得缩减解。

（3）观察缩减解结果。

（4）扩展解。

（5）观察已扩展的解结果。

缩减法谐响应分析过程跟完全法的主要区别是：

① 在加载的同时需要定义主自由度。主自由度是表征结构力学特性的基本自由度或动力学自由度。在缩减法谐响应动力学分析中，要求在施加了力或非零位移的位置处也要设置主自由度。

② 缩减法的解只是由主自由度处的位移组成的。可处理的只有节点主自由度处的数据。如果想确定非主自由度的位移，或者对应力解感兴趣，就需要对结果进行扩展处理。扩展处理根据缩减解计算出在所有自由度处的位移、应力和力。这些计算只对指定的频率和相位解。扩展后的结果观察方法和完全法的基本相同。

3）模态叠加法谐响应分析

模态叠加法通过对振型（由模态分析得到）乘以因子并求和计算出结构响应。它是 ANSYS/Linear Plus 程序中唯一可用的谐响应分析方法。模态叠加法的分析过程由 5 个基本步骤组成：

① 建模；

② 获取模态分析解；

③ 获取模态叠加法谐响应分析解；

④ 扩展模态叠加解；

⑤ 观察结果。

3. 瞬态动力学分析的基本步骤

瞬态动力学分析可以采用 3 种方法：Full（完全法）、Reduced（缩减法）和（Mode-Super Position）（模态叠加法）。

完全法瞬态动力学分析过程由 3 个主要步骤组成：①建模；②加载及求解；③结果后处理。

（1）建模。

建模过程和其他类型的分析类似，但应注意以下几点：

① 可以用线性和非线性单元；

② 必须指定弹性模量 EX（或某种形式的刚度）和密度 DENS（或某种形式的质量），材料性质可以是线性的或非线性的、各向同性的或正交各向异性的、恒定的或与温度相关的；

③ 网格应当细到足以确定感兴趣的最高振型，要考虑其应力或应变的区域网格应比只考虑位移的区域网格细一些；

④ 如果想包含非线性，网格应当细到能够捕捉到非线性效果，如果对波传播效果感兴趣，网格应当细到足以解算出波，基本准则是沿波的传播方向第一波长至少有 20 个单元。

（2）加载并求解。

① 指定分析类型和分析选项；

② 在模型上加载；

③ 指定载荷步选项；

④ 保存当前载荷步设置到载荷步文件中；

⑤ 开始求解计算。

（3）观察结果。

瞬态动力学分析的结果被写入结构分析结果文件 Jobname.RST 中。文件中包含下述数据：基本数据（节点位移）、派生数据（节点和单元应力、应变、单元力和节点反作用力等）。所有数据都是时间的函数。

可以用 POST26 或 POST1 观察结果。用 POST26 观察模型中指定点处呈现为时间的函数结果，用 POST1 观察在给定时间点整个模型的结果。

4．谱分析的基本步骤

ANSYS 谱分析总共包括以下 3 种类型：响应谱、动力设计分析方法、功率谱密度。

（1）响应谱

响应谱表示单自由度系统对时间历程载荷的响应，它是响应与频率的曲线，这里的响应可以是位移、速度、加速度或者力。响应谱包括两种，分别是单点响应谱和多点响应谱。

① 单点响应谱（SPRS）

在单点响应谱分析中，只可以给节点指定一种谱曲线（或者一族谱曲线）。

② 多点响应谱（MPRS）

在多点响应谱分析中，可以在不同的节点处指定不同的谱曲线。

（2）动力设计分析方法（DDAM）

该方法是一种用于分析船装备抗振性的技术，本质上来说也是一种响应谱分析。该方法中用到的谱曲线是根据一系列经验公式和美国海军研究实验报告所提供的抗振设计表格得到的。

（3）功率谱密度（PSD）

功率谱密度（PSD）是针对随机变量在均方意义上的统计方法，用于随机振动分析。此时，响应的瞬态数值只能用概率函数来表示，其数值的概率对应一个精确值。功率密度函数表示功率谱密度 1000 值与频率的曲线，这里的功率谱可以是位移功率谱、速度功率谱、加速度功率谱或者力功率谱。从数学意义上来说，功率谱密度与频率所围成的面积就等于方差。与响应谱分析类似于随机振动分析也可以是单点或者多点。对于单点随机振动分析，在模型的一组节点处指定一种功率谱密度；对于多点随机振动分析，可以在模型的不同节点处指定不同的功率谱密度。

一个完整的响应谱分析过程包括：建立有限元网格模型、模态分析、谱分析求解设置、合并模态和查看结果。

（1）建立有限元网格模型

响应谱分析的建模过程与其他分析建模过程类似。首先根据实际问题的特点，建立 CAD 模型，并对其划分有限元网格。

在进行响应谱分析时，要注意只有线性行为是有效的。如果指定了非线性单元，它们将被当作是线性的。必须指定弹性模量 EX（或某种形式的刚度）和密度 DENS（或某种形式的质量）。材料特性可以是线性的、各向同性的或各向异性的、与温度相关的或恒定的。

（2）模态分析

结构的固有频率和振型是谱分析所必需的数据，在进行谱分析求解前需要先计算模态解。

（3）谱分析求解设置

① 指定分析类型和分析选项；

② 指定载荷步选项；

③ 扩展模态；

④ 开始求解计算。

（4）合并模态

包括如下步骤：

① 定分析类型为单点响应谱分析。

② 选择模态合并方法。

（5）查看结果

单点响应谱分析的结果以 POST1 命令的形式写入模态合并文件（Jobname．MCOM）中，这些命令依据某种方式（模态合并方法指定的）计算结构的最大响应。响应包括总位移（或速度、加速度）、总应力（或应力速度、应力加速度）、总应变（或应变速度、应变加速度）和总反作用力（或总反作用力速度、总反作用力加速度）。

11.2 飞机机翼的模态分析

如图 11-1 所示为一个飞机机翼模型，机翼横截面由直线和样条曲线组成，通过指定 5 个关键点形成轮廓，机翼沿长度方向的轮廓是一致的。机翼一端固定在机体上，另一端为悬空自由端。已知机翼材料的弹性模量为 38 000Pa，泊松比为 0.3，密度为 $8.3 \times 10^{-5} \text{kg/m}^3$。试确定机翼的前五阶固有频率和振型。

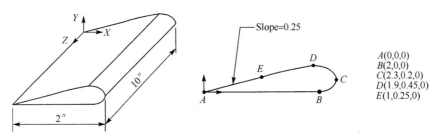

图 11-1 飞机机翼模型

操作步骤（GUI）如下。

1．设置分析范畴

选择菜单 Main Menu→Preferences，打开优选器菜单，选中"Structural"选项，单击"OK"按钮。

2．定义单元属性

（1）定义单元类型。

选择菜单 Main Menu→Preprocessor→Element Type→Add/Edit/Delete，打开定义单元类型对话框，单击"Add"按钮。在单元类型库对话框左侧列表框中选择"Structural Solid"，在右边列表框中选择"Quad 4 node 182"，即选择四节点四边形板单元"PLANE182"，单击"Apply"按钮。在右边的列表框中选择"Brick 8 node185"选项，即选择"SOLID185"单元，单击"OK"按钮，如图 11-2 所示，单击"Close"按钮。

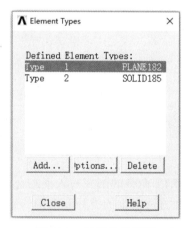

图 11-2　定义单元类型

（2）定义材料属性。

① 定义弹性模量和泊松比。选择菜单 Main Menu→Preprocessor→Material Props→Material Models，打开材料模型库对话框，依次选择 Structural→Linear→Elastic→Isotropic 菜单，弹出如图 11-3 所示的对话框。在"EX"文本框中输入"38000"，在"PRXY"文本框中输入 0.3，单击"OK"按钮。

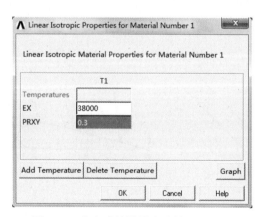

图 11-3　定义弹性模量和泊松比对话框

② 定义密度。选择菜单 Main Menu→Preprocessor→Material Props→Material Models，依次单击 Structural→Density 菜单，弹出如图 11-4 所示的对话框，在"DENS"文本框中输入材料密度值"8.3e-5"，单击"OK"按钮。

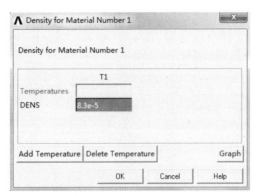

图 11-4　定义材料密度对话框

3．创建几何模型

（1）创建关键点。

选择菜单 Main Menu→Preprocessor→Modeling→Create→Keypoints→In Active CS，弹出定义关键点对话框，在"Keypoint number"文本框中输入"1"，在"Location in active CS"文本框中输入"0""0""0"，如图 11-5 所示，单击"Apply"按钮。再输入关键点"2"及其坐标"2""0""0"，单击"Apply"按钮；输入关键点"3"及其坐标"2.3""0.2""0"，单击"Apply"按钮；输入关键点"4"及其坐标"1.9""0.45""0"，单击"Apply"按钮；输入关键点"5"及其坐标"1""0.25""0"，单击"OK"按钮，生成的关键点如图 11-6 所示。

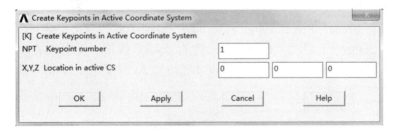

图 11-5　定义关键点对话框

（2）创建直线。

选择菜单 Main Menu→Preprocessor→Modeling→Create→Lines→Lines→Straight Line，在图形窗口中依次选择关键点"1"和"2"，生成一条直线。再选择关键点"1"和"5"，生成另一条直线，如图 11-7 所示。

图 11-6　生成的关键点　　　　　　　　　图 11-7　生成直线

（3）创建样条曲线。

选择菜单 Main Menu→Preprocessor→Modeling→Create→Lines→Splines→With Options→Spline thru KPs，依次选择关键点"2""3""4""5"，单击"OK"按钮，弹出如图 11-8 所示的对话框。在"Start tangent"文本框中输入起点的切线方向向量"-1"，"0"，"0"；在"Ending tangent"文本框中输入终点的切线方向向量"-1""-0.25""0"，单击"OK"按钮，得到如图 11-9 所示的样条曲线。

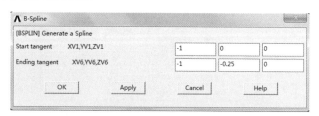

图 11-8　设置样条曲线的方向向量对话框

（4）创建横截面。

选择菜单 Main Menu→Preprocessor→Modeling→Create→Areas→Arbitrary→By Lines，弹出拾取对话框，选中机翼的边线，单击"OK"按钮，生成机翼截面，如图 11-10 所示。

图 11-9　样条曲线　　　　　　　　　　　　　　　图 11-10　生成机翼截面

4．划分网格

（1）定义单元尺寸。

选择菜单 Main Menu→Preprocessor→Meshing→MeshTool，弹出"MeshTool"对话框，单击窗口中"Size Controls"栏里"Global"旁边的"Set"按钮，弹出设置单元尺寸对话框，如图 11-11 所示。在"Element edge length"文本框中输入"0.25"，单击"OK"按钮。

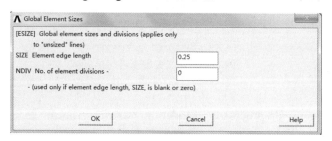

图 11-11　设置单元尺寸对话框

（2）划分分格。

单击"MeshTool"中的"Mesh"按钮，选择机翼截面，单击"OK"按钮，得到截面网格划分结果，如图 11-12 所示。

（3）拖拉面网格生成体网格。

选择菜单 Main Menu→Preprocessor→Modeling→Operate→Extrude→Elem Ext Opts，弹出如

图 11-13 所示的对话框，在"Element type number"下拉列表框中选择"2 SOLID185"，在"No. Elem divs"文本框中输入"10"，单击"OK"按钮。

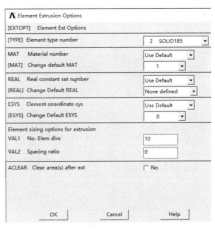

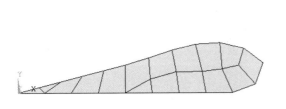

图 11-12　截面网格划分结果　　　　　　图 11-13　单元拖拉设置对话框

（4）拖拉面生成体。

选择菜单 Main Menu→Preprocessor→Modeling→Operate→Extrude→Areas→By XYZ Offset，弹出拾取对话框，选中刚才划分好的机翼截面，单击"OK"按钮。接着弹出如图 11-14 所示的对话框，在"Offsets for extrusion"文本框中输入"0""0""10"，表示沿 Z 轴方向延伸 10 个单位，单击"OK"按钮。单击右侧工具栏中的 📦 和 🔍 按钮，切换到三维视角，如图 11-15 所示。

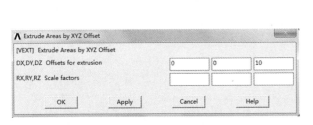

图 11-14　单元拖拉对话框　　　　　　图 11-15　机翼三维网格模型

5．施加约束

选择菜单 Main Menu→Solution→Define Loads→Apply→Structural→Displacement→On Areas，弹出拾取对话框，选择机翼任一个端面，单击"OK"按钮。接着弹出如图 11-16 所示的对话框，在"DOFs to be constrained"文本框中选择"All DOF"，单击"OK"按钮。

6．进行求解

（1）指定分析类型。

选择菜单 Main Menu→Solution→Analysis Type→New Analysis，弹出选择分析类型对话框，如图 11-17 所示，选择"Modal"模态分析选项，单击"OK"按钮。

（2）进行模态扩展。

选择菜单 Main Menu→Solution→Analysis Type→Analysis Options，弹出模态分析选项设置

对话框，如图 11-18 所示。在"Mode extraction method"（模态提取方法）列表框中选择"Block Lanczos"选项，在"No. of modes to extract"（模态提取数目）文本框中输入"5"，在"No. of modes to expand"文本框中输入"5"，单击"OK"按钮。接着弹出如图 11-19 所示的对话框，设定起止频率，此例中保持默认设置，单击"OK"按钮。

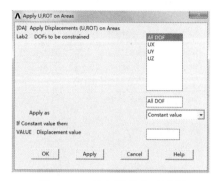

图 11-16　施加面约束对话框

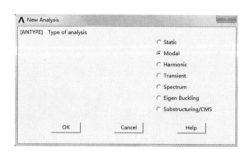

图 11-17　选择分析类型对话框

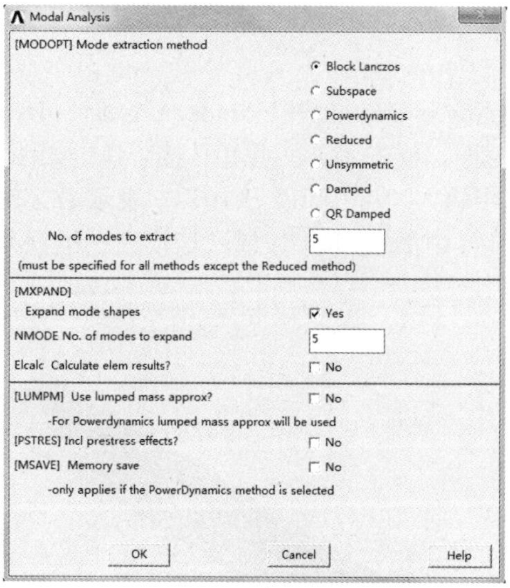

图 11-18　模态分析选项设置对话框

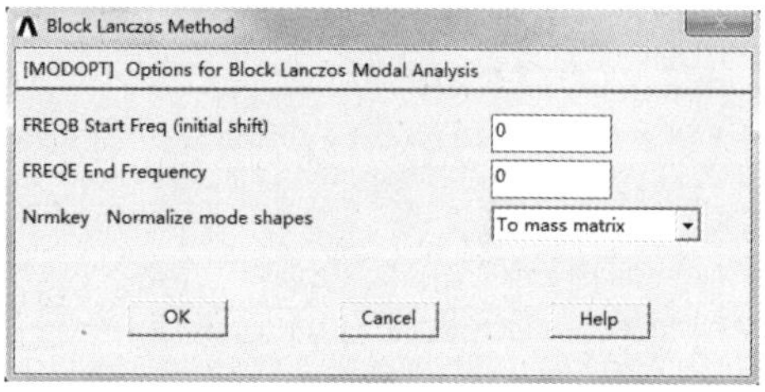

图 11-19　设定频率范围对话框

（3）进行求解。

选择菜单 Main Menu→Solution→Solve→Current LS，弹出两个对话框。浏览状态窗口中信息后，单击"Close"按钮。单击"Solve Current Load Step"对话框中的"OK"按钮，开始求解。求解完成后出现"Solution is done!"（求解完成）对话框，单击"Close"按钮，完成求解运算。

7. 结果后处理

（1）显示模态计算结果。

选择菜单 Main Menu→General Postproc→Results Summary，显示模态计算结果（固有频率），如图 11-20 所示。

（2）显示一阶模态动画。

选择菜单 Main Menu→General Postproc→Read Results→First Set，即读取第一模态的结果，然后选择菜单 Utility Menu→PlotCtrls→Animate→Mode Shape，弹出如图 11-21 所示的对话框。保持默认设置，单击"OK"按钮，可显示一阶模态的响应动画。

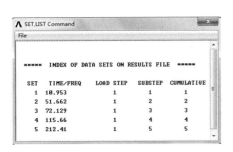

图 11-20　模态计算结果

图 11-21　动画显示模态结果对话框

（3）显示其余四个模态动画。

选择菜单 Main Menu→General Postproc→Read Results→Next Set，读取下一阶模态数据，然后选择菜单 Utility Menu→PlotCtrls→Animate→Mode Shape，保持默认设置，单击"OK"按钮。如此继续重复，可查看 1～5 阶模态动画如图 11-22 所示。

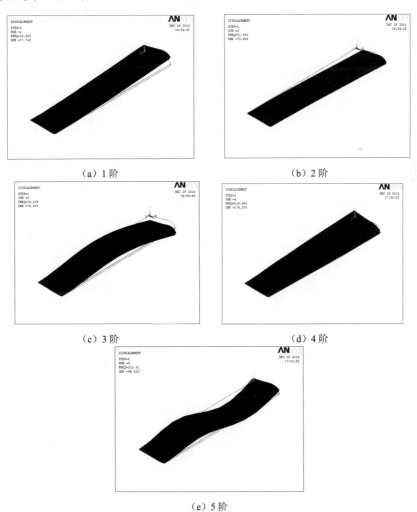

（a）1 阶　　　　　　　　　　（b）2 阶

（c）3 阶　　　　　　　　　　（d）4 阶

（e）5 阶

图 11-22　1～5 阶模态动画

11.3 弹簧质量系统的谐响应分析

如图 11-23 所示的弹簧质量振动系统，在质量块 m_1 上作用有谐振力 $F_1\sin\omega t$，试确定每一个质量块的振幅 X_i 和相位角 φ_i 的大小。

已知参数如下：

质量：$m_1=m_2=0.5\text{lb-sec}^2/\text{in}$

弹簧拉压刚度：$k_1=k_2=k_c=200\text{lb/in}$

载荷：$F_1=200\text{lb}$

弹簧的长度可以任意选择，并且只用来确定弹簧的方向。沿着弹簧方向在质量块上选择两个主自由度。频率范围为 0～7.5Hz，解的间隔值为 7.5/30=0.25Hz。

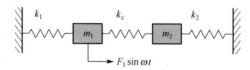

图 11-23 振动系统示意图

GUI 操作步骤如下。

1．定义单元类型

（1）定义弹簧单元。选择菜单 Main Menu→Preprocessor→Element Types→Add/Edit/Delete，弹出定义单元类型对话框，单击"Add"按钮。弹出定义弹簧单元对话框，在左侧列表框中选择"Combination"，在右侧的列表框中选择"Spring-damper 14"，如图 11-24 所示，单击"Apply"按钮。

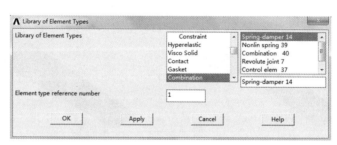

图 11-24 定义弹簧单元对话框

（2）定义质量单元。在左侧列表框中选择"Structural Mass"，在右侧列表框中选择"3D mass 21"，如图 11-25 所示，单击"OK"按钮。再单击"Close"按钮。

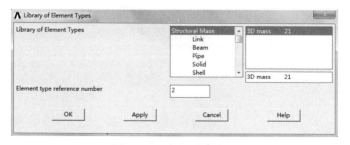

图 11-25 定义质量单元

2．定义实常数

（1）定义弹簧单元实常数。选择菜单 Main Menu→Preprocessor→Real Constants→Add/Edit/Delete，单击"Add…"按钮，弹出"Element Type for Real Constants"对话框。选择"Type 1"选项，单击"OK"按钮，弹出定义弹簧的实常数对话框，如图 11-26 所示，在"Spring constant K"文本框中输入"200"；在"Damping coefficient CV1"文本框中输入减震系数"0.1"，单击"OK"按钮。

（2）定义质量单元实常数。单击"Add"按钮，弹出"Element Type for Real Constants"对话框，选择"Type 2"选项，单击"OK"按钮。在"Mass in X direction"文本框中输入"0.5"，如图 11-27 所示，单击"OK"按钮。单击"Close"按钮。

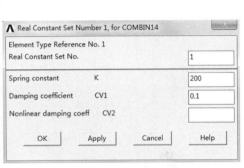

图 11-26　定义弹簧的实常数

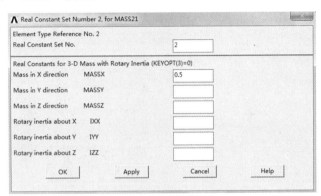

图 11-27　定义质量块的实常数

3．创建节点

（1）创建节点 1 和 4。选择菜单 Main Menu→Preprocessor→Modeling→Create→Nodes→In Active CS，弹出定义节点对话框，在"Node number"文本框中输入"1"，在"Location in active CS"文本框中输入"0""0""0"，或者不添加任何值，如图 11-28 所示，单击"Apply"按钮。在"Node number"文本框中输入"4"，在"Location in active CS"文本框中输入"1""0""0"，如图 11-29 所示，单击"OK"按钮。

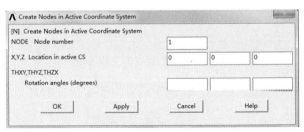

图 11-28　定义 1 号节点

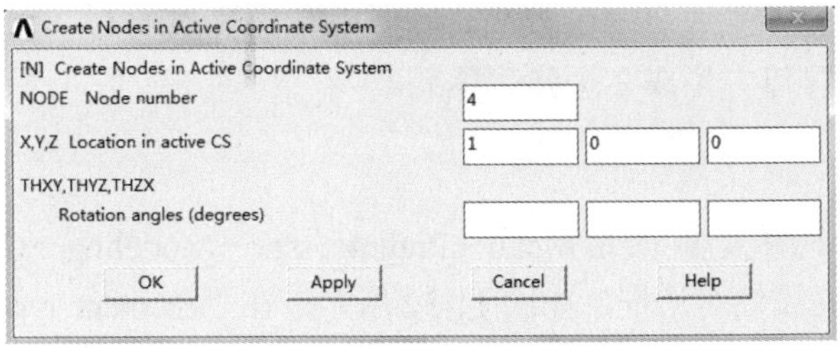

图 11-29　定义 4 号节点

（2）创建节点 2 和 3。选择菜单 Main Menu→Preprocessor→Modeling→Create→Nodes→Fill between Nds，弹出拾取对话框。用鼠标选取节点 1 和 4，单击"OK"按钮，弹出在节点 1、4 之间插入两个节点对话框，采用默认值后，如图 11-30 所示，单击"OK"按钮。在图形窗口中生成各节点，如图 11-31 所示。

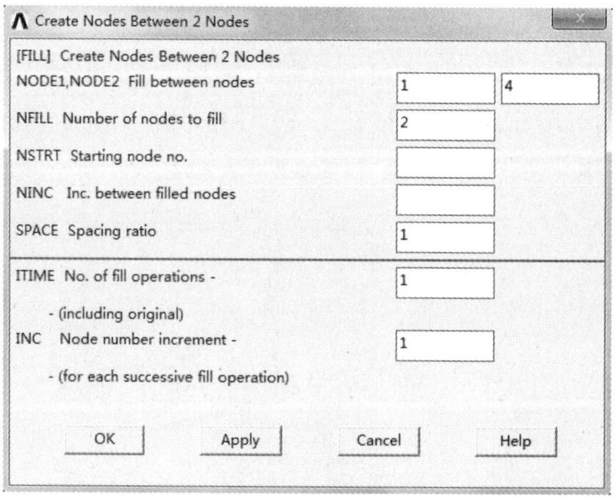

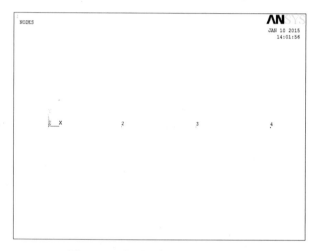

图 11-30　在节点 1、4 之间插入两个节点

图 11-31　在图形窗口中生成各节点

4．建立弹簧单元

选择菜单 Main Menu→Preprocessor→Modeling→Create→Elements→Auto Numbered→Thru Nodes，在图形窗口中拾取节点 1 和 2，单击"Apply"按钮，生成一条直线。继续拾取节点 2 和 3，单击"Apply"按钮，生成另一条直线。继续拾取节点 3 和 4，单击"OK"按钮，生成第三条直线，最终在图形窗口中生成 3 个弹簧单元。

5．建立质量单元

（1）设置单元属性。选择菜单 Main Menu→Preprocessor→Modeling→Create→Elements→Elem Attributes，弹出设置单元属性对话框，如图 11-32 所示，在"Element type number"下拉列表框中选择"2 MASS21"，在"Real constant set number"下拉列表框中选择"2"，单击"OK"按钮。

（2）定义质量单元。选择菜单 Main Menu→Preprocessor→Modeling→Create→Elements→ Auto Numbered→Thru Nodes，弹出拾取对话框，拾取节点 2，单击"Apply"按钮。拾取节点 3， 单击"OK"按钮。

6. 选择分析类型并进行设置

（1）选择分析类型。选择菜单 Main Menu→Solution→Analysis Type→New Analysis，弹出 如图 11-33 所示的选择分析类型对话框，选择"Harmonic"谐响应分析选项，单击"OK"按钮。

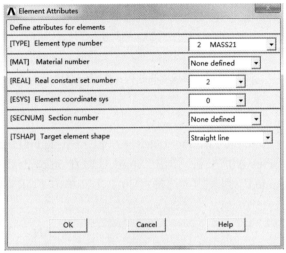

图 11-32　设置单元属性对话框

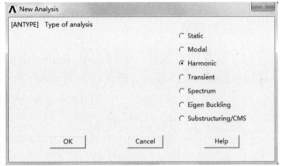

图 11-33　选择分析类型对话框

（2）设置分析选项。选择菜单 Main Menu→Solution→Analysis Type→Analysis Options，弹 出分析类型选项设置对话框，在"Solution method"下拉列表框中选择"Full"选项，在"DOF printout format"下拉列表框中选中"Amplitud+phase"选项，如图 11-34 所示，单击"OK"按 钮。接着弹出完全法选项设置对话框，如图 11-35 所示，保持默认值，单击"OK"按钮。

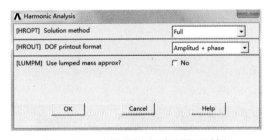

图 11-34　分析类型选项设置对话框

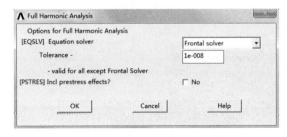

图 11-35　完全法选项设置对话框

（3）设置结果输出控制选项。选择菜单 Main Menu→Solution→Load Step Opts→Output Ctrls →Solu Printout，弹出如图 11-36 所示的对话框，在"Print frequency"选项组中选择"Last substep"， 单击"OK"按钮。

（4）设置谐频率和解间隔值。选择菜单 Main Menu→Solution→Load Step Opts→Time/ Frequenc→Freq and Substeps，弹出如图 11-37 所示的谐频率和载荷步数设置对话框，在 "Harmonic freq range"文本框中输入"0"和"7.5"；在"Number of substeps"文本框中输入 "30"；在"Stepped or ramped b.c."选项组中选择"Stepped"单选按钮，单击"OK"按钮。

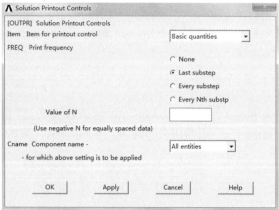

图 11-36　结果输出控制对话框

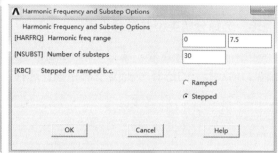

图 11-37　谐频率和载荷步数设置对话框

7. 施加载荷

（1）定义边界条件。选择菜单 Main Menu→Solution→Define Loads→Apply→Structural→Displacement→On Nodes，弹出拾取对话框，单击"Pick All"按钮，弹出"Apply U,ROT on Nodes"对话框，如图 11-38 所示。在"DOFs to be constrained"列表框中选择"UY"项，单击"OK"按钮，绘图窗口如图 11-39 所示。

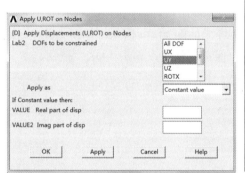

图 11-38　"Apply U,ROT on Nodes"对话框 1

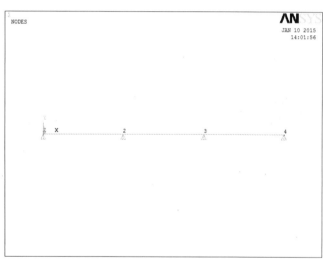

图 11-39　绘图窗口 1

（2）继续定义边界条件。选择菜单 Main Menu→Solution→Define Loads→Apply→Structural→Displacement→On Nodes，弹出拾取对话框，拾取节点 1 和 4，单击"OK"按钮，弹出"Apply U,ROT on Nodes"对话框。在"DOFs to be constrained"列表框中选择"UX"项，并把"UY"项去掉，如图 11-40 所示，单击 OK 按钮，绘图窗口如图 11-41 所示。

（3）施加载荷。选择菜单 Main Menu→Solution→Define Loads→Apply→Structural→Force/Moment→On Nodes，弹出拾取对话框，拾取节点 2，单击"OK"按钮。弹出对节点 2 处谐振力进行设置对话框，在"Direction of force/mom"下拉列表中选中"FX"项，在"Real part of force/mom"文本框中输入"200"，如图 11-42 所示，单击"OK"按钮。经过定义载荷和边界条件后的模型如图 11-43 所示。

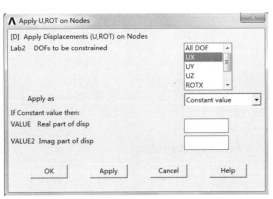

图 11-40　"Apply U,ROT on Nodes"对话框 2 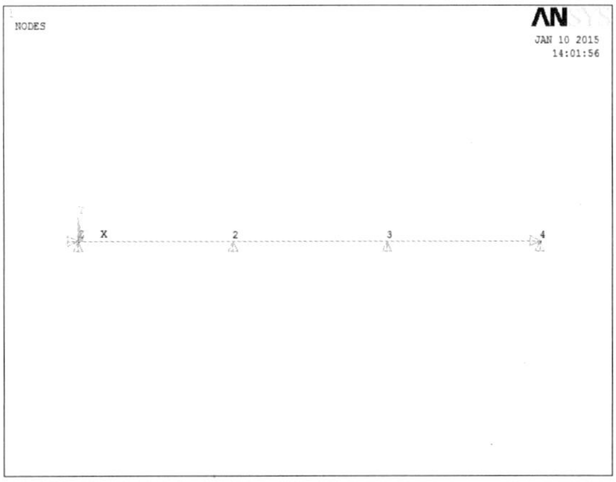　　　图 11-41　绘图窗口 2

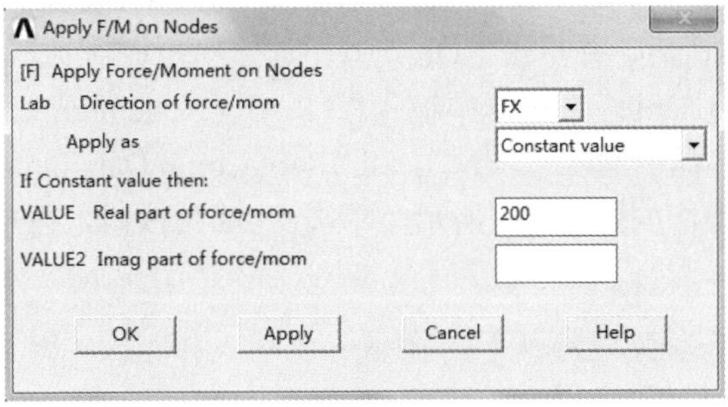

图 11-42　对节点 2 处谐振力进行设置 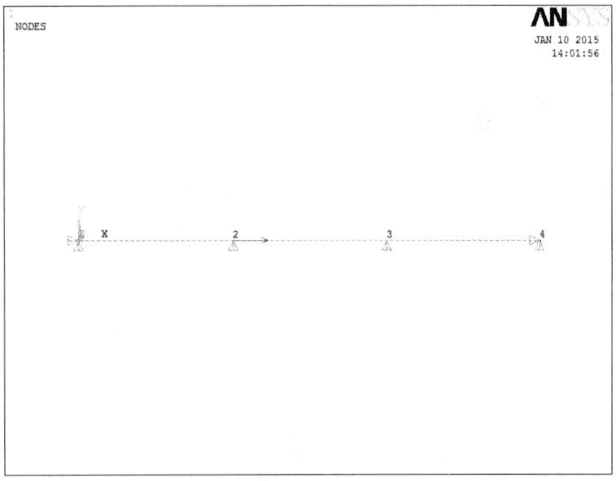　　　图 11-43　经过定义载荷和边界条件后的模型

8．求解

选择菜单 Main Menu→Solution→Solve→Current LS，弹出两个对话框，检查"STATUS Command"窗口的信息，无误后单击"Close"按钮。然后在"Solve Current Load Step"对话框中，单击"OK"按钮，开始进行求解，求解结束后关闭提示菜单。

9．后处理（查看结果）

（1）选择菜单 Main Menu→TimeHist Postpro→Define Variables，弹出"Defined Time-History Variables"对话框。单击"Add"按钮，弹出"Add Time-History Variable"对话框，使用"Nodal DOF result"的默认值，如图 11-44 所示，单击"OK"按钮。

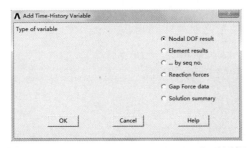

图 11-44　"Add Time-History Variable"对话框

（2）接着弹出拾取对话框，选择节点 2，单击"OK"按钮，弹出如图 11-45 所示对话框，在"Ref number of variable"文本框中输入"2"，在"Node number"文本框中输入"2"，在"User-specified label"文本框中输入"2UX"，在"Item,Comp Data item"列表框中选中 DOF solution →Translation UX 选项，单击"OK"按钮。

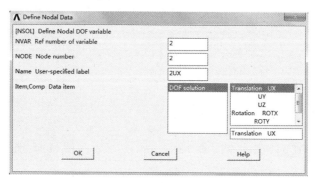

图 11-45　定义节点 2 处的数据

（3）在"Defined Time-History Variables"对话框中单击"Add"按钮，弹出"Add Time-History Variable"对话框，使用"Nodal DOF result"的默认值，并单击"OK"按钮，弹出拾取对话框，选择节点 3，单击"OK"按钮。在"Ref number of variable"文本框中输入"3"，在"Node number"文本框中输入"3"，在"User-specified label"文本框中输入"3UX"，在"Item,Comp Data item"列表框中选中 DOF solution→Translation UX 选项，如图 11-46 所示，单击"OK"按钮，再单击"Close"按钮。

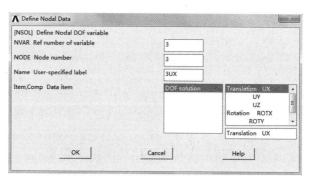

图 11-46　定义节点 3 处的数据

（4）选择菜单 Utility Menu→PlotCtrls→Style→Graphs→Modify Grid，弹出对输出图形坐标轴的设置对话框，在"Type of grid"下拉列表框中选中"X and Y lines"项，如图 11-47 所示，单击"OK"按钮。

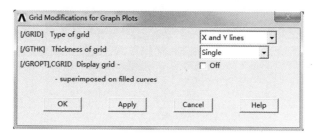

图 11-47　对输出图形坐标轴的设置对话框

（5）选择菜单 Main Menu→TimeHist Postpro→Graph Variables，弹出对图形中变量设置对话框，在"1st variable to graph"文本框中输入"2"，在"2nd variable"文本框中输入"3"，如图 11-48 所示，单击"OK"按钮，可显示位移的时间历程曲线，如图 11-49 所示。

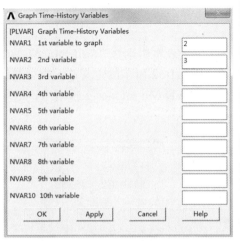

图 11-48　对图形中变量设置对话框

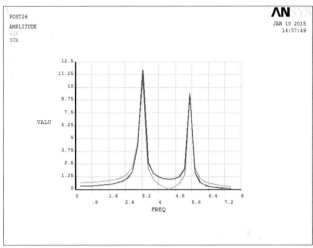

图 11-49　时间历程曲线

11.4　钢梁的瞬态动力学分析

在此例中，将用 Reduced（缩减）法确定一个随时间有限增加载荷作用下的瞬态响应问题。

一个钢梁上支撑一个集中质量块，受有动态载荷作用。钢梁的长度和几何参数如图 11-50 所示。钢梁上承受动态载荷 $F(t)$，并随着时间 t_r 逐渐增加，其最大值为 F_1。如果梁的自重忽略不计，试确定最大位移响应时间 t_{max} 和响应 y_{max}，并确定钢梁上的最大弯曲应力 σ_{bend}。

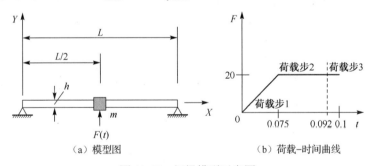

图 11-50　钢梁模型示意图

材料参数如下：弹性模量 $E=30\times10^3$ksi，泊松比 $\mu=0$，质量 $m=0.0259067$kips·sec^2/in。

几何参数如下：惯性矩 $I=800.6$in^4，梁高 $h=18$in，梁长 $L=240$in。

载荷：$F_1=20$kips，$t_r=0.075$sec。

由于在分析求解中梁并没有得到使用，因此其面积可以任意输入。在最后时间步允许质量块达到它的最大弯曲，在质量块的侧向位移上选择一个主自由度。在第一载荷步中可以使用静态分析，并且在分析中可以利用其对称性。

GUI 操作步骤如下。

1. 定义单元属性

（1）定义梁单元。选择菜单 Main Menu→Preprocessor→Element Type→Add/Edit/Delete，弹出定义单元类型对话框，单击"Add"按钮，打开单元库列表对话框。如图 11-51 所示，在左侧列表框中选择"Structural Beam"，在右侧列表框中选择"2D elastic 3"，单击"Apply"按钮。

（2）定义质量单元并进行设置。在单元库列表对话框左侧列表框中选择"Structural Mass"，在右侧列表框中选择"3D mass 21"，单击"OK"按钮。在如图 11-52 所示的定义单元类型对话框中选中"Type 2"，单击"Options"。在"K3"选项中选择"2-D w/o rot iner"，如图 11-53 所示，单击"OK"按钮。再单击"Close"按钮。

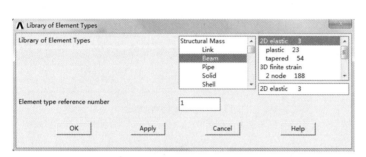

图 11-51　单元库列表对话框

图 11-52　定义单元类型对话框

（3）定义梁单元实常数。选择菜单 Main Menu→Preprocessor→Real Constants→Add/Edit/Delete，弹出定义实常数对话框，单击"Add"按钮。打开"Element Type for Real Constants"对话框，选中"Type 1 BEAM3"选项，单击"OK"按钮。打开定义梁单元实常数对话框，如图 11-54 所示，在"AREA"（面积）文本框中输入"1"，在"IZZ"（惯性矩）文本框中输入"800.6"，在"HEIGHT"（梁高）文本框中输入"18"，单击"OK"按钮。

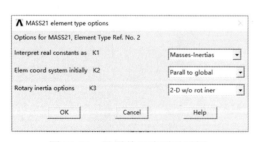

图 11-53　设置单元选项对话框

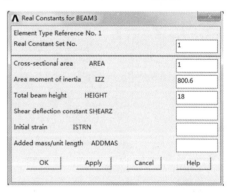

图 11-54　定义梁单元实常数对话框

（4）定义质量单元实常数。在"Real Constants"对话框中，单击"Add"按钮。打开"Element Type for Real Constants"对话框，选中"Type 2 MASS21"，单击"OK"按钮。打开定义质量单元实常数对话框，如图 11-55 所示，在"2-D mass"文本框中输入"0.0259067"，单击"OK"按钮。单击"Close"按钮。

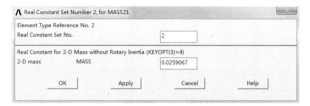

图 11-55　定义质量单元实常数对话框

（5）定义材料属性。选择菜单 Main Menu→Preprocessor→Material Props→Material Models，打开材料模型库对话框，如图 11-56 所示。在"Material Models Available"域中双击 Structural→Linear→Elastic→Isotropic，打开如图 11-57 所示的对话框。在"EX"文本框中输入"30e3"，在"PRXY"文本框中输入"0"，单击"OK"按钮。然后在"Define Material Model Behavior"窗口中，选择菜单 Material→Exit，退出窗口。

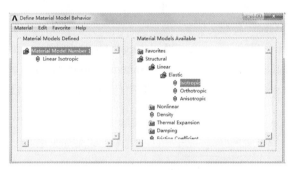

图 11-56　定义材料属性对话框

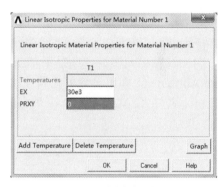

图 11-57　定义材料属性数据

2. 创建有限元模型

（1）定义节点 1、3。选择菜单 Main Menu→Preprocessor→Modeling→Create→Nodes→In Active CS，弹出定义节点对话框。在"Node number"文本框中输入"1"，单击"Apply"按钮；在"Node number"文本框中输入"3"，在"Location in active CS"文本框中输入"240""0""0"，如图 11-58 所示，单击"OK"按钮。

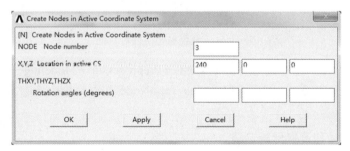

图 11-58　定义节点对话框

（2）在节点 1、3 之间插入节点 2。选择菜单 Main Menu→Preprocessor→Modeling→Create→Nodes→Fill between Nds，弹出"Fill between Nds"窗口。在绘图区域选中节点 1 和 3，单击"OK"按钮，出现如图 11-59 所示的"Create Nodes Between 2 Nodes"对话框，使用默认设置，单击"OK"按钮，定义的节点如图 11-60 所示。

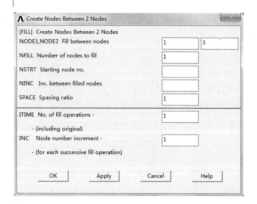

图 11-59　"Create Nodes Between 2 Nodes" 对话框

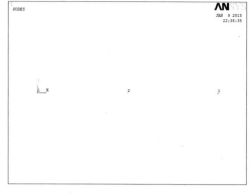

图 11-60　定义的节点

（3）定义两个梁单元。选择菜单 Main Menu→Preprocessor→Modeling→Create→Elements→Auto Numbered→Thru Nodes，弹出 "Elements from Nodes" 拾取对话框，选中节点 1 和 2，单击 "Apply" 按钮。选中节点 2 和 3，单击 "OK" 按钮。

（4）设置单元属性。选择菜单 Main Menu→Preprocessor→Modeling→Create→Elements→Elem Attributes，弹出设置单元属性对话框，如图 11-61 所示。在 "Element type number" 下拉列表框中选择 "2 MASS21"，在 "Real constant set number" 下拉列表框中选择 "2"，单击 "OK" 按钮。

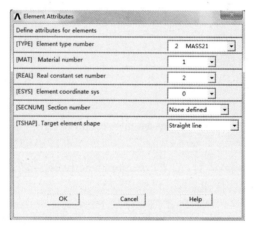

图 11-61　设置单元属性对话框

（5）定义质量单元。选择菜单 Main Menu→Preprocessor→Modeling→Create→Elements→Auto Numbered→Thru Nodes，弹出 "Elements from Nodes" 对话框，选中节点 2，单击 "OK" 按钮。

3. 选择分析类型和设置分析选项

（1）定义分析类型。选择菜单 Main Menu→Solution→Analysis Type→New Analysis，弹出如图 11-62 所示的对话框，选择 "Transient"（瞬态分析）选项，单击 "OK" 按钮。弹出如图 11-63 所示的选择分析方法对话框，选中 "Reduced" 选项，并单击 "OK" 按钮。

（2）设置分析选项。选择菜单 Main Menu→Solution→Analysis Type→Analysis Options，弹出如图 11-64 所示的缩减法选项设置对话框，在 "Damping effects" 下拉列表中选择 "Ignore"，单击 "OK" 按钮。

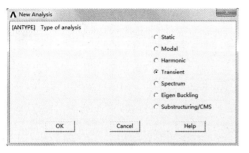

图 11-62　选择分析类型对话框

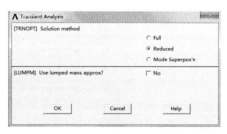

图 11-63　选择分析方法对话框

4．定义主自由度

选择菜单 Main Menu→Solution→Master DOFs→User Selected→Define，弹出定义自由度对话框，选中节点 2，并单击"OK"按钮。在"1st degree of freedom"下拉列表框中选中"UY"项，如图 11-65 所示，单击"OK"按钮。定义的主自由度如图 11-66 所示。

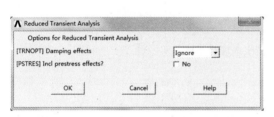

图 11-64　缩减法选项设置对话框

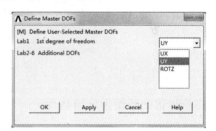

图 11-65　定义主自由度对话框

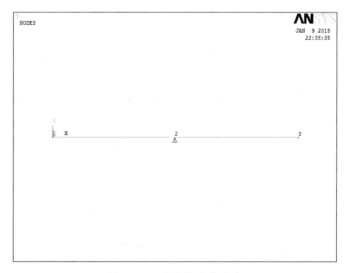

图 11-66　定义的主自由度

5．设置载荷步选项

选择菜单 Main Menu→Solution→Load Step Opts→Time/Frequenc→Time-Time Step，弹出如图 11-67 所示的设置载荷步选项（时间与时间步选项）对话框，在"Time step size"文本框中输入时间步为"0.004"，单击"OK"按钮。

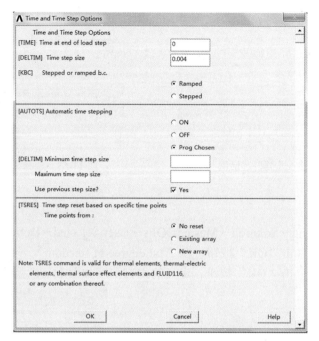

图 11-67　设置载荷步选项对话框

6. 对第一载荷步施加载荷

（1）添加约束。选择菜单 Main Menu→Solution→Define Loads→Apply→Structural→Displacement → On Nodes，弹出拾取对话框，选择节点 1，单击"Apply"按钮。弹出如图 11-68 所示的"Apply U,ROT on Nodes"对话框，选中"UY"，然后单击"Apply"按钮。接着选择节点 3，单击"OK"按钮。弹出"Apply U,ROT on Nodes"对话框，选中"UX"和"UY"，然后单击"OK"按钮，结果如图 11-69 所示。

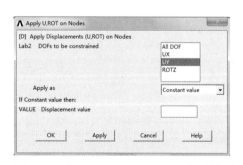

图 11-68　"Apply U,ROT on Nodes"对话框

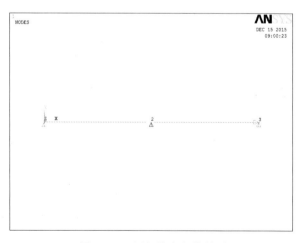

图 11-69　添加约束条件结果

（2）施加载荷。选择菜单 Main Menu→Solution→Define Loads→Apply→Structural→Force/Moment→ On Nodes，弹出拾取对话框，选择节点 2，单击"OK"按钮。接着弹出施加节点载荷对话框，在"Direction of force/mom"下拉列表框中选中"FY"，在"Force/moment value"中输入"0"，或者不输入任何信息，如图 11-70 所示，单击"OK"按钮。

7．指定输出

选择菜单 Main Menu→Solution→Load Step Opts→Output Ctrls→DB/Results File，弹出如图 11-71 所示的控制输出对话框，选择"Every substep"，即输出所有载荷子步的结果，单击"OK"按钮。

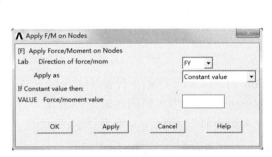

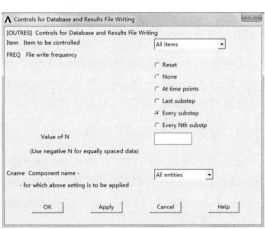

图 11-70　施加节点载荷　　　　　　　　图 11-71　控制输出对话框

8．对最初载荷步求解

选择菜单 Main Menu→Solution→Solve→Current LS，弹出求解对话框，如图 11-72 所示。检查"STATUS Command"窗口的信息，单击菜单 File→Close。在"Solve Current Load Step"对话框中单击"OK"按钮，开始进行求解，求解结束后显示求解完毕提示菜单，关闭此菜单。

9．对第二载荷步施加载荷

（1）设置载荷步。选择菜单 Main Menu→Solution→Load Step Opts→Time/Frequenc→Time - Time Step，弹出时间步选项对话框，在"Time at end of load step"文本框中输入终止载荷步时间"0.075"，如图 11-73 所示，单击"OK"按钮。

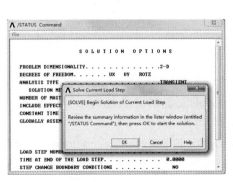

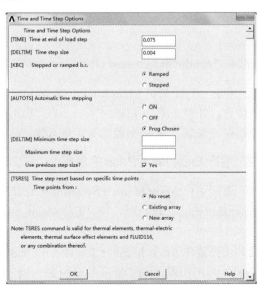

图 11-72　求解对话框　　　　　　　　图 11-73　时间步选项对话框

（2）施加载荷。选择菜单 Main Menu→Solution→Define Loads→Apply→Structural→Force/Moment→On Nodes，弹出拾取对话框，选中节点 2，单击"OK"按钮。接着弹出"Apply F/M on Nodes"对话框，在"Force /moment value"文本框中输入"20"，如图 11-74 所示，单击"OK"按钮。

10. 对第二载荷步求解

选择菜单 Main Menu→Solution→Solve→Current LS，检查"STATUS Command"窗口的信息，并单击菜单 File→Close。然后在"Solve Current Load Step"对话框中单击"OK"按钮，开始进行求解。求解结束后关闭提示菜单。

11. 设置第三载荷步并求解

（1）设置载荷步。选择菜单 Main Menu→Solution→Load Step Opts→Time/Frequenc→Time -Time Step，弹出如图 11-75 所示的"Time and Time Step Options"（时间与时间步选项）对话框，在"Time at end of load step"文本框中输入终止载荷步时间"0.1"，单击"OK"按钮。

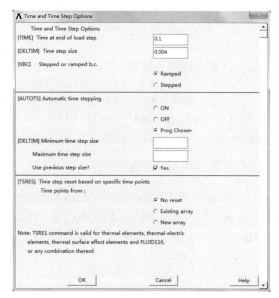

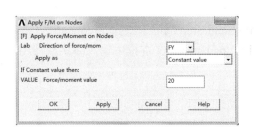

图 11-74 "Apply F/M on Nodes"对话框　　　　图 11-75 设置第三载荷步

（2）求解。选择菜单 Main Menu→Solution→Solve→Current LS，检查"STATUS Command"窗口的信息，并单击菜单 File→Close。在"Solve Current Load Step"对话框中，单击"OK"按钮，开始进行求解。求解完成后关闭提示菜单。

12. 运行 Expansion Pass 并求解

（1）选择菜单 Main Menu→Solution→Analysis Type→ExpansionPass，弹出如图 11-76 所示的"Expansion Pass"对话框，将"Expansion pass"右边的复选框设置为"On"，单击"OK"按钮。

（2）选择菜单 Main Menu→Solution→Load Step Opts→ExpansionPass→Single Expand→By Time/Freq，弹出如图 11-77 所示的设置最大响应时间对话框，在"Time-point/Frequency"文本框中输入"0.092"，单击"OK"按钮。

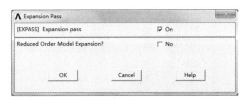

图 11-76　"Expansion Pass"对话框

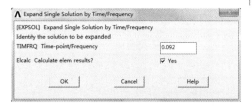

图 11-77　设置最大响应时间对话框

（3）选择菜单 Main Menu→Solution→Solve→Current LS，检查"STATUS Command"窗口的信息，并单击菜单 File→Close。在"Solve Current Load Step"对话框中单击"OK"按钮，开始进行求解。求解完成后关闭提示菜单。

13．查看计算结果

（1）读取数据文件。选择菜单 Main Menu→TimeHist Postpro→Settings→File，弹出如图 11-78 所示的读取数据文件对话框，在"FILE"域的"Browse"按钮中，选择"file.rdsp"并打开，然后单击"OK"按钮。

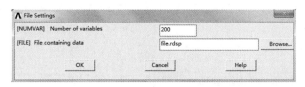

图 11-78　读取数据文件对话框

（2）定义变量。选择菜单 Main Menu→TimeHist Postpro→Define Variables，弹出"Defined Time-History Variables"对话框，单击"Add"按钮，弹出"Add Time-History Variable"对话框，如图 11-79 所示，使用"Nodal DOF result"的默认设置，单击"OK"按钮。

（3）接着弹出"Define Nodal Data"对话框，选中节点 2，单击"OK"按钮。打开如图 11-80 所示对话框，将"Ref number of variable"文本框设置为"2"（默认值），在"Node number"文本框中输入"2"，在"User-specified label"文本框中输入"NSOL"，在"Item,Comp Data item"列表框中选择"Translation UY"，单击"OK"按钮。并在"Defined Time-History Variables"对话框中单击"Close"按钮。

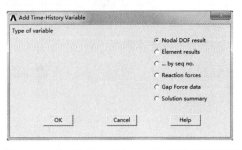

图 11-79　"Add Time-History Variable"对话框

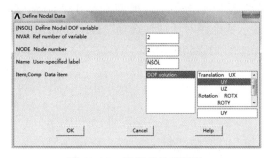

图 11-80　定义变量对话框

（4）图形显示变量。选择菜单 Main Menu→TimeHist Postpro→Graph Variables，在"1st variable to graph"文本框中输入"2"，如图 11-81 所示，单击"OK"按钮，将图形显示位移-时间曲线，如图 11-82 所示。

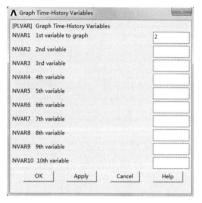

图 11-81　图形显示变量对话框

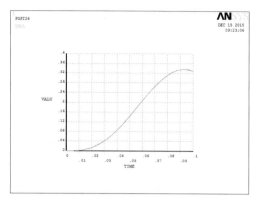

图 11-82　图形显示位移-时间曲线

（5）列表显示变量。选择菜单 Main Menu→TimeHist Postpro→List Variables，在 "1st variable to list" 后面输入 "2"，如图 11-83 所示，并单击 "OK" 按钮。屏幕弹出 "PRVAR Command" 窗口，如图 11-84 所示。单击菜单 File→Close。

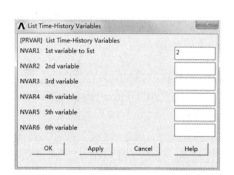

图 11-83　列表显示变量对话框

图 11-84　列表显示变量

（6）读取结果数据。选择菜单 Main Menu→General Postproc→Read Results→First Set。

（7）绘制变形图。选择菜单 Main Menu→General Postproc→Plot Results→Deformed Shape，弹出显示变形图对话框，选择 "Def+undeformed"，如图 11-85 所示，单击 "OK" 按钮，梁变形结果如图 11-86 所示。

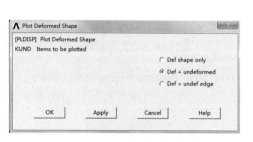

图 11-85　显示变形图对话框

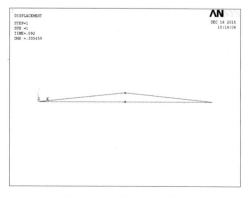

图 11-86　梁变形结果

习题

思考题

1. 什么是结构动力学问题？它与静力分析的主要区别是什么？
2. 结构动力学分析主要包括几个方面？其特点、分析步骤与应用是什么？

计算操作题

1. 对如图 11-87 所示的悬臂梁进行模态分析。几何参数如图所示，弹性模量取 206.8GPa，泊松比取 0.33，密度取 7830kg/m³。

图 11-87　悬臂梁

2. 齿轮模态分析。齿轮结构的工作状态是变化的，即动态的。由于结构的振动特性决定结构对于各种动力载荷的响应情况，所以在进行其他动力学分析之前，首先要进行模态分析。用于分析的齿轮为标准齿轮，齿顶直径为 48mm，齿底直径为 40mm，齿数为 10，齿部厚度为 8mm，中间厚度为 3mm，弹性模量为 2.06×10^{11}，密度为 7800kg/m³，齿轮模型如图 11-88 所示。

3. 电机-工作台系统谐响应分析。当电机-工作台系统（见图 11-89）的电机工作时由于转子偏心引起电机发生简谐振动。计算系统在转子旋转偏心载荷简谐激励下的响应，要求计算频率间隔为 1Hz 的所有解。

已知条件：电机质量 $m=100$kg，其重心在工作台板面中心上方 0.1m 处；简谐激励 $F_x=100$N，$F_z=100$N，F_z 与 F_x 落后 90° 相位角，频率范围为 0～10Hz；材料特性 $E=2\times10^{11}$N/m²，$\mu=0.3$，$\rho=7800$kg/m³；工作台面板尺寸为 2m×1m×0.02m，支柱截面为 0.02m×0.02m 的矩形，长 1m。

图 11-88　齿轮模型　　　　图 11-89　电机-工作台系统

4. 单向拉压圆柱的瞬态动力学分析（三种加载方法对比分析）。一个下端固定的圆柱顶面上承受如图 11-90 所示的动态压力载荷，试确定其顶面位移响应。已知圆柱长度为 0.15m，直径为 0.03m，材料的弹性模量为 2.06×10^{11}，泊松比为 0.3，密度为 7800 kg/m³。

5. 梁结构的地震响应谱分析。如图 11-91 所示，一简支梁在两端支撑处做垂直运动，其运动基于地震位移响应谱（见表 11-1）。试确定节点的位移、反作用力和单元解。在分析例子中，材料参数： $E = 2.06 \times 10^{11}\,\mathrm{Pa}$ ， $\rho = 7800\,\mathrm{kg/m^3}$ ；几何参数： $h = b = 140\,\mathrm{mm}$ ， $l = 2400\,\mathrm{mm}$ 。

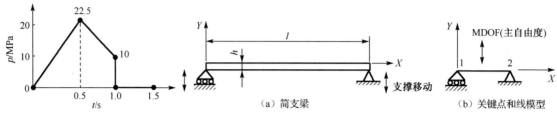

图 11-90 动态载荷示意图   图 11-91 简支梁结构示意图

表 11-1 响应谱

频率/Hz	位移/in
0.1	0.44
800.0	0.44

第12章

非线性结构分析

◇ 非线性变化是工程分析中常见的一种现象，非线性问题表现出与线性问题不同的性质。尽管非线性分析比线性分析更加复杂，但处理方式基本相同，只是在分析过程中添加了所需的非线性特性。本章讲述非线性分析的基本步骤、具体方法和非线性分析实例。

12.1　非线性分析概述

12.1.1　非线性分析的定义

固体力学问题从本质上讲是非线性的，线性假设仅是实际问题的一种简化。在分析线性弹性体系时，假设节点位移无限小；材料的应力和应变成正比，即满足胡克定律；加载时边界条件的性质保持不变。若不满足上述条件之一就称为非线性问题。

引起结构非线性的原因很多，它可以分为三种主要类型：几何非线性、材料非线性、状态非线性。

1. 几何非线性

如果结构经受大变形，使体系的受力状态发生了显著变化，以至不能采用线性分析方法时的非线性问题称为几何非线性。如承受载荷的钓鱼竿的几何非线性（大挠度）问题，如图 12-1 所示，随着垂直载荷的增加，钓鱼竿不断弯曲以至于动力臂明显减小，导致杆端显示出在较高载荷下不断增长的刚性。

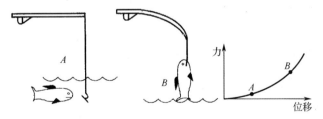

图 12-1　钓鱼竿的几何非线性

2. 材料非线性

由于加载历史（如在弹塑性响应状态下）、环境状况（如温度），以及加载时间总量等因素的影响，使得材料的应力与应变关系是非线性的，不符合胡克定律，这样的问题称为材料非线性问题，通常包括弹塑性分析（如锻造问题）、超弹性分析和蠕变分析等。

3. 状态非线性

许多普通结构表现出一种与状态相关的非线性行为，称为状态非线性。例如轴承套可能是接触或不接触的，碰撞过程中汽车与墙壁的接触状态是不断变化的，冻土可能是冻结或融化的。这些物体的刚度由于其状态的改变，可以在不同值之间突然变化。ANSYS 中单元的激活与杀死选项用来为这种状态的变化建模。

12.1.2　非线性分析的步骤

非线性静态分析是静态分析的一种特殊形式，如同其他静态分析，分析过程主要由建模、加载求解和查看结果 3 个主要步骤组成。使用 Main Menu→Solution→Analysis Type→Sol'n Controls 命令打开求解控制对话框，在 Basic 卡和 Nonlines 卡中设置选项。

（1）普通选项：与瞬态动力学相似，包括指定载荷步的末端时间、时间步的数目和时间步长或自动时间分步。

（2）非线性选项：程序将连续进行平衡迭代，直到满足收敛准则（或者直到达到允许的平衡迭代的最大数）。可以用默认的收敛准则，也可以自己定义收敛准则。

12.2　几何非线性分析

12.2.1　几何非线性基础

刚度较小的结构在载荷的作用下产生大的变形，随着位移的增加，结构中的单元坐标和结构刚度发生改变，变化的几何形状引起结构的非线性响应，此类问题称为几何非线性问题。通常可分为大位移小应变问题、大位移大应变问题、结构变位引起载荷方向的变化问题等。

12.2.2　悬臂梁的几何非线性分析

一个矩形截面悬臂梁，其端部受有一集中弯矩作用，梁的几何特性以及弯矩大小如图 12-2 所示。已知梁材料的拉压弹性模量 $E = 30 \times 10^6 \, \text{lb/in}^2$，泊松比 $\mu = 0.3$。分析查看悬臂梁的变形情况，并列出节点的反作用力。

这是一个几何非线性问题，要得到精确的解，必须使用 ANSYS 的大变形选项，载荷要逐步施加。

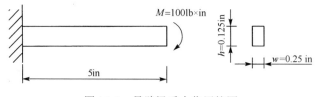

图 12-2　悬臂梁受力作用简图

具体求解步骤（GUI 方式）如下。

1. 定义单元属性

（1）定义单元类型。选择菜单 Main Menu→Preprocessor→Element Type→Add/Edit/Delete。弹出定义单元类型对话框，单击"Add"按钮，弹出单元类型库对话框，如图 12-3 所示，在左

侧列表中选 "Structural Beam"，在右侧列表中选 "2 node 188"，单击 "OK" 按钮。再单击定义单元类型对话框中的 "Close" 按钮。

（2）设置截面参数。选择菜单 Main Menu→Preprocessor→Sections→Beam→Common Sections，在弹出的设置截面参数对话框中设置参数，如图 12-4 所示，单击 "OK" 按钮。

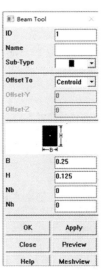

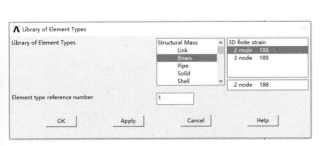

图 12-3　单元类型库对话框　　　　　　　图 12-4　设置截面参数

（3）定义材料属性。选择菜单 Main Menu→Preprocessor→Material Props→Material Models，弹出材料模型库对话框，如图 12-5 所示，在右侧列表中依次单击 Structural→Linear→Elastic→Isotropic，弹出如图 12-6 所示的对话框，在 "EX" 文本框中输入 "30e6"，在 "PRXY" 文本框中输入 "0.3"，单击 "OK" 按钮，然后关闭对话框。

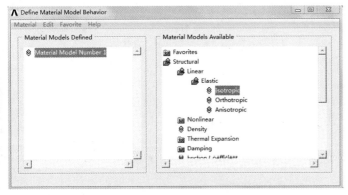
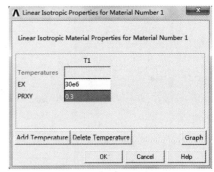

图 12-5　材料模型库对话框　　　　　　　图 12-6　设置材料属性

2．创建几何模型

（1）创建关键点。选择菜单 Main Menu→Preprocessor→Modeling→Create→Keypoints→In Active CS，弹出如图 12-7 所示的对话框，在 "Keypoint number" 文本框中输入 "1"，在 "Location in active CS" 文本框中分别输入 "0" "0" "0"，单击 "Apply" 按钮；在 "Keypoint number" 文本框中输入 "2"，在 "Location in active CS" 文本框中分别输入 "5" "0" "0"，单击 "OK" 按钮。

（2）创建直线。选择菜单 Main Menu→Preprocessor→Modeling→Create→Lines→Lines→Straight Line，弹出拾取对话框，拾取关键点 1 和 2，单击"OK"按钮，结果如图 12-8 所示。

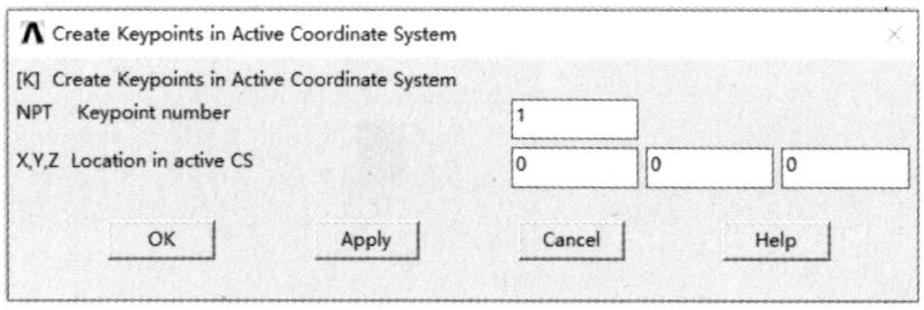

图 12-7　创建关键点对话框

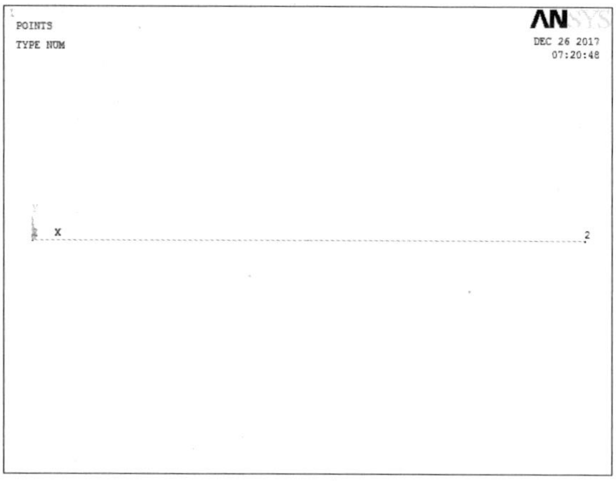

图 12-8　创建直线

3．划分网格

（1）划分网格。选择菜单 Main Menu→Preprocessor→Meshing→MeshTool，弹出"MeshTool"（网格划分工具）对话框，如图 12-9 所示，单击其"Size Controls"区域中"Lines"后面的"Set"按钮，弹出拾取对话框，拾取直线，单击"OK"按钮，弹出如图 12-10 所示的对话框，在"No.of element divisions"文本框中输入"50"，单击"OK"按钮。单击"Mesh"区域中的"Mesh"按钮，弹出拾取对话框，拾取直线，单击"OK"按钮。

图 12-9　"MeshTool"对话框

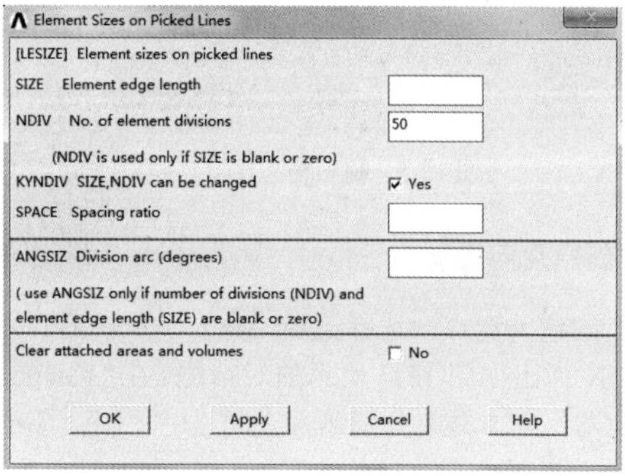

图 12-10　单元尺寸对话框

（2）显示点、线、单元。选择菜单 Utility Menu→Plot→Multi-Plots，如图 12-11 所示。

4．施加载荷

（1）施加边界条件。选择菜单 Main Menu→Solution→Define Loads→Apply→Structural→Displacement→On Nodes，弹出施加边界条件对话框。在图形窗口拾取节点 1，单击"OK"按钮。弹出施加边界条件对话框，在"DOFS to be constrained"中选择"All DOF"，如图 12-12 所示，单击"OK"按钮。

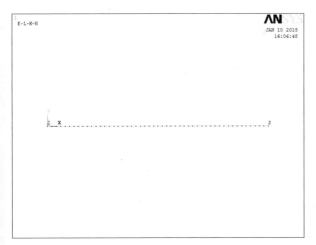

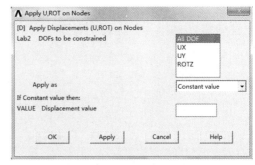

图 12-11　有限元模型　　　　　　　　　　图 12-12　施加边界条件对话框

（2）施加外载荷。选择菜单 Main Menu→Solution→Define Loads→Apply→Structural→Force/Moment→On Keypoints，捕捉关键点 2（即悬臂梁右端点），单击"OK"按钮。按图 12-13 所示输入外载荷，单击"OK"按钮，结果如图 12-14 所示。

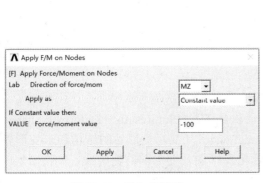

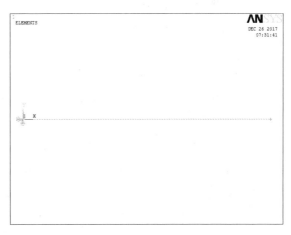

图 12-13　输入外载荷　　　　　　　　　　图 12-14　施加载荷结果

5．选择分析类型并设置求解控制

（1）选择分析类型。选择菜单 Main Menu→Solution→Analysis Type→New Analysis，选择"Static"选项，单击"OK"按钮。

（2）设置求解控制。选择菜单 Main Menu→Solution→Analysis Type→Sol'n Controls，将弹出求解控制对话框，如图 12-15 所示，参数详细设置如表 12-1 所示，单击"OK"按钮。

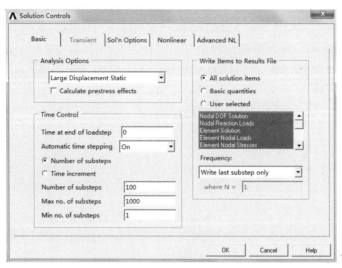

图 12-15　求解控制对话框

表 12-1　Solution Controls 设置项

选　项	值	说　明
Analysis Option	Large Displacement Static	打开大变形选项。在结果中产生大变形效果
Automatic Time Stepping	On	打开自动时间步长
Number of Substeps	100	定义荷载子步数为 100
Max no Substeps	1000	定义最大载荷子步长为 1000
Min no of Substeps	1	定义最小荷载子步数为 1

（3）求解。选择菜单 Main Menu→Solution→Solve→Current LS，弹出两个对话框。浏览状态窗口中信息后，单击"Close"按钮。单击"Solve Current Load Step"对话框中的"OK"按钮，开始求解。求解完成后出现一个"Solution is done"（求解完成）对话框，单击"Close"按钮，完成求解运算。

6．浏览计算结果

（1）查看变形图。选择菜单 Main Menu→General Postproc→Plot Results→Deformed Shape，弹出"Plot Deformed Shape"对话框，选择"Def+undef edge"（显示变形后的结构和未变形轮廓线）选项，单击"OK"按钮，在图形窗口中显示出变形图及变形前的轮廓线，如图 12-16 所示。

（2）列出节点的反作用力。选择菜单 Main Menu→General Postproc→List Results→Reaction Solu，弹出如图 12-17 所示的列表求解反作用力对话框。在"Item to be listed"列表框中选择"All items"选项，单击"OK"按钮。弹出一个窗口，列出节点的反作用力，如图 12-18 所示。

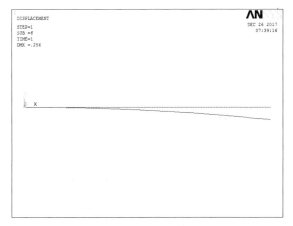

图 12-16　悬臂梁最终变形图

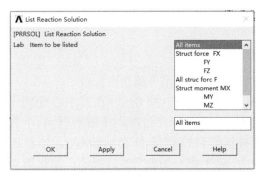

图 12-17　列表求解反作用力对话框

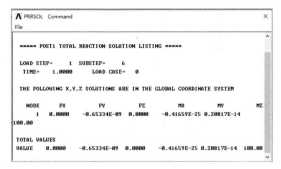

图 12-18　节点的反作用力结果

12.3　弹塑性分析

12.3.1　弹塑性分析基础

弹塑性分析属于材料非线性。

1. 塑性的概念

塑性是一种在某种给定载荷卜，材料经历了超过弹性极限的应力，将发生屈服，获得大而永久的变形的材料响应。塑性响应对于金属成形加工影响很大，对于使用中的结构，塑性作为能量吸收机构很重要。材料产生永久变形的材料特性，对大多的工程材料来说，当其应力低于比例极限时，应力-应变关系是线性的。另外，大多数材料在其应力低于屈服点时，表现为弹性行为，也就是说当移走载荷时，其应变也完全消失。塑性分析中考虑了塑性区域的材料特性。

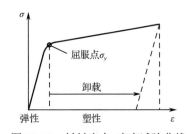

图 12-19　材料应力-应变试验曲线

2. 应力和应变

塑性材料的数据一般以单向拉伸试验所得的应力-应变曲线形式给出，如图 12-19 所示。为了简化计算，ANSYS 程序提供了多种塑性材料选项，如双线性随动强化（BKIN）、双线性等向强化（BISO）、多线性随动强化（MKIN），如图 12-20 所示为其中两种的应力-应变曲线。双线性随动强化所需的输入数据是弹性模量、屈服应力和剪切模量。

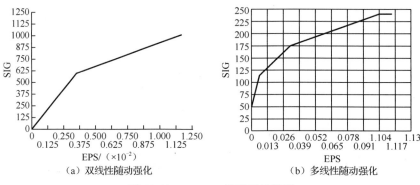

（a）双线性随动强化　　　　　（b）多线性随动强化

图 12-20　ANSYS 常用材料模型

12.3.2　冲孔过程分析

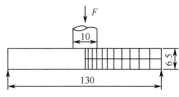

图 12-21　周边简支的圆盘

进行一个圆盘在周期载荷作用下的塑性分析。

一个周边简支的圆盘如图 12-21 所示，在其中心受到一个冲杆的周期作用，求解其塑性变化过程。求解通过 4 个载荷步实现。已知圆盘材料的弹性模量为 70000MPa，泊松比为0.325。塑性时的应力-应变关系如表 12-2 所示，加载历史如表 12-3 所示。

问题分析：由于冲杆被假定是刚性的，因此在建模时不考虑冲杆，而将圆盘上和冲杆接触节点的 Y 方向上的位移耦合起来。由于模型和载荷都是轴对称的，因此用轴对称模型来进行计算。

表 12-2　塑性时的应力-应变关系

应　　变	应力/MPa
0.0007857	55
0.00575	112
0.02925	172
0.1	241

表 12-3　加　载　历　史

时间/s	载荷/N
0	0
1	-6000
2	750
3	-6000

具体求解步骤（GUI 方式）如下。

1. 定义单元属性

（1）定义单元类型。

选择菜单 Main Menu→Preprocessor→Element Type→Add/Edit/Delete，单击"Add"按钮，选择"Structural Solid"和"Quad 4 node 182"，单击"OK"按钮，单击"Options"按钮，将"K3"设置为"Axisymmetric"，单击"OK"按钮，再单击"Close"按钮。

（2）定义材料参数。

① 定义材料属性：选择菜单 Main Menu→Preprocessor→Material Props→Material Models，

单击 Structural→Linear→Elastic→Isotropic，在"EX"文本框中输入"7e4"，"PRXY"文本框中输入"0.325"，单击"OK"按钮。

②　定义多线性随动强化数据表：选择菜单 Main Menu→Preprocessor→Material Props→Material Models，如图 12-22 所示，选择 Structural→Nonlinear→Inelastic→Rate Independent→Kinematic Hardening Plasticity→Mises Plasticity→Multilinear（General），在多线性材料参数定义对话框中，单击"Add Point"3 次，在"STRAIN"和"STRESS"文本框中输入对应值，单击"OK"按钮，选择菜单 Material→Exit。

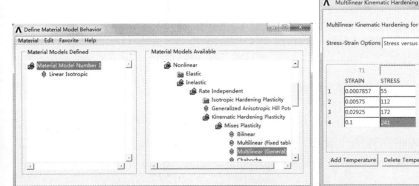
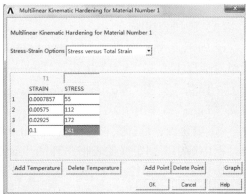

图 12-22　定义多线性材料参数

2.　建立几何模型

（1）创建矩形面：选择菜单 Main Menu→Preprocessor→Modeling→Create→Areas→Rectangle→By Dimensions，在"X-coordinates"文本框中输入"0""65"，在"Y-coordinates"文本框中输入"0""6.5"，单击"Apply"按钮；在"X-coordinates"文本框中输入"0""5"，在"Y-coordinates"文本框中输入"0""6.5"，单击"OK"按钮。

（2）面叠分：选择菜单 Main Menu→Preprocessor→Modeling→Operate→Booleans→Overlap→Areas，单击"Pick All"按钮，几何模型如图 12-23 所示。

3.　划分网格

选择菜单 Main Menu→Preprocessor→Meshing→MeshTool，打开"Mesh Tool"对话框，单击"Global"后面的"Set"，在"SIZE"文本框中输入"1"，单击"OK"按钮。单击"Mapped"和"Mesh"按钮，单击"Pick All"按钮，网格模型如图 12-24 所示。

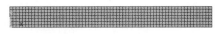

图 12-23　几何模型　　　　　　　　　　　图 12-24　网格模型

4.　施加载荷

（1）施加耦合约束：选择菜单 Main Menu→Preprocessor→Coupling/Ceqn→Couple DOFs，单击"Box"单选按钮，框选与冲杆接触的所有 6 个节点，单击"OK"按钮。在"Set reference number"文本框中输入"1"，在"Degree-of-freedom lable"中选择"UY"，单击"OK"按钮，如图 12-25 所示。

（2）施加位移约束：选择菜单 Main Menu→Solution→Define Loads→Apply→Structural→Displacement→On Lines，选底部右侧的边线，单击"OK"按钮。选择"UY"，单击"OK"按钮，如图 12-26 所示。（注：由于是轴对称单元，自动约束 $X=0$ 处的径向约束，故可不约束左边线的 UX）。

图 12-25　施加耦合约束　　　　　　图 12-26　施加位移约束

（3）施加表载荷。

① 定义表格：选择菜单 Utility Menu→Parameters→Array Parameters→Define/Edit，在定义数组对话框中单击"Add"按钮，"Parameter name"输入"Table load"，"Parameter type"选择为"Table"，在"No.of rows,cols,planes"文本框中输入"4""1""1"，"Row Variable"输入"Time"，如图 12-27 所示，单击"OK"按钮，然后关闭对话框。

② 填充表：选择菜单 Utility Menu→Parameter→Array Parameters→Define/Edit，定义数组对话框中选中前面定义的表格"Table load"，单击"Edit"按钮，在表填充对话框中输入时间_载荷历程表，如图 12-28 所示，选择菜单 File→Apply/Quit，单击"Close"按钮完成表填充。

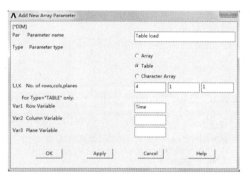
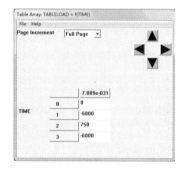

图 12-27　定义数组对话框　　　　　　图 12-28　填充表

③ 施加表载荷：选择菜单 Main Menu→Solution→Define Loads→Apply→Structural→Force/Moment→On Keypoints，在图形区中单击左上角关键点，单击"OK"按钮。在施加载荷对话框的"Lab"中选择"FY"，在"Apply as"下拉式列表框中选择"Existing table"，单击"OK"按钮，在弹出的表载荷选择对话框中选择"Table Load"（表载荷），单击"OK"按钮，如图 12-29 所示。

图 12-29　施加表载荷

5．求解

（1）设置求解控制：选择菜单 Main Menu→Solution→Analysis Type→Sol'n Controls，打开求解控制对话框，如图 12-30 所示，在"Basic"卡中完成以下设置："Analysis Options"为"Small Displacement Static"，"Time at end of loadstep"（结束时间）为"3"，"Number of substeps"

（子载荷步数）为"30"，"Max no. of substeps"为"30"，"Min no. of substeps"为"30"，"Frequency"为"Write every substep"（存储所有计算结果），单击"OK"按钮。

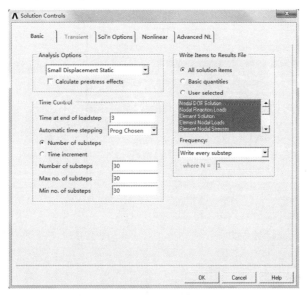

图 12-30 求解控制对话框

（2）求解：选择菜单 Main Menu→Solution→Solve→Current LS，单击"OK"按钮。当求解完成时会出现一个"Solution is done!"的提示对话框，单击"Close"按钮。

6. 后处理

（1）显示 Y 方向变形：选择菜单 Main Menu→General Postproc→Plot Results→Contour Plot →Nodal Solu，选择"DOF Solution"和"Y-Component of displacement"，单击"OK"按钮，显示 Y 方向变形，如图 12-31 所示。

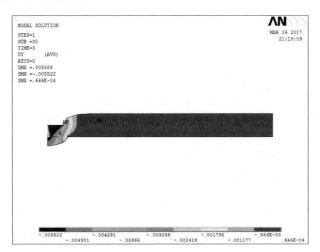

图 12-31 Y 方向变形分布

（2）定义结果变量：选择菜单 Main Menu→TimeHist Postpro，单击十按钮，选择 Nodal Solution→DOF Solution→Y-component of displacement，"Variable Name"文本框中输入"Weiyi UY"，单击"OK"按钮，在图形区单击左上角点，单击拾取对话框中的"OK"按钮。

（3）绘制位移曲线：选择菜单 Main Menu→TimeHist Postpro，选中前面定义的"Weiyi UY"变量，如图 12-32 所示单击■按钮，绘制位移响应曲线，如图 12-33 所示。

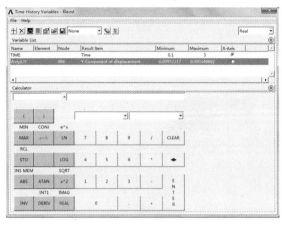

图 12-32　定义变量对话框

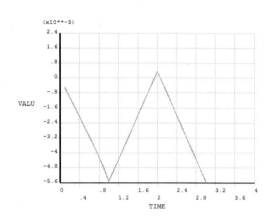

图 12-33　左上角点的 UY 位移响应曲线

12.4　接触分析

12.4.1　接触分析基础

接触是一种典型的状态非线性问题。

1．接触的定义

当两个分离的表面互相碰触并互切时，就称它们处于接触状态。在一般的物理意义中，处于接触状态的表面有下列特点：不互相穿透、能够传递法向压力和切向摩擦力、通常不传递法向拉力，因此，它们相互间可以自由地分开并远离。

接触问题存在两个较大的难点：其一，在求解问题之前，不知道接触区域表面之间是接触的、分开的还是突然变化的，这些随载荷、材料、边界条件等因素而定；其二，接触问题常需计算摩擦，各种摩擦模型都是非线性的，这使问题的收敛变得困难。

接触问题一般分为两类，即刚体对柔体和柔体对柔体。

（1）刚体对柔体：一个或多个接触表面作为刚体，一个表面的刚度比另一个表面的刚度要高很多。许多金属成型问题归入此类。

（2）柔体对柔体：所有的接触体都可变形，所有表面刚度相差不多。过盈连接是一个柔体对柔体接触的例子。柔体对柔体的接触是一种更普遍的类型。

2．ANSYS 接触分析步骤

有限元模型通过指定的接触单元来识别接触方式。接触单元是覆盖在分析模型接触面上的一层单元。ANSYS 支持点-面和面-面等接触方式。

接触分析的步骤：创建有限元模型→接触向导创建接触对（指定接触和目标表面、设置单元选项和实常数、创建目标/接触单元）→施加边界条件→定义求解选项和载荷步→求解→观察结果。

12.4.2　销与销孔接触分析

插销装配在插座中，如图 12-34 所示，计算插销拔拉过程中（左端面施加向左的位移载荷 1.7mm）插销和插座体内的应力分布及接触压力。相关几何参数如下：插销的半径为 0.5cm，长度为 2.5cm。插座的宽度为 4cm，高度为 4cm，厚度为 1cm，插孔半径为 0.49cm。插销与插座材料的弹性模量为 $3.6 \times 10^7 \, \text{N/cm}^2$，泊松比为 0.3。约束为插座左右两侧面固定所有自由度。

图 12-34　插销与插座装配示意图

问题分析：由于插孔的半径比插销的半径要小，所以在插销装配到插座时，插销和插座内部都会产生装配预应力。要进行拔拉过程的应力分析，首先要得到预应力的分布，所以本题分两个载荷步求解：第一个载荷步计算预应力，第二个载荷步计算拔拉过程的应力分布。

操作步骤（GUI）如下。

1. 建立几何模型

（1）生成插座：选择菜单 Main Menu→Preprocessor→Modeling→Create→Volumes→Block→By Dimensions，弹出如图 12-35 所示的对话框，在"X-coordinates"文本框中输入"-2""2"，在"Y-coordinates"文本框中输入"-2""2"，在"Z-coordinates"文本框中输入"2.5""3.5"，单击"OK"按钮。

（2）改变视图角度：选择菜单 Utility Menu→PlotCtrls→Pan Zoom Rotate，弹出"Pan-Zoom-Rotate"（图形变换）对话框，单击"Iso"按钮，得到等轴视图。

（3）生成圆柱体：选择菜单 Main Menu→Preprocessor→Modeling→Create→Volumes→Cylinder→By Dimensions，弹出如图 12-36 所示的对话框，在"Outer radius"文本框中输入"0.49"，在"Z-coordinates"文本框中输入"2.5""3.5"，单击"OK"按钮。

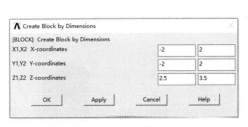

图 12-35　创建长方体

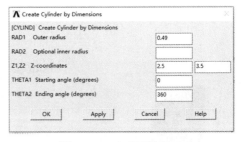

图 12-36　定义圆柱体

（4）生成插孔：选择菜单 Main Menu→Preprocessor→Modeling→Operate→Booleans→Subtract→Volumes，弹出拾取对话框，拾取长方体，单击"OK"按钮，然后拾取圆柱体，单击"OK"按钮，得到带插孔的插座，结果如图 12-37 所示。

（5）生成插销：选择菜单 Main Menu→Preprocessor→Modeling→Create→Volumes→Cylinder→By Dimensions，弹出图 12-38 所示的对话框，在"Outer radius"文本框中输入"0.5"，在"Z-coordinates"文本框中输入"2""4.5"，单击"OK"按钮，建立一个圆柱体。

（6）打开体积编号：选择菜单 Utility Menu→PlotCtrls→Numbering，弹出"Plot Numbering Controls"对话框，选中"Volume numbers"复选框，单击"OK"按钮。插销和插座的图形以不同的颜色显示，如图 12-39 所示。

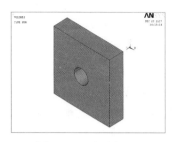

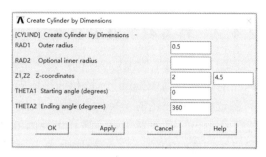

图 12-37　生成插孔　　　　　　　　　　图 12-38　定义圆柱体（插销）

（7）切分模型：由于问题的对称条件，只需要对完整插销和插座模型的 1/4 来进行分析。设置工作平面，以备切分模型。

① 显示工作平面。选择菜单 Utility Menu→WorkPlane→Display Working Plane。

② 旋转工作平面。选择菜单 Utility Menu→WorkPlane→Offset WP by Increments，弹出"Offset WP"对话框，如图 12-40 所示，将"Degrees"滑块拖到"90"（最右端），单击 **↺+Y** 按钮，即将工作平面绕 Y 轴正方向旋转 90°。

③ 切分模型的 1/2。选择菜单 Main Menu→Preprocessor→Modeling→Operate→Booleans→Divide→Volu by WrkPlane，弹出拾取对话框，单击"Pick All"，将模型切分成对称的两部分。

④ 删除模型的 1/2。选择菜单 Main Menu→Preprocessor→Modeling→Delete→Volume and Below，弹出拾取对话框，拾取模型的右半部分（包括半个长方体和半个圆柱体），单击"OK"按钮，得到如图 12-41 所示的 1/2 模型。

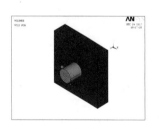

图 12-39　插销与插座　　　　　图 12-40　Offset WP 对话框　　　　　图 12-41　1/2 模型

⑤ 还原工作平面位置。选择菜单 Utility Menu→WorkPlane→Align WP with→Global Cartesian。

⑥ 旋转工作平面。选择菜单 Utility Menu→WorkPlane→Offset WP by Increments，弹出"Offset WP"对话框，将"Degrees"滑块拖到"90"（最右端），单击 **↺+X** 按钮，将工作平面绕 X 轴正方向旋转 90°。

⑦ 切分模型的 1/4。选择菜单 Main Menu→Preprocessor→Modeling→Operate→Booleans→

Divide→Volu by WrkPlane，弹出拾取对话框，单击"Pick All"，再将模型切分成对称的两部分。

⑧ 删除模型的 1/4。选择菜单 Main Menu→Preprocessor→Modeling→Delete→Volume and Below，弹出拾取对话框，拾取模型的上半部分（包括一个 1/4 长方体和一个 1/4 圆柱体），单击"OK"按钮，得到如图 12-42 所示的 1/4 模型。

⑨ 保存几何模型：单击工具条中的 SAVE_DB 按钮，保存几何模型。

2．定义单元属性

（1）定义单元类型：选择菜单 Main Menu→Preprocessor→Element Type→Add/Edit/Delete，弹出"Element Types"对话框，单击按钮"Add"，弹出单元类型库对话框，在左边列表框中选择"Solid"，在右边列表框中选择"Brick 8 node 185"，如图 12-43 所示，单击"OK"按钮。

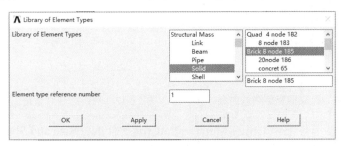

图 12-42　1/4 模型　　　　　　　　　　图 12-43　单元类型库对话框

（2）定义材料属性：选择菜单 Main Menu→Preprocessor→Material Props→Material Models，弹出"Define Material Model Behavior"对话框，在右边列表框中依次单击 Structural→Linear→Elastic→Isotropic，弹出对话框，在"EX"文本框中输入"36e6"，在"PRXY"文本框中输入"0.3"，单击"OK"按钮，选择菜单 Material→Exit。

3．划分有限元网格

（1）设置插销单元网格密度：选择菜单 Main Menu→Preprocessor→Meshing→MeshTool，弹出"MeshTool"对话框。单击对话框中"Size Controls"域"Lines"后对应的"Set"按钮，弹出拾取对话框，拾取插销前端的水平和垂直直线，如图 12-44 所示，单击"OK"按钮。弹出如图 12-45 所示的设置单元数目对话框，在"No. of element divisions"文本框中输入"3"，取消复选框"SIZE, NDIV can be changed"，单击"OK"按钮。

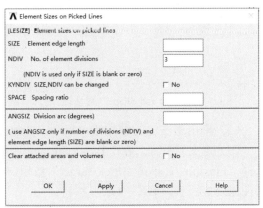

图 12-44　拾取插销前端的水平和垂直直线　　　　　图 12-45　设置单元数目对话框

（2）设置插座单元网格密度：在"MeshTool"对话框的"Size Controls"选项组中单击"Lines"后的"Set"按钮，弹出拾取对话框，拾取插座前端的曲线，如图 12-46 所示，单击"OK"按钮。弹出"Element Sizes on Picked Lines"对话框，在"No.of element divisions"文本框中输入"4"，取消复选框"SIZE, NDIV can be changed"，单击"OK"按钮。

（3）设置单元形状和网格划分方法：在"MeshTool"对话框的"Mesh"列表中选择"Volumes"选项，单击"Hex/Wedge"和"Sweep"单选按钮，选择"Auto Src/Trg"，如图 12-47 所示。单击"Sweep"按钮，弹出拾取对话框，单击"Pick All"按钮，进行网格划分，得到如图 12-48 所示的网格模型。

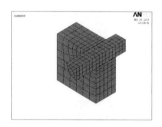

图 12-46　拾取插座前端的曲线　　　　图 12-47　网格划分对话框　　　　图 12-48　网格模型

（4）选择菜单 Utility Menu→PlotCtrls→Style→Size and Shape，弹出如图 12-49 所示的"Size and Shape"对话框，在"Facets/element edge"下拉列表框中选择"2 facets/edge"，单击"OK"按钮。

4．建立接触单元

（1）选择菜单 Main Menu→Preprocessor→Modeling→Create→Contact Pair，弹出接触管理器对话框，如图 12-50 所示。

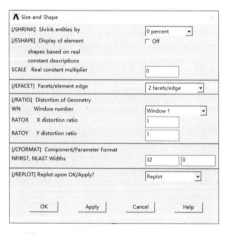
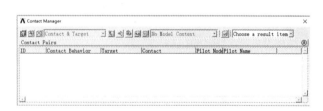

图 12-49　"Size and Shape"对话框　　　　图 12-50　接触管理器对话框

（2）单击最左边的 按钮，启动"Contact Wizard"（接触向导），如图 12-51 所示。

（3）定义目标面。在"Target Surface"选项组中选择"Areas"，在"Target Type"选项组中选择"Flexible"，单击"Pick Target"按钮，弹出拾取对话框，拾取插座上与插销接触的曲面，如图 12-52 所示，单击"OK"按钮。

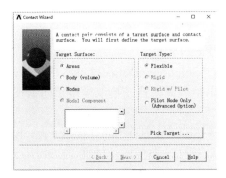

图 12-51　接触向导

图 12-52　目标面

（4）定义接触面。单击"Next"按钮，在"Contact Surface"选项组中选择"Areas"，在"Contact Element Type"选项组中选择"Surface-to-Surface"，如图 12-53 所示。单击"Pick Contact"按钮，弹出拾取对话框，拾取插销上与插座接触的曲面，如图 12-54 所示，单击"OK"按钮。

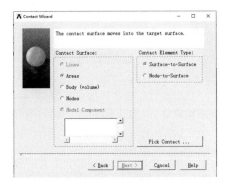

图 12-53　定义接触面

图 12-54　接触面

（5）在接触向导中单击"Next"按钮，弹出如图 12-55 所示的界面，选中"Include initial penetration"复选框，将"Friction"选项组"Material ID"的值设置为"1"，将"Coefficient of Friction"的值设置为"0.2"，单击"Create"按钮。

（6）单击图 12-56 中的"Finish"按钮，再关闭"Contact Manager"对话框，生成的接触单元如图 12-57 所示。

图 12-55　设置摩擦系数

图 12-56　提示接触单元已经生成

图 12-57　接触单元

5．定义位移约束

（1）重新绘制面：选择菜单 Utility Menu→Plot→Areas。

（2）施加对称约束：选择菜单 Main Menu→Solution→Define Loads→Apply→Structural→Displacement→Symmetry B.C.→On Areas，弹出拾取对话框，拾取插座和插销被切分出来的 4 个面，如图 12-58 所示，单击"OK"按钮。

（3）施加固定约束：选择菜单 Main Menu→Solution→Define Loads→Apply→Structural→Displacement→On Areas，弹出拾取对话框，拾取插座的左侧面，如图 12-59 所示，单击"OK"按钮。弹出"Apply U, ROT on Areas"对话框，按图 12-60 所示进行设置，固定该面的所有自由度。

  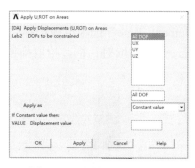

图 12-58　拾取面施加对称约束　　　图 12-59　施加固定约束　　　图 12-60　固定所有自由度

6．求解装配预应力

（1）设置求解选项：选择菜单 Main Menu→Solution→Analysis Type→Sol'n Controls，弹出如图 12-61 所示的设置求解选项对话框。选择"Basic"选项卡，在"Analysis Options"下拉列表框中选择"Large Displacement Static"，在"Time at end of loadstep"文本框中输入"100"，在"Automatic time stepping"中选择"Off"，在"Number of substeps"文本框中输入"1"，单击"OK"按钮。

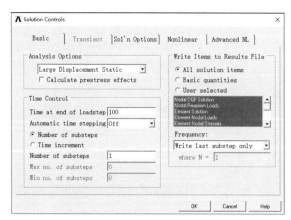

图 12-61　设置求解选项对话框

（2）求解：选择菜单 Main Menu→Solution→Solve→Current LS，弹出对话框，关闭"/STATUS Command"窗口，然后单击"Solve Current Load Step"对话框中的"OK"按钮，开始求解计算，单击"Close"按钮。

（3）绘制装配应力图：选择菜单 Main Menu→General Postproc→Plot Results→Contour Plot→Nodal Solu，在弹出的对话框中选择 Stress→von Mises Stress，单击"OK"按钮，得到如图 12-62 所示的等效应力分布图。

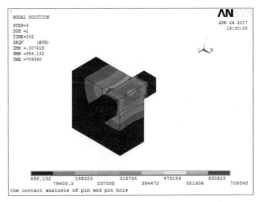

图 12-62　等效应力分布图

7．求解拔拉过程

（1）重新绘制面：选择菜单 Utility Menu → Plot → Areas。

（2）选取插销前端的所有节点：选择菜单 Utility Menu → Select → Entities，弹出选择实体对话框。如图 12-63 所示，在选择对象列表中选择"Nodes"，在选择方式列表中选择"By Location"，选择"Z coordinates"，在"Min, Max"文本框中输入"4.5"，选择"From Full"，单击"OK"按钮，即选取位于 Z=4.5 处的所有节点。

（3）施加节点位移载荷：选择菜单 Main Menu→Solution→Define Loads→Apply→Structural →Displacement→On Nodes，弹出施加节点位移对话框，单击"Pick All"按钮，在"DOFs to be constrained"列表框中选择"UZ"，在"Displacement value"文本框中输入"1.7"，如图 12-64 所示，单击"OK"按钮。

图 12-63　选择节点　　　　　　图 12-64　施加节点位移载荷

（4）重新选择所有单元和节点：选择菜单 Utility Menu → Select → Everything。

（5）设置求解选项：选择菜单 Main Menu → Solution → Analysis Type → Sol'n Controls，弹出设置求解选项对话框，在"Analysis Options"下拉列表框中选择"Large Displacement Static"，

在"Time at end of loadstep"文本框中输入"200"，在"Automatic time stepping"中选择"On"，在"Number of substeps"文本框中输入"100"，在"Max no. of substeps"中输入"10000"，在"Min no. of substeps"文本框中输入"10"，在"Frequency"下拉列表框中选择"Write every Nth substep"，如图12-65所示，单击"OK"按钮。

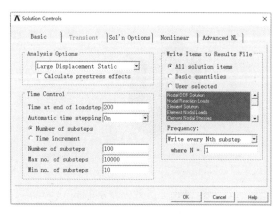

图12-65　设置求解选项

（6）求解：选择菜单 Main Menu → Solution→Solve→Current LS，单击"OK"按钮。

8．结果后处理

（1）扩展模型：选择菜单 Utility Menu→PlotCtrls→Style→Symmetry Expansion→Periodic/Cyclic Symmetry，弹出扩展模型对话框，如图12-66所示，从中选择"1/4 Dihedral Sym"，单击"OK"按钮。得到扩展模型，如图12-67所示。

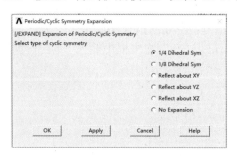

图12-66　扩展模型对话框

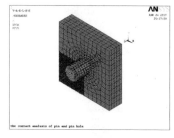

图12-67　扩展模型

（2）读入120时刻的计算结果：选择菜单 Main Menu → General Postproc → Read Results → By Time/Freq，弹出读入结果对话框，如图12-68所示，在"Value of time or freq"文本框中输入"120"，单击"OK"按钮。

（3）选择插销中与插座接触的单元：选择菜单 Utility Menu → Select → Entities，弹出如图12-69所示对话框，在选择对象列表中选择"Elements"，在选择方式列表中选择"By Elem Name"，在"Element name"文本框中输入"174"，选择"From Full"，单击"OK"按钮，即选择了插销中与插座接触的单元。

（4）重绘单元：选择菜单 Utility Menu → Plot → Elements，结果如图12-70所示。

（5）绘制接触压力：选择菜单 Main Menu → General Postproc → Plot Results → Contour Plot → Nodal Solu，在弹出的对话框中选择 Contact→Contact pressure，单击"OK"按钮，得到如图12-71所示的接触压力分布图。

图 12-68　读入结果对话框　　　　　　　图 12-69　选择实体对话框

图 12-70　插销与插座接触的单元　　　　图 12-71　接触压力分布图

（6）重新选择所有单元和节点：选择菜单 Utility Menu→Select→Everything。

（7）读入载荷步 2 结果：选择菜单 Main Menu→General Postproc→Read Results→By Load Step，弹出如图 12-72 所示的对话框，在"Load step number"文本框中输入"2"，单击"OK"按钮。

（8）绘制等效应力分布图：选择菜单 Main Menu → General Postproc → Plot Results → Contour Plot → Nodal Solu，在弹出的对话框中选择 Stress→von Mises stress"，单击"OK"按钮，得到如图 12-73 所示的等效应力分布图。

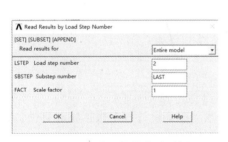

图 12-72　读入载荷步对话框　　　　　　图 12-73　等效应力分布图

（9）绘制拔拉过程的应力变化动画：选择菜单 Utility Menu→PlotCtrls→Animate→Over Results，弹出如图 12-74 所示的绘制拔拉过程中的应力动画对话框。在"Model result data"选项组中选择"Load Step Range"选项，在"Range Minimum, Maximum"文本框中输入"1""2"，选择"Include last SBST for each LDST"复选框和"Auto contour scaling"复选框，在"Contour data for animation"列表中选择 Stress→von Mises stress，单击"OK"按钮，得到拔拉过程的应力变化动画。

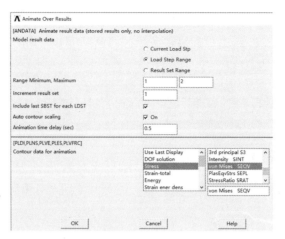

图 12-74　绘制拔拉过程中的应力动画对话框

12.4.3　铝材挤压成型接触分析

本例以铝材挤压过程分析为例，介绍在 ANSYS 中分析状态非线性问题的具体方法。

图 12-75 所示为金属铝坯料和挤压模具结构示意图，坯料与模具之间的摩擦系数为 0.1，求挤压过程中坯料内部的应力场变化。坯料材料参数：弹性模量为 69000MPa，泊松比为 0.26，铝的应力-应变关系如图 12-76 所示；模具材料参数：弹性模量为 360000MPa，泊松比为 0.3。约束条件为模具下端面限制上下移动自由度为零。载荷为试件上端面向下方向位移为 25mm。

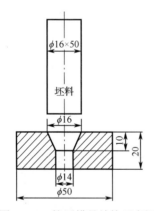

图 12-75　挤压模具结构示意图

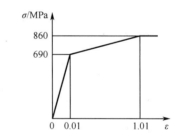

图 12-76　铝的应力-应变关系曲线

问题分析：该问题属于状态非线性大变形接触问题。在分析过程中根据轴对称性，建立挤压试样和模具纵截面的 1/2 几何模型。

具体求解步骤（GUI 方式）如下。

1．定义单元属性

（1）定义单元类型：选择菜单 Main Menu→Preprocessor→Element Type→Add/Edit/Delete，单击"Add"按钮，选择"Structure Solid"和"Quad 4 node 182"，单击"OK"按钮，单击"Options"按钮，"Element Behavior"选择"Axisymmetric"，单击"OK"按钮，再单击"Close"按钮。

（2）定义试样材料属性：选择菜单 Main Menu→Preprocessor→Material Props→Material Models，单击 Structural→Linear→Elastic→Isotropic，在"EX"（弹性模量）文本框中输入"69000"，

在"PRXY"（泊松比）文本框中输入"0.26"，单击"OK"按钮。

（3）定义试样材料多线性随动强化数据表：选择菜单 Main Menu→Preprocessor→Material Props→Material Models，在弹出的对话框中选择 Structural→Nonlinear→Inelastic→Rate Independent→ Kinematic Hardening Plasticity→Mises Plasticity→Multilinear（General），在多线性材料对话框中，单击"Add Point"按钮，在"STRAIN"和"STRESS"列中分别输入"0.01"，"690"和"1.01"，"860"，单击"OK"按钮，如图 12-77 所示。

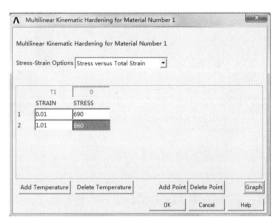

图 12-77 定义试样材料多线性随动强化数据表

（4）定义模具材料参数：选择菜单 Main Menu→Preprocessor→Material Props→Material Models→New Model，接受默认的"ID"为"2"，单击"OK"按钮。选择 Structural→Linear→Elastic→Isotropic，在"EX"文本框中输入"360000"，在"PRXY"文本框中输入"0.3"，单击"OK"按钮。

2．建立几何模型

（1）建立试样模型：创建矩形面，选择菜单 Main Menu→Preprocessor→Modeling→Create→Areas→Rectangle→By Dimensions，在"X-coordinates"文本框中输入"0""16/2"，在"Y-coordinates"文本框中输入"0""50"，单击"OK"按钮。

（2）建立模具面顶点：选择菜单 Main Menu→Preprocessor→Modeling→Create→KeyPoints→In Active CS，在"X"文本框中输入"14/2"，在"Y"文本框中输入"−20"，在"Z"文本框中输入"0"，单击"Apply"按钮。重复上述步骤创建其他 4 个关键点（"14/2""−10""0"），（"16/2""0""0"），（"50/2""0""0"），（"50/2""−20""0"），单击"OK"按钮。

（3）建立模具模型：选择菜单 Main Menu→Preprocessor→Modeling→Create→Areas→Arbitrary→Through KPs，在图形区沿逆时针依次选中上述顶点，单击拾取对话框中的"OK"按钮，几何模型如图 12-78 所示。

3．创建有限元模型

（1）分配材料属性：选择菜单 Main Menu→Preprocessor→Meshing→MeshTool，在"Element Attributes"下拉列表框中选"Areas"，单击其右侧的"Set"按钮，在图形区选中试样模型，在单元属性对话框中设"Material number"为"1"，单击"Apply"按钮，在图形区选中模具模型，在单元属性对话框中设"Material number"为"2"，单击"OK"按钮，单击拾取对话框中的"OK"按钮。

（2）划分网格：选择菜单 Main Menu→Preprocessor→Meshing→MeshTool，单击"Global"后的"Set"，设"SIZE"为"1.0"，单击"OK"按钮。单击"Free"和"Mesh"按钮，单击"Pick All"按钮，网格模型如图 12-79 所示。

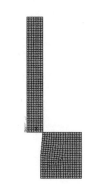

图 12-78　几何模型　　　　　　　图 12-79　网格模型

4．生成接触对

（1）打开接触对管理器：选择菜单 Main Menu→Preprocessor→Modeling→Create→Contact Pair，打开接触对管理器。

（2）设置目标：单击接触对管理器中的向导按钮，在接触向导对话框中设置目标面的性质为"Lines"，类型为"Flexible"，如图 12-80 所示，单击"Pick Target"按钮，选择试样模型右边线，在拾取对话框中单击"OK"按钮。

（3）设接触体：单击接触对管理器中的"Next"按钮，在接触向导对话框中设置接触面类型为"Lines"，接触对的类型为"Surface-to-Surface"，如图 12-81 所示，单击"Pick Contact"按钮，选择模具模型的两条左边线，单击"OK"按钮。

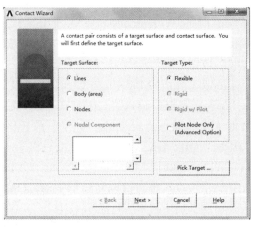

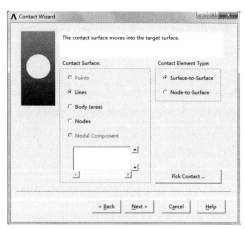

图 12-80　设置目标　　　　　　　图 12-81　设置接触体

（4）设置摩擦系数：单击接触对管理器中的"Next"按钮，设置"Coefficient of Friction"（摩擦系数）为"0.1"，如图 12-82 所示。

（5）设置接触选项：单击接触对管理器中的"Optional Settings"按钮，设置"Normal Penalty Stiffness"（法向接触刚度）为"factor"方式，数值为"1.0"，如图 12-83 所示，单击"OK"按钮，再依次单击"Create""Finish"按钮，并关闭接触对管理器，完成接触对创建。

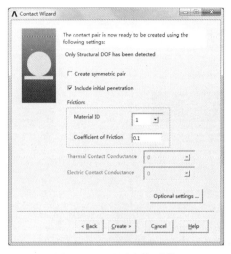

图 12-82　设置摩擦系数

图 12-83　设置接触选项

5．加载与求解

（1）定义模具端面约束：选择菜单 Main Menu→Solution→Define Loads→Apply→Structural→Displacement→On Lines，将弹出 "Apply U, ROT on Lines" 对话框。在图形窗口中单击模具下边线，然后单击拾取对话框中的 "OK" 按钮，在 "Apply U, ROT on Areas"（在面上施加位移约束）对话框中，单击 "DOFs to be constrained"（约束自由度）列表框中的 "UY"，使其高亮度显示，将其选中。其余设置保持默认值（默认的位移值为 0），单击 "OK" 按钮，模具端面约束如图 12-84 所示。

（2）定义位移约束：选择菜单 Main Menu→Solution→Define Loads→Apply→Structural→Displacement→On Lines，拾取试样模型上边线，单击 "OK" 按钮，"Lab2" 选择 "UY"，在 "VALUE" 文本框中输入 "-25"，单击 "OK" 按钮。

图 12-84　模具端面约束

（3）指定分析类型：选择菜单 Main Menu→Solution→Analysis Type→New Analysis，单击 "New Analysis" 对话框中的 "Static" 单选按钮，指定分析类型为静力分析。

（4）设置分析选项：选择菜单 Main Menu→Solution→Analysis Type→Sol'n Controls，将 "Solution Controls"（求解控制）对话框 "Basic" 选项卡中的 "Analysis Options"（分析选项）设置为 "Large Displacement Static"，指定为大变形分析。在 "Time at end of loadstep"（载荷步结束时间）文本框中输入 "1"，"Automatic time stepping"（自动时间步选项）选择 "On"。在 "Number of substeps"（载荷子步数）文本框中输入 "25"，在 "Max no. of substeps"（最大子步数）文本框中输入 "100"，在 "Min no. of substeps"（最小载荷子步数）文本框中输入 "25"。在对话框右边 "Write Items to Results File"（结果输出项）域下面的 "Frequency"（输出频率）下拉列表框中选择 "Write every substep"，将每个载荷子步结果都输出到结果文件中，如图 12-85 所示，单击 "OK" 按钮。

（5）求解：选择菜单 Main Menu→Solution→Solve→Current LS。

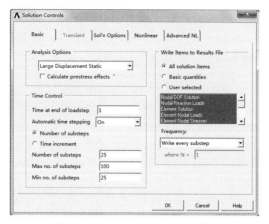

图 12-85　设置分析选项对话框

6．查看分析结果

（1）绘制等效应力分布：选择菜单 Main Menu→General Postproc→Plot Results→Contour Plot→Nodal Solu，在"Contour Nodal Solution Data"（绘制节点解数据的等值线）对话框左边的列表框中，单击"Stress"。在右边的列表框中选择"Von Mises Stress"，然后单击"OK"按钮。显示等效应力分布云图，如图 12-86 所示。

（2）观察挤压过程动画：选择菜单 Utility Menu→PlotCtrls→Animate→Over Results，查看任意时刻整个模型中的等效应力分布情况，或压力、位移求解结果。

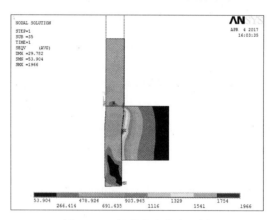

图 12-86　等效应力分布云图

习题

思考题

1．非线性分析的定义与类型是什么？

2．什么是几何非线性、材料非线性、状态非线性？

3．ANSYS 非线性分析的步骤是什么？

计算操作题

1. 铆钉冲压应力分析

铆钉结构如图 12-87 所示，铆钉圆柱高度为 10mm，圆柱外径为 6mm，内孔直径为 3mm，深度为 4mm；下端球直径为 15mm，高为 4.5mm。铆钉的弹性模量为 2.06×10^{11} Pa，泊松比为 0.3，铆钉的应力-应变关系如表 12-4 所示。约束条件是下半球面所有方向上的位移固定。载荷为上圆环面施加位移载荷，沿竖直方向产生 3mm 的位移。分析铆钉在冲压时发生的变形及应力。

表 12-4　铆钉材料的应力-应变关系

应变	0.003	0.005	0.007	0.009	0.011	0.02	0.2
应力/MPa	618	1128	1317	1466	1510	1600	1610

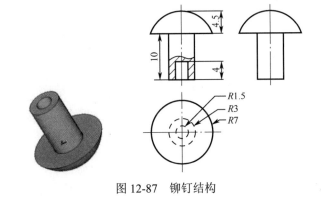

图 12-87　铆钉结构

2. 圆盘的大应变分析

如图 12-88 所示为两块钢板压一个圆盘，对此进行非线性分析。由于上下两块钢板的刚度比圆盘的刚度大得多，钢板与圆盘壁面之间的摩擦足够大。因此，在建模时只建立圆盘的模型。材料性质如下：弹性模量为 1000MPa，泊松比为 0.35，屈服强度为 1MPa，切变模量为 2.99MPa。

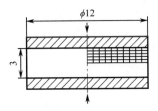

图 12-88　圆盘大应变简图

第 13 章

热分析

◇ 热分析用于计算一个系统或部件的温度分布以及其他热物理参数，如热量的获取或损失、热梯度、热流密度等。ANSYS 热分析领域有稳态热分析、瞬态热分析两种，基本步骤为建立模型、施加载荷并求解和查看结果。其主要区别是瞬态热分析中的载荷随时间变化。本章主要讲述热分析的基本步骤和具体方法，包括热分析概述、热分析基本过程、热分析实例。

13.1 热分析概述

13.1.1 热分析的目的

热分析用于计算一个系统或部件的温度分布及其他热物理参数，如热量的获取或损失、热梯度及热流密度等。热分析在许多工程应用中扮演重要角色，如内燃机、涡轮机、换热器、管路系统、电子元件等。通常在热分析后进行结构应力分析，计算由于热膨胀或收缩引起的热应力。ANSYS 热分析领域有稳态热分析和瞬态热分析。

（1）稳态热分析是指载荷条件几乎不随时间变化，即系统的温度场不随时间变化，如供热管道稳定运行过程。稳态传热用于分析稳定的热载荷对系统或部件的影响。稳态热分析可以通过有限元计算确定由于稳定的热载荷引起的温度、热梯度、热流率、热流密度等参数。通常在进行瞬态热分析以前，需进行稳态热分析，用于确定初始温度分布。

（2）瞬态热分析是指载荷条件随时间变化而变化，即系统的温度场随时间明显变化，如铸造中金属从熔融状态变为固态的冷却过程。瞬态热分析用于计算一个系统的随时间变化的温度场及其他热参数。在工程上一般用瞬态热分析计算温度场，并将其作为热载荷进行应力分析。瞬态热分析的基本步骤与稳态热分析类似，其主要的区别是瞬态热分析中的载荷是随时间变化的。为了表达随时间变化的载荷，首先必须将载荷-时间曲线分为载荷步。

13.1.2 热传递的方式

（1）热传导。

热传导可以定义为完全接触的两个物体之间或一个物体的不同部分之间由于温度梯度而引起的内能的交换。

（2）热对流。

热对流是指固体的表面与它周围接触的流体之间，由于温差的存在引起的热量的交换。热对流可以分为两类：自然对流和强制对流。

（3）热辐射。

热辐射指物体发射电磁能，并被其他物体吸收转变为热的热量交换过程。物体温度越高，单位时间辐射的热量越多。热传导和热对流都需要有传热介质，而热辐射不需要任何介质。实质上，在真空中的热辐射效率最高。

13.1.3 热分析单元

热分析涉及的单元大约有 40 种，其中专门用于热分析的有 14 种，如表 13-1 所示。

表 13-1 热分析单元

单元类型	ANSYS 单元	说　明
线	LINK32	二维 2 节点热传导单元
	LINK33	三维 2 节点热传导单元
	LINK34	2 节点热对流单元
	LINK31	2 节点热辐射单元
二维实体	PLANE55	4 节点四边形单元
	PLANE77	8 节点四边形单元
	PLANE35	6 节点三角形单元
	PLANE75	4 节点轴对称单元
	PLANE78	8 节点轴对称单元
三维实体	SOLID87	10 节点四面体单元
	SOLID70	8 节点六面体单元
	SOLID90	20 节点六面体单元
壳	SHELL57	4 节点
点	MASS71	质量单元

13.1.4 ANSYS 热分析的载荷

可以直接在实体模型或单元模型上施加 5 种载荷（边界条件）。

（1）恒定温度（Temperature）：通常作为自由度约束施加于温度已知的边界上。

选择菜单 Main Menu→Solution→Define Loads→Apply→Thermal→Temperature。

（2）热流率（Heat Flow）：作为节点集中载荷，单位为 W。热流率主要用于线单元模型中，如果输入值为正，代表热流流入节点，即单元获取热量。如果温度与热流率同时施加在同一节点，则 ANSYS 读取温度值进行计算。

选择菜单 Main Menu→Solution→Define Loads→Apply→Thermal→Heat Flow。

（3）对流（Convection）：作为面载施加于实体的外表面，计算与流体或空气等的热交换，它仅可施加于实体和壳模型上，对于线模型，可以通过对流线单元 LINK34 考虑对流。

选择菜单 Main Menu→Solution→Define Loads→Apply→Thermal→Convection。

（4）热流密度（Heat Flux）：也是一种面载荷，单位为 W/m^2。当通过单位面积的热流率已知时，可以在模型相应的外表面施加热流密度。如果输入的值为正，代表热流流入单元。热流密度也仅适用于实体和壳单元。热流密度与对流可以施加在同一外表面上，但 ANSYS 仅读取最后施加的面载荷进行计算。

选择菜单 Main Menu→Solution→Define Loads→Apply→Thermal→Heat Flux。

（5）生热率（Heat Generate）：作为体载荷施加于单元上，可以模拟化学反应生热或电流生热。单位是单位体积的热流率 W/m³。

选择菜单 Main Menu→Solution→Define Loads→Apply→Thermal→Heat Generat。

如果在边界面上不施加任何上述载荷，则 ANSYS 认为边界绝热。

13.1.5 ANSYS 热分析的基本过程

从 ANSYS 的使用过程可将大型通用有限元软件热分析概括为三大步。

（1）建模：定类型，设属性，画模型，分网格。

（2）加载求解：添约束，加载荷，查错误，求结果。

（3）后处理：列结果，绘图形，显动画，下结论。

13.2 供热管道稳态热分析

某供热管道截面如图 13-1 所示，管路内部通有液体，外部包有保温层，保温层与空气接触。管路由铸铁制造，其导热系数 λ_1 为 70W/（m·℃）；保温层的导热系数 λ_2 为 0.02W/（m·℃）；管路内液体温度为 70℃，对流换热系数 h_1 为 1W/（m·℃）；外部空气温度为-20℃，对流换热系数 h_2 为 0.5W/（m·℃）。试求解其温度场分布。

本例为受热载荷作用的双层壁圆筒的温度场求解。经分析可知该问题属于轴对称问题，利用轴对称结构的特性，分析时的计算模型可进行简化，如图 13-2 所示。

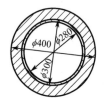

图 13-1 供热管道截面

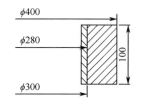

图 13-2 轴对称计算模型

具体求解步骤（GUI 方式）如下：

1. 过滤菜单

选择菜单 Main Menu→Preferences，选择对话框中的"Thermal"复选框，单击"OK"按钮，即只显示热分析菜单。

2. 定义单元属性

（1）定义单元类型。选择菜单 Main Menu→Preprocessor→Element Type→Add/Edit/Delete，单击定义单元类型对话框中的"Add"按钮，出现单元类型库对话框，在左边列表中选"Thermal Solid"，在右边列表中选"Quad 4 node 55"，单击"OK"按钮。然后在单元类型对话框中选择"PLANE55"，单击"Options"按钮，在单元特性对话框中将"K3"列表框选为"Axisymmetric"（轴对称），单击"OK"按钮，再单击"Close"按钮。

（2）定义材料属性。选择菜单 Main Menu→Preprocessor→Material Props→Material Models，打开材料属性窗口，选择 Thermal→Conductivity→Isotropic，在材料属性对话框的导热系数

"KXX"文本框中输入"70"（箱壁导热系数），单击"OK"按钮。选择材料属性窗口菜单 Material →New Model，单击"OK"按钮。选择 Thermal→Conductivity→Isotropic，在导热系数"KXX"文本框中输入"0.02"（保温层导热系数），单击"OK"按钮。选择材料属性窗口菜单 Material →Exit。

3. 建立几何模型

（1）建立矩形面。选择菜单 Main Menu→Preprocessor→Modeling→Create→Areas→Rectangle →By Dimensions，在"X-coordinaters"文本框中输入"0.28/2""0.30/2"，在"Y-coordinaters"文本框中输入"0""0.1"，单击"Apply"按钮。在"X-coordinaters"文本框中输入"0.28/2""0.40/2"，在"Y-coordinaters"文本框中输入"0""0.1"，单击"OK"按钮。

（2）叠分面。选择菜单 Main Menu→Preprocessor→Modeling→Operate→Booleans→Overlap →Areas，在拾取对话框中单击"Pick All"按钮，几何模型如图 13-3 所示。

4. 建立有限元模型

（1）分配材料。选择菜单 Main Menu→Preprocessor→Meshing→MeshTool，在"MeshTool"对话框"Element Attributes"的下拉列表框中选"Areas"，单击其后的"Set"按钮，在绘图区单击选中左侧的铸铁壁面，单击拾取对话框中的"OK"按钮，设"Material number"为"1"，单击"Apply"按钮。重复上述步骤指定右侧保温层面的"Material number"为"2"，单击"OK"按钮。

（2）划分网格。选择菜单 Main Menu→Preprocessor→Meshing→MeshTool，选中"Smart Size"（智能尺寸）复选框，拖动网格密度设置条设置密度为"4"。单击"MeshTool"对话框中的"Mesh"按钮，单击拾取对话框中的"Pick All"按钮。有限元模型如图 13-4 所示。

5. 加载与求解

（1）定义分析类型。选择菜单 Main Menu→Solution→Analysis Type→New Analysis，选"Steady-State"（稳态）单选框，单击"OK"按钮。

（2）施加载荷。选择菜单 Main Menu→Solution→Define Loads→Apply→Thermal→Convection→On Lines，选择左边线，单击"Apply"按钮，在"Film coefficient"（对流换热系数）文本框中输入"1"，在"Bulk temperature"文本框中输入"70"，单击"OK"按钮。重复上述步骤，选择右边线，单击"OK"按钮，在"Film coefficient"（对流换热系数）文本框中输入"0.5"，在"Bulk temperature"文本框中输入"-20"，单击"OK"按钮。施加载荷后的模型如图 13-5 所示。

图 13-3 几何模型

图 13-4 有限元模型

图 13-5 施加载荷后的模型

（3）进行求解。选择菜单 Main Menu→Solution→Solve→Current LS，单击"OK"按钮，再单击"Close"按钮。

6. 用 POST1 观察结果

（1）画温度分布。选择菜单 Main Menu→General Postproc→Plot Results→Contour Plot→Nodal Solu，在结果绘图对话框中选择 DOF Solution→Nodal Temperature，单击"OK"按钮，显示温度分布如图 13-6 所示。

（2）三维扩展画温度分布。选择菜单 Utility Menu→PlotCtrls→Style→Symmetry Expansion→2D Axi_Symmetric，选"3/4 expansion"，单击"OK"按钮，单击 ⊙ 查看等轴视图，扩展计算结果如图 13-7 所示。

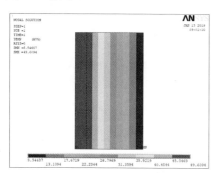

图 13-6　温度分布

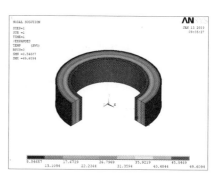

图 13-7　3/4 三维扩展计算结果

13.3　淬火过程瞬态热分析

一长方形金属板，板的长度为 80mm，宽度为 50mm，板中央有一半径为 10mm 的圆孔。板的初始温度为 500℃，将其突然置于温度为 20℃且对流换热系数为 100W/（m²·℃）的流体介质中。该金属板的基本材料性质如下：密度为 5000kg/m³；质量热容为 200J/（kg·℃）；热传导系数为 5W/（m·℃）。试计算第 50s 这个时刻金属板内的温度分布，整个金属板在前 50s 内的温度变化及金属板上左上角点在前 50s 内的温度变化。

操作步骤（GUI）如下。

1. 过滤菜单

选择菜单 Main Menu→Preferences，选择"Thermal"选项，单击"OK"按钮。

2. 定义单元属性

（1）定义单元类型。选择菜单 Main Menu→Preprocessor→Element Type→Add/Edit/Delete 单击"Add"按钮，选择"Thermal Solid"和"Quad 4 node 55"，单击"OK"按钮，单击"Close"按钮。

（2）定义材料属性。选择菜单 Main Menu→Preprocessor→Material Props→Material Models，单击 Thermal→Conductivity→Isotropic，在"KXX"（导热系数）文本框中输入"5"，单击"OK"按钮。单击"Specific Heat"（比热容），在"C"文本框中输入"200"，单击"OK"按钮。单击"Density"（密度），在"DENS"文本框中输入"5000"，单击"OK"按钮，选择菜单 Material→Exit。

3. 建立几何模型

（1）建立矩形面。选择菜单 Main Menu→Preprocessor→Modeling→Create→Areas→Rectangle

→By Dimensions，在"X-coordinates"文本框中输入"0""0.08"；在"Y-coordinates"文本框中输入"0""0.05"，单击"OK"按钮。

（2）建立圆面。选择菜单 Main Menu→Preprocessor→Modeling→Create→Areas→Circle→Solid Circle，在"X"文本框中输入"0.04"，"Y"文本框中输入"0.025"，在"Radius"文本框中输入"0.01"，单击"OK"按钮。

（3）挖圆孔。选择菜单 Main Menu→Preprocessor→Operate→Booleans→Subtract→Areas，选择"矩形面"，单击"OK"按钮，单击拾取对话框中的"Apply"按钮，选择圆面，单击"Next"按钮，单击"OK"按钮，单击拾取对话框的"OK"按钮。几何模型如图 13-8 所示。

4．划分网格

选择菜单 Main Menu→Preprocessor→Meshing→MeshTool，单击"Size Controls"域"Global"右侧的"Set"按钮，在"No. of element divisions"文本框中输入"15"，单击"OK"按钮。选中"Free"，单击"Mesh"按钮，单击拾取对话框中的"Pick All"按钮。得到有限元模型如图 13-9 所示。

图 13-8　几何模型

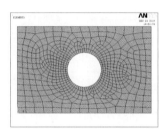

图 13-9　有限元模型

5．加载与求解

（1）定义分析类型。选择菜单 Main Menu→Solution→Analysis Type→New Analysis，选择"Transient"（瞬态）选项，单击"OK"按钮。选择"Full"，单击"OK"按钮。

（2）设置初始条件。选择菜单 Main Menu→Solution→Define Loads→Apply→Initial Condit'n→Define，单击"Pick All"按钮，选择"TEMP"，在"Initial value of DOF"文本框中输入"500"，单击"OK"按钮。

（3）施加对流载荷。选择菜单 Main Menu→Solution→Define Loads→Apply→Thermal→Convection→On Lines，选择矩形的四条边线，单击"OK"按钮。在"Film coefficient"文本框中输入"100"，"Bulk temperature"文本框中输入"20"，单击"OK"按钮。

（4）设定分析选项。选择菜单 Main Menu→Solution→Analysis Type→Sol'n Controls，打开求解控制对话框，如图 13-10 所示。将"Basic"选项卡中的"Time at end of loadsteps"（载荷步结束时间）设置为"50"，"Automatic time stepping"（自动时间步选项）设置为"On"。并且将"Number of substeps"（载荷子步数）文本框设置为"50"，"Max no. of substeps"（最大子步数）设置为"500"，"Min no. of substeps"（最小载荷子步数）设置为"20"。在对话框右边"Write Items to Results File"（结果输出项）域下面的"Frequency"（输出频率）下拉列表框中选"Write every substep"（将每个载荷子步结果都输出到结果文件中），单击"OK"按钮。

（5）求解。选择菜单 Main Menu→Solution→Solve→Current LS，单击"OK"按钮，再单击"Close"按钮。

图 13-10　求解控制对话框

6．用 POST1 观察结果

（1）读 50s 时刻的结果。选择菜单 Main Menu→General Postproc→Read Results→By Time/Freq，在"Value of time or freq"文本框中输入"50"，单击"OK"按钮。

（2）画 50s 时刻的温度分布。选择菜单 Main Menu→General Postproc→Plot Results→Contour Plot→Nodal Solu，选择 DOF Solution→Nodal Temperature，单击"OK"按钮，显示 50 s 时刻的温度分布，如图 13-11 所示。

（3）演示 50s 内的整个板中的温度变化。选择菜单 Utility Menu→PlotCtrls→Animate→Over Time，在"Model result data"中选择"Time Range"（时间范围），在"Range Minimum, Maximum"文本框中输入"0""50"，选择"DOF solution"和"TEMP"，单击"OK"按钮。

7．用 POST26 观察结果

（1）定义左上角点温度变量。选择菜单 Main Menu→TimeHist Postproc，单击 ✚ 按钮，单击 Nodal Solution→DOF Solution→Nodal Temperature，单击"OK"按钮。在图形窗口单击左上角点，单击拾取对话框中的"OK"按钮。

（2）绘制顶点在 50s 内的温度变化。选择菜单 Main Menu→TimeHist Postpro，选中前面定义的变量，单击 █ 按钮，绘制顶点在 50s 内的温度变化曲线，如图 13-12 所示。

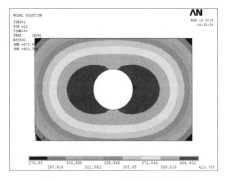

图 13-11　50s 时刻的温度分布

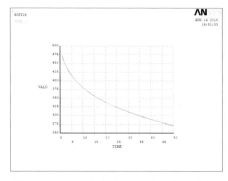

图 13-12　50s 内左上角的温度变化曲线

13.4　铸造过程瞬态热分析

13.4.1　相变问题应用

许多热分析问题存在相变，例如凝固或熔化等。含有相变问题的热分析是一个非线性的瞬态问题，相变问题需要考虑熔融潜热，即在相变过程吸收或释放的热量。

（1）ANSYS 通过定义材料的焓随温度变化来考虑熔融潜热。焓的单位是 J/m^3，是密度与比热的乘积对温度的积分。

（2）求解相变问题，应当设定足够小的时间步长，并将自动时间步长设置为 Off。

（3）尽量选用低阶的热单元，例如 PLANE55 或 SOLID70。

13.4.2　铸造过程模拟仿真

有一个工字梁铸造模具，总跨度为 12m。已知钢水充满型腔后的初始温度为 1670℃，模具初始温度为 25℃，周围空气温度为 25℃，空气对流换热系数为 65W/（$m^2\cdot$℃），模具材料和钢的性能参数如表 13-2 和表 13-3 所示。求 1h 后模具与铸件的温度分布。

表 13-2　模具材料的性能参数

导热系数/W·（m·℃）$^{-1}$	密度/kg·m^{-3}	质量热容/J·（kg·℃）$^{-1}$
0.52	1630	1120

表 13-3　钢的性能参数

温度/℃	导热系数/W·（m·℃）$^{-1}$	焓/J·m^{-3}	温度/℃	导热系数/W·（m·℃）$^{-1}$	焓/J·m^{-3}
0	28.8	0	1595	24.4	9.6×10^9
1533	31.2	7.5×10^9	1670	24.4	1.05×10^{10}

由于铸件跨度较大，在求解过程中将该问题简化为平面应变问题，利用对称性取 1/4 截面作为计算模型，如图 13-13 所示。

具体求解步骤（GUI 方式）如下。

1. 过滤菜单

选择菜单 Main Menu→Preferences，选"Thermal"，单击"OK"按钮。

2. 定义单元属性

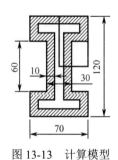

图 13-13　计算模型

（1）定义单元类型。选择菜单 Main Menu→Preprocessor→Element Type→Add/Edit/Delete，单击"Add"按钮，选择"Thermal Solid"和"Quad 4 nodes 55"，单击"OK"按钮。在单元类型列表框中选择"PLANE55"，单击"Options"按钮，在"K3"中选择"Plane"，单击"OK"按钮，单击"Close"按钮。

（2）定义模具材料属性。选择菜单 Main Menu→Preprocessor→Material Props→Material Models，单击 Thermal→Conductivity→Isotropic，在"KXX"文本框中输入"0.52"，单击"OK"按钮。单击"Specific Heat"，在"C"文本框中输入"1120"，单击"OK"按钮。单击"Density"，

在"DENS"文本框中输入"1630"，单击"OK"按钮。

（3）定义钢的材料属性。选择菜单 Material Model→Material→New Model，单击"OK"按钮，选择 Thermal→Conductivity→Isotropic，单击"Add Temperature"按钮 3 次，在"Temperatures"文本框中输入"0""1533""1595""1670"；在"KXX"文本框中输入"28.8""31.2""24.4""24.4"，单击"OK"按钮。选择 Thermal→Enthalpy（焓），单击"Add Temperature"按钮 3 次，在"Temperatures"文本框中输入"0""1533""1595""1670"；在"ENTH"文本框中输入"0""7.5e9""9.6e9""1.05e10"，单击"OK"按钮，选择菜单 Material→Exit。

3. 建立几何模型

（1）建立模具面。选择菜单 Main Menu→Preprocessor→Modeling→Create→Areas→Rectangle→By Dimensions，在"X-coordinates"文本框中输入"0""0.015"，在"Y-coordinates"文本框中输入"0""0.06"，单击"Apply"按钮。在"X-coordinates"文本框中输入"0""0.035"，在"Y-coordinates"文本框中输入"0.03""0.06"，单击"Apply"按钮。

（2）建立工字钢面。在"X-coordinates"文本框中输入"0""0.005"，在"Y-coordinates"文本框中输入"0""0.05"，单击"Apply"按钮。在"X-coordinates"文本框中输入"0""0.025"，在"Y-coordinates"文本框中输入"0.04""0.05"，单击"OK"按钮。

（3）面相加建立工字型。选择菜单 Main Menu→Preprocessor→Modeling→Operate→Booleans→Add→Areas，选择工字钢面，单击"Apply"按钮，选择模具面，单击"OK"按钮。

（4）面叠分建立模型。选择菜单 Main Menu→Preprocessor→Modeling→Operate→Booleans→Overlap→Areas，单击"Pick All"按钮。几何模型如图 13-14 所示。

4. 建立有限元模型

（1）定义单元大小。选择菜单 Main Menu→Preprocessor→Meshing→MeshTool，在"Mesh Tool"对话框中的"Size Controls"域单击"Global"中的"Set"按钮，在"SIZE"文本框中输入"0.001"，单击"OK"按钮。

（2）模具划分网格。在"MeshTool"对话框中，选中"Areas"和"Free"，单击"Mesh"按钮，选择模具面，单击"OK"按钮。

（3）分配铸件的材料号。在"MeshTool"对话框的"Element Attributs"下拉列表框中选中"Areas"，单击"Set"按钮，拾取铸件面，单击"OK"按钮，在"MAT"中选择"2"，单击"OK"按钮。

（4）铸件划分网格。在"MeshTool"对话框中，选中"Areas"和"Free"，单击"Mesh"按钮，选择铸件面，单击"OK"按钮。网格模型如图 13-15 所示。

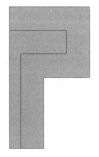

图 13-14　几何模型　　　　　图 13-15　网格模型

5．加载与求解

（1）定义分析类型。选择菜单 Main Menu→Solution→Analysis Type→New Analysis，选择"Transient"（瞬态），单击"OK"按钮。选择"Full"，单击"OK"按钮。

（2）设定分析选项。选择菜单 Main Menu→Solution→Analysis Type→Sol'n Controls，在"Solution Controls"（求解控制）对话框的"Basic"选项卡中，将"Time Control"（时间控制）域的"Time at end of loadstep"（载荷步结束时间）设置为"3600"，"Automatic time stepping"（自动时间步选项）设置为"Off"，并且将"Number of substeps"（载荷子步数）设置为"36"。在对话框右边"Write Items to Results File"（结果输出项）域下面的"Frequency"（输出频率）下拉列表框中选"Write every substep"，即将每个载荷子步结果都输出到结果文件中，然后单击"OK"按钮。

（3）选模具节点。选择菜单 Utility Menu→Select→Entities，选择"Areas""By Num/Pick"，单击"Apply"按钮，选择模具面，单击"OK"按钮。选择"Nodes""Attached to""Areas all"，单击"OK"按钮。

（4）设模具初始条件。选择菜单 Main Menu→Solution→Define Loads→Apply→Initial Condit'n→Define，单击"Pick All"按钮，选择"TEMP"，在"Initial value of DOF"文本框中输入"25"，单击"OK"按钮。

（5）选所有模型。选择菜单 Utility Menu→Select→Everything。

（6）选铸件节点：选择菜单 Utility Menu→Select→Entities，选择"Areas"，"By Num/Pick"，单击"Apply"按钮，选择铸件面，单击"OK"按钮。选择"Nodes""Attached to""Areas all"，单击"OK"按钮。

（7）设置铸件初始条件。选择菜单 Main Menu→Solution→Define Loads→Apply→Initial Condit'n→Define，单击"Pick All"，选择"TEMP"，在"Initial value of DOF"文本框中输入"1670"，单击"OK"按钮。

（8）选所有模型。选择菜单 Utility Menu→Select→Everything。

（9）施加对流边界条件。选择菜单 Main Menu→Solution→Define Loads→Apply→Thermal→Convection→On Lines，选择模具外边线，单击"OK"按钮。在"Film coefficient"文本框中输入"65"，"Bulk temperature"文本框中输入"25"，单击"OK"按钮。施加载荷后的模型如图 13-16 所示。

（10）瞬态求解。选择菜单 Main Menu→Solution→Solve→Current LS，单击"OK"按钮，单击"Close"按钮。

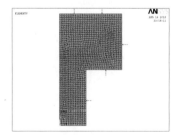

图 13-16　施加载荷后的模型

6．用 POST1 观察结果

（1）读 1800s 的结果。选择菜单 Main Menu→General Postproc→Read Results→By Pick，选中"1800s"，单击"Read"按钮，再单击"Close"按钮。

（2）画 1800s 时的温度分布。选择菜单 Main Menu→General Postproc→Plot Results→Contour Plot→Nodal Solu，选择 DOF Solution→Nodal Temperature，单击"OK"按钮，画 1800s 时刻的温度分布，如图 13-17 所示。

（3）动画显示 1h 内的温度变化。选择菜单 Utility Menu→PlotCtrls→Animate→Over Time 在"Model Result Data"中，选择"Time Range"，在"Range Minimum，Maximum"文本框中

输入"0""3600"，选择"DOF solution"和"TEMP"，单击"OK"按钮。

7. 用 POST26 观察结果

（1）定义铸件中心点的温度变量：选择菜单 Main Menu→TimeHist Postpro，单击 + 按钮，选择 Nodal Solution→DOF Solution→Nodal Temperature，单击"OK"按钮，在图形窗口单击铸件模型左下角点，单击拾取对话框中的"OK"按钮。

（2）绘制温度变化曲线：选择菜单 Main Menu→TimeHist Postpro，选中前面定义的温度变量，单击 ▲ 按钮，绘制温度变化曲线，如图 13-18 所示。

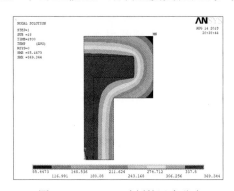

图 13-17　1800s 时刻的温度分布

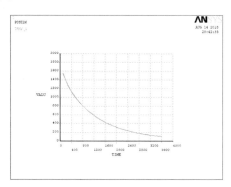

图 13-18　1h 内铸件中心点的温度变化曲线

13.5　包含焊缝的金属板热膨胀分析

某一平板由钢板和铁板焊接而成，焊接材料为铜，平板尺寸为 1m×1m×0.2m，横截面结构如图 13-19 所示。平板初始温度为 800℃，将平板放置于空气中进行冷却，周围空气温度为 30℃，表面传热系数为 110W/(m^2·℃)，材料性能参数如表 13-4 所示。求 10min 后平板内部的温度场及应力场分布。

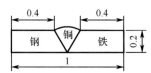

图 13-19　金属板焊接的横截面结构

表 13-4　材料性能参数

材料	温度/℃	弹性模量/GPa	屈服极限/GPa	切变模量/GPa	热导率/W·(m·℃)$^{-1}$	线膨胀系数/℃$^{-1}$	比热容/J·(kg·℃)$^{-1}$	密度/kg·m^{-3}	泊松比
钢	30	206	1.40	20.6	66.6	1.06e-5	460	7800	0.3
	200	192	1.33	19.8					
	400	175	1.15	18.3					
	600	153	0.92	15.6					
	800	125	0.68	11.2					

续表

材料	温度/℃	弹性模量/GPa	屈服极限/GPa	切变模量/GPa	热导率/W·(m·℃)$^{-1}$	线膨胀系数/℃$^{-1}$	比热容/J·(kg·℃)$^{-1}$	密度/kg·m^{-3}	泊松比
铜	30	103	0.9	10.3	383	1.75e-5	390	8900	0.3
	200	99	0.85	0.98					
	400	90	0.75	0.89					
	600	79	0.62	0.75					
	800	58	0.45	0.52					
铁	30	118	1.04	1.18	46.5	5.87e-6	450	7000	0.3
	200	109	1.01	1.02					
	400	93	0.91	0.86					
	600	75	0.76	0.69					
	800	52	0.56	0.51					

该问题属于瞬态热应力问题，选择整体平板建立几何模型，选取 SOLID5（热-结构耦合单元）进行求解。

具体求解步骤（GUI 方式）如下。

1．定义单元类型

（1）定义第 1 类单元类型。选择菜单 Main Menu→Preprocessor→Element Type→Add/Edit/Delete 命令，弹出"Element Types"对话框。单击"Add"按钮，出现"Library of Element Types"对话框。在左侧选择"Coupled Field"，在右侧选择"Vector Quad 13"，单击"OK"按钮。

（2）设置第 1 类单元选项。单击"Options"按钮，在"Element degrees of freedom K1"（单元自由度程度）下拉列表框中选择"UX UY TEMP AZ"，单击"OK"按钮。

（3）定义第 2 类单元类型。单击"Element Types"对话框中的"Add"按钮，在左侧选择"Coupled Field"，在右侧选择"Scalar Brick 5"，单击"OK"按钮。单击"Element Types"对话框中的"Close"按钮。

2．定义材料性能参数

1）定义钢的性能参数

（1）定义钢的热导率。选择菜单 Main Menu→Preprocessor→Material Props→Material Models，打开"Define Material Model Behavior"对话框。依次选择 Thermal→Conductivity→Isotropic，在"KXX"文本框中输入"66.6"，单击"OK"按钮。

（2）定义钢的线膨胀系数。依次选择 Structural→Thermal Expansion→Secant Coefficient→Isotropic，在"ALPX"文本框中输入"1.06e-5"，单击"OK"按钮。

（3）定义钢的密度。依次选择 Structural→Density，在"DENS"文本框中输入"7800"，单击"OK"按钮。

（4）定义钢的比热容。依次选择 Thermal→Specific Heat，在"C"文本框中输入"460"，单击"OK"按钮。

（5）定义钢的弹性模量和泊松比。依次选择 Structural→Linear→Elastic→Isotropic，单击"Add Temperature"按钮 4 次，参照图 13-20 对其进行设置，单击"OK"按钮。

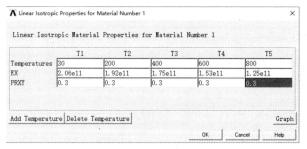

图 13-20　输入钢的弹性模量和泊松比

（6）定义钢的屈服强度和切变模量。依次选择 Structural→Nonlinear→Inelastic→Rate Independent→Kinematic Hardening Plasticity→Mises Plasticity→Bilinear，单击"Add Temperature"按钮 4 次，参照图 13-21 对其进行设置，单击"OK"按钮。

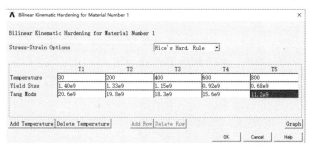

图 13-21　输入钢的屈服强度和切变模量

2）定义铜的性能参数

（1）定义 2 号材料模型。在"Define Material Model Behavior"对话框中选择菜单 Material→New Model，在"Define Material ID"文本框中输入"2"，单击"OK"按钮。

（2）定义铜的热导率。依次选择 Thermal→Conductivity→Isotropic，在"KXX"文本框中输入"383"，单击"OK"按钮。

（3）定义铜的线膨胀系数。依次选择"Structural→Thermal Expansion→Secant Coefficient→Isotropic"，在"ALPX"文本框中输入"1.75e-5"，单击"OK"按钮。

（4）定义铜的密度。依次选择 Structural→Density 选项，在"DENS"文本框中输入"8900"，单击"OK"按钮。

（5）定义铜的比热容。依次选择 Thermal→Specific Heat，在"C"文本框中输入"390"，单击"OK"按钮。

（6）定义铜的弹性模量和泊松比。依次选择 Structural→Linear→Elastic→Isotropic，单击"Add Temperature"按钮 4 次，参照图 13-22 对其进行设置，单击"OK"按钮。

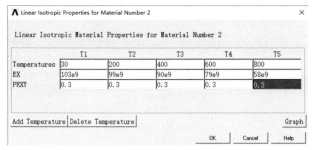

图 13-22　输入铜的弹性模量和泊松比

（7）定义铜的屈服强度和切变模量。依次选择 Structural→Nonlinear→Inelastic→Rate Independent→Kinematic Hardening Plasticity→Mises Plasticity→Bilinear，单击"Add Temperature"按钮 4 次，参照图 13-23 对其进行设置，单击"OK"按钮。

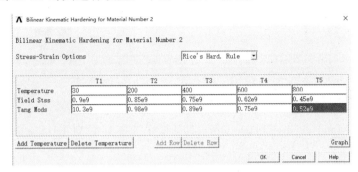

图 13-23　输入铜的屈服强度和切变模量

3）定义铁的性能参数

（1）定义 3 号材料模型。在"Define Material Model Behavior"对话框中选择 Material→New Model，弹出"Define Material ID"对话框，在"Define Material ID"文本框中输入"3"，单击"OK"按钮。

（2）定义铁的热导率。依次选择 Thermal→Conductivity→Isotropic，在"KXX"文本框中输入"46.5"，单击"OK"按钮。

（3）定义铁的线膨胀系数。依次选择 Structural→Thermal Expansion→Secant Coefficient→Isotropic，在"ALPX"文本框中输入"5.87e-6"，单击"OK"按钮。

（4）定义铁的密度。依次选择 Structural→Density 选项，在"DENS"文本框中输入"7000"，单击"OK"按钮。

（5）定义铁的比热容。依次选择 Thermal→Specific Heat，在"C"文本框中输入"450"，单击"OK"按钮。

（6）定义铁的弹性模量和泊松比。依次选择 Structural→Linear→Elastic→Isotropic，单击"Add Temperature"按钮 4 次，参照图 13-24 对其进行设置，单击"OK"按钮。

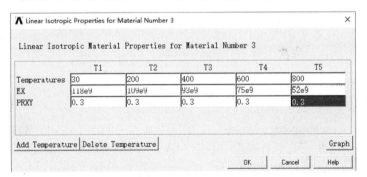

图 13-24　输入铁的弹性模量和泊松比

（7）定义铁的屈服强度和切变模量。依次选择 Structural→Nonlinear→Inelastic→Rate Independent→Kinematic Hardening Plasticity→Mises Plasticity→Bilinear，单击"Add Temperature"按钮 4 次，参照图 13-25 对其进行设置，单击"OK"按钮。

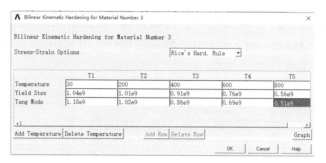

图 13-25　输入铁的屈服强度和切变模量

（8）在"Define Material Model Behavior"对话框中选择菜单 Material→Exit，关闭该对话框。

3. 创建几何模型

（1）定义关键点。选择菜单 Main Menu→Preprocessor→Modeling→Create→Keypoints→In Active CS，在"NPT Keypoint number"文本框中输入关键点编号"1"，在"Location in active CS"文本框中依次输入关键点坐标"0""0""0"。单击"Apply"按钮，依次输入以下关键点编号和坐标：2（0.5，0，0）；3（1，0，0）；4（0，0.2，0）；5（0.4，0.2，0）；6（0.6，0.2，0）；7（1，0.2，0）。

（2）定义任意形状面。选择菜单 Main Menu→Preprocessor→Modeling→Create→Areas→Arbitrary→Through KPs，在文本框中输入"1，2，5，4"，单击"Apply"按钮，再在文本框中输入"2，3，7，6"，单击"OK"按钮。

（3）将当前激活坐标系转变为柱坐标系。选择菜单 Utility Menu→WorkPlane→Change Active CS to→Global Cylindrical。

（4）定义弧线。选择菜单 Main Menu→Preprocessor→Modeling→Create→Lines→Lines→In Active Coord，在文本框中输入"6，5"，单击"OK"按钮。

（5）显示线。Utility Menu→Plot→Lines。

（6）打开线及面的编号。选择菜单 Utility Menu→PlotCtrls→Numbering，选择"Line numbers"和"Area numbers"选项，使其状态变为"On"，单击"OK"按钮。

（7）定义任意形状面。选择菜单 Main Menu→Preprocessor→Modeling→Create→Areas→Arbitrary→By Lines，在文本框中输入"2，8，9"，单击"OK"按钮。

（8）显示所生成的平面。选择菜单 Utility Menu→Plot→Areas，如图 13-26 所示。

4. 划分网格

（1）设置单元尺寸。选择菜单 Main Menu→Preprocessor→Meshing→Size Cntrls→Manual Size→Global→Size，在"Element edge length"文本框中输入"0.05"，单击"OK"按钮。

（2）对面进行网格划分。选择菜单 Main Menu→Preprocessor→Meshing→Mesh→Areas→Mapped→3 or 4 sided，在文本框中输入"1，2，3"，单击"OK"按钮。

（3）显示网格划分结果。选择菜单 Utility Menu→Plot→Elements，如图 13-27 所示。

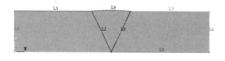

图 13-26　生成的平面几何模型

图 13-27　网格划分结果

（4）设置单元数目。选择菜单 Main Menu→Preprocessor→Meshing→Size Cntrls→Manual Size→Global→Size，在"Element edge length"文本框中输入"0"，在"No. of element divisions"文本框中输入"10"，单击"OK"按钮。

（5）拖拉钢的面网格生成体网格。选择菜单 Main Menu→Preprocessor→Modeling→Operate→Extrude→Elem Ext Opts，在"Element type number"下拉列表框中选择"2 SOLID5"，在"Change default MAT"下拉列表框中选择"1"，单击"OK"按钮。

（6）拖拉钢的面生成体。选择菜单 Main Menu→Preprocessor→Modeling→Operate→Extrude→Areas→Along Normal，在文本框中输入"1"，单击"OK"按钮，在"Length of extrusion"文本框中输入"1"，单击"OK"按钮。

（7）拖拉铁的面网格生成体网格。选择菜单 Main Menu→Preprocessor→Modeling→Operate→Extrude→Elem Ext Opts，在"Change default MAT"下拉列表框中选择"3"，单击"OK"按钮。

（8）拖拉铁的面生成体。选择菜单 Main Menu→Preprocessor→Modeling→Operate→Extrude→Areas→Along Normal，在文本框中输入"2"，单击"OK"按钮，在"Length of extrusion"文本框中输入"1"，单击"OK"按钮。

（9）拖拉铜的面网格生成体网格。选择菜单 Main Menu→Preprocessor→Modeling→Operate→Extrude→Elem Ext Opts，在"Change default MAT"下拉列表框中选择"2"，单击"OK"按钮。

（10）拖拉铜的面生成体。选择菜单 Main Menu→Preprocessor→Modeling→Operate→Extrude→Areas→Along Normal，在文本框中输入"3"，单击"OK"按钮，在"Length of extrusion"文本框中输入"-1"，单击"OK"按钮。

提示：负值表示拖拉方向与面的法线方向相反。

（11）三维视图。选择菜单 Utility Menu→PlotCtrls→View Settings→Viewing Direction，弹出"Viewing Direction"对话框，在"Coords of view point"文本框中依次输入"1""1""1"，单击"OK"按钮。

（12）显示拖拉面生成体的结果。选择菜单 Utility Menu→Plot→Volumes，如图 13-28 所示。

（13）清除 1、2 和 3 号面上的网格。选择菜单 Main Menu→Preprocessor→Meshing→Clear→Areas，弹出"Clear Areas"对话框，在文本框中输入"1, 2, 3"，单击"OK"按钮。

（14）合并项目。选择菜单 Main Menu→Preprocessor→Numbering Ctrls→Merge Items，在"Type of item to be merge"下拉列表框中选择"All"，单击"OK"按钮。

（15）压缩编号。选择菜单 Main Menu→Preprocessor→Numbering Ctrls→Compress Numbers，在"Item to be compressed"下拉列表框中选择"All"，单击"OK"按钮。

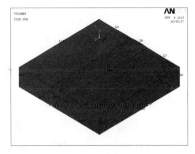

图 13-28　拖拉面生成体的结果

（16）选择所有对象。选择菜单 Utility Menu→Select→Everything。

5．加载与求解

（1）选择分析类型。选择菜单 Main Menu→Solution→Analysis Type→New Analysis，选"Transient"，单击"OK"按钮，采用其默认设置，单击"OK"按钮。

（2）设置载荷步选项。选择菜单 Main Menu→Solution→Load Step Opts→Time/Frequence→Time Integration→Amplitude Decay，弹出"Time Integration Controls"对话框，参照图 13-29 对其进行设置，单击"OK"按钮。

（3）设置求解选项。选择菜单 Main Menu→Solution→Analysis Type→Sol'n Controls，选择"Basic"选项卡，参照图 13-30 对其进行设置，单击"OK"按钮。

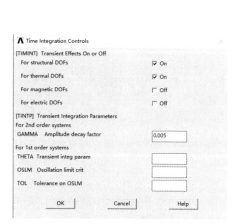

图 13-29　设置载荷步选项

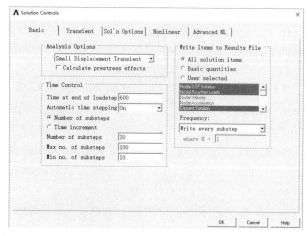

图 13-30　设置求解选项

（4）施加温度。选择菜单 Main Menu→Solution→Define Loads→Apply→Structural→Temperature→Uniform Temp，在"Uniform temperature"文本框中输入"800"，单击"OK"按钮。

（5）排除焊缝面。选择菜单 Utility Menu→Select→Entities，弹出"Select Entities"对话框，在第 1 个下拉列表框中选择"Areas"，在第 2 个下拉列表框中选择"By Num/Pick"，在第 3 个选项组中选中"Unselect"按钮，单击"OK"按钮，弹出"Unselect areas"对话框，在文本框中输入"6，13"，单击"OK"按钮。

（6）选择节点。选择菜单 Utility Menu→Select→Entities，弹出"Select Entities"对话框，在第 1 个下拉列表框中选择"Nodes"，在第 2 个下拉列表框中选择"Attached to"，在第 3 个选项组中选中"Areas，all"按钮，在第 4 个选项组中选中"From Full"按钮，单击"OK"按钮。

（7）施加对流载荷。选择菜单 Main Menu→Solution→Define Loads→Apply→Thermal→Convection→On Nodes，单击"Pick All"按钮，在"Film coefficient"文本框中输入"110"，在"Bulk temperature"文本框中输入"30"，单击"OK"按钮。

（8）选择所有对象。选择菜单 Utility Menu→Select→Everything。

（9）求解。选择菜单 Main Menu→Solution→Solve→Current LS，弹出"Solve Current Load Step"对话框，单击"OK"按钮，ANSYS 开始求解计算。求解结束后，ANSYS 显示窗口出现"Note"提示框，单击"Close"按钮。

6．查看求解结果

（1）读入最后一个序列结果。选择菜单 Main Menu→General Postproc→Read Results→Last Set。

（2）绘制温度分布。选择菜单 Main Menu→General Postproc→Plot Results→Contour Plot→Nodal Solu，弹出"Contour Nodal Solution Data"对话框，选择 Nodal Solution→DOF Solution→Nodal Temperature，单击"OK"按钮，温度场分布等值线图如图 13-31 所示。

（3）绘制 X 方向位移场分布图。选择菜单 Main Menu→General Postproc→Plot Results→Contour Plot→Nodal Solu，弹出"Contour Nodal Solution Data"对话框，选择 Nodal Solution→DOF Solution→X-Component of displacement，单击"OK"按钮，X 方向位移场分布等值线图如图 13-32 所示。同样可查看 Y、Z 方向位移场分布等值线图。

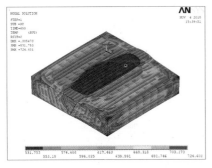

图 13-31　温度场分布等值线图

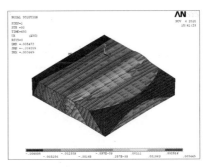

图 7-32　X 方向位移场分布等值线图

（4）绘制 X 向应力场分布图。选择菜单 Main Menu→General Postproc→Plot Result→Contour Plot→Nodal Solu，弹出"Contour Nodal Solution Data"对话框，选择 Nodal Solution→Stress→X-Component of stress，单击"OK"按钮，X 方向应力场分布等值线图如图 13-33 所示。同样可查看 Y 方向、Z 方向应力场分布等值线图。

（5）绘制等效应力场分布图。选择菜单 Main Menu→General Postproc→Plot Result→Contour Plot→Nodal Solu，弹出"Contour Nodal Solution Data"对话框，选择 Nodal Solution→Stress→von Mises stress，单击"OK"按钮，等效应力场分布等值线图如图 13-34 所示。

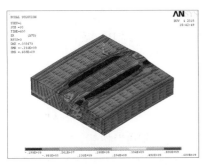

图 13-33　X 方向应力场分布等值线图

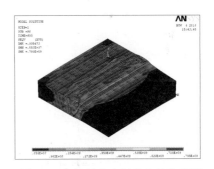

图 13-34　等效应力场分布等值线图

习题

思考题

1．热分析的主要单元有哪些？
2．稳态热分析与瞬态热分析的根本区别是什么？

计算操作题

1．冷却栅的热分析。图 13-35 所示为冷却栅的结构及计算模型，其管道和冷却栅的材料均为不锈钢，导热系数为25.96W/(m·℃)，管内为热流体，管内压力为6.89MPa，管内流体温度为250℃，对流换热系数为249.23W/(m·℃)；管外为空气。管外流体温度为39℃，对流换热系数为62.3W/(m·℃)。试求解其温度分布。

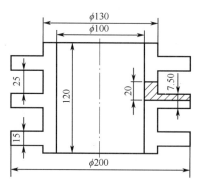

图13-35　冷却栅的结构及计算模型

2．一个直径为0.2m、温度为500℃的钢球，突然放入温度为0℃的水中，对流传热系数为650W/(m²·℃)，计算1分钟后钢球的温度场分布和球心温度随时间的变化规律。钢球材料的弹性模量为220GPa，泊松比为0.28，密度为7800kg/m³，热膨胀系数为$1.3×10^{-6}$/℃，导热系数为70，比热为448J/(kg·℃)。

3．铸造热分析。一钢铸件及其砂模的横截面尺寸如图13-36所示。砂模的热物理性能如表13-5所示，铸钢的热物理性能如表13-6所示。初始条件：铸钢的温度为2875˚F。砂模的温度为80˚F。砂模外边界的对流边界条件：对流系数为0.014Btu/(h·in²·˚F)，空气温度为80˚F。求3h后铸钢及砂模的温度分布。

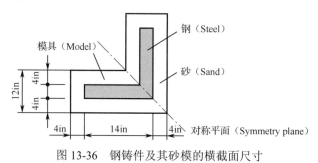

图13-36　钢铸件及其砂模的横截面尺寸

表13-5　砂模的热物理性能

项　　目	单　　位	数　　值
热导率（KXX）	Btu/（h·in·˚F）	0.025
密度（DENS）	1b/in³	0.254
比热容（C）	Btu/(1b·˚F)	0.28

表13-6　铸钢的热物理性能

项　目	单　位	0˚F	2643˚F	2750˚F	2875˚F
热导率	Btu/（h·in·˚F）	1.44	1.54	1.22	1.22
焓	Btu/in³	0	128.1	163.8	174.2

附录　ANSYS 程序中常用量和单位

量的名称	国际单位		英制单位		换算关系和备注
	名称	符号	名称	符号	
长度	毫米	mm	英寸	in	1in=25.4mm
	米	m	英尺	ft	1ft=0.304 8m
时间	秒	s	秒	s	
			小时	h	1h=3600s
质量	千克	kg	磅	lb	1lb=0.4539kg
			斯[勒格]	slug	1 slug=32.2Ib=14.7156kg
温度	摄氏度	℃	华氏度	℉	1℉=5/9℃
频率	赫[兹]	Hz	赫[兹]	Hz	
电流	安[培]	A	安[培]	A	
面积	平方米	m^2	平方英寸	in^2	$1in^2=6.4516\times10^{-4}m^2$
体积	立方米	m^3	立方英寸	in^3	$1in^3=1.6387\times10^{-3}m^3$
速度	米每秒	m/s	英寸每秒	in/s	1in/s=0.0254m/s
加速度	米每二次方秒	m/s^2	英寸每二次方秒	in/s^2	$1in/s^2=0.0254m/s^2$
转动惯量	千克二次方米	$kg\cdot m^2$	磅二次方英寸	$lb\cdot in^2$	$1lb\cdot in^2=2.92645\times10^{-4}kg\cdot m^2$
力	牛[顿]	N	磅力	lbf	1lbf=4.4482N
力矩	牛[顿]米	$N\cdot m$	磅力英寸	lbf·in	1lbf·in=0.112985N·m
能量	焦[耳]	J	英热单位	Btu	1Btu=1055.06J
功率（热流率）	瓦[特]	W		Btu/h	1Btu/h=0.293072W
热流密度		W/m^2		Btu/(h · ft^2)	$1Btu/(h\cdot ft^2)=3.1646W/m^2$
生热速率		W/m^3		Btu/(h · ft^3)	$1Btu/(h\cdot ft^3)=10.3497W/m^3$
热导率		W/(m·℃)		Btu/(h·ft·℉)	1Btu/(h·ft ·℉)=1.73074W/(m·℃)
传热系数		W/(m²·℃)		Btu/(h·ft²·℉)	1Btu/(h·ft² ·℉)=1.73074W/(m²·℃)
密度		kg/m^3		lb/ft^3	$1lb/ft^3=16.01846kg/m^3$
比热容		J/(kg·℃)		Btu/(lb·℉)	1Btu/(lb·℉)=4186.82J/(kg·℃)
焓		J/m^3		Btu/ft^3	$1Btu/ft^3=37259.1J/m^3$
应力、压强、压力、弹性模量	帕[斯卡]	Pa 或 N/m^2	磅每平方英寸	psi 或 lbf/in^2	$1psi=6894.75Pa,1Pa=1N/m^2,1psi=1lbf/in^2$

注：ANSYS 程序中并不特别强调物理量的单位，但英制和国际单位不可混用。

参 考 文 献

[1] 商跃进，王红. 有限元原理与 ANSYS 应用实践. 北京：清华大学出版社，2012.

[2] 张乐乐. ANSYS 辅助分析应用基础教程（第 2 版）. 清华大学出版社，2014.

[3] 张洪信，等. ANSYS 基础与实例教程. 机械工业出版社，2013.

[4] 胡国良，等. ANSYS 13.0 有限元分析实用基础教程. 国防工业出版社，2012.

[5] 吕建国，胡仁喜. ANSYS 14.0 有限元分析入门与提高. 北京：化学工业出版社，2013.

[6] 胡于进，王璋奇. 有限元分析及应用. 北京：清华大学出版社，2009.

[7] 梁醒培，王辉. 应用有限元分析. 北京：清华大学出版社，2010.

[8] 王新荣，陈永波，李小海，等. 有限元法基础及 ANSYS 应用. 北京：科学出版社，2008.

[9] 傅永华. 有限元分析基础. 武汉：武汉大学出版社，2003.

[10] 石伟. 有限元分析基础与应用教程. 北京：机械工业出版社，2010.

[11] 曾攀. 有限元基础教程. 北京：高等教育出版社，2009.

[12] 刘扬，刘巨保，罗敏. 有限元分析及应用. 北京：中国电力出版社，2008.

[13] 薛风先，胡仁喜，康士廷. ANSYS 12.0 机械与结构有限元分析从入门到精通. 北京：机械工业出版社，2011.

[14] 博弈创作室. ANSYS 9.0 经典产品基础教程与实例详解. 北京：中国水利水电出版社，2006.

[15] 强锋科技，李黎明. ANSYS 有限元分析实用教程. 北京：清华大学出版社，2005.

[16] 王庆五，左昉，胡仁喜. ANSYS 10.0 机械设计高级应用实例（第 2 版）. 北京：机械工业出版社，2007.

[17] 张朝晖. ANSYS 11.0 结构分析工程应用实例解析（第 2 版）. 北京：机械工业出版社，2008.

[18] 高耀东，郭喜平，郭志强. ANSYS 机械工程应用 25 例. 北京：电子工业出版社，2007.

[19] 张洪信，等. 有限元基础理论与 ANSYS 14.0 应用. 机械工业出版社，2015.